콘크리트기능사
필기 실기

박종삼 편저

도서출판 금 호

성희롱등
기본서

머 리 말

건설 기술은 문명의 발상과 함께 시작한 학문으로 자연과 더불어 국토개발과 도시발전을 추구하는 분야입니다.

건설 분야 중에서 콘크리트는 건설 기술자의 신소재 및 신 공법를 창출하기 위하여 부단한 연구, 개발 노력으로 활용 범위가 점차로 확대 되어가고 있는 실정입니다.

따라서, 콘크리트 품질 확보를 위한 초기 콘크리트의 제조, 시공단계에서 철저한 품질관리와 콘크리트 구조물의 진단, 유지관리에 이르기까지 담당할 콘크리트 기술자 양성이 우선 되어야 할 것입니다.

본서는 그런 취지에서 그동안 오랜 현장 경험을 바탕으로 수험생과 현직에 종사하는 건설 기술인에게 더욱 쉽게 이해하고, 활용할 수 있도록 중점을 두어 집필하였으며, 콘크리트 표준시방서 개정과 KS 규격 변경으로 수험자가 혼란이 없도록 분야별로 체계화하였으며, 이해도를 높이도록 문제에 대한 해설에 역점을 두었습니다.

본서의 1, 2, 3장은 단원별로 1차 필기시험을 준비할 수 있도록 하였으며, 4장은 2차 필답형 문제로 해설과 개정된 시방서 및 KS 기준을 바탕으로 예상문제를 접할 수 있도록 하였고, 5장은 2차 작업형 문제로 작업과정을 사진으로 이해하도록 하였습니다.

그동안 현장에서 얻은 여러 가지 지식과 정보를 모아 정성을 다하여 본서가 완성되었으나, 내용이 미비한 점과 잘못된 부분은 수정 보완하도록 약속드리며, 본서 출판에 애써주신 성 대 준 사장님께 감사드립니다.

저자 씀

차 례 Contents

■ 필기편

제 1 장 콘크리트 재료　　　　　　　　　　　　　　　　　9

1-1. 콘크리트 일반 ··· 10
1-2. 골재(잔골재, 굵은 골재) ·· 19
1-3. 시멘트 ·· 27
1-4. 혼화재료 ··· 34
1-5. 혼합수 ·· 40
　◆ 문제 및 해설 ·· 41

제 2 장 콘크리트 시공　　　　　　　　　　　　　　　　　105

2-1. 콘크리트의 시공기계 및 기구 ··· 106
2-2. 콘크리트의 배합 및 배합설계 ··· 109
2-3. 콘크리트 운반 ·· 122
2-4. 콘크리트 치기 및 다지기 ··· 123
2-5. 콘크리트 양생 ·· 127
2-6. 콘크리트 이음 ·· 129
2-7. 특수 콘크리트의 시공법 ·· 130
　◆ 문제 및 해설 ··· 143

제 3 장 콘크리트 재료 시험　　　　　　　　　　　　　　205

3-1. 시멘트 관련 시험 ·· 206
3-2. 굳지않은 콘크리트 관련 시험 ··· 209
3-3. 골재시험 ··· 215
3-4. 굳은 콘크리트 관련 시험 ··· 226
　◆ 문제 및 해설 ··· 233

■ 실기편

제4장 필답형 문제 및 해설　　　　　　　　　　　　　　　279

- 4-1. 콘크리트 시방배합 ·· 280
- 4-2. 콘크리트 현장배합 ·· 290
- 4-3. 콘크리트 일반 및 재료 ··· 304
- 4-4. 콘크리트 강도시험 ·· 308
- 4-5. 각종 콘크리트시험 ·· 314
- 4-6. 콘크리트 시공 ·· 326
- 4-7. 특수 콘크리트 ·· 329
- 4-8. 콘크리트 일반 예상문제 ··· 333
- 4-9. 콘크리트 강도시험 예상문제 ··· 337
- 4-10. 각종 콘크리트 시험 예상문제 ·· 340
- 4-11. 콘크리트 시공 예상문제 ·· 345
- 4-12. 특수콘크리트 예상문제 ·· 347
- 표준시방서 변경 및 KS규격 변경에 따른 예상문제 ················ 349

제5장 콘크리트 작업형　　　　　　　　　　　　　　　　　355

부 록

- 모의고사(I~V) ··· 370
- 필기 핵심 기출문제 해설 ·· 401
- 필답형 기출문제 해설 ·· 500
- 콘크리트 기능사 공식 ·· 542

출제기준(필기)

직무분야	건설	중직무분야	토목	자격종목	콘크리트기능사	적용기간	2025.1.1. ~ 2027.12.31.
○직무내용 : 콘크리트 제품 생산 및 시공 현장에서 콘크리트 재료에 대한 시험, 콘크리트 배합, 운반, 타설 및 양생 등을 수행하는 직무이다.							
필기검정방법	객관식		문제수	60		시험시간	1시간

필기과목명	문제수	주요항목	세부항목	세세항목
콘크리트 재료, 콘크리트 시공, 콘크리트 재료시험	60	1. 콘크리트 재료에 관한 지식	1. 시멘트	1. 시멘트 일반 2. 포틀랜드시멘트 3. 고로슬래그시멘트 4. 플라이애시시멘트 5. 특수시멘트
			2. 물	1. 혼합수 일반 2. 혼합수의 품질기준
			3. 골재	1. 골재의 함수량에 따른 성질 2. 골재의 단위용적 질량 및 실적률 3. 골재의 입도 4. 골재에 함유되어 있는 유해물 5. 골재의 내구성 6. 기타 골재에 관한 사항
			4. 혼화재료	1. 혼화재료 일반 2. AE제 3. 감수제 4. 기타혼화제 5. 혼화재
			5. 콘크리트에 필요한 기타 재료	1. 콘크리트에 필요한 기타 재료
		2. 콘크리트 시공에 관한 지식	1. 콘크리트의 시공기계 및 기구	1. 시공기계 2. 시공기구

필기 과목명	문제수	주요항목	세부항목	세세항목
			2. 콘크리트의 배합	1. 재료의 계량 2. 콘크리트 비비기 3. 레디믹스트콘크리트
			3. 콘크리트의 운반	1. 콘크리트 운반 장비 2. 콘크리트 운반 시간
			4. 콘크리트의 타설 및 다지기	1. 콘크리트 타설 2. 콘크리트 다지기 3. 거푸집 및 동바리
			5. 콘크리트의 양생	1. 습윤양생 2. 기타 양생에 관한 사항
			6. 특수 콘크리트의 시공법	1. 한중콘크리트 2. 서중콘크리트 3. 수중콘크리트 4. 해양콘크리트 5. 수밀콘크리트 6. 숏크리트 7. 프리플레이스트 콘크리트 8. 매스콘크리트 9. 기타 콘크리트시공에 관한 사항
		3. 콘크리트재료에 관한 시험법 및 배합 설계에 관한 지식	1. 시멘트 시험	1. 시멘트 비중시험 2. 시멘트 응결시험 3. 기타 시멘트 관련 시험
			2. 골재 시험	1. 골재의 체가름 시험 2. 골재에 포함되어 있는 유해물함유량 관련 시험 3. 골재 밀도 및 흡수율 시험 4. 잔골재의 표면수 시험 5. 기타 골재 관련 시험

필 기 과목명	문제수	주요항목	세부항목	세세항목
			3. 굳지 않은 콘크리트 시험	1. 콘크리트의 슬럼프 시험 2. 기타 콘크리트의 반죽질기 시험 3. 콘크리트의 블리딩 시험 4. 콘크리트의 공기 함유량 시험 5. 콘크리트의 염화물 함유량 시험
			4. 굳은 콘크리트 시험	1. 강도시험용 공시체의 제작방법 2. 콘크리트의 압축강도 시험 3. 콘크리트의 인장강도 시험 4. 콘크리트의 휨강도 시험 5. 콘크리트의 비파괴 시험
			5. 콘크리트의 배합설계	1. 콘크리트의 배합설계

출제기준(실기)

직무분야	건설	중직무분야	토목	자격종목	콘크리트기능사	적용기간	2025.1.1. ~ 2027.12.31.

○직무내용 : 콘크리트 제품 생산 및 시공 현장에서 콘크리트 재료에 대한 시험, 콘크리트 배합, 운반, 타설 및 양생 등을 수행하는 직무이다.

○수행준거 : 1. 콘크리트 재료 및 각종 콘크리트에 대한 이론적 지식을 바탕으로 각종 재료에 대한 시험을 실시하고 결과를 판정할 수 있다.
          2. 콘크리트 제조에 대한 이론적 지식을 바탕으로 배합설계 및 현장배합을 실시할 수 있다.
          3. 콘크리트 시공에 대한 이론적 지식을 바탕으로 일반 및 특수콘크리트의 시공과 품질관리를 할 수 있다.

실기검정방법	복합형	시험시간	2시간 30분 정도 (필답형 : 1시간, 작업형 : 1시간 30분 정도)

실기 과목명	주요항목	세부항목	세세항목
콘크리트 시공작업	1. 일반 콘크리트 및 특수 콘크리트에 관한 시공 작업	1. 콘크리트 재료 이해하기	1. 시멘트를 알아야 한다. 2. 골재를 알아야 한다. 3. 혼화재료를 알아야 한다. 4. 혼합수를 알아야 한다.
		2. 콘크리트 관련 시험하기	1. 콘크리트 재료 시험을 할 수 있어야 한다. 2. 굳지 않은 콘크리트 시험을 할 수 있어야 한다. 3. 굳은 콘크리트 시험을 할 수 있어야 한다.
		3. 콘크리트 공구 및 장비 활용하기	1. 콘크리트 공구를 활용할 수 있어야 한다. 2. 콘크리트 장비를 활용할 수 있어야 한다.
		4. 콘크리트 배합하기	1. 콘크리트 배합설계를 할 수 있어야 한다. 2. 현장배합을 할 수 있어야 한다.
		5. 콘크리트 타설 및 다지기 하기	1. 콘크리트 타설 할 수 있어야 한다. 2. 콘크리트 다지기를 할 수 있어야 한다.
		6. 콘크리트 양생하기	1. 콘크리트 양생을 이해하고 적용할 수 있어야 한다.

콘크리트 기능사 시험 준비 시 주요 사항

1) 1차 필기시험에 합격하고, 2차 필답형(50점)과 작업형(50점) 모두 응시를 해야 한다.
2) 1차 필기시험의 출제문항 수는 60문항 선택형으로 출제가 되며, 시험 제한 시간은 1시간 이고, 1차 합격 기준은 100점 만점 중 60점 이상이면 합격이 된다.
3) 2차 필답형은 단답형, 계산문제로 출제되며, 시험 제한 시간은 1시간이고, 50점 만점으로 출제된다. 특히 필답형은 배합설계(시방배합, 현장배합)가 매회마다 출제가 되고 있어, 철저히 대비해야 하고 배점도 가장 크다.
4) 2차 작업형은 배합설계에 의하여 콘크리트 재료량을 결정하여 손비빔을 실시한 후 주어진 강도 시험용 공시체를 제작하고, 몰드 제작 종료 후 콘크리트를 되비빔하여 슬럼프 시험을 하는 작업으로 50점 만점으로 출제된다.
   최종 2차 필답형과 작업형 합한 점수가 60점 이상이면 합격이 된다.
5) 2차 필답형 계산문제에 있어서 특히 주의할 사항은 계산과정, 소수점 자릿수 지키기, 단위 등을 요구에 맞도록 계산하지 않으면 오답처리 되므로 주의 하여야 한다.
6) 본 교재는 최근 출제 기준과 변경된 콘크리트 시방서를 기준으로 편찬이 되었으므로 혼동이 없도록 한다.

콘크리트 기능사 필기편

제1장

콘크리트 재료

1.1 콘크리트 일반

1.2 골재(잔골재, 굵은 골재)

1.3 시멘트

1.4 혼화재료

1.5 혼합수

◇ 문제 및 해설

제1장 콘크리트 재료

1.1 콘크리트 일반

1 콘크리트 구성

콘크리트를 만들려면 필요로 하는 재료는 시멘트, 잔골재(모래), 굵은 골재(자갈), 물, 혼화재료를 혼합하여 만들어진 것을 콘크리트라 한다.

① 시멘트 풀(Cement paste) : 시멘트+물
② 시멘트 모르타르(Cement mortar) : 시멘트+물+잔골재
③ 콘크리트(Concrete) : 시멘트+물+잔골재+굵은 골재
④ 철근콘크리트 : 시멘트+물+잔골재+굵은 골재+철근

≪알아두기≫
☞ 콘크리트 전체 부피의 70%가 골재이고 나머지 30%는 시멘트 풀로 되어 있다.
☞ 시멘트(Cement), 물(Water), 잔골재(Sand), 굵은 골재(Gravel)영문 첫 알파벳 알아 두어야 뒤에 나오는 계산문제 계산할 때 편리함

2 콘크리트 장, 단점

1) 장점
① 재료의 크기, 모양에 의한 제한을 받지 않고 마음대로 만들 수 있다.
② 압축강도가 크고 내구성, 내화성이 크다.
③ 재료의 운반과 시공이 쉽다.
④ 구조물 유지관리비가 적게 든다.
⑤ 철근과의 부착력이 크다.

2) 단점
① 콘크리트 자체 무게가 무겁다. 그러나 자중이 크므로 중력댐이나 중력식 옹벽은 장점이 된다.
② 압축강도에 비해 인장강도, 휨강도가 작다.
③ 건조수축에 의한 균열이 생기기 쉽다.

3 굳지 않은 콘크리트의 성질

굳지 않은 콘크리트(fresh concrete)는 믹싱 후 시간이 경과함에 따라 유동성을 상실하고, 응결을 거쳐 소정의 강도를 나타낼 때까지의 콘크리트를 말하며, 치기에 알맞은 유동성을 가져야 하고, 재료의 분리가 생기지 않고, 마무리성이 좋아야 한다.

굳지 않은 콘크리트 성질

① 워커빌리티(workability) : 굳지 않은 콘크리트에서 가장 중요한 것으로 반죽질기에 따른 작업이 어렵고 쉬운 정도(작업의 난이정도) 및 재료분리에 저항하는 정도를 나타내는 성질.

② 반죽질기(consistency) : 주로 물의 양이 많고 적음에 따른 반죽의 되고 진 정도를 나타내는 성질.

③ 성형성(plasticity) : 거푸집에 쉽게 다져 넣을 수 있고, 거푸집을 제거하면 천천히 형상이 변하기는 하지만 허물어지거나 재료분리하지 않는 성질.

④ 피니셔빌리티(finishability) : 굵은 골재의 최대치수, 잔골재율, 잔골재의 입도 반죽질기 등에 따른 마무리하기 쉬운 정도를 나타내는 성질.

> ≪알아두기≫
> ☞ 응결 : 응결은 시멘트가 수화작용에 의해 유동성을 잃고 굳어지는 현상
> ☞ 경화 : 응결 후 수화작용이 계속되면 시멘트가 굳어져 강도를 나타내는 현상
> ☞ 응결 시험법: 비이카침, 길모어침 시험법

워커빌리티(workability)

1) 워커빌리티(workability)에 영향을 끼치는 요소

요소	워커빌리티가 좋아지는 경우	워커빌리티가 나빠지는 경우
시멘트	• 시멘트 양이 많을수록(부배합) • 분말도가 높을수록 • 혼합시멘트	• 시멘트 양이 작을수록(빈배합) • 분말도가 낮을수록 • 풍화된 시멘트를 사용하는 경우
혼화재료	• 혼화재 및 혼화제를 사용한 경우(플라이애쉬, 고로슬래그 미분말, AE제, AE감수제)	

골재	• 시멘트 양에 비해 골재 양이 적을수록 • 골재알 모양이 둥글수록	• 골재알 모양이 편편하고, 모난 경우(부순 골재) • 굵은 골재 량이 많은 경우
물		• 수량이 적을수록

≪알아두기≫
☞ 물은 워커빌리티에 가장 큰 영향을 끼치는 요소로 수량이 많아지면, 묽은 반죽이 되어 재료분리가 쉽고, 강도가 현저하게 저하되어 워커빌리티가 좋아진다고 말할 수 없다.
☞ 단위수량이 1.2% 증가하면 슬럼프는 1cm 증가한다.
☞ 잔골재량이 증가되면 동일한 워커빌리티를 얻기 위해 단위수량이 증가해야 한다.

2) 그밖에 굳지 않은 콘크리트에 영향을 주는 요소

① 온도

콘크리트 온도가 높을수록 컨시스턴시(consistency) 저하된다. 일반적으로 비빔온도가 10℃ 상승에 슬럼프가 2~3cm 증가

② 공기량

AE제나 AE감수제로 만들어진 공기는 볼베어링(ball bearing) 작용에 의해 워커빌리티를 개선시킨다. 공기량이 1% 증가하면 슬럼프가 2.5cm 증가

≪알아두기≫
☞ 볼베어링효과 : 구름베어링의 하나. 리테이너에 의해 항상 같은 간격을 유지하도록 되어 있는 볼(綱球)이 내륜과 외륜 사이에 끼워져 있고 축은 볼을 매개로 지탱되고 있기 때문에, 마찰이 적어지고 축의 회전이 원활하게 하는 효과

③ 비빔시간

혼합시간이 불충분하거나 과도하게 비빔시간을 길게 하면 워커빌리티에 나쁜 영향을 준다.

3) 워커빌리티 측정 방법

워커빌리티는 반죽질기에 좌우되므로 일반적으로 반죽질기(컨시스턴시)를 측정하여 판단한다. 그 중에서 슬럼프 시험을 가장 보편적으로 사용

① 워커빌리티 판정시험 : 슬럼프 시험, 구관입 시험, 흐름시험

시험방법	시험기	시험방법 및 내용
슬럼프 시험		슬럼프 콘에 3층 25회 다진 후, 슬럼프 콘을 빼 올렸을 때 무너져 내린 값을 슬럼프
구관입 시험		케리볼 시험이라고 하며 중량 약 13.6kg인 반 구가 자중에 의하여 콘크리트 속으로 가라앉는 관입깊이를 측정하는 시험방법
흐름 시험		시험판위에 밑지름 25.4cm, 윗지름 17.7cm, 높이 12.7cm의 모울드를 놓고 콘크리트를 2층으로 투입하여 각각 25회씩 다진 다음 수직으로 들어올린 후 흐름 시험판을 10초 동안에 15회 속도로 낙하 $$흐름값 = \frac{시험후 퍼진 직경 - 원래지름(25.4cm)}{원래지름(25.4cm)}$$

② 그 밖에 워커빌리티 시험
- 비비 시험 (Vee-Bee test)

  진동대 위의 원통용기에 슬럼프 시험과 같은 조작으로 슬럼프 시험을 한 후, 투명 플라스틱 원판을 콘크리트면 위에 놓고 진동을 주어 원판의 전면에 콘크리트가 완전히 접할 때까지의 시간을 초(sec)로 측정하여 측정값을 VB값(Vee-Bee degree) 또는 침하도라고 함

- 리몰딩 시험 (remolding test)

  슬럼프 모울드 속에 콘크리트를 채우고 원판을 콘크리트 면에 얹어 놓고 약 6mm의 상하운동을 주어 콘크리트의 표면이 내외가 동일한 높이가 될 때까지의 낙하횟수로써 반죽질기를 나타냄

> 재료의 분리

굵은 골재가 모르터로 부터 분리되는 현상으로 콘크리트의 구성 재료 중 입경이 큰 재료가 차지하는 비율이 클수록 재료분리가 발생이 쉽고, 입경이 작은 재료가 차지하는 재료의 비율이 클수록 재료분리 저항성이 증가

1) 작업 중 재료분리

【작업 중 재료분리가 발생하는 경우】

① 굵은 골재의 최대치수가 지나치게 큰 경우

② 단위 골재량과 단위수량 너무 많은 경우

③ 단위수량 너무 많은 경우

④ 배합이 적절하지 않은 경우 (제조, 운반, 타설 시에 재료분리 발생)

⑤ 묽은 반죽의 콘크리트를 높은 곳에서 낙하시키는 경우 (슈트)

⑥ 혼합시간이 부족하든지 또는 과다하게 혼합하는 경우

【재료분리 발생 대책】

① 콘크리트의 성형성(plasticity)을 증가

② 잔골재율을 크게

③ 물–결합재비를 작게

④ AE제, 플라이애쉬 등의 혼화재료 사용

2) 작업 후의 재료분리

콘크리트를 친 후 시멘트와 골재 알이 가라앉으면서 물이 올라와 표면에 떠오른다. 이 현상을 블리딩이라 하고, 물이 표면에 떠올라 가라앉으면서 발생한 미세 물질을 레이턴스(laitance)라 함

【블리딩 발생 대책】

① 단위수량을 적게 한다.

② 분말도가 높은 시멘트 사용

③ AE제, 감수제를 사용

④ 플라이 애시, 슬래그 미분말, 실리카퓸 등의 혼화재 사용

4 굳은 콘크리트의 성질

1) 단위 중량(무게) (kg/m³)

① 콘크리트 단위 무게는 굵은 골재의 밀도, 굵은 골재 최대치수, 골재의 사용량에 따라 다르다.

② 무근 콘크리트 단위무게 : 2,300 ~ 2,350 kg/m³
   철근 콘크리트 단위무게 : 2,400 ~ 2,500 kg/m³
   경량 콘크리트 단위무게 : 1,500 ~ 1,900 kg/m³

≪알아두기≫
☞ 단위 : 단위무게, 단위수량, 단위 잔골재량, 단위 굵은 골재량 등 앞에 붙는 "단위"의 의미는 숫자 1을 기준으로 함.
   (예, 단위 무게는 부피 1m³을 기준으로 할 때 무게를 말함)

2) 강도 (압축강도, 인장강도, 휨강도)

압축 강도

① 콘크리트 강도는 주로 압축강도를 말함.

② 압축강도는 재령 28일 강도를 말함

③ 압축강도에 영향을 주는 요인은 물-결합재비, 굵은 골재 최대치수, 혼화재료의 종류, 혼합, 비비기, 공기량, 워커빌리티

④ 원주형 공시체 ($\phi 150 \times 300$mm, 또는 $\phi 100 \times 200$mm)를 제작하여 규정된 일수까지 양생 후 압축강도 시험기로 파괴하여 최대 하중을 단면적으로 나눔

$$\therefore 압축강도(N/mm^2) = \frac{P(N)}{A(mm^2)} \, [N/mm^2 = MPa]$$

여기서, P : 파괴 최대하중, A : 원의 단면적($\frac{\pi d^2}{4}$)

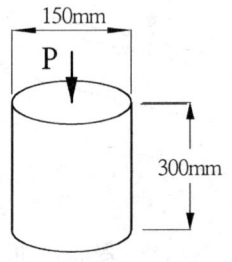

【콘크리트 압축강도용 공시체】

≪알아두기≫
☞ 공시체 지름 : 높이의 비는 1 : 2가 되어야 한다.
☞ 재령의 의미: 콘크리트의 압축강도 발현은 재령 7~14일까지의 사이에 가장 급격한 강도 증가가 나타나고, 수분이 공급되면 일반적으로 재령 6개월부터 1년까지 강도증가, 재령 28일은 콘크리트 강도가 90%이상 발현되어 콘크리트 구조물의 설계기준으로 이용.

인장 강도

① 콘크리트 인장강도는 압축강도의 $\frac{1}{10} \sim \frac{1}{13}$ 정도
② 인장강도에 영향을 주는 요인은 압축강도와 동일
③ 인장강도 공시체 몰드는 압축강도용을 쓰고, 옆으로 눕혀 놓고 파괴
   (인장강도를 쪼갬 인장강도라 함)

$$\therefore 인장강도(N/mm^2) = \frac{2P}{\pi dl} [N/mm^2 = MPa]$$

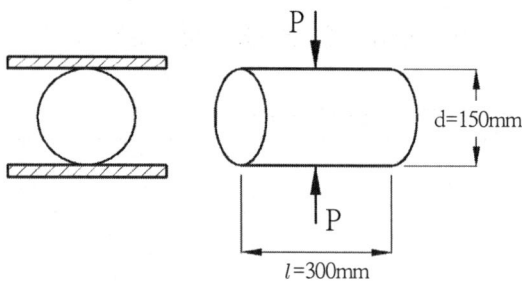

【 콘크리트 인장강도용 공시체 】

휨 강도

① 콘크리트 휨 강도는 압축강도의 $\frac{1}{5} \sim \frac{1}{8}$ 정도
② 콘크리트 휨 강도는 도로 포장용 콘크리트 품질 결정에 사용
③ 휨 강도용 공시체 (150×150×530mm, 또는 100×100×380mm)를 만들어 양생 후 시험체를 3등분하여 놓고 파괴하여 최대하중을 구하여 휨강도 구함
   ■ 시험체가 지간의 3등분 중앙에서 파괴 될 때

$$\therefore 휨강도(N/mm^2) = \frac{Pl}{bd^2} [N/mm^2 = MPa]$$

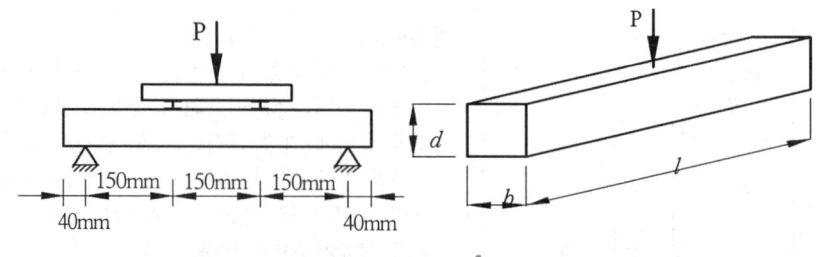

a. 3등분점 재하   b. 중앙점 재하

【 콘크리트 휨강도용 공시체 】

5 그 밖에 콘크리트의 성질

1) 균열

① 굳지 않은 콘크리트 균열
- 소성수축 균열 (플라스틱 균열)
- 침하균열

② 굳은 콘크리트의 균열
- 건조수축에 의한 균열
- 열응력에 의한 균열
- 화학적 반응에 의한 균열
- 기상작용에 의한 균열
- 철근의 부식에 의한 균열
- 시공불량에 의한 균열

③ 균열발생원인
- 단위시멘트량, 단위수량이 너무 큰 경우
- 알카리 함유량이 큰 시멘트 사용
- 분말도가 너무 큰 시멘트 사용
- 반응성 물질이 있는 골재 사용
- 염화물 함유량이 기준 이상인 골재 사용
- 산·염유를 포함한 혼합수 사용

≪알아두기≫
☞ 소성수축균열 : 시멘트-페이스트는 경화할 때, 절대체적의 1% 정도가 감소하게 돼며, 이에 따라 소성상태에 있는 콘크리트의 체적이 감소하는 것.
☞ 침하균열 : 콘크리트의 타설 후 콘크리트는 자중에 의하여 계속 압밀이 되어 수축하는 현상
☞ 건조수축 균열 : 워커빌리티에 필요한 잉여수가 건조하면서 콘크리트는 수축

2) 부피의 변화
콘크리트 온도가 높으면 콘크리트가 팽창하고, 냉각하면 수축한다. 또 콘크리트는 수분의 변화에 따라 부피가 변화 (건조수축)

3) 내구성
① 콘크리트 구조물이 오랫동안 외부작용에 저항하기 위한 성질
② 콘크리트 내구성에 영향을 끼치는 요인은 동결, 융해, 기상작용, 물, 산, 염 등 화학적 침식, 물 흐름에 대한 침식, 철근의 녹에 의한 균열

4) 크리프(creep)
콘크리트에 일정하게 하중을 계속주면, 응력의 변화는 없는데 변형이 재령과 함께 커지는

현상

5) 중성화(中性化)

공기중의 탄산가스(CO_2)에 의해 콘크리트의 수화로 발생한 수산화칼슘($CaOH_2$)이 탄산칼슘($CaCO_3$)으로 변화하여 알칼리성을 소실하는 현상으로, 콘크리트의 강도, 그 외 물리적인 성질은 그다지 변하지 않지만 중성화가 철근의 위치까지 도달하면 철근이 녹슬기 쉽게 되어 구조물의 균열을 발생시키고 내력을 저하 시킨다.

☆ 중성화 구분 방법

페놀프탈렌 1% 알코올 용액의 분무에 의해 자적 색으로 변하지 않는 부분을 중성화영역으로 하고 변하는 부분을 미중성화 영역으로 하여 측정한다.

6) 잠재수경성

고로슬래그가 시멘트수화물 중 수산화칼슘과 반응, 경화하여 장기강도를 발휘하는 성질

7) 알칼리골재반응

알칼리와의 반응성을 가지는 골재가 시멘트, 그 밖의 알칼리와 장기간에 걸쳐 반응하여, 팽창을 유발하여 균열을 발생시켜 콘크리트의 내구성을 저하 시킨다.

☆ 알칼리골재반응을 억제하는 방법

a. 저알칼리 시멘트 사용

b. 혼합율이 큰 고로시멘트 또는 플라이애시 시멘트 사용

c. 콘크리트 중의 전알칼리량을 일정 한도 이하로 억제

≪알아두기≫
- ☞ 잠재수경성 : 고로슬래그가 시멘트수화물 중 수산화칼슘과 반응, 경화하여 장기강도를 발휘하는 성질
- ☞ 알칼리골재반응: 알칼리와의 반응성을 가지는 골재가 시멘트, 그 밖의 알칼리와 장기간에 걸쳐 반응하여, 팽창을 유발하여 균열을 발생시켜 콘크리트의 내구성을 저하
- ☞ 중성화(中性化): 공기 중의 탄산가스(CO_2)에 의해서 콘크리트의 수화로 발생한 수산화칼슘($CaOH_2$)이 탄산칼슘($CaCO_3$)으로 변화하여 알칼리성을 소실하는 현상

1.2 골재(잔골재, 굵은 골재)

1 개요
골재는 콘크리트 부피의 약 70%를 차지하는 재료로 모르타르, 콘크리트를 만드는 주재료가 된다. 여기서 잔골재의 대표적인 것은 모래이고, 굵은 골재의 대표적인 것은 자갈이다.

2 골재 종류

1) 골재 크기에 따른 분류
   ① 잔골재
      ㉠ 10mm 체를 전부다 통과하고 5mm 체를 무게비로 85% 이상 통과하고 0.08mm 체에 다 남은 골재
      ㉡ 5mm 체를 다 통과하고 0.08mm 체에 다 남은 골재
   ② 굵은 골재
      ㉠ 5mm 체에 무게비로 85% 이상 남은 골재
      ㉡ 5mm 체에 다 남은 골재

   ≪알아두기≫
   ☞ ㉠의 정의는 자연 상태 또는 가공후의 모든 골재에 적용됨
   ☞ ㉡의 정의는 시방 배합을 정할 때에 적용
   ☞ 잔골재와 굵은 골재를 구분하는 체는 5mm 체가 기준이 되고, 5mm 체 이상에 남은 골재는 굵은 골재, 5mm 체를 통과한 골재는 잔골재

2) 골재 밀도에 따른 분류
   ① 보통골재
      자연작용으로 암석에서 생긴 잔골재, 자갈 또는 부순모래, 부순굵은골재, 고로슬래그 잔골재, 고로슬래그 굵은골재 등
   ② 경량골재
      천연 경량골재와 인공 경량골재로 구분되며, 천연 경량골재에는 경석 화산 자갈, 응회암, 용암 등이 있으며, 인공 경량골재에는 팽창성 혈암, 팽창성 점토, 플라이애쉬 등을 주원료로 하여 인공적으로 소성한 인공 경량골재와 팽창 슬래그, 석탄 찌꺼기 등과 같은 산업 부산물인 경량골재 및 그 가공품이다. 골재의 내부는 다공질이고 표면은 유리질의 피막

으로 덮인 구조로 되어 있으며, 잔골재는 절건밀도가 0.0018g/mm³ 미만, 굵은 골재는 절건밀도가 0.0015g/mm³ 미만인 것

③ 중량골재

중정석, 갈철광, 자철광 등의 밀도가 보통골재보다 큰 골재를 말함

> ≪알아두기≫
> ☞ 단위 체계개편으로 비중은 밀도로 변경 되었으며, 밀도는 단위가 g/cm³으로 무게 개념이다. 경량(輕量)은 무게가 가볍다는 뜻이고, 중량(重量)은 무게가 무거우므로 숫치가 크면 중량골재가 된다.

3) 생산 방법에 따른 분류

① 천연골재 : 강모래. 자갈, 산모래. 자갈, 바닷모래. 자갈, 천연 경량 잔골재. 굵은 골재

② 인공골재 : 부순 잔골재. 굵은 골재, 고로 슬래그 잔골재. 굵은골재, 인공 경량 잔골재. 굵은골재, 중량골재, 재생골재

> ≪알아두기≫
> ☞ 천연골재는 자연 상태에서 얻을 수 있는 골재를 말하고, 인공골재는 사람이나 기계의 힘을 빌려 얻어지는 골재를 말함

3 골재가 갖추어야 할 성질

① 골재는 강하며, 물리 화학적으로 안정되어 내구적일 것
② 알맞은 입도를 가질 것
③ 연한석편, 가느다란 석편을 함유하지 않고 둥글거나 정육면체에 가까울 것
④ 유해량 이상의 염분을 포함하지 말아야 하며, 진흙이나 유기불순물 등의 유해물이 포함되어 있지 않아야 한다.
⑤ 마멸에 대한 저항성이 크고, 필요한 무게를 가질 것

4 골재의 성질

1) 물리적 품질

① 잔골재로서 사용할 모래의 절건밀도는 2.50g/cm³ 이상 값을 표준

② 굵은골재로서 사용할 자갈의 절건밀도는 2.50g/cm³ 이상 값을 표준

③ 밀도가 큰 골재는 빈틈이 적고, 흡수량이 적어 내구성과 강도가 크다

④ 잔골재, 굵은 골재 밀도 값을 알아야 콘크리트 배합설계에서 시방배합계산을 할 수 있다.

≪알아두기≫
☞ 비중은 무차원에서 밀도(g/cm³)로 변경되었음. 계산식도 밀도개념으로 변경

굵은 골재 밀도 및 흡수율

① 표면건조 포화상태 밀도

$$D_S = \frac{B}{B-C} \times \rho_w \ (g/cm^3)$$

ρ_w : 시험온도에서 물의 밀도(g/cm^3)

② 절대건조 상태 밀도

$$D_d = \frac{A}{B-C} \times \rho_w \ (g/cm^3)$$

B : 표면건조 포화상태 질량(g)

C : 시료의 수중 질량(g)

③ 진 밀도

$$D_A = \frac{A}{A-C} \times \rho_w \ (g/cm^3)$$

A : 절대건조상태 시료 질량(g)

④ 흡수율

$$Q = \frac{B-A}{A} \times 100 \ (\%)$$

잔골재 밀도 및 흡수율 시험

결과계산

① 표면건조포화상태의 밀도 $(d_s) = \dfrac{m}{B+m-c} \times \rho_w \ (g/cm^3)$

② 절대건조 상태의 밀도 $(d_d) = \dfrac{A}{B+m-C} \times \rho_w \ (g/cm^3)$

③ 진밀도 $d_A = \dfrac{A}{B+A-C} \times \rho_w \ (g/cm^3)$

④ 흡수율$(Q) = \dfrac{m-A}{A} \times 100 \ (\%)$

여기서, m : 표면건조 포화상태 시료의 질량 (g)

C : 시료와 물로 검정된 용량을 나타낸 눈금까지 채운 플라스크 질량 (g)

B : 검정된 용량을 나타낸 눈금까지 물을 채운 플라스크 질량 (g)

A : 절대건조 상태의 시료 질량 (g)

2) 함수량

골재의 함수 상태

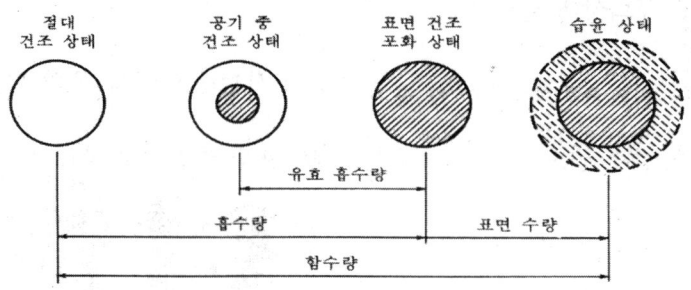

① 절대 건조 상태 : 골재속의 공극에 있는 물을 전부 제거된 상태

② 공기 중 건조 상태 : 공기 중에서 자연건조 시킨 상태로 골재속의 내부 일부는 물로 차 있는 상태

③ 표면 건조 포화 상태 : 골재 표면은 물기가 없고, 내부 빈틈은 물로 포화된 상태

④ 습윤상태 : 골재 표면에 물기가 있고, 내부 빈틈도 물로 차 있는 상태

≪알아두기≫
☞ 절대건조상태(절건상태, 노건조상태):건조로에서 물기를 완전히 제거한 상태
☞ 공기중건조상태(기건상태)
☞ 습윤상태 : 금방 하천 등에서 채취한 골재
☞ 표면건조포화상태(표건상태) : 자연적으로는 얻을 수 없는 함수상태로 실험실에서 인위적으로 만들어지며, 시방배합의 기준이 된다.

골재의 수량

① 유효흡수율 = $\dfrac{\text{표면건조 포화 상태} - \text{공기중 건조 상태}}{\text{공기중 건조 상태}} \times 100\,(\%)$

② 흡수율 = $\dfrac{\text{표면건조 포화 상태} - \text{절대건조상태}}{\text{절대건조상태}} \times 100\,(\%)$

③ 표면수율 = $\dfrac{\text{습윤 상태} - \text{표면건조 포화 상태}}{\text{표면건조 포화 상태}} \times 100\,(\%)$

④ 함수율 = $\dfrac{\text{습윤 상태} - \text{절대건조상태}}{\text{절대건조상태}} \times 100\,(\%)$

≪알아두기≫
☞ 1차 필기 및 2차 필답형에 계산문제로 자주 출제되고 있음
☞ 골재무게 순서는 습윤상태 〉 표건상태 〉 기건상태 〉 노건상태
☞ 콘크리트 시방배합은 표건상태를 기준으로 하고 있으므로, 시방배합을 현장배합으로 변경할 때는 골재의 함수상태에 따라 보정한다

3) 골재의 실적률과 공극률

골재 공극률이 작으면 (실적률이 크면)

① 시멘트풀이 줄어들어 경제적 콘크리트를 만들 수 있음
② 콘크리트 밀도, 마멸성, 수밀성, 내구성 증대
③ 건조 수축이 적고 균열이 적음
④ 골재 알의 모양이 좋고, 입도가 알맞다.
⑤ 일반적으로 공극률은 잔골재는 30~40%, 굵은 골재는 35~40%, 잔골재와 굵은 골재가 섞여 있는 경우는 25% 이하

골재의 실적률

실적률(%) = 100 - 공극률(%) = $\dfrac{\text{단위 용적 질량}}{\text{밀도}} \times 100\,(\%)$

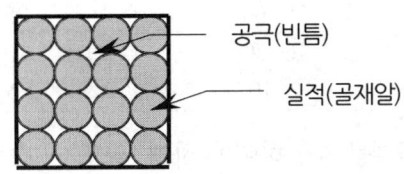

4) 입도

① 입도의 정의 : 골재의 크고 작은 알갱이가 섞여 있는 정도
② 입도를 표시하는 방법 : 체분석에 의한 입도곡선과 조립률을 구하는 방법

조립률(F.M)

① 조립률을 구하기 위한 10개 체
  80mm, 40mm, 20mm, 10mm, 5mm, 2.5mm, 1.2mm, 0.6mm, 0.3mm, 0.15mm
② 체분석을 실시하여 각체에 남은 양을 구하여 조립률(F.M)을 구한다.

$$조립율(F.M) = \frac{10개\ 각\ 체에\ 남은\ 양의\ 누계}{100}$$

③ 조립률의 적절한 범위 (골재의 조립률은 알의 지름이 클수록 크다)
- 잔골재 : 2.3~3.1
- 굵은 골재 : 6~8

④ 잔골재와 굵은 골재가 혼합 되었을 때 조립률을 구하는 방법

$$f_a = \frac{p}{p+q} \cdot f_s + \frac{q}{p+q} \cdot f_g$$

여기서

f_a : 혼합골재의 조립률

f_s, f_g : 잔골재 및 굵은 골재 각각의 조립률

p, q : 무게로 된 잔골재 및 굵은 골재 각각의 혼합비

잔골재의 표준 입도

체의 호칭 치수 (mm)	체를 통과한 것의 질량 백분율(%)	
	천연잔골재	부순잔골재
10	100	100
5	95~100	90~100
2.5	80~100	80~100
1.2	50~85	50~90
0.6	25~60	25~65
0.3	10~30	10~35
0.15	2~10	2~15

위 표의 입도 범위 내의 잔골재를 사용하여야 하며, 입도가 이 범위를 벗어난 잔골재를 쓰는

경우에는, 두 종류 이상의 잔골재를 혼합하여 입도를 조정해서 사용하여야 한다. 혼합 잔골재의 경우 천연골재의 입도규정에 준한다. 또한, 표에 표시된 연속된 두 개의 체 사이를 통과하는 양의 백분율이 45%를 넘지 않아야 한다.

> ≪알아두기≫
> - 입도분포가 좋다는 뜻은 굵고 작은 알갱이가 골고루 섞여 있어 공극을 작은 입자들이 채워져 실적을 크게 하고, 빈틈을 적게 함으로서 모르타르가 적게 들고, 그러므로 시멘트가 적게 사용되어 경제적이며, 강도, 내구성도 커지게 된다.
> - F.M을 계산하는 문제는 2차 필답형에서 자주 출제됨.
> - 일반적으로 골재의 입경이 클수록 F.M 값이 커진다.
> - 10개 체를 암기 방법: 가장 큰 규격부터 절반씩 암기하면 편리(80mm부터 절반씩)

5) 굵은 골재 최대 치수

① 질량(무게)으로 90% 이상 통과 하는 체 중 체 눈금이 최소인 것의 호칭 치수로 나타내는 굵은 골재의 크기

② 골재의 최대치수가 크면
- 시멘트 풀의 양이 적어져 경제적
- 재료분리가 일어나기 쉽다
- 시공하기가 어렵다.

6) 단위 무게

① 기건상태에서 골재 $1m^3$의 무게

② 단위 무게는

$$골재의\ 단위\ 무게(kg/m^3) = \frac{시험\ 용기속의\ 시료\ 무게(kg)}{용기의\ 부피(m^3)}$$

7) 내구성

① 화학적인 작용, 기후에 의한 작용, 주변 환경에 의해 골재가 견딜 수 있는 성질

② 내구성을 알기 위해서는 안정성 시험을 실시

③ 안정성 시험은 황산나트륨용액에 대한 저항성 측정하여 5회 시험으로 평가

④ 안정성 시험에서 골재 손실 무게비는 잔골재는 10% 이하, 굵은 골재는 12% 이하로 규정하고 있다.

8) 마모저항 (닳음 저항)

골재 마모 시험은 로스엔젤레스 마모시험기(LA마모시험기)실시

9) 유해물
① 골재 속에 실트, 점토, 연한 편석, 부식토와 같은 유기물이 들어 있으면, 강도와 내구성이 떨어진다.

② 염화물이 들어 있으면 철근을 부식 시킨다.(바다 모래, 자갈)

10) 중량 골재
중량 골재는 밀도가 큰 철광석을 사용하며, 주로 원자로 등 방사선 차폐 콘크리트에 사용

11) 부순골재
부순 골재는 특유의 모가 나있고 표면조직이 거칠어 같은 워커빌리티를 얻기 위해서는 단위 수량 증가나 잔골재율 등의 증가가 있다.

부순 굵은골재는 부착력이 좋으며, 콘크리트 포장용에 좋다

12) 골재의 저장
① 잔골재, 굵은 골재 및 입도가 다른 골재는 각각 구분하여 따로 저장

② 골재 대소 알이 분리되지 않도록 하고, 먼지. 잡물이 혼입되지 않도록 한다.

③ 겨울에 동결이나 빙설이 혼입되지 않도록 하고, 여름에는 장기간 뙤약볕에 방치하지 않도록 한다.

④ 골재 저장장소는 적절한 배수 시설을 한다.

13) 콘크리트 시방사항
① 물리적 성질에 관한 기준

구 분	절건밀도(g/mm³)	흡수율(%)	안정성	마모율
잔 골 재	0.0025 이상	3.0 이하	10% 이하	-
굵은골재	0.0025 이상	3.0 이하	12% 이하	40% 이하

② 유해물질 함유량 시험 기준 (질량 백분율)

구 분	점토덩어리	연한석편	0.08mm체 통과량	염화물 함유량
잔골재	1.0% 이하	-	마모저항 받는 경우 3.0% 이하	0.04% 이하
			기타 5.0% 이하	
굵은골재	0.25% 이하	5.0% 이하	1.0% 이하	-

1.3 시멘트

1 개요
시멘트(Cement)는 골재와의 접착제, 결합재 등을 의미 하지만, 콘크리트로 보면 시멘트가 물과 반응하여 굳어지는 수경성 시멘트를 말함

2 시멘트 일반사항

1) 시멘트의 원료
   ① 석회석(CaO)과 실리카(SiO_2), 산화알루미나(Al_2O_3) 및 산화제2철(Fe_2O_3) 함유, 규석, 철광석 등임
   ② 응결지연제로 3%의 석고($CaSO_4 \cdot 2H_2O$)가 첨가된다.

2) 시멘트의 제조방법
   ① 석회석과 점토를 알맞은 비율로 섞어 1,400~1,500℃에서 소성하여 클링커를 만든 다음 응결지연제인 석고를 넣고 분쇄
   ② 건식법 : 원료를 건조시킨 후 소성하여 제조하는 것으로서 열효율이 좋아서 가장 많이 사용함.
   ③ 반건식법 : 미 분쇄된 원료에 10~12%의 물을 가하고 소성하여 제조하는 방법.
   ④ 습식법 : 물을 가한 슬러리(slurry) 상태의 원료를 소성하여 제조하는 방법으로서 열손실이 많기 때문에 거의 사용되지 않음.

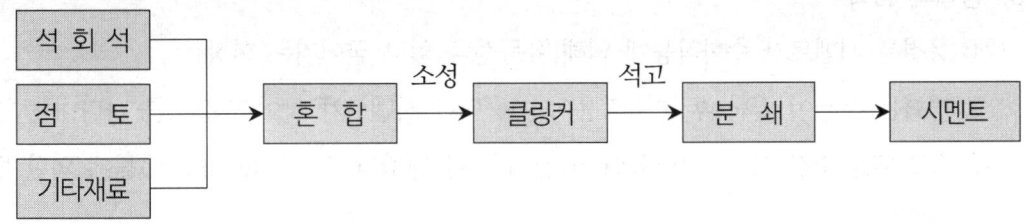

3) 시멘트의 화학성분
   ① 주성분 : 석회(CaO), 실리카(SiO_2), 알루미나(Al_2O_3), 산화철(Fe_2O_3)
   ② 부성분 : 산화마그네슘(MgO), 무수황산(SO_3), 알칼리(K_2O, Na_2O) 등.

4) 클링커 화합물의 특성

※ 클링커 : 시멘트의 원료를 소성로에서 소성하여 제조된 것으로서 여기에 석고를 첨가하여 미분쇄하면 시멘트가 제조된다.

① 규산 3석회(C_3S) : 수화열이 C_2S에 비해 비교적 크며 조기강도가 크다.
② 규산 2석회(C_2S) : 수화열이 작아서 강도발현은 늦지만 장기강도 발현성과 화학저항성이 우수하다.
③ 알민산 3석회(C_3A) : 수화속도가 매우 빠르고 발열량과 수축이 크다.
④ 알민산철 4석회(C_4AF) : 수화열이 적고 수축도 적으며 강도증진에는 큰 효과는 없으나 화학저항성이 양호하다.
⑤ 포틀랜드시멘트 중 클링커 화합물 성분량의 크기 : $C_3S > C_2S > C_3A > C_4AF$

화합물	특 성			
	조기강도	장기강도	수화열	건조수축
$C_3S(3CaO \cdot SiO_2)$	대	중	중	중
$C_2S(2CaO \cdot SiO_2)$	소	대	소	소
$C_3A(3CaO \cdot Al_2O_3)$	대	소	대	대
$C_4AF(4CaO \cdot Al_2O_3 \cdot Fe_2O_3)$	소	소	소	소

5) 시멘트의 수화

① 수화반응(hydration) : 시멘트와 물이 화학반응을 일으켜 수화물을 생성하는 반응을 말하며 이때 발생한 열을 수화열이라 한다.
② 수화열은 한중콘크리트에 좋지만, 매스콘크리트는 온도 응력을 일으켜 균열이 발생

6) 응결과 경화

① 응결은 시멘트가 수화작용에 의해 유동성을 잃고 굳어지는 현상
② 경화는 응결이 끝난 후 수화작용이 계속되면 시멘트가 굳어져 강도를 나타내는 현상
③ 응결시간 측정 시험은 비카(Vicat)침에 의한 방법과 길 모어(Gillmire)침에 의한 방법이 있다.
④ 응결이 빨라지는 경우
- 분말도가 클수록
- C_3A가 많을수록.
- 온도가 높을수록
- 습도가 낮을수록

⑤ 응결이 지연되는 경우
- 석고첨가량이 많을수록
- 물-결합재비가 클수록
- 시멘트가 풍화될수록

7) 풍화

① 시멘트가 공기 중의 수분과 이산화탄소와 반응하여 수화반응을 일으켜 탄산염을 만들어 시멘트 품질을 저하하는 현상.

$$\text{시멘트} + H_2O \rightarrow Ca(OH)_2 + CO_2 \rightarrow CaCO_3 + H_2O$$
$$\text{(수분)} \quad \text{(수산화칼슘)} \text{(이산화탄소)} \text{(탄산칼슘)} \text{(물)}$$

② 풍화된 시멘트는
- 밀도가 작아지고
- 응결이 늦어지며
- 강도가 늦게 나타난다.

③ 시멘트 풍화도 측정방법은 강열감량시험에 의해 실시하고, 시멘트 감량은 3% 이하로 규정

≪알아두기≫
☞ 강열감량 : 시멘트 시료를 강열했을 때의 중량손실

8) 밀도

① 시멘트 단위무게, 콘크리트 배합설계에 쓰임

② 일반적으로 시멘트 밀도는 $3.14 \sim 3.2 g/cm^3$ 정도이다.

③ 시멘트 밀도 시험법은 르샤트리에 비중병으로 시험한다.

④ 시멘트의 밀도가 작아지는 원인
- 시멘트가 대기 중의 수분이나 탄산가스를 흡수하여 풍화될 때
- 클링커의 소성이 불충분할 때
- 혼합물이 섞여 있을 때
- 장기간 저장할 때

9) 분말도

① 시멘트 입자의 가는 정도를 분말도라 함

② 시멘트 분말도가 높으면(입자가 가늘면)
- 수화작용이 빠르고
- 조기강도가 커진다.

- 풍화하기 쉽고
- 수화열이 많아 콘크리트에 균열 발생
- 건조수축이 커진다.

③ 분말도는 비표면적으로 나타내며, 비표면적(cm^2/g)은 1g의 시멘트가 가지고 있는 전체 입자의 총 표면적(cm^2), 비표면적은 조강포틀랜드 시멘트는 $3300cm^2/g$, 그 밖의 시멘트는 $2800cm^2/g$

④ 시험방법은 블레인(Blaine)공기투과장치에 의한다.

10) 안정성

① 시멘트가 굳어 가는 도중에 부피가 팽창하는 정도

② 시험법은 오토클레이브 팽창도 시험법에 의한다.

11) 강도

① 시멘트 강도는 콘크리트 강도와 관계있으며 여러 성질 중 가장 중요

② 시험법은 시멘트모르타르 압축강도시험에 의해 실시하고, 5×5×5cm의 공시체를 23±2℃의 수중 양생 후 시험

12) 시멘트의 저장

① 방습적인 구조로 된 사일로 또는 창고에 품종별로 구분하여 저장

② 지면으로부터 30cm 이상, 쌓아 올리는 포대 수는 13포 이하, 저장기간이 길어질 경우 7포대 이상 쌓지 않는 것이 좋다.

③ 시멘트 입하 순서대로 사용

④ 저장 중 약간이라도 굳은 시멘트는 사용해서는 안 되고, 장기간 저장된 시멘트는 품질시험을 한 후에 사용해야 한다.

⑤ 시멘트의 온도가 높으면 온도를 낮춰 사용

3 시멘트 종류

1) 보통포틀랜드 시멘트

① 가장 보편적으로 사용되는 시멘트

② 밀도는 $3.15g/cm^3$ 정도, 중용열과 조강포틀랜드시멘트의 중간적 성질을 나타냄.

2) 중용열 포틀랜드 시멘트

① 수화열을 적게 만듦

② 수화열이 적어 건조수축이 작으며, 장기 강도가 크다.

③ 계절적으로는 수화열이 작아 여름(서중콘크리트)에 사용.

④ 화학성분은 C_2S, C_4AF가 비교적 많고 C_3S와 C_3A는 적다.

⑤ 수화열과 건조수축이 작아 댐이나 매스콘크리트(Mass Concrete) 사용

≪알아두기≫
☞ 매스콘크리트 : 부재 단면치수가 80cm 이상이고, 콘크리트 내 외부 온도차가 25℃ 이상인 콘크리트

3) 저열 포틀랜드 시멘트

① 중용열 보다 수화열이 더 작다.

② 사용 용도는 중용열과 비슷하다.

4) 조강 포틀랜드 시멘트

① 분말을 높게 하여 수화열이 크다.

② 수화열이 커서 조기강도가 크고, 재령 7일에 보통포틀랜드 시멘트 28일 강도를 나타냄

③ C_3S의 양이 많고 분말도가 보통시멘트 보다 크다.

④ 계절적으로 수화열이 커서 겨울(한중콘크리트)에 사용

⑤ 조기강도를 필요로 하는 긴급공사에 사용

5) 내황산염 포틀랜드 시멘트

해수, 광천수 등 황산염을 포함한 물이나 흙에 접하는 콘크리트에 사용

≪알아두기≫
☞ 황산염 : 해수 중에 많으며 시멘트 수화물과 반응하여 팽창성 물질을 생성시켜 콘크리트의 균열 박리, 붕괴를 일으켜 열화시키는 화학 물질

6) 백색시멘트

Fe_2O_3 양을 0.3% 이하로 줄이면 흰색의 시멘트가 얻어져 건축용, 장식용, 인조석 제조에 사용 된다.

7) 고로슬래그 시멘트

보통포틀랜드시멘트 클링커에 급냉한 잠재수경성을 가진 고로슬래그를 혼합재로서 이용한 시멘트

① 수화열이 작고, 장기강도가 크다.

② 수밀성이 크다.

③ 황산염 등 화학적 저항성이 크다.

④ 알카리 골재반응을 억제한다.

⑤ 댐, 하천, 항만 등의 구조물에 사용

≪알아두기≫
☞ 잠재수경성 : 고로슬래그가 시멘트수화물 중 수산화칼슘과 반응, 경화하여 장기강도를 발휘하는 성질.
☞ 알카리골재반응: 골재 중에 실리카 광물이 시멘트 중의 알카리 성분과 화학적으로 반응을 하는 것을 말하며, 팽창을 유발하여 균열을 발생시켜 콘크리트의 내구성을 저하

8) 플라이애쉬 시멘트

화력발전소에서 미분탄 연소할 때 굴뚝을 통해 대기 중으로 확산되는 미립자를 집진기로 포집한 것을 플라이애쉬 라고 하며, 포졸란 반응을 지닌다. 플라이애시는 구형의 형태로 볼 베어링 효과가 있어 워커빌리티개선

① 유동성이 좋다.(워커빌리티가 좋다)

② 수화열이 적고, 장기 강도가 크다.

③ 해수 등 화학적 저항성이 크다.

④ 수밀성이 좋다.

⑤ 알카리 골재반응을 억제 한다.

⑥ 건조수축을 감소

≪알아두기≫
☞ 포졸란 반응 : 시멘트의 수화에 의하여 생성되는 수산화칼슘($Ca(OH)_2$)과 서서히 반응하여 불용성의 규산칼슘을 생성하여 강도를 증진

9) 포틀랜드 포졸란 시멘트(실리카 시멘트)

포졸란 반응성을 가진 실리카질(규산백토, 화산재) 혼입한 시멘트로 플라이 애쉬 시멘트의 특징과 비슷하나, 소요 단위수량을 증가 하고, 포졸란 반응이 지연되며, 중성화가 빠르다.

10) 알루미나 시멘트

보크사이트와 석회석을 혼합하여 만든 것으로 재령 1일에 보통포틀랜드시멘트 재령 28일 압축강도를 나타낸다.

① 시멘트 중에서 가장 빨리 강도 발현

② 조기강도가 커서 긴급공사에 사용

③ 한중콘크리트에 사용

④ 내화학성이 커서 해수공사에 사용

11) 팽창 시멘트

굳어지는 과정에 콘크리트를 팽창시켜 건조수축에 대해 보상하는 시멘트

① 콘크리트 균열을 막고

② 방수성이 좋아 콘크리트 포장에 사용되고

③ 그라우트 모르타르에 사용

12) 초조강 시멘트

알루미나 시멘트와 조강시멘트의 중간적 정도

≪알아두기≫
- 시멘트 조기강도 발현 순서
  알루미나시멘트 〉 초속경시멘트 〉 초조강시멘트 〉 조강시멘트 〉 보통포틀랜드 시멘트
- 장기강도가 큰 시멘트 : 중용열, 저열 포틀랜트시멘트, 고로시멘트, 플라이애쉬시멘트, 실리카시멘트
- 시멘트수화열이 크면 조기강도가 크고, 균열이 발생하며 매스콘크리트(댐등)에 부적합 하고, 계절적으로는 추운 겨울에 적합하여 한중콘크리트 사용
- 반대로 수화열이 작으면 장기강도가 크고, 균열이 적어 매스콘크리트에 적합 하고, 계절적으로는 더운 여름에 적합하여 서중콘크리트 사용

1.4 혼화재료

1 개요

콘크리트의 성질을 개선하기 위하여 콘크리트에 더 넣는 재료로 사용량에 따라 혼화제와 혼화재로 구분한다.

1) 혼화재
   ① 정의 : 사용량이 시멘트 중량의 5% 이상으로 콘크리트의 배합설계 계산에 고려해야 하는 혼화 재료를 말함
   ② 종류 : 플라이애쉬, 규조토, 화산회, 규산백토, 고로슬래그 미분말 등

2) 혼화제
   ① 정의 : 사용량이 시멘트 중량의 1% 이하로 비교적 적어서 콘크리트의 배합 계산에 무시되는 혼화 재료
   ② 종류 : AE제, AE 감수제, 유동화제, 고성능 감수제, 촉진제, 지연제, 방청제, 고성능 AE 감수제

3) 혼화재료를 쓰는 목적
   ① 콘크리트의 워커빌리티의 개선
   ② 강도 및 내구성의 증진
   ③ 응결 경화시간 조정
   ④ 수화작용 및 발열량의 촉진 및 감소
   ⑤ 수밀성 및 화학저항성의 증진
   ⑥ 철근의 부식방지
   ⑦ 기타 콘크리트에 특수한 성능 부여

2 용도별 혼화재료

1) 혼화제
   ① 워커빌리티와 내동해성을 개선시키는 것 : AE제, AE 감수제.
   ② 워커빌리티를 향상시켜 소요의 단위수량이나 단위 시멘트 량을 감소시키는 것 : 감수제, AE 감수제

③ 유동성을 좋게 하는 것 : 유동화제
④ 큰 감수효과로 강도를 크게 높이는 것 : 고성능 감수제.
⑤ 응결, 경화 시간을 조절하는 것 : 촉진제, 지연제, 급결제
⑥ 방수효과를 나타내는 것 : 방수제.
⑦ 기포작용에 의해 충전성을 개선하거나 중량을 조절하는 것 : 기포제, 발포제.
⑧ 염화물에 의한 철근의 부식을 억제시키는 것 : 방청제.
⑨ 단위수량을 현저히 감소시켜 내동해성을 개선시키는 것 : 고성능 AE감수제.
⑩ 기타 : 보수제, 방동제, 건조수축 저감제, 수화열 억제제, 분진방지제등

2) 혼화재
① 포졸란 작용이 있는 것 : 플라이애쉬, 규조토, 화산회, 규산 백토
② 주로 잠재수경성이 있는 것 : 고로슬래그 미분말
③ 경화과정에서 팽창을 일으키는 것 : 팽창재
④ 오토글레이브 양생에 의하여 고강도를 나타내게 하는 것 : 규산질 미분말
⑤ 착색시키는 것 : 착색재
⑥ 기타 : 고강도용 혼화제, 폴리머, 중량재.

3 혼화제의 특성

1) AE제

AE제는 연행 공기제라고도 하며, 발포성이 현저한 계면활성제로서, 콘크리트 중에 미소한 독립된 기포를 고르게 발생시켜 내 동결융해성, 내식성 등 내구성을 개선하며,

장점은
① 워커빌리티를 좋게 하고, 블리딩 개선
② 빈배합일수록 워커빌리티 개선효과가 크다.
③ 단위수량을 감소시켜 블리딩 등의 재료분리를 작게 한다.
④ 기상작용에 대한 저항성과 수밀성을 증진한다.

그러나 사용량이 많아지면
① 강도가 작아진다.
② 철근과의 부착강도가 작아진다.

AE제를 사용한 콘크리트의 특징은

① 공기량이 1% 증가하면 슬럼프가 약 2.5cm 증가한다.

② 공기량이 1% 증가하면 압축강도는 약 4~6%, 휨강도는 2~3% 감소하고, 철근과의 부착강도 저하 등이 일어나므로 적정사용량 권장

③ 일반적인 콘크리트의 공기량은 4~7% 정도가 표준

④ 슬럼프가 커지면 공기량 감소

⑤ 시멘트 분말도가 높으면 공기량 감소

⑥ 단위 시멘트량이 증가하면 공기량 감소

⑦ 콘크리트 온도가 높으면 공기량 감소

⑧ 빈배합일수록 워커빌리티 개선 효과가 크다.

≪알아두기≫
- ☞ 계면활성제: 수용액 속에서 그 표면에 흡착하여 그 표면장력을 현저하게 저하시키는 물질
- ☞ 갇힌공기 : 콘크리트중의 자연상태로 존재하는 1% 전후의 공기로서 비교적 입경이 크고, 불규칙하게 분포되어 있음.
- ☞ 연행공기 : AE제에 의해 생성된 공기로서 입경이 작고, 균일하게 분포
- ☞ 공기량 시험법 : 무게법, 부피법, 공기실 압력법(워싱턴형 측정기)이 있다

2) 감수제, AE 감수제

감수제는 시멘트 입자를 분산시켜 분산효과를 나타내고, 감수제에 AE 공기도 함께 생기도록 한 것을 AE 감수제라 한다.

① 시멘트 분산작용을 이용 워커빌리티를 개선하고

② 소요의 슬럼프 및 강도를 확보하기 위해 단위수량 및 단위시멘트를 감소 시킬 목적으로 사용

③ 재료분리가 적어진다.

④ 동결융해에 대한 저항성을 향상

≪알아두기≫
- ☞ 워커빌리티(Workability) : ① 작업하기 어렵고 쉬운 정도 ② 재료분리 정도
- ☞ 재료분리 : 굵은 골재가 모르터로 부터 분리되는 현상

3) 고성능 감수제 (유동화제)

AE 감수제 보다 탁월한 감수 능력을 가지며, 단위 수량이 일정할 경우 유동성이 크므로 유동화제 라고도 함

4) 촉진제, 급결제

시멘트 수화작용을 촉진시키기 위한 것으로 순간적인 응결과 경화가 요구되는 경우에 사용하며 염화칼슘($CaCl_2$)을 사용

① 급속공사, 숏크리트(뿜어 붙이기 콘크리트)에 사용
② 발열량이 많아 한중콘크리트에 알맞다.

5) 지연제

콘크리트의 응결이나 초기경화를 지연시키기 위해 사용

① 레디믹스트 콘크리트의 운반거리가 멀 경우에 사용
② 콘크리트를 연속적으로 칠 때 콜드죠인트가 생기지 않도록 할 경우 사용
③ 서중콘크리트에 적당

> ≪알아두기≫
> ☞ 콜드죠인트(cold joint) : 계속하여 콘크리트를 칠 때, 먼저 친 콘크리트와 나중에 친 콘크리트 사이에 완전히 일체화가 되지 않은 시공불량에 의한 이음
> ☞ 숏크리트(shotcrete) : 압축공기를 이용하여 호스 속에서 운반한 콘크리트, 모르터 재료를 시공면에 뿜어서 만든 콘크리트 또는 모르터
> ☞ 레디믹스트콘크리트(ready mixed concrete) : 정비된 콘크리트 제조설비를 갖춘 공장에서 생산되며 굳지 않은 상태로 운반차에 의하여 구입자에게 배달되는 굳지 않은 콘크리트를 말하며 레미콘이라 약칭하기도 한다.

6) 발포제

알루미늄 또는 아연가루를 넣어, 화학반응으로 발생하는 가스에 의해 기포를 생성하는 것으로 프리플레이스트 그라우트, 프리스트레스 콘크리트용 그라우트에 사용

7) 기포제

콘크리트 속에 거품을 일으켜 콘크리트를 경량화나 단열을 위해 사용

8) 기타

① 방청제 : 염분에 의한 녹 방지
② 방수제 : 수밀성 향상
③ 수중 불 분리제 : 수중에서 재료분리를 방지

9) 혼화제의 저장

① 혼화제는 먼지, 기타의 불순물이 혼입되지 않도록, 분말상의 혼화제는 습기를 흡수하거나 굳어지는 일이 없도록 하고, 액상의 혼화제는 분리 하거나 변질하거나 하는 일이 없도록 저장해야 한다.

② 장기간 저장한 혼화제나 이상이 인정된 혼화제는 이것을 사용하기 전에 시험하여 그 성능이 떨어져 있지 않다는 것을 확인한 후에 사용해야 한다.

4 혼화재의 특성

1) 플라이 애쉬(fly ash)

분탄을 연소시킬 때 얻어지는 석탄재로 입자가 구형이고, 그 자체는 수경성이 없지만 실리카 성분이 수산화칼슘과 반응하여 경화하는 포졸란 반응을 한다.

① 워커빌리티가 양호하며 단위수량이 감소된다.
② 포졸란 반응에 의해서 조직이 치밀해지므로 수밀성과 내구성를 향상
③ 블리딩을 감소시킨다.
④ 장기강도는 향상된다.
⑤ 알칼리 실리카 반응의 억제에 효과가 있다.
⑥ 황산염 등의 화학저항성이 우수하다.

≪알아두기≫
☞ 포졸란을 사용한 콘크리트 특징
  ① 수밀성이 크다.
  ② 해수 등에 대한 화학적 저항성이 크다.
  ③ 재료분리를 막고 워커빌리티, 피니셔빌리티가 좋아진다.
  ④ 발열량이 적다.
  ⑤ 강도 증진은 느리나 장기강도가 크다.
☞ 포졸란은 천연산(화산재, 규조토, 규산백토)과 인공산(고로슬래그, 플라이애쉬)

2) 고로슬래그 미분말

용광로에서 나오는 슬래그(slag)를 급냉시켜 만든 미분말
① 워커빌리티를 좋게 한다.
② 수화열이 적으며, 장기 강도가 크다.
③ 수밀성의 향상

④ 염화물 이온 침투에 대한 저항성 향상

⑤ 황산염 등에 대한 화학저항성 향상

⑥ 블리딩이 적고 유동성을 향상시키는 효과

3) 실리카 품

실리카 품은 실리콘, 페로실리콘, 실리콘 합금 등을 제조할 때 발생되는 폐가스 중에 포함된 SiO_2를 집진기로 모아서 얻어지는 초미립자의 산업부산물

① 고강도콘크리트 제조용으로 사용

② 포졸란 반응으로 강도증진 효과가 뛰어나다.

③ 투수성이 작아 수밀성이 향상된다.

④ 수화초기에 발열량이 작아 온도상승 억제효과가 있다.

⑤ 비표면적이 매우 커서 단위수량이 증가하므로 고성능감수제를 사용한다.

⑥ 점착성이 증대되어 재료분리저항성이 커지며 블리딩이 감소된다.

4) 팽창재

콘크리트가 굳을 때 부피를 팽창시켜 건조수축에 의한 균열을 막아주기 위한것

5) 착색제

착색제는 콘크리트에 색을 입히는 혼화제로서 칼라 콘크리트 제조용.

6) 혼화재의 저장

① 혼화재는 일반적으로 습기를 흡수하는 성질이 있으며, 습기를 흡수하면 덩어리가 생기거나 그 성능이 저하되는 수가 있다. 따라서 혼화재는 방습적인 사일로 또는 창고 등에 품종별로 구분하여 저장하고, 입하의 순으로 사용해야 한다.

② 장기 저장한 혼화재는 이것을 사용하기 전에 시험하여 품질을 확인해야 한다.

③ 혼화재는 일반적으로 미분말로 되어 있고 밀도가 작기 때문에 포대를 푸는 곳이나 사일로의 출구에서는 공중으로 날려서 계기류의 고장원인이 되기 쉽고 또 습도가 높은 시기에는 사일로나 수송설비 등의 벽에 붙게 된다. 따라서 혼화재는 날리지 않도록 그 취급에 주의해야 한다.

1.5 혼합수(물)

① 물은 기름, 산, 유기불순물, 혼탁물 등 콘크리트나 강재의 품질에 나쁜 영향을 미치는 물질의 유해량을 함유해서는 안 된다.
② 혼합수는 콘크리트의 응결경화, 강도의 발현, 체적변화, 워커빌리티 등의 품질에 나쁜 영향을 미치거나 강재를 녹슬게 하는 물질의 함유량을 초과해서는 안 된다.
③ 해수는 강재를 부식시킬 염려가 있으므로 철근콘크리트, 프리스트레스트콘크리트, 철골철근콘크리트 및 가외철근이 배치된 무근콘크리트에서는 혼합수로서 해수를 사용해서는 안 된다.

문제 및 해설

콘크리트 일반

문제 1
콘크리트의 전체 부피 중에서 골재가 차지하는 부피는 몇 %인가?

가. 90
나. 70
다. 50
라. 30

해설 콘크리트 전체 부피의 70%가 골재, 나머지 30%는 시멘트 풀

문제 2
콘크리트의 반죽질기 여하에 따르는 작업의 난이 정도 및 재료의 분리에 저항하는 정도를 나타내는 굳지 않은 콘크리트의 성질을 무엇이라 하는가?

가. 워커빌리티(workability)
나. 반죽질기(consistency)
다. 성형성(plasticity)
라. 피니셔빌리티(finishability)

해설 워커빌리티(workability)
반죽질기에 따른 작업이 어렵고 쉬운 정도(작업의 난이정도) 및 재료분리에 저항하는 정도를 나타내는 성질.

문제 3
주로 물의 양이 많고 적음에 따른 반죽이 되고 진 정도를 나타내는 굳지 않은 콘크리트의 성질은?

가. 반죽질기
나. 워커빌리티
다. 성형성
라. 피니셔빌리티

해설 반죽질기(consistency): 컨시스턴시
주로 물의 양이 많고 적음에 따른 반죽의 되고 진 정도를 나타내는 성질.

정답 1. 나 2. 가 3. 가

문제 4

경량 골재 콘크리트에 대한 설명으로 틀린 것은?

가. 운반과 치기가 쉽다
나. χ선, γ선, 중성자선의 차폐 재료로서 사용 된다
다. 강도와 탄성계수가 작다
라. 자중이 가벼워서 구조물 부재의 치수를 줄일 수 있다

해설
① 경량콘크리트는 밀도가 작은 골재(가벼운 골재)를 사용하여 만든 콘크리트
② χ선, γ선, 중성자선의 차폐용은 중량콘크리트

문제 5

콘크리트의 강도를 좌우하는 요인 중에서 가장 큰 것은?

가. 공기량
나. 굵은 골재와 잔골재량
다. 물-결합재비(W/B)
라. 절대 잔골재율

해설
콘크리트 강도에 가장 큰 영향을 미치는 것은 단위수량, 즉 사용수량이다.
∴ 단위수량이 크면 물-시멘트비(W/C) 커진다.
※ 2009개정시방서 : 물-시멘트비(W/C) → 물-결합재비(W/B)로 변경됨

문제 6

콘크리트의 압축강도는 재령 며칠의 강도를 설계의 표준으로 하고 있는가?

가. 3일   나. 7일   다. 21일   라. 28일

해설 압축강도는 재령 28일 강도를 말함

문제 7

경량골재 콘크리트란 콘크리트의 단위무게가 얼마 정도 이하인 것을 말하는가?

가. $1.7t/m^3$ 이하
나. $2.0t/m^3$ 이하
다. $2.3t/m^3$ 이하
라. $2.5t/m^3$ 이하

해설
콘크리트 단위 중량(무게) (kg/m^3)
무근 콘크리트 단위무게 : 2,300 ~ 2,350 kg/m^3
철근 콘크리트 단위무게 : 2,400 ~ 2,500 kg/m^3
경량 콘크리트 단위무게 : 1,500 ~ 1,900 kg/m^3

정답 4. 나   5. 다   6. 라   7. 가

문제 8

콘크리트의 압축 강도 f_{ck}와 물-결합재비에 관한 설명으로 옳지 않은 것은?

가. 결합재 사용량이 일정할 때 물의 사용량이 적을수록 압축강도 f_{ck}는 크다.
나. 물-결합재비가 작을수록 압축강도 f_{ck}는 작아진다.
다. 물의 양이 일정하면 결합재 양이 클수록 압축강도 f_{ck}는 커진다.
라. 압축강도 f_{ck}는 물-결합재와 밀접한 관계가 있다.

해설
콘크리트의 압축강도는 콘크리트의 물-결합재비 반비례관계가 있다.
- 그러므로 물-결합재비가 작으면 f_{ck} 값은 커진다.
- $\frac{W}{B}$가 일정하고 W의 양이 적으면, $\frac{W}{B}$ 값이 작아지므로 f_{ck} 값은 커진다.
- W의 양이 일정하고 B 양이 커지면 $\frac{W}{B}$ 값이 작아지므로 f_{ck} 값은 커진다.

문제 9

블리딩(bleeding)에 관한 다음 설명 중 잘못된 것은?

가. 시멘트의 분말도가 높고 단위 수량이 적은 콘크리트는 블리딩이 작아진다.
나. 블리딩이 많으면 레이턴스는 작아지므로 콘크리트의 이음부에서는 블리딩이 많은 콘크리트가 유리하다.
다. 블리딩이 많은 콘크리트는 강도와 수밀성이 작아지며 철근콘크리트에서는 철근과의 부착을 감소시킨다.
라. 콘크리트의 치기가 끝나면 블리딩이 일어나며 대략 2~4시간에 끝난다.

해설
콘크리트를 친 후 시멘트와 골재 알이 가라앉으면서 물이 올라와 표면에 떠오르는 현상을 블리딩이라 하고, 물이 표면에 떠올라 가라앉으면서 발생한 미세 물질을 레이턴스(laitance)라 함. 블리딩이 커지면 콘크리트 윗부분의 강도가 작아지고 수밀성과 내구성이 작아지며, 레이턴스는 강도가 거의 없어 제거 후 덧치기 한다.

문제 10

콘크리트의 휨 강도는 압축 강도의 몇 % 정도인가?

가. 20 ~ 30%
나. 5 ~ 10%
다. 10 ~ 15%
라. 15 ~ 20%

해설 콘크리트 휨 강도는 압축강도의 $\frac{1}{5} \sim \frac{1}{8}$ 정도

정답 8. 나 9. 나 10. 라

문제 11

다음 콘크리트 1m³를 만드는데 쓰이는 각 재료량을 무엇이라 하는가?

가. 잔 골재율
나. 물-결합재비
다. 증가계수
라. 단위량

해설
단위량
단위무게, 단위수량, 단위 잔골재량, 단위 굵은 골재량등 앞에 붙는 "단위"의 의미는 숫자 1을 기준으로 하며, 콘크리트 1m³를 만드는데 쓰이는 각 재료량

문제 12

굳지 않은 콘크리트 또는 모르타르(mortar)에 있어서 골재 및 시멘트 입자의 침강으로 물이 분리하여 상승하는 현상을 무엇이라고 하는가?

가. 워커빌리티(Workability)
나. 성형성(Plasticity)
다. 피니셔 빌리티(Finishability)
라. 블리딩(Bleeding)

해설
콘크리트를 친 후 시멘트와 골재 알이 가라앉으면서 물이 올라와 표면에 떠오른다.
이 현상을 블리딩이라 하고, 물이 표면에 떠올라 가라앉으면서 발생한 미세 물질을 레이턴스(laitance)라 함.

문제 13

재료에 일정하중이 작용하면 시간의 경과와 함께 변형이 증가하는데 이러한 현상을 무엇이라 하는가?

가. 포와송비
나. 크리프
다. 연성
라. 취성

해설
크리프
콘크리트에 일정하게 하중을 주면, 응력의 변화는 없는데 변형이 재령과 함께 커지는 현상

문제 14

다음 중 워커빌리티에 영향을 끼치는 요소 중 가장 중요한 것은?

가. 단위시멘트량
나. 단위수량
다. 단위잔골재량
라. 단위혼화재량

해설
콘크리트 강도에 가장 큰 영향을 미치는 것은 단위수량, 즉 사용수량이다.

정답 11. 라 12. 라 13. 나 14. 나

문제 15

블리이딩(bleeding)이 심하면 콘크리트에 어떤 영향을 미치는가?

가. 강도, 수밀성, 내구성 등이 작아진다.
나. 성형성이 나빠진다.
다. 워커빌리티가 나빠진다.
라. 레이턴스(laitance)가 작아진다.

해 설 블리딩이 커지면 콘크리트 윗부분의 강도가 작아지고 수밀성과 내구성이 작아진다.

문제 16

시멘트와 물을 반죽한 것을 무엇이라 하는가?

가. 모르타르   나. 시멘트 풀
다. 콘크리트   라. 반죽질기

해 설 혼합물에 의한 분류
① 시멘트 풀(Cement paste) : 시멘트+물
② 시멘트 모르타르(Cement mortar) : 시멘트+물+잔골재
③ 콘크리트(Concrete) : 시멘트+물+잔골재+굵은 골재
④ 철근콘크리트 : 시멘트+물+잔골재+굵은 골재+철근

문제 17

콘크리트의 강도라고 하면 일반적으로 어느 것을 말하는가?

가. 압축강도   나. 인장강도
다. 휨강도   라. 전단강도

해 설 일반적으로 콘크리트의 강도라 함은 압축강도를 말함

문제 18

지름이 15cm, 길이가 30cm인 공시체를 사용하여 인장강도시험을 하였다. 파괴시의 강도가 18tonf이었다면 콘크리트의 인장강도는?

가. 25.5 kgf/cm^2 나. 102 kgf/cm^2
다. 33.4 kgf/cm^2 라. 18.5 kgf/cm^2

해 설 인장강도$(kg/cm^2) = \dfrac{2p}{\pi dl} = \dfrac{2 \times 18000}{3.14 \times 15 \times 30} = 25.5 kg/cm^2$

정답 15. 가   16. 나   17. 가   18. 가

문제 19

단위수량이 154kgf일 때 물-시멘트비(W/C) 50%의 콘크리트 1m³을 만드는데 필요한 단위 시멘트량은 약 얼마인가?

가. 308kgf 나. 15 kgf 다. 77kgf 라. 462kgf

해설 $\frac{W}{C}=0.5$, $\frac{154}{C}=0.5$, $\therefore C=\frac{154}{0.5}=308\ kg/m^3$

문제 20

콘크리트 부재의 설계에서 기준이 되는 재령 28일의 압축강도를 무엇이라 하는가?

가. 배합강도 나. 배합설계
다. 설계기준강도 라. 시방배합

해설
① 설계기준강도(f_{ck})
　콘크리트 부재 설계시 기준으로 한 압축강도, 일반적으로 재령 28일 압축강도를 기준
② 배합강도(f_{cr})
　현장 콘크리트의 품질변동을 고려하여 콘크리트의 배합강도(f_{cr})를 설계기준강도(f_{ck}) 보다 충분히 크게 정해야 한다.

문제 21

토목재료 중 무기 재료에 속하지 않는 것은?

가. 골재 나. 합성섬유
다. 시멘트 라. 혼화재료

해설 합성섬유는 유기 재료이다.

문제 22

보통 콘크리트의 단위 무게는 무근 콘크리트에서 얼마 정도인가?

가. 2300~2350kg/m³ 나. 2250~2300kg/m³
다. 2000~2050kg/m³ 라. 1900~2000kg/m³

해설
콘크리트 단위 무게 (kg/m³)
무근 콘크리트 단위무게 : 2,300 ~ 2,350 kg/m³
철근 콘크리트 단위무게 : 2,400 ~ 2,500 kg/m³
경량 콘크리트 단위무게 : 1,500 ~ 1,900 kg/m³

정답 19. 가 20. 다 21. 나 22. 가

문제 23

굵은 골재의 최대치수, 잔골재율, 잔골재 입도, 반죽질기 등에 의한 마무리 하기 쉬운 정도를 나타내는 굳지 않은 콘크리트의 성질을 뜻하는 것은?

가. 반죽질기
나. 워커빌리티
다. 성형성
라. 피니셔빌리티

해설
피니셔빌리티(finishability)
굵은 골재의 최대치수, 잔골재율, 잔골재의 입도, 반죽질기 등에 따른 마무리하기 쉬운 정도를 나타내는 성질.

문제 24

콘크리트의 강도 중에서 가장 큰 값을 갖는 것은?

가. 인장강도
나. 압축강도
다. 휨강도
라. 비틀림강도

해설 콘크리트의 강도가 가장 큰 것은 압축강도

문제 25

단위 골재량의 절대부피가 0.80m³, 단위 굵은 골재량의 절대부피가 0.55m³일 경우 잔골재율은 얼마인가?

가. 31% 나. 35% 다. 41% 라. 55%

해설

$$잔골재율(S/a) = \frac{S_V}{S_V + G_V} \times 100(\%) = \frac{0.25}{0.8} \times 100 = 31\,(\%)$$

여기서, 단위 잔 골재량의 절대부피(S_V) : 0.80 - 0.55 = 0.25 ㎥
단위 굵은 골재량의 절대부피(G_V) : 0.55㎥
단위 골재량의 절대부피($S_V + G_V$) : 0.80㎥

문제 26

콘크리트 표면에 떠올라서 가라앉은 미세한 물질을 무엇이라 하는가?

가. 블리딩
나. 레이턴스
다. 성형성
라. 워커빌리티

해설
콘크리트를 친 후 시멘트와 골재 알이 가라앉으면서 물이 올라와 표면에 떠오른다.
이 현상을 블리딩이라 하고, 물이 표면에 떠올라 가라앉으면서 발생한 미세 물질을 레이턴스(laitance)라 함.

정답 23. 라 24. 나 25. 가 26. 나

문제 27

철근 콘크리트의 성립에 대한 설명이다. 잘못된 것은?

가. 철근과 콘크리트는 부착력이 크다.
나. 철근과 콘크리트는 열팽창 계수가 거의 같다.
다. 콘크리트는 인장력, 철근은 압축력을 받도록 설계한다.
라. 콘크리트 속의 철근은 부식하지 않는다.

해설	철근 콘크리트가 성립되는 이유 ① 철근과 콘크리트는 부착이 매우 잘 된다. ② 철근과 콘크리트는 온도에 대한 열팽창 계수가 거의 같다. ③ 콘크리트 속에 묻힌 철근은 녹이 슬지 않는다.

문제 28

굳지 않은 콘크리트 중 재료의 분리에 대한 설명으로 틀린 것은?

가. 블리딩이 커지면 콘크리트의 강도가 커진다.
나. 재료의 분리를 막는 데는 AE제를 사용하면 효과가 있다.
다. 콘크리트의 표면에 떠올라 가라앉는 미세한 물질을 레이턴스라 한다.
라. 단위 수량이 많으면 콘크리트 작업 중에 재료 분리가 일어나기 쉽다.

해설	블리딩이 크면 물이 많다는 의미이므로 강도는 작아진다.

문제 29

콘크리트를 친 후 시멘트와 골재 알이 가라앉으면서 물이 올라와 콘크리트의 표면에 떠오른다. 이러한 현상을 무엇이라 하는가?

가. 응결 현상　　　나. 블리딩(bleeding)현상　　　다. 레이턴스(laitance)　　　라. 유동성

해설	블리딩 현상이며 블리딩 현상에 의해 레이턴스 발생

문제 30

다음 표준체중에서 골재의 조립률을 구할 때 사용하는 체가 아닌 것은?

가. 65mm　　　나. 40mm　　　다. 2.5mm　　　라. 0.6mm

해설	조립율을 구하기 위한 10개 체 80, 40, 20, 10, 5, 2.5, 1.2, 0.6, 0.3, 0.15mm

문제 31

일반적으로 콘크리트를 구성하는 재료 중에서 부피가 가장 큰 것부터 작은 순으로 나열한 것은?

가. 골재 > 공기 > 물 > 시멘트
나. 골재 > 물 > 시멘트 > 공기
다. 물 > 시멘트 > 골재 > 공기
라. 물 > 골재 > 시멘트 > 공기

해설	골재: 70%, 물: 15%, 시멘트: 10%, 공기: 5%

정답　27. 다　28. 가　29. 나　30. 가　31. 나

골재(잔골재, 굵은골재)

문제 1

골재의 빈틈이 적었을 경우 콘크리트에 미치는 영향을 옳게 설명한 것은?

가. 혼합수량이 증가한다.
나. 투수성 및 흡수성이 증가한다.
다. 내구성이 큰 콘크리트를 얻을 수 있다.
라. 콘크리트의 강도가 커지고 건조수축도 커진다.

해설

- 빈틈(공극)적으면
  ① 시멘트풀이 줄어들어 경제적 콘크리트를 만들 수 있음
  ② 콘크리트 밀도, 마멸성, 수밀성, 내구성 증대
  ③ 건조 수축이 적고 균열이 적음
  ④ 골재 알의 모양이 좋고, 입도가 알맞다.
- 공극이 적은 골재는 시멘트풀 양이 적어지므로 시멘트량 감소, 투수성, 흡수성감소, 강도가 커지고, 건조수축은 작아진다.
- 실적률(%) = 100 - 공극률(%) = $\dfrac{단위\ 용적\ 질량}{비중} \times 100(\%)$

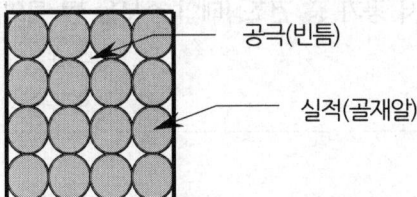

문제 2

잔골재의 조립률 2.3, 굵은 골재의 조립률 6.8을 사용하여 잔골재와 굵은 골재를 1:1.4의 비율로 혼합하면 이때 혼합된 골재의 조립률은?

가. 3.0   나. 3.7   다. 4.2   라. 4.9

해설

$$f_a = \dfrac{p}{p+q} \cdot f_s + \dfrac{q}{p+q} \cdot f_g = \dfrac{1}{1+1.4} \times 2.3 + \dfrac{1.4}{1+1.4} \times 6.8 = 4.9$$

여기서
f_s, f_g : 잔골재 및 굵은 골재 각각의 조립률
p, q : 무게로 된 잔골재 및 굵은 골재 각각의 혼합비

정답 1. 다   2. 라

문제 3

골재의 단위 용적 질량이 1.6 t/m³ 이고 밀도가 2.60g/cm³일 때 이골재의 실적률은?

가. 61.5%   나. 53.9%   다. 41.6%   라. 16.3%

해설
$$실적율(\%) = 100 - 공극률(\%) = \frac{단위\ 용적\ 질량}{밀도} \times 100(\%)$$
$$= \frac{1.6}{2.60} \times 100 = 61.5\ \%$$

문제 4

골재의 안정성 시험에 사용되는 시험용 용액은?

가. 황산마그네슘   나. 황산나트륨
다. 수산화칼슘   라. 염화나트륨

해설
① 내구성을 알기 위해서는 안정성 시험을 실시
③ 안정성 시험은 황산나트륨용액에 대한 저항성 측정

문제 5

골재의 표면건조 포화상태에서 공기 중 건조상태의 수분을 뺀 물의 양은?

가. 함수량   나. 흡수량
다. 표면수량   라. 유효흡수량

해설

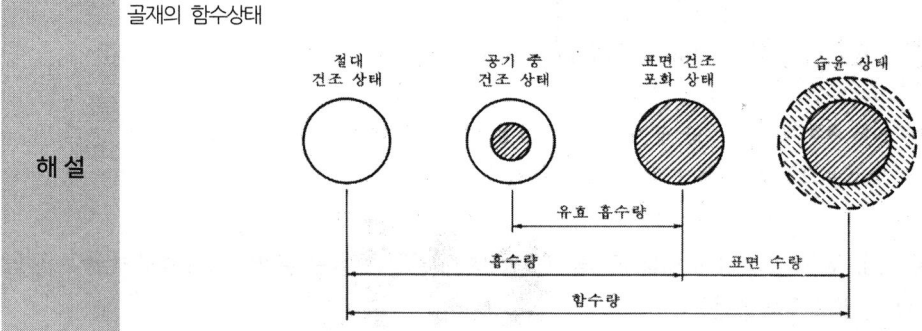

골재의 함수상태

문제 6

골재에서 F.M(Fineness Modulus)이란 무엇을 뜻 하는가?

가. 입도   나. 조립률
다. 잔골재율   라. 골재의 단위량

해설 조립률 = F.M

정답 3. 가   4. 나   5. 라   6. 나

문제 7

콘크리트용 골재 중 중량 골재란 골재의 밀도는 얼마 이상을 말하는가?

가. $2.70 g/cm^3$
나. $2.90 g/cm^3$
다. $3.0 g/cm^3$
라. $3.1 g/cm^3$

해설

골재 밀도에 따른 분류
① 보통골재 : 밀도가 $2.50 \sim 2.70 g/cm^3$ 인 골재
② 경량골재 : 밀도가 $2.50 g/cm^3$ 이하인 골재
③ 중량골재 : 밀도가 $2.70 g/cm^3$ 이상인 골재

문제 8

콘크리트용 골재로서 요구되는 성질이 아닌 것은?

가. 골재의 낱알의 크기가 균등하게 분포될 것
나. 필요한 무게를 가질 것
다. 단단하고 치밀할 것
라. 알의 모양은 둥글거나 입방체에 가까울 것

해설

- 골재가 갖추어야할 조건
  ① 골재는 강하며, 물리 화학적으로 안정되어 내구적일 것
  ② 알맞은 입도를 가질 것
  ③ 연한 석편, 가느다란 석편을 함유하지 않고, 둥글거나, 정육면체에 가까울 것
  ④ 먼지, 흙, 유기 불순물, 염화물 등의 유해 량을 함유하지 않고, 깨끗할 것
  ⑤ 마멸에 대한 저항성이 크고, 필요한 무게를 가질 것
- 골재의 낱알의 크기가 균등하게 분포되면, 입도분포가 나빠 공극이 커진다.

문제 9

골재의 저장 방법에 대한 설명으로 틀린 것은?

가. 골재를 다룰 때에는 굵은 알과 잔 알이 나뉘도록 체가름을 하여 저장한다.
나. 먼지나 잡물 등이 섞이지 않도록 한다.
다. 골재의 저장 설비에는 알맞은 배수 시설을 한다.
라. 골재는 햇볕을 바로 쬐지 않도록 알맞은 시설을 갖추어야 한다.

해설

골재의 저장
① 잔골재, 굵은 골재 및 입도가 다른 골재는 각각 구분하여 따로 저장
② 골재 대소 알이 분리되지 않도록 하고, 먼지. 잡물이 혼입되지 않도록 한다.
③ 겨울에 동결이나 빙설이 혼입되지 않도록 하고, 여름에는 장기간 뙤약볕에 방치하지 않도록 한다.
④ 골재 저장장소는 적절한 배수 시설을 한다.

정답 7. 가 8. 가 9. 가

문제 10

굵은 골재의 최대치수는 무게로 몇 % 이상을 통과시키는 체 가운데에서 가장 작은 치수의 체눈을 체의 호칭치수로 나타낸 것인가?

가. 80%
나. 85%
다. 90%
라. 95%

해설 질량(무게)으로 90% 이상 통과 하는 체 중 체 눈금이 최소인 것의 호칭 치수

문제 11

골재의 빈틈율에 관한 다음 사항 중 옳은 것은?

가. 골재의 빈틈율이 작으면 시멘트, 물의 양이 많아지고 경제적이지 못하다.
나. 골재의 빈틈율이 작으면 콘크리트의 밀도, 마멸, 내구성이 작아진다.
다. 표준 계량에 의한 굵은 골재의 빈틈율은 35~40%정도이다.
라. 골재의 빈틈율이 작으면 수화열이 증대되고 온도에 의한 터짐 위험도가 많다.

해설
골재의 빈틈율(공극률)이 작으면
① 시멘트풀이 줄어들어 경제적 콘크리트를 만들 수 있음
② 콘크리트 밀도, 마멸성, 수밀성, 내구성 증대
③ 시멘트 사용량이 적어 수화열이 작고, 건조 수축이 적고 균열이 적음
④ 골재 알의 모양이 좋고, 입도가 알맞다.
⑤ 일반적으로 공극률은 잔골재는 30~40%, 굵은 골재는 35~40%, 잔골재와 굵은 골재가 섞여 있는 경우는 25% 이하

문제 12

콘크리트 시공에서 시멘트 사용량을 절약하려면 골재로서 다음 중 어느 것에 가장 유의해야 하는가?

가. 시멘트 풀과의 부착성
나. 골재입도
다. 골재중량
라. 골재밀도

해설 골재의 입도분포(굵고 작은 알갱이가 섞여있는 정도)가 좋아야, 빈틈이 작고, 시멘트 풀 양이 적어져서 시멘트 사용량을 절약할 수가 있다.

정답 10. 다 11. 다 12. 나

문제 13

굵은 골재가 표면건조 포화상태일 때 공기 중 무게가 1000gf, 수중무게가 600gf이면, 이 골재의 밀도는?

가. $1.5g/cm^3$
나. $2.0g/cm^3$
다. $2.5g/cm^3$
라. $3.0g/cm^3$

해설

표면건조 포화 상태 밀도 $= \dfrac{B}{(B-C)} \times \rho_w = \dfrac{1000}{(1000-600)} \times 1 = 2.5 gf/cm^3$

여기서, B : 대기 중 시료의 표면건조포화상태의 중량(g)
C : 물속에서 시료의 중량(g)

문제 14

품질이 좋은 콘크리트를 만들기 위해 일반적으로 사용되는 잔골재의 조립률 범위로 옳은 것은?

가. 2.3 ~ 3.1
나. 3.14 ~ 4.16
다. 4.55 ~ 5.70
라. 6 ~ 8

해설

조립률의 범위
① 잔골재 : 2.3~3.1
② 굵은 골재 : 6~8

문제 15

콘크리트용 골재가 갖추어야 할 성질 중 틀린 것은?

가. 마멸에 대한 저항성이 클 것
나. 물리적으로 안정되고 내구성이 클 것
다. 골재 모양이 길고 입경이 클 것
라. 화학적으로 안정할 것

해설

골재가 갖추어야 할 조건
① 골재는 강하며, 물리 화학적으로 안정되어 내구적일 것
② 알맞은 입도를 가질 것
③ 연한 석편, 가느다란 석편을 함유하지 않고, 둥글거나, 정육면체에 가까울 것
④ 먼지, 흙, 유기 불순물, 염화물 등의 유해량을 함유하지 않고, 깨끗할 것
⑤ 마멸에 대한 저항성이 크고, 필요한 무게를 가질 것

정답 13. 다 14. 가 15. 다

문제 16

조립률이 3.0인 잔골재 0.2m³와 조립률이 7.0인 0.3m³의 굵은 골재를 혼합한 경우의 조립률은 얼마인가?

가. 4.2　　　　나. 4.6　　　　다. 5.0　　　　라. 5.4

해설
$$f_a = \frac{p}{p+q} \cdot f_s + \frac{q}{p+q} \cdot f_g = \frac{2}{2+3} \times 3.0 + \frac{3}{2+3} \times 7 = 5.4$$
여기서, 잔골재량 : 굵은 골재량 = p : q = 0.2 : 0.3 = 2 : 3

문제 17

표면건조 포화상태의 잔골재 500gf을 노 건조 시켰더니 480gf였다면 흡수율은 얼마인가?

가. 4.00%　　　나. 4.17%　　　다. 4.76%　　　라. 5.00%

해설
$$잔골재\ 흡수율 = \frac{(500-A)}{A} \times 100 = \frac{(500-480)}{480} \times 100 = 4.17\ \%$$
여기서, A : 노 건조 시료 무게

문제 18

다음 설명 중 옳지 않은 것은?

가. 굵은 골재의 최대치수 : 중량으로 90% 이상을 통과시키는 최소치수의 체의 눈을 공칭치수로 나타낸 굵은 골재의 치수를 말한다.
나. 골재의 표면수 : 골재가 가지고 있는 모든 물에서 골재알속에 흡수되어 있는 물을 뺀 나머지의 물을 말한다.
다. 골재의 빈틈율 : 골재의 단위 부피 중 골재 사이의 빈틈비율을 말한다.
라. 골재의 입도 : 골재의 생김새를 말한다.

해설 입도: 굵고 작은 알갱이가 섞여 있는 정도

문제 19

골재의 함수상태 네 가지 중 습기가 없는 실내에서 자연 건조시킨 것으로서 골재알 속의 빈틈 일부가 물로 차있는 상태는?

가. 습윤 상태　　　　　　　　나. 절대건조 상태
다. 표면건조 포화상태　　　　라. 공기 중 건조 상태

해설
골재의 함수 상태
① 절대 건조 상태 : 골재속의 공극에 있는 물을 전부 제거된 상태
② 공기 중 건조 상태 : 공기 중에서 자연건조 시킨 상태로 골재속의 내부 일부는 물로 차 있는 상태
③ 표면 건조 포화 상태 : 골재 표면은 물기가 없고, 내부 빈틈은 물로 포화된 상태
④ 습윤 상태: 골재 표면에 물기가 있고, 내부 빈틈도 물로 차 있는 상태

정답 16. 라　17. 나　18. 라　19. 라

문제 20

골재 알의 속이 물로 차 있고 표면에도 물기가 있는 상태를 무엇이라 하는가?

가. 습윤 상태
나. 표면 건조포화상태
다. 공기 중 건조상태
라. 불 포화상태

해설 습윤 상태: 골재 표면에 물기가 있고, 내부 빈틈도 물로 차 있는 상태

문제 21

조립률(fineness modulus, FM)이란?

가. 굵은 골재 및 잔골재의 치수를 나타내는 것을 말한다.
나. 콘크리트에서 잔골재와 굵은 골재와 비를 말한다.
다. 골재의 입도를 개략적으로 나타내는 방법을 말한다.
라. 골재의 유기불순물의 양을 나타내는 시험법을 말한다.

해설 입도를 표시하는 방법 : 체분석에 의한 입도곡선과 조립률로 구하는 방법이 있다.

문제 22

빈틈율 25%인 골재의 실적률은?

가. 12.5%
나. 25%
다. 50%
라. 75%

해설 실적률(%) = 100 - 공극률 (%) = 100 - 25 = 75%

문제 23

굵은 골재 흡수율 시험에서 다음과 같은 결과를 얻었다. 시료의 노건조 무게가 430gf이었고, 이 시료의 표면건조포화상태의 무게가 475gf일 때 흡수율은?

가. 10.5%
나. 9.5%
다. 1.1%
라. 13.4%

해설 굵은골재 흡수율(%) $= \frac{(B-A)}{A} \times 100 = \frac{(475-430)}{430} \times 100 = 10.5\%$

문제 24

구조물의 중량을 줄이기 위해 사용하는 경량골재의 밀도로 옳은 것은?

가. $2.50g/cm^3$ 이상
나. $2.50g/cm^3$ 이하
다. $2.50 \sim 2.65g/cm^3$
라. $2.70g/cm^3$ 이상

해설 골재 밀도에 따른 분류
① 보통골재 : 밀도가 $2.50 \sim 2.70g/cm^3$인 골재
② 경량골재 : 밀도가 $2.50g/cm^3$ 이하인 골재
③ 중량골재 : 밀도가 $2.70g/cm^3$ 이상인 골재

정답 20. 가 21. 다 22. 라 23. 가 24. 나

문제 25

골재의 동결, 융해, 물, 해수, 기상작용 등에 대한 내구성을 알고자 할 때 필요한 시험은?

가. 밀도시험　　　　　　　　　　　나. 체가름시험
다. 안정성시험　　　　　　　　　　라. 빈틈률시험

해설　내구성 시험은 안정성 시험으로 실시하며, 안정성 시험은 황산나트륨용액에 대한 저항성 측정

문제 26

일반적으로 골재의 밀도란 어느 상태의 밀도를 말하는가?

가. 습윤 상태　　　　　　　　　　나. 공기 중 건조상태
다. 절대 건조상태　　　　　　　　라. 표면건조 포화상태

해설　일반적으로 골재의 밀도는 표면건조 포화상태 밀도를 말함

문제 27

습윤 상태에 있어서 중량 120gf의 모래를 건조시켜 표면건조포화상태에서 105gf, 공기건조상태에서 100gf, 노 건조 상태에서 97gf의 무게가 되었을 때 흡수율은?

가. 14.3%　　　　　　　　　　　나. 5.5%
다. 8.2%　　　　　　　　　　　　라. 23.7%

해설
$$흡수율 = \frac{표면건조 포화 상태 - 절대건조 상태}{절대건조 상태} \times 100\,(\%)$$
$$= \frac{105-97}{97} \times 100 = 8.2\,(\%)$$

문제 28

일반적으로 잔골재의 빈틈률은 어느 정도인가?

가. 10~20%　　　　　　　　　　나. 20~30%
다. 25~35%　　　　　　　　　　라. 30~40%

해설　일반적으로 공극률은 잔골재는 30~40%, 굵은 골재는 35~40%, 잔골재와 굵은 골재가 섞여 있는 경우는 25% 이하

정답　25. 다　26. 라　27. 다　28. 라

문제 29

콘크리트용 골재가 갖추어야 할 성질 중 틀린 것은?

가. 마멸에 대한 저항성이 클 것.
나. 물리적으로 안정되고 내구성이 클 것.
다. 골재 모양이 길고 입경이 클 것.
라. 화학적으로 안정할 것

해설 골재모양이 둥글둥글한 것이 좋으며, 알맞은 입도를 가질 것

문제 30

골재의 빈틈률이 작을 때에 대한 설명 중 틀린 것은?

가. 시멘트 풀의 양이 적게 들어 수화열이 적어진다.
나. 건조 수축이 작아진다.
다. 콘크리트의 수밀성 및 닳음 저항성이 작아진다.
라. 콘크리트의 강도와 내구성이 커진다.

해설 골재의 빈틈율(공극률)이 작으면
시멘트 사용량이 적어 경제적 콘크리트를 만들 수 있고, 수화열이 작고, 건조 수축이 적으며, 균열이 적음, 또한 콘크리트 강도, 밀도, 마멸성, 수밀성, 내구성 증대

문제 31

잔골재의 단위 무게가 1650kg/m³이고 밀도는 2.65g/cm³일 때의 골재의 공극률은 얼마인가?

가. 32.7%   나. 34.7%
다. 37.7%   라. 39.1%

해설
$$실적율(\%) = \frac{단위\ 용적\ 질량}{밀도} \times 100 = \frac{1.65}{2.65} \times 100 = 62.26\ (\%)$$

∴ 공극율 = 100 − 실적율 = 100 − 62.26 = 37.7 (%)

(단위 무게가 1650 kgf/m³=1.65 tf/m³)

정답 29. 다   30. 다   31. 다

문제 32

아래와 같은 조건에서 표면건조 포화상태의 밀도를 나타내는 식으로 옳은 것은?

  A : 공기 중에서의 노 건조 시료의 무게
  B : 공기 중에서의 표면건조포화 상태의 시료의 무게
  C : 물속에서의 시료의 무게

가. A ÷ (B-C)   나. B ÷ (B-C)
다. A ÷ (A-C)   라. B ÷ (B-A)

| 해설 | 표면건조 포화상태 밀도 $= \dfrac{B}{(B-C)} \times \rho_w$ |

문제 33

골재의 안정성 시험을 하기 위한 시험용액에 사용되는 시약은 어느 것인가?

가. 탄닌산   나. 염화칼슘
다. 황산나트륨   라. 수산화나트륨

| 해설 | 안정성 시험은 황산나트륨용액에 대한 저항성 측정 |

문제 34

골재의 표면수는 없고 골재 알속의 빈틈이 물로 차 있는 상태는?

가. 절대건조 상태
나. 기건 상태
다. 습윤 상태
라. 표면건조 포화상태

| 해설 | 골재의 함수 상태
① 절대 건조 상태 : 골재속의 공극에 있는 물을 전부 제거된 상태
② 공기 중 건조 상태 : 공기 중에서 자연건조 시킨 상태로 골재속의 내부 일부는 물로 차 있는 상태
③ 표면 건조 포화 상태 : 골재 표면은 물기가 없고, 내부 빈틈은 물로 포화된 상태
④ 습윤 상태: 골재 표면에 물기가 있고, 내부 빈틈도 물로 차 있는 상태 |

정답   32. 나   33. 다   34. 라

문제 35

골재의 저장에 관한 사항 중 틀린 것은?

가. 골재는 직사광선을 피해야 한다.
나. 동결을 방지하도록 적당한 시설을 갖춘 곳에 저장한다.
다. 불순물이 섞여 들어가서는 안 된다.
라. 여러 종류의 골재를 될 수 있는 한 한 곳에 저장하였다가 입도에 맞게 섞어서 쓴다.

해설	골재 저장방법 ① 잔골재, 굵은 골재 및 입도가 다른 골재는 각각 구분하여 따로 저장 ② 골재 대소 알이 분리되지 않도록 하고, 먼지, 잡물이 혼입되지 않도록 한다. ③ 겨울에 동결이나 빙설이 혼입되지 않도록 하고, 여름에는 장기간 뙤약볕에 방치하지 않도록 한다. ④ 골재 저장장소는 적절한 배수 시설을 한다.

문제 36

건조시료의 대기 중 무게가 265gf, 표면건조 포화상태시료의 대기 중 무게가 365gf, 시료의 수중무게가 240gf 이라면 이 굵은 골재의 표면건조 포화상태의 밀도는?

가. $2.92 g/cm^3$
나. $10.6 g/cm^3$
다. $37.7 g/cm^3$
라. $2.12 g/cm^3$

해설	표면건조 포화상태 밀도 = $\dfrac{B}{(B-C)} \times \rho_w = \dfrac{365}{(365-240)} \times 1 = 2.92 g/cm^3$ 여기서, A : 공기 중에서의 노 건조 시료의 무게 B : 공기 중에서의 표면건조포화 상태의 시료의 무게 C : 물속에서의 시료의 무게

문제 37

다음 중 경량골재의 주원료가 아닌 것은?

가. 팽창성 혈암
나. 팽창성 점토
다. 플라이 애시
라. 철분계 팽창재

해설	플라이 애시는 혼화재

정답 35. 라 36. 가 37. 다

문제 38

골재의 표면건조 포화상태의 시료 500gf를 항량이 될 때 까지 건조시킨 후 데시케이터 내에서 실내온도까지 냉각시킨 무게가 480gf이었다. 흡수량은 몇 %인가?

가. 4.2% 나. 4.0% 다. 3.2% 라. 3.0%

해설

$$굵은골재\ 흡수율(\%) = \frac{(B-A)}{A} \times 100 = \frac{(500-480)}{480} \times 100 = 4.2\ \%$$

여기서 A : 대기 중 시료의 노 건조 중량(g)
B : 대기 중 시료의 표면건조포화상태의 중량(g)

문제 39

단위 무게가 1589kg/m³, 밀도가 2.65g/cm³인 잔골재의 공극률은 얼마인가?

가. 30% 나. 40% 다. 50% 라. 60%

해설

$$실적율(\%) = \frac{단위\ 용적\ 질량}{밀도} \times 100 = \frac{1.589}{2.65} \times 100 = 60\ (\%)$$

$$\therefore 공극율 = 100 - 실적율 = 100 - 66 = 40\ (\%)$$

(단위 무게가 1589 kgf/m3=1.589 t/m3)

문제 40

중량 골재에 속하지 않는 것은?

가. 중정석 나. 화산암
다. 자철광 라. 적철광

해설 화산암은 경량골재에 속한다.

문제 41

입도가 알맞은 골재를 사용한 콘크리트의 장점에 대한 설명으로 틀린 것은?

가. 내구성 및 수밀성이 좋아진다.
나. 시멘트 풀의 양을 줄일 수 있다.
다. 빈틈이 적어져 단위무게가 커진다.
라. 골재의 사용량이 적어지므로 경제적이다.

해설 빈틈을 골재로 채워지므로 골재 사용량이 많아지며, 골재 가격보다 시멘트 가격이 비싸므로 경제적임

정답 38. 가 39. 나 40. 나 41. 라

문제 42

시멘트 중의 알칼리 성분이 골재 중의 여러 가지 조암광물과 반응을 일으키는 것을 알칼리 골재 반응이라 하는데 이것이 콘크리트에 미치는 영향은?

가. 수화열을 증가시킨다.
나. 내구성을 증가시킨다.
다. 균열을 발생시킨다.
라. 수밀성을 좋게 한다.

해 설	알칼리골재반응: 골재 중에 실리카 광물이 시멘트 중의 알칼리 성분과 화학적으로 반응을 하는 것을 말하며, 팽창을 유발하여 균열을 발생시켜 콘크리트의 내구성을 저하

문제 43

콘크리트에 사용되는 굵은 골재 및 잔골재를 구분하는데 기준이 되는 체의 공칭치수는?

가. 5mm   나. 10mm
다. 2.5mm   라. 1.2mm

해 설	① 잔골재 • 10mm 체를 전부다 통과하고 5mm 체를 무게비로 85% 이상통과하고 0.08mm 체에 다 남은 골재 • 5mm 체를 다 통과하고 0.08mm 체에 다 남은 골재 ② 굵은 골재 • 5mm 체에 무게비로 85%이상 남은 골재 • 5mm 체에 다 남은 골재 ∴ 굵은 골재 및 잔골재를 구분하는 체는 5mm 체

문제 44

굵은 골재의 입자가 클 때 콘크리트에 미치는 영향을 옳게 설명한 것은?

가. 시멘트의 소모량이 많아진다.
나. 재료가 분리되기 쉽다.
다. 콘크리트가 완전히 혼합된다.
라. 시공하기가 쉽다.

해 설	굵은 골재 입자가 크면, 재료분리가 쉽게 일어나고, 시공하기가 어렵다.

정답 42. 다   43. 가   44. 나

문제 45

습윤 상태에 있어서 중량이 200gf인 모래를 건조시켰을 때 표면 건조 포화 상태에서 190gf, 공기 중 건조상태에서 185gf, 노 건조상태(절대 건조상태)에서 182gf이 되었다. 이때 유효 흡수량을 구하면?

가. 5.26% 나. 4.40% 다. 9.90% 라. 2.70%

해설	유효흡수율 = $\dfrac{\text{표면건조 포화 상태} - \text{공기중 건조 상태}}{\text{공기중 건조 상태}} \times 100\,(\%) = \dfrac{190-185}{185} \times 100 = 2.70$

문제 46

골재의 단위무게는 공기 중 건조 상태에 있어서 몇 m^3 의 골재의 무게를 말하는가?

가. $0.5m^3$ 나. $1m^3$ 다. $2m^3$ 라. $10m^3$

해설	단위 : 숫자는 1을 기준으로 하고, 단위무게의 의미는 부피 $1m^3$ 당 무게를 의미

문제 47

어느 골재의 함수율이 20%, 공극률이 30%일 때 실적률을 구하면 얼마인가?

가. 20% 나. 30% 다. 70% 라. 80%

해설	실적률(%) = 100 - 공극률 = 100 - 30 = 70(%)

문제 48

아래 설명의 ( )에 알맞은 수치는?

> 굵은 골재는 ( )mm 체에 거의 다 남는 골재, 또는 ( )mm체에 다 남는 골재이다.

가. 5 나. 10 다. 15 라. 50

해설	굵은 골재의 정의 ① 5mm체에 무게비로 85%이상 남은 골재 ② 5mm체에 다 남은 골재

문제 49

골재의 조립률 시험으로 사용되는 표준체의 종류는 몇 개로 하는가?

가. 7개 나. 8개 다. 9개 라. 10개

해설	조립률을 구하기 위해 10개 체가 필요 80mm, 40mm, 20mm, 10mm, 5mm, 2.5mm, 1.2mm, 0.6mm, 0.3mm, 0.15mm

정답 45. 라 46. 나 47. 다 48. 가 49. 라

문제 50

굵은 골재에 대해 나열한 것이다. 옳지 않은 것은?

가. 굵은 골재의 밀도는 2.55~2.70g/cm³ 정도이다.
나. 골재의 밀도가 작을수록 조직이 치밀하고 강도가 크다.
다. 콘크리트의 배합설계는 표면 건조 포화 상태의 골재를 기준으로 한다.
라. 흡수량이란 표면 건조 포화 상태일 때의 골재 알에 들어 있는 모든 함수량을 말한다.

해설	굵은 골재 ① 밀도 : 2.55~2.70g/cm³ ② 밀도가 큰 골재는 빈틈이 적고, 흡수량이 적어 내구성과 강도가 크다 ③ 표건 밀도 값을 알아야 콘크리트 배합설계에서 시방배합계산을 할 수 있다. ④ 흡수량은 표면건조포화상태 무게에서 절대건조상태무게를 뺀 것 　즉, 표면건조포화상태 일 때 물 총량

문제 51

골재의 체가름 시험에서 조립률(F.M)이 크다는 것은 다음 중 어느 것을 의미 하는가?

가. 골재의 입자가 고르다.　　　나. 골재의 입도가 알맞다.
다. 골재의 밀도가 크다.　　　　라. 골재의 입자가 크다.

해설	골재의 조립률은 알의 지름이 클수록 크다

문제 52

골재의 함수상태 네 가지 중 습기가 없는 실내에서 자연건조 시킨 것으로서 골재알 속의 빈틈 일부가 물로 차있는 상태는?

가. 습윤 상태　　　　　　　　　나. 절대건조 상태
다. 표면건조 포화상태　　　　　라. 공기 중 건조 상태

해설	공기 중 건조 상태 : 공기 중에서 자연건조 시킨 상태로 골재속의 내부 일부는 물로 차 있는 상태

문제 53

경량 골재 콘크리트에 대한 설명으로 틀린 것은?

가. 운반과 치기가 쉽다
나. χ선, γ선, 중성자선의 차폐 재료로서 사용 된다
다. 강도와 탄성계수가 작다
라. 자중이 가벼워서 구조물 부재의 치수를 줄일 수 있다

해설	① 경량콘크리트는 무게가 가벼워 운반과 치기가 쉽고, 강도 및 탄성계수가 작다 ② 중량콘크리트는 χ선, γ선, 중성자선등 원자로 차폐에 사용

정답　50. 나　51. 라　52. 라　53. 나

문제 54

보통 굵은 골재의 흡수량은 보통 얼마 정도인가?

가. 0.5~4 % 나. 4~7.5 %
다. 7.5~10 % 라. 10~12.5 %

해설 보통 골재의 흡수율은 잔골재는 1~6%, 굵은 골재는 0.5~4%

문제 55

조립률 3.0의 모래와 7.0의 자갈을 중량비 1 : 4로 혼합할 때의 조립률을 구하면?

가. 3.2 나. 4.2 다. 5.2 라. 6.2

해설
$$f_a = \frac{p}{p+q} \cdot f_s + \frac{q}{p+q} \cdot f_g = \frac{1}{1+4} \times 3 + \frac{4}{1+4} \times 7 = 6.2$$

여기서 f_a : 혼합골재의 조립률
f_s, f_g : 잔골재 및 굵은 골재 각각의 조립률
p, q : 무게로 된 잔골재 및 굵은 골재 각각의 혼합비

문제 56

콘크리트에 사용하는 골재에 대한 설명 중 틀린 것은?

가. 유해량의 먼지, 잡물, 흙, 염류를 다소 포함해도 된다.
나. 자갈은 내구성이 커야 하며 자갈 중에 약한 돌이 섞여 있어서는 안 된다.
다. 골재의 입도는 크고 작은 돌이 적당히 섞여 있어야 한다.
라. 골재의 모양은 둥근 것, 또는 육면체에 가까운 것이 좋다.

해설 골재가 갖추어야 할 성질
① 골재는 강하며, 물리 화학적으로 안정되어 내구적일 것
② 알맞은 입도를 가질 것
③ 연한 석편, 가느다란 석편을 함유하지 않고, 둥글거나, 정육면체에 가까울 것
④ 먼지, 흙, 유기 불순물, 염화물 등의 유해량을 함유하지 않고, 깨끗할 것
⑤ 마멸에 대한 저항성이 크고, 필요한 무게를 가질 것

문제 57

빈틈률이 작은 골재를 사용할 때의 콘크리트 성질에 대한 설명으로 틀린 것은?

가. 시멘트 풀의 양이 적게 든다. 나. 건조수축이 커진다.
다. 콘크리트의 강도가 커진다. 라. 콘크리트의 내구성이 커진다.

해설 골재의 빈틈률(공극률)이 작으면
시멘트 사용량이 적어 경제적 콘크리트를 만들 수 있고, 수화열 작고, 건조 수축 적으며, 균열이 적음, 또한 콘크리트 강도, 밀도, 마멸성, 수밀성, 내구성 증대

정답 54. 가 55. 라 56. 가 57. 나

문제 58

표면건조 포화상태의 설명으로 옳은 것은?

가. 골재 알의 표면수는 없고 골재알 속의 빈틈이 물로 차 있는 상태
나. 골재 알의 표면에 표면수가 있고 골재알 속의 빈틈이 물로 차있는 상태
다. 골재알 속의 빈틈에 있는 물이 전부 제거된 상태
라. 공기 중에서 자연 건조시켜 골재 알의 일부가 물이 있는 상태

해 설

골재의 함수 상태
① 절대 건조 상태 : 골재속의 공극에 있는 물을 전부 제거된 상태
② 공기 중 건조 상태 : 공기 중에서 자연건조 시킨 상태로 골재속의 내부 일부는 물로 차 있는 상태
③ 표면 건조 포화 상태 : 골재 표면은 물기가 없고, 내부 빈틈은 물로 포화된 상태
④ 습윤 상태: 골재 표면에 물기가 있고, 내부 빈틈도 물로 차 있는 상태

문제 59

조립률이 3.25인 잔골재 22kg와 조립률 2.50인 잔골재 28kg을 혼합한 조립률은?

가. 2.57   나. 2.70   다. 2.83   라. 2.96

해 설 $f_a = \dfrac{p}{p+q} \cdot f_s + \dfrac{q}{p+q} \cdot f_g = \dfrac{22}{22+28} \times 3.25 + \dfrac{28}{22+28} \times 2.5 = 2.83$

문제 60

골재의 크고 작은 알이 섞여 있는 정도를 무엇이라 하는가?

가. 골재의 평형   나. 골재의 조립률
다. 골재의 입도   라. 골재의 밀도

해 설 입도란? 작고, 큰골재가 섞여 있는 정도를 말하며, 입도 분포가 좋다란 뜻은 작고 큰 골재가 골고루 섞여 있어 빈틈이 작아 강도, 내구성, 시멘트양이 감소가 되어 경제적인 콘크리트를 만들 수 있다.

문제 61

골재의 함수량에서 흡수량을 뺀 것은?

가. 유효흡수량   나. 흡수량
다. 표면수량   라. 함수량

해 설 함수량-흡수량 = 표면수량

정답 58. 가   59. 다   60. 다   61. 다

문제 62

일반적인 구조물의 콘크리트에 사용되는 굵은 골재의 최대 치수는 다음 중 어느 것을 표준으로 하는가?

가. 25mm 나. 40mm 다. 60mm 라. 100mm

해설

굵은 골재 최대 치수의 선정

콘크리트 종류		굵은 골재 최대 치수(mm)	
무근 콘크리트		40	
		부재 최소 치수의 $\frac{1}{4}$ 이하	
철근콘크리트	일반적인 경우	25	부재 최소 치수의 $\frac{1}{5}$ 이하
	단면이 큰 경우	40	피복 두께, 철근 간격의 $\frac{3}{4}$ 이하

문제 63

일반적으로 밀도가 큰 골재의 특징으로 틀린 것은?

가. 빈틈률이 크다.
나. 흡수량이 적다.
다. 내구성이 크다.
라. 조직이 치밀하다.

해설 밀도가 큰 골재는 빈틈이 적고 흡수량이 적어 내구성과 강도가 크다.

문제 64

잔골재 A의 조립률(FM)은 3.26이고 잔골재 B의 조립률(FM)은 2.44이다. 이 골재의 조립률이 적당하지 않아 조립률이 2.8이 되는 잔골재 C를 만들고자 할 때 잔골재 A와 B의 혼합비는?

　　A　　B
가. 0.75 : 0.65
다. 0.46 : 0.36
　　A　　B
나. 0.36 : 0.46
라. 0.25 : 0.95

해설

$f_a = \dfrac{p}{p+q} \cdot f_s + \dfrac{q}{p+q} \cdot f_g$ $2.8 = \dfrac{p}{p+q} \times 3.26 + \dfrac{q}{p+q} \times 2.44$

$2.8(p+q) = 3.26p + 2.44q$ $0.36q = 0.46p$ $\therefore p : q = 0.36 : 0.46$

정답 62. 가 63. 가 64. 나

문제 65

부재 최소 치수의 규격이 160mm인 무근콘크리트 구조물을 만들기 위한 콘크리트에 사용할 굵은 골재의 최대 치수는 얼마 이하를 표준으로 하는가?

가. 25mm 나. 40mm 다. 50mm 라. 100mm

해설 무근콘크리트인 경우 굵은 골재 최대치수는 40mm이하, 부재최소치수의 $\frac{1}{4}$ 이하

$40mm$, $\frac{160}{40} = 40mm$ ∴ $40mm$

문제 66

콘크리트에 사용하는 골재에 대한 설명 중 틀린 것은?

가. 유해량의 먼지, 잡물, 흙, 염류를 다소 포함해도 된다.
나. 자갈은 내구성이 커야하며 자갈 중에 약한 돌이 섞여있어서는 안 된다.
다. 골재의 입도는 크고 작은 돌이 적당히 섞여있어야 한다.
라. 골재의 모양은 둥근 것, 또는 육면체에 가까운 것이 좋다.

해설 먼지, 흙, 유기 불순물, 염화물 등의 유해량을 함유하지 않고, 깨끗할 것

문제 67

콘크리트를 배합할 때 골재의 1회 계량분에 대한 최대 허용 오차는?

가. 1% 나. 2% 다. 3% 라. 5%

해설 재료의 계량 허용오차
물, 시멘트 : 1%, 혼화재 : 2%, 골재, 혼화제 : 3%

문제 68

콘크리트에서 부순 돌을 굵은 골재로 사용했을 때의 설명이다. 잘못된 것은?

가. 일반 골재를 사용한 콘크리트와 동일한 워커빌리티의 콘크리트를 얻기 위해 단위수량이 많아진다.
나. 일반 골재를 사용한 콘크리트와 동일한 워커빌리티의 콘크리트를 얻기 위해 잔골재율이 작아진다.
다. 일반 골재를 사용한 콘크리트 보다 시멘트 페이스트와의 부착이 좋다.
라. 포장 콘크리트에 사용하면 좋다.

해설
- 부순 굵은골재는 특유의 모가 나있고 표면조직이 거칠어 같은 워커빌리티를 얻기 위해서는 단위수량 증가나 잔골재율 등의 증가가 있다.
- 부착력이 좋으며, 콘크리트 포장용에 좋다

정답 65. 나 66. 가 67. 다 68. 나

문제 69

골재의 저장 방법에 대한 설명으로 틀린 것은?

가. 잔골재, 굵은골재 및 종류와 입도가 다른 골재는 서로 섞어 균질한 골재가 되도록하여 저장한다.
나. 먼지나 잡물 등이 섞이지 않도록 한다.
다. 골재의 저장 설비에는 알맞은 배수 시설을 한다.
라. 골재는 햇빛을 바로 쬐지 않도록 알맞은 시설을 갖추어야 한다.

해설	잔골재, 굵은 골재 및 입도가 다른 골재는 각각 구분하여 따로 저장

문제 70

다음 중 골재의 흡수량에 대한 설명이 옳은 것은?

가. 골재입자의 표면에 묻어 있는 물의 양
나. 절대건조상태에서 표면건조 포화상태로 되기까지 흡수된물의 양
다. 공기중 건조상태에서 표면건조 포화상태로 되기까지 흡수된 물의 양
라. 골재입자 안팎에 들어 있는 모든 물의 양

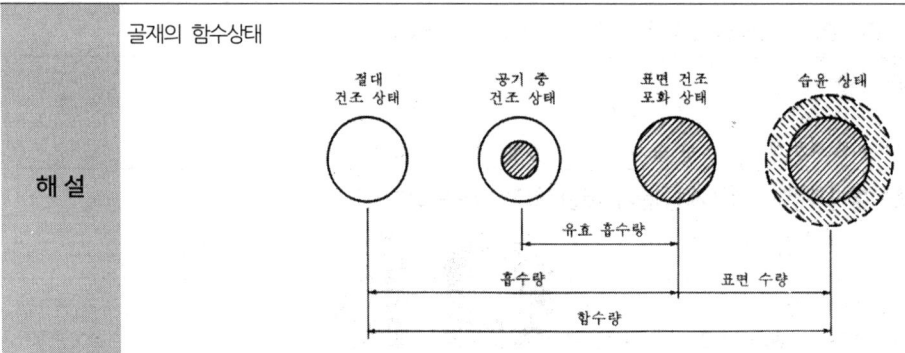

문제 71

콘크리트 골재로서 경량 골재로 사용하는 것은?

가. 자철석 나. 팽창성 혈암
다. 중정석 라. 강자갈

해설	• 보통골재 : 밀도가 2.50~2.70g/cm³인 골재(강자갈, 강모래등) • 경량골재 : 밀도가 2.50g/cm³이하인 골재(화산력(火山礫)·경석(輕石)·용암(熔岩), 인공 경량골재는 팽창점토·팽창혈암) • 중량골재 : 밀도가 2.70g/cm³ 이상인 골재(자철석, 갈철광, 중정석)

정답 69. 가 70. 나 71. 나

문제 72

콘크리트용 골재에 대한 설명으로 옳지 않은 것은?

가. 굵은골재 중의 연한 석편은 질량백분율로 5% 이하라야 한다.
나. 굵은골재 중의 점토덩어리 함유량은 질량백분율로 0.25%이하라야 한다.
다. 굵은골재로서 사용할 자갈의 흡수율은 5% 이하의 값을 표준으로 한다.
라. 잔골재중의 점토덩어리 함유량은 질량백분율로 1% 이하라야 한다.

해설

• 물리적 성질에 관한 기준

구 분	밀 도	흡수율	안정성	마모율
잔골재	2.5 이상	3.0 이하	10% 이하	-
굵은골재	2.5 이상	3.0 이하	12% 이하	40% 이하

• 유해물질 함유량 시험 기준

구 분	점토덩어리	연한석편	0.08mm체 통과량	염화물함유량
잔골재	1.0% 이하	-	1.0% 이하	0.04% 이하
굵은골재	0.25% 이하	5.0% 이하	3.0% 이하	-

문제 73

콘크리트 작업 중의 재료분리에 대한 설명으로 잘못된 것은?

가. 콘크리트는 밀도가 다른 재료들을 물로 비벼서 만든 것이기 때문에 재료가 분리되기 쉽다.
나. 굵은 골재의 최대치수가 클수록 재료 분리가 감소한다.
다. 잔골재율을 증가시키면 재료분리를 적게 하는데 유효하다.
라. 골재량과 물의 양이 너무 많으면 재료가 분리되기 쉽다.

해설

• 작업 중 재료분리가 발생하는 경우
① 굵은 골재의 최대치수가 지나치게 큰 경우
② 단위 골재량과 단위수량 너무 많은 경우
③ 단위수량이 너무 많은 경우
④ 배합이 적절하지 않은 경우 (제조, 운반, 타설 시에 재료분리 발생)
⑤ 묽은 반죽의 콘크리트를 높은 곳에서 낙하시키는 경우 (슈트)
⑥ 혼합시간이 부족하든지 또는 과다하게 혼합하는 경우
• 대책
① 콘크리트의 성형성(plasticity)을 증가   ② 잔골재율을 크게
③ 물-결합재비를 작게   ④ AE제, 플라이 애쉬 등의 혼화재료 사용

정답 72. 다   73. 나

문제 74

잔골재의 정의에 대한 아래 표의 ( )에 알맞은 것은?

> 10mm체를 통과하고, 5mm체를 거의 다 통과하며, ( )mm체에 거의 다 남는 골재

가. 2.5 나. 1.2 다. 0.5 라. 0.08

해설 0.08mm 체

문제 75

다음 중 천연 골재에 속하지 않는 것은?

가. 강모래, 강자갈
나. 산모래, 신자갈
다. 바닷모래, 바닷자갈
라. 부순모래, 슬래그

해설 생산 방법에 따른 분류
① 천연골재 : 강모래. 자갈, 산모래. 자갈, 바닷모래. 자갈, 천연 경량 잔골재. 굵은 골재
② 인공골재 : 부순 잔골재.굵은 골재, 고로 슬래그 잔골재. 굵은골재, 인공 경량잔골재. 굵은골재, 중량골재, 재생골재

문제 76

굵은 골재의 밀도시험에서 5mm 체를 통과하는 시료는 어떻게 처리해야 하는가?

가. 모두 버린다.
나. 다시 체가름 한다.
다. 전부 포함시킨다.
라. 5mm 체를 통과하는 시료만 별도로 시험한다.

문제 77

시멘트 모르타르의 압축 강도 시험에서 표준 모래를 사용하는 이유로 가장 타당한 것은?

가. 가격이 저렴하여
나. 구하기가 쉬우니까
다. 건설현장에서도 표준 모래를 사용하므로
라. 시험조건을 일정하게 하기 위해

문제 78

잔골재 체가름 시험에서 조립률의 기호는?

가. AM 나. AF 다. FM 라. OMC

정답 74. 라 75. 라 76. 가 77. 라 78. 다

문제 79

보통 잔골재의 일반적인 밀도로 옳은 것은?

가. 2.40~2.55g/cm³
나. 2.50~2.65g/cm³
다. 2.60~2.85g/cm³
라. 2.80~2.95g/cm³

해설 잔골재 밀도 : 2.50~2.65g/cm³
굵은골재 밀도 : 2.55~2.70g/cm³

문제 80

골재알의 모양을 판정하는 척도인 실적률을 구하는 식으로 옳은 것은?

가. 실적률(%)=공극률(%)-100
나. 실적률(%)=100-공극률(%)
다. 실적률(%)=조립률(%)-100
라. 실적률(%)=100-조립률(%)

해설 $실적률(\%) = 100 - 공극률(\%) = \dfrac{단위\ 용적\ 질량}{밀도} \times 100(\%)$

문제 81

굵은 골재의 최대 치수에 대한 설명으로 틀린 것은?

가. 거푸집 양 측면 사이의 최소 거리의 1/5을 초과하지 않아야 한다.
나. 슬래브 두께의 2/3를 초과하지 않아야 한다.
다. 일반적인 구조물인 경우 20mm 또는 25mm를 표준으로 한다.
라. 단면이 큰 구조물인 경우 40mm 표준으로 한다.

해설 굵은골재 최대치수(Gmax) 결정

콘크리트 종류		굵은 골재의 최대치수(mm)	
무근콘크리트		40	부재최소치수의 1/4 이하
철근콘크리트	일반적인경우	20 또는 25	부재최소치수의 1/5 이하
	단면이 큰 경우	40	피복 두께, 철근간격의 3/4 이하

문제 82

일반 콘크리트에 사용할 굵은골재의 절대건조 상태의 밀도는 얼마 이상의 값을 표준으로 하는가?

가. 2.20 나. 2.50 다. 3.20 라. 4.00

해설 물리적 성질에 관한 기준

구 분	절건밀도(g/cm³)	흡수율(%)	안정성	마모율
잔 골 재	2.5 이상	3.0 이하	10% 이하	-
굵은골재	2.5 이상	3.0 이하	12% 이하	40% 이하

정답 79. 나 80. 나 81. 나 82. 나

시 멘 트

문제 1

시멘트의 화합물중 수화속도가 가장 빠른 것은?

가. 규산 삼석회
나. 규산 이석회
다. 알루민산 삼석회
라. 알루민산철 사석회

해설
① 규산 3석회(C_3S) : 수화열이 C_2S에 비해 비교적 크며 조기강도가 크다.
② 규산 2석회(C_2S) : 수화열이 작아서 강도발현은 늦지만 장기강도 발현성과 화학저항성이 우수하다.
③ 알민산 3석회(C_3A) : 수화속도가 매우 빠르고 발열량과 수축이 크다.
④ 알민산철 4석회(C_4AF) : 수화열이 적고 수축도 적으며 강도증진에는 큰 효과가 없으나 화학저항성이 양호하다.
⑤ 포틀랜드시멘트 중 클링커 화합물 성분량의 크기 : $C_3S > C_2S > C_3A > C_4AF$

문제 2

플라이애시시멘트에 관한 설명 중 옳지 않은 것은?

가. 유동성이 커서 재료분리가 크다.
나. 장기강도가 크다.
다. 해수에 대한 저항성이 크다.
라. 워커빌리티가 좋아 단위수량이 적은 콘크리트를 만들 수 있다.

해설
① 유동성이 좋다.(워커빌리티가 좋다)
② 수화열이 적고, 장기 강도가 크다.
③ 해수 등 화학적 저항성이 크다.
④ 수밀성이 좋다
⑤ 알칼리 골재반응을 억제 한다.
⑥ 건조수축을 감소

문제 3

건조 수축에 의한 균열을 막기 위하여 콘크리트에 팽창재를 넣거나 팽창시멘트를 사용하여 만든 콘크리트를 무엇이라 하는가?

가. AE 콘크리트
나. 유동화 콘크리트
다. 팽창 콘크리트
라. 철근 콘크리트

정답 1. 다   2. 가   3. 다

■ 제1장 콘크리트 재료　73

문제 4

다음 시멘트 저장 방법으로 부적당한 것은?

가. 지상에서 30cm 이상 높은 마루에 저장한다.
나. 습기가 차단되도록 방수되는 창고에 저장한다.
다. 시멘트는 13포 이상 쌓도록 한다.
라. 시멘트는 입하 순으로 사용한다.

해 설	시멘트의 저장 ① 방습적인 구조로 된 사일로 또는 창고에 품종별로 구분하여 저장 ② 지면으로부터 30cm이상, 쌓아 올리는 포대 수는 13포 이하, 저장기간이 길어 질 경우 7포대 이상 쌓지 않는 것이 좋다. ③ 입하순서(시멘트가 들어온 순서)대로 사용

문제 5

조강 포틀랜드 시멘트의 사용 장소로 적합하지 않은 곳은?

가. 공기를 단축해야 하는 장소
나. 한중 콘크리트
다. 서중 콘크리트
라. 수중 콘크리트

해 설	① 계절적으로 수화열이 커서 겨울(한중콘크리트)에 사용 ② 조기강도를 필요로 하는 긴급공사에 사용

문제 6

시멘트 분말도가 높을 때 나타나는 효과가 아닌 것은?

가. 풍화가 늦다.
나. 발열량이 높다.
다. 조기강도가 크다.
라. 수화작용이 빠르다.

해 설	시멘트 분말도가 높으면(입자가 가늘면) ① 수화작용이 빠르고 ② 조기강도가 커진다. ③ 풍화하기 쉽고 ④ 수화열이 많아 콘크리트에 균열 발생

정답　4. 다　5. 다　6. 가

문제 7
다음 설명 중 시멘트의 저장방법으로 부적당한 것은?
- 가. 시멘트 포대가 넘어지지 않도록 벽에 붙여서 쌓아야 한다.
- 나. 지상에서 30cm 이상 되는 마루에 저장하여야 한다.
- 다. 적재 시 7포 이상 쌓아 올리지 않도록 하여야 한다.
- 라. 어느 포대든지 검사에 편리 하도록 통로를 둔다.

문제 8
우리나라에서 일반적으로 가장 많이 사용되는 시멘트는?
- 가. 고로 시멘트
- 나. 조강 포틀랜드 시멘트
- 다. 중용열 포틀랜드 시멘트
- 라. 보통 포틀랜드 시멘트

해설 보통 포틀랜드 시멘트가 많이 사용되는 시멘트

문제 9
석고는 시멘트의 응결시간을 조절하기 위하여 사용되는데 클링커를 분쇄할 때 몇 %의 석고를 첨가 하는가?
- 가. 2%
- 나. 3%
- 다. 4%
- 라. 5%

해설 시멘트 응결지연제로 3%의 석고($CaSO_4 \cdot 2H_2O$)가 첨가

문제 10
다음 중 수중공사 및 한중공사에 적합한 시멘트는?
- 가. 고로슬래그 시멘트
- 나. 보통 포틀랜드 시멘트
- 다. 조강 포틀랜드 시멘트
- 라. 중용열 포틀랜드 시멘트

해설 수중 또는 한중콘크리트는 조기에 강도가 발현 되는 시멘트를 사용해야 한다.

문제 11
시멘트가 굳어 가는 도중에 부피가 팽창하는 정도를 무엇이라 하는가?
- 가. 수화
- 나. 응결
- 다. 풍화
- 라. 안정성

해설 안정성
① 시멘트가 굳어 가는 도중에 부피가 팽창하는 정도
② 시험법은 오토클레이브 팽창도 시험법에 의한다.

정답 7. 가 8. 라 9. 나 10. 다 11. 라

문제 12

중용열 포틀랜드 시멘트를 필요로 하는 공사는 어느 것인가?

가. 일반 구조물 콘크리트 나. 수중 콘크리트
다. 한중 콘크리트 라. 댐 콘크리트

해 설 중용열 포틀랜드 시멘트는 수화열과 균열이 적어 매스콘크리트(댐), 서중콘크리트에 적합

문제 13

시멘트의 응결시간을 조절하기 위해 첨가하는 것은?

가. 석고 나. 점토 다. 철분 라. 광재

해 설 시멘트 응결지연제로 석고 3%를 사용

문제 14

시멘트의 분말도에 관계된 설명을 나열하였다. 이 중 옳지 않은 것은?

가. 수화속도에 큰 영향을 준다.
나. 비표면적(cm^2/gf)으로 표시한다.
다. 시멘트의 품질이 일정한 경우 일정량 중에 미립자가 많을수록 수축이 작아지고 풍화에 대해서 유리하다.
라. 분말도는 비표면적을 2800 이상 KSL 5201(포틀랜드 시멘트)으로 규정 하고 있다.

해 설 미립자가 많으면, 수축이 커지고, 풍화하기 쉽다.

문제 15

보통 포틀랜드 시멘트의 밀도 값으로 가장 적당한 것은?

가. $2.3 \sim 3.1 g/cm^3$ 나. $3.14 \sim 3.20 g/cm^3$
다. $2.50 \sim 2.65 g/cm^3$ 라. $2.55 \sim 2.70 g/cm^3$

해 설 시멘트의 종류에 따라 다르며, 일반적으로 시멘트 밀도는 $3.14 \sim 3.20 g/cm^3$

문제 16

시멘트 분말도는 무엇으로 나타내는가?

가. 단위 무게 나. 비표면적
다. 단위 부피 라. 표건 밀도

해 설 시멘트 분말도는 비표면적으로 나타내며, 비표면적(cm^2/g)은 1g의 시멘트가 가지고 있는 전체 입자의 총 표면적(cm^2)

정답 12. 라 13. 가 14. 다 15. 나 16. 나

문제 17

콘크리트를 시공할 때 시멘트 량을 줄이려면 골재의 어느 것을 고려해야 하는가?

가. 입도
나. 밀도
다. 유해물의 함유정도
라. 비표면적

해설 굵고 작은 알갱이가 골고루 섞여 있어야(양 입도) 공극이 적어지며, 공극이 적어진 만큼 시멘트 풀이 적어지고, 그러므로 시멘트 양도 줄어든다.

문제 18

시멘트 응결에 대한 설명이 맞는 것은?

가. 풍화가 되었을 때 응결이 빠르다.
나. 수량이 많은 경우일 때 응결이 빠르다.
다. 분말도가 높을수록 응결이 늦다.
라. 온도가 높으며 습도가 낮을 때 응결이 빠르다.

해설 응결이 늦어지는 경우는 시멘트가 풍화되고, 수량이 많고, 분말도가 낮고, 온도가 낮고, 습도가 높으면 응결이 늦어진다.

문제 19

1g의 시멘트가 가지고 있는 전체 입자의 총 표면적을 무엇이라 하는가?

가. 비표면적
나. 총 표면적
다. 단위 표면적
라. 단위 비표면적

해설 비표면적(㎠/g)은 1g의 시멘트가 가지고 있는 전체 입자의 총 표면적(㎠)

문제 20

댐과 같은 콘크리트 단면이 큰 공사에 적합한 시멘트는?

가. 중용열 포틀랜드 시멘트
나. 보통 포틀랜드 시멘트
다. 고로 시멘트
라. 백색 포틀랜드 시멘트

해설 댐, 매스콘크리트는 수화열이 적은 중용열 포틀랜드 시멘트 사용

문제 21

다음 중 조기강도가 가장 큰 시멘트는?

가. 조강 포틀랜드 시멘트
나. 중용열 포틀랜드 시멘트
다. 석면 단열 시멘트
라. 알루미나 시멘트

해설 시멘트 조기강도 발현 순서
알루미나시멘트 > 초속경시멘트 > 초조강시멘트 > 조강시멘트 > 보통포틀랜드시멘트

정답 17. 가 18. 라 19. 가 20. 가 21. 라

문제 22

시멘트에 적당한 양의 물을 가하여 혼합한 시멘트풀이 시간이 경과함에 따라 액체 상태에서 소성상태로 되었을 경우를 무엇이라 하는가?

가. 경화   나. 풍화   다. 응결   라. 수축

| 해설 | 응결은 시멘트가 수화작용에 의해 유동성을 잃고 굳어지는 현상 |

문제 23

고로 슬래그 시멘트에 관한 사항 중 옳은 것은?

가. 보통 포틀랜드 시멘트에 비해 응결이 빠르다.
나. 보통 포틀랜드 시멘트에 비해 발열량이 많아 균열발생이 크다.
다. 보통 포틀랜드 시멘트에 비해 해수 및 화학 작용에 대한 저항성이 크다.
라. 보통 포틀랜드 시멘트에 비해 조기강도가 크다.

| 해설 | 고로 슬래그 시멘트
① 수화열이 작고, 장기강도가 크다   ② 수밀성이 크다.
③ 황산염 등 화학적 저항성이 크다.   ④ 알칼리 골재반응을 억제한다.
⑤ 댐, 하천, 항만 등의 구조물에 사용 |

문제 24

경화가 빠르고 조기 강도가 커서 공기를 단축 할 수 있고, 한중 콘크리트와 수중 콘크리트 시공에 적합한 시멘트는 어느 것인가?

가. 중용열 포틀랜드 시멘트   나. 실리카 시멘트
다. 플라이애시 시멘트   라. 조강 포틀랜드 시멘트

| 해설 | 조강포틀랜드시멘트는 조기강도가 커서, 재령 28일 압축강도를 7일에 발현되고, 조기에 강도를 얻어야하는 한중콘크리트나, 수중콘크리트, 긴급공사에 사용 |

문제 25

플라이애시 시멘트의 장점에 속하지 않는 것은?

가. 수화열이 적고 장기강도가 크다.
나. 콘크리트의 워커빌리티가 좋다.
다. 조기강도가 상당히 크다.
라. 단위수량을 감소시킬 수 있다.

| 해설 | 플라이애시 시멘트
① 유동성이 좋다.(워커빌리티가 좋다)   ② 수화열이 적고, 장기 강도가 크다.
③ 해수 등 화학적 저항성이 크다.   ④ 수밀성이 좋다
⑤ 알칼리 골재반응을 억제 한다.   ⑥ 건조수축을 감소 |

정답   22. 다   23. 다   24. 라   25. 다

문제 26

조강 포틀랜드 시멘트의 재령 7일 강도는 보통 포틀랜드시멘트의 재령 며칠 강도와 비슷한가?

가. 7일　　　나. 21일　　　다. 28일　　　라. 91일

해설　조강포틀랜드시멘트는 재령 28일 압축강도를 7일에 발현

문제 27

알루미나 시멘트의 최대 특징은?

가. 원료가 풍부하다.　　　나. 조기강도가 크다.
다. 값이 싸다.　　　라. 타 시멘트와 혼합이 용이하다.

해설　알루미나시멘트는 보통포틀랜드시멘트 재령 28일 압축강도를 1일에 발현되어 조기강도가 가장 빠르다

문제 28

댐, 매스콘크리트, 방사선 차폐용 등 주로 단면이 큰 콘크리트용으로 사용되는 시멘트는?

가. 중용열 포틀랜드 시멘트　　　나. 고로 슬래그 시멘트
다. 보통 포틀랜드 시멘트　　　라. 조강 포틀랜드 시멘트

해설　중용열 시멘트는 수화열이 적어 균열이 발생하지 않으므로 댐과 같이 물이 새지 않고, 방사선 차폐에 사용

문제 29

다음 사항에서 시멘트의 조기 강도가 큰 순서로 되어 있는 것은?

가. 포틀랜드 시멘트 > 고로시멘트 > 알루미나 시멘트
나. 알루미나 시멘트 > 고로시멘트 > 포틀랜드 시멘트
다. 알루미나 시멘트 > 포틀랜드 시멘트 > 고로 시멘트
라. 고로 시멘트 > 포틀랜드 시멘트 > 알루미나 시멘트

해설　보통포틀랜드시멘트 재령은 28일, 알루미나 시멘트는 1일, 고로시멘트는 장기강도가 크다.

문제 30

시멘트가 풍화되면 그 성질이 달라지는데 풍화된 시멘트의 성질에 대한 설명으로 옳은 것은?

가. 밀도는 커진다.
나. 응결 경화가 늦어진다.
다. 강도가 증강된다.
라. 수화열이 커진다.

정답　26. 다　27. 나　28. 가　29. 다　30. 나

문제 31

시멘트는 저장 중에 공기와 닿으면 수화작용을 일으킨다. 이때 생긴 수산화칼슘[$Ca(OH)_2$]이 공기 중의 이산화탄소(CO_2)와 작용하여 탄산칼슘($CaCO_3$)과 물이 생기게 되는데 이러한 작용을 무엇이라 하는가?

가. 응결작용 나. 산화작용 다. 풍화작용 라. 탄화작용

해설 시멘트 풍화작용은 공기 중의 수분을 시멘트가 흡수하여 수화작용을 일으킨 시멘트

문제 32

다음 중 혼합 시멘트가 아닌 것은?

가. 고로 슬래그 시멘트
나. 플라이 애시 시멘트
다. 포틀랜드 포졸라나 시멘트
라. 알루미나 시멘트

해설 혼합시멘트는 고로슬래그 시멘트, 플라이 애시 시멘트, 포틀랜드 포졸란시멘트(실리카시멘트)

문제 33

시멘트의 3대 화합물을 나열한 것은?

가. 석회, 실리카, 알루미나
나. 석회, 알루미나, 산화철
다. 석회, 실리카, 산화철
라. 석회, 알루미나, 알칼리

해설 주성분 : 석회(CaO), 실리카(SiO_2), 알루미나(Al_2O_3)

문제 34

시멘트가 풍화하면 나타나는 현상에 대한 설명으로 틀린 것은?

가. 밀도가 작아진다.
나. 응결이 늦어진다.
다. 강도가 늦게 나타난다.
라. 강열 감량이 작아진다.

해설
① 공기 중의 수분을 흡수하여 풍화한 시멘트는, 밀도가 작아지고, 응결이 늦어지며, 강도 발현이 늦고, 강열감량이 크다.
② 강열감량시험: 시멘트 시료를 강열했을 때의 중량 손실로 풍화정도를 알아보는 시험

문제 35

중용열 포틀랜드 시멘트에 대한 설명으로 틀린 것은?

가. 규산이석회가 비교적 많다.
나. 한중콘크리트 시공에 적합하다.
다. 수화열이 낮아 댐, 터널공사에 적합하다.
라. 조기 강도는 작고 장기 강도가 크다.

해설 한중콘크리트는 4℃ 이하에서 사용하며, 수화반응이 빠르고, 조기강도가 큰 조강포틀랜드 시멘트를 사용해야 한다.

정답 31. 다 32. 라 33. 가 34. 라 35. 나

문제 36

보크사이트와 석회석을 혼합하여 만든 것으로 재령 1일에서 보통 포틀랜드 시멘트의 재령 28일의 강도를 내는 시멘트는?

가. 알루미나 시멘트
나. 플라이 애시 시멘트
다. 고로 슬래그 시멘트
라. 포틀랜드 포촐라나 시멘트

해 설 알루미나 시멘트
보크사이트와 석회석을 혼합하여 만든 것으로 재령 1일에 보통포틀랜드시멘트 재령 28일 압축강도를 나타내는 시멘트

문제 37

시멘트와 물이 화학반응을 일으켜 수화물을 생성하는 반응을 무엇이라 하는가?

가. 수화   나. 양생   다. 풍화   라. 응결

문제 38

산화철과 마그네시아의 함유량을 제한하여 철분이 거의 없으며, 주로 건축물의 미장, 장식용, 인조석 제조 등에 사용되는 시멘트는?

가. 슬래그 시멘트
나. 알루미나 시멘트
다. 백색 포틀랜드 시멘트
라. 조강 포틀랜드 시멘트

문제 39

플라이 애시 시멘트의 특징으로 부적당한 것은 다음 중 어느 것인가?

가. 장기강도는 보통 시멘트 보다 낮다.
나. 건조 수축이 적다.
다. 수화열이 적다.
라. 화학적 저항성이 강하다.

해 설
① 유동성이 좋다.(워커빌리티가 좋다) ② 수화열이 적고, 장기 강도가 크다.
③ 해수 등 화학적 저항성이 크다   ④ 수밀성이 좋다
⑤ 알칼리 골재반응을 억제 한다   ⑥ 건조수축을 감소

문제 40

시멘트의 분말도란?

가. 여러 가지 크기의 입자들이 어떤 비율로 섞여 있는가를 나타내는 것
나. 시멘트 입자의 가는 정도를 나타내는 것
다. 시멘트가 굳어 가는 도중에 부피가 팽창하는 정도
라. 시멘트 입자의 크기

해 설 분말도는 시멘트 입자가 가는 정도

정답 36. 가   37. 가   38. 다   39. 가   40. 나

문제 41
해중공사 또는 한중 콘크리트 공사에 사용하며 내화용 콘크리트에 적합한 시멘트는?

가. 알루미나 시멘트
나. 고로 시멘트
다. 보통포틀랜드 시멘트
라. 실리카 시멘트

해설 알루미나시멘트
① 시멘트 중에서 가장 빨리 강도 발현
② 조기강도가 커서 긴급공사에 사용
③ 한중콘크리트에 사용
④ 내화학성이 커서 해수공사에 사용

문제 42
다음 중 시멘트의 성분에 속하는 것은?

가. A.E제
나. 석고
다. 염화칼슘
라. 플라이애시

해설 A.E제(혼화제, 공기연행), 염화칼슘(혼화제, 지연제), 플라이애시(혼화재)

문제 43
시멘트의 응결 속도가 늦어지는 경우 그 이유로서 적당하지 못한 것은?

가. 분말도가 높다.
나. 수량(水量)이 많다.
다. 온도가 낮다.
라. 시멘트가 풍화 되었다

해설 응결이 늦어지는 이유는, 온도가 낮을 경우, 풍화한 시멘트를 사용한 경우, 물을 많이 사용하는 경우

문제 44
고로 슬래그 시멘트의 성질에 관한 다음 사항 중 옳은 것은?

가. 일반적으로 건조수축이 크다.
나. 양생기간이 짧아서 좋다.
다. 한중 콘크리트에 적합하다.
라. 해수의 작용을 받는 곳이나 하수의 수로에 적합하다.

문제 45
시멘트의 응결에 관한 설명 중 옳지 않은 것은?

가. 물의 양이 많으면 응결이 늦어진다.
나. 풍화되었을 경우 응결이 빠르다.
다. 온도가 높을수록 응결 시간이 단축된다.
라. 분말도가 높으면 응결이 빠르다.

정답 41. 가 42. 나 43. 가 44. 라 45. 나

문제 46

일반적으로 시멘트의 밀도는?

가. 2.50 ~ 2.65g/cm³
나. 2.65 ~ 2.70g/cm³
다. 2.99 ~ 3.10g/cm³
라. 3.14 ~ 3.20g/cm³

해설 시멘트의 종류에 따라 다르며, 일반적으로 시멘트 밀도는 3.14 ~ 3.20g/cm³

문제 47

풍화된 시멘트의 설명이 잘못된 것은?

가. 밀도가 커진다.
나. 강도가 감소된다.
다. 응결이 늦어진다.
라. 경화가 늦어진다.

해설 풍화한 시멘트는, 밀도가 작아지고, 응결이 늦어지며, 강도 발현이 늦고, 강열감량이 크다.

문제 48

다음 중 한중콘크리트 시공에 가장 적당한 시멘트는?

가. 저열포틀랜드 시멘트
나. 중용열포틀랜드 시멘트
다. 보통포틀랜드 시멘트
라. 조강포틀랜트 시멘트

해설 조강시멘트는 수화작용이 빨라 계절적으로 겨울(한중콘크리트)에 사용

문제 49

분말도를 높게 한 시멘트로서, 조기강도가 크며, 재령 7일에서 보통포틀랜드 시멘트의 28일 강도를 내는 시멘트는?

가. 저열 포틀랜드 시멘트
나. 백색 포틀랜드 시멘트
다. 조강 포틀랜드 시멘트
라. 중용열 포틀랜드 시멘트

해설 조강포틀랜드시멘트는 재령 28일 압축강도를 7일에 발현

문제 50

분말도가 높은 시멘트의 설명으로 거리가 먼 것은?

가. 수화작용이 빠르다.
나. 풍화하기 쉽다.
다. 장기강도가 크다.
라. 수화작용에 의한 균열이 생기기 쉽다.

해설 시멘트 분말도가 높으면(입자가 가늘면) 수화작용이 빠르고, 조기강도가 커진다. 풍화하기 쉽고, 수화열이 많아 콘크리트에 균열 발생

정답 46. 라 47. 가 48. 라 49. 다 50. 다

문제 51

시멘트가 수화작용을 할 때 발생하는 수화열이 가장 적은 시멘트는?

가. 보통 포틀랜드 시멘트
나. 중용열 포틀랜드 시멘트
다. 조강 포틀랜드 시멘트
라. 내황산염 포틀랜드 시멘트

해설	조기강도 빠른 순서 알루미나시멘트 > 조강포틀랜드시멘트 > 보통포틀랜드시멘트 > 중용열 포틀랜드시멘트 > 저열포틀랜드시멘트

문제 52

시멘트의 응결에 대한 설명 중 잘못된 것은?

가. 물-결합재 비가 높으면 응결이 늦다.
나. 풍화되었을 경우에는 응결이 늦다
다. 온도가 높으면 응결이 늦다.
라. 분말도가 낮을 때는 응결이 늦다.

해설	시멘트 응결에 관한 사항
	응결이 빨라지는 경우	응결이 지연되는 경우
	• 분말도가 클수록 • C_3A가 많을수록. • 온도가 높을수록 • 습도가 낮을수록	• 석고첨가량이 많을수록 • 물-결합재비가 클수록 • 시멘트가 풍화될수록

문제 53

수화열이 적고, 건조수축이 작으며, 장기강도가 커서 댐과 같은 매스콘크리트, 방사선차폐용, 지하 구조물, 도로 포장용, 서중 콘크리트 공사 등에 쓰이는 시멘트는?

가. 보통 포틀랜드 시멘트
나. 중용열 포틀랜드 시멘트
다. 조강 포틀랜드 시멘트
라. 내황산염 포틀랜드 시멘트

해설	중용열 포틀랜드 시멘트 ① 수화열을 적게 만듦 ② 수화열이 적어 건조수축이 작으며, 장기 강도가 크다. ③ 계절적으로는 수화열이 작아 여름(서중콘크리트)에 사용. ④ 화학성분은 C_2S, C_4AF가 비교적 많고 C_3S와 C_3A는 적다. ⑤ 수화열과 건조수축이 작아 댐이나 매스콘크리트(Mass Concrete) 사용

정답 51. 나 52. 다 53. 나

문제 54
고로 시멘트의 특성으로 옳지 않은 것은?

가. 건조수축은 약간 크다
나. 바닷물에 대한 저항이 크다.
다. 콘크리트의 블리딩이 적어진다.
라. 조기 강도가 크다.

해설 고로 시멘트는 수화열이 작고 장기강도가 크다.

문제 55
조기 강도가 커서 긴급 공사나 한중 콘크리트에 알맞은 시멘트는?

가. 중용열 포틀랜드 시멘트
나. 알루미나 시멘트
다. 고로 슬래그 시멘트
라. 팽창 시멘트

해설 알루미나 시멘트
보크사이트와 석회석을 혼합하여 만든 것으로 재령 1일에 보통포틀랜드시멘트 재령 28일 압축강도를 나타낸다.

문제 56
시멘트의 입자를 분산시켜 콘크리트의 단위 수량을 감소시키는 혼화제는?

가. AE제
나. 지연제
다. 촉진제
라. 감수제

해설 감수제는 시멘트 입자를 분산시켜 워커빌리티개선, 단위수량 및 단위 시멘트량 감소, 재료 분리 방지, 동결융해에 대한 저항성이 크다.

문제 57
해수, 산, 염류 등의 작용에 대한 저항성이 커서 해수공사에 알맞고 수화열이 많아서 한중 콘크리트에 알맞은 특수시멘트는?

가. 팽창성 시멘트
나. 알루미나 시멘트
다. 초조강 시멘트
라. 석면 단열 시멘트

해설 보크사이트와 석회석을 혼합한 시멘트로 재령1일에 보통포트랜드시멘트28일 압축강도 발현

문제 58
조강 포틀랜트 시멘트의 며칠 강도가 보통 포틀랜드 시멘트의 28일 강도와 비슷한가?

가. 3일
나. 7일
다. 14일
라. 28일

해설 보통포틀랜드시멘트 재령 28일 압축강도를 7일 만에 나타냄

문제 59
시멘트와 물을 반죽한 것을 무엇이라 하는가?

가. 모르타르
나. 시멘트 풀
다. 콘크리트
라. 반죽질기

해설 시멘트+물 : 시멘트 풀(시멘트 페이스트)

정답 54. 라 55. 나 56. 라 57. 나 58. 나 59. 나

문제 60

숏크리트에 대한 설명으로 틀린 것은?

가. 시멘트는 보통 포틀랜트시멘트를 사용하는 것을 표준으로 한다.
나. 혼화제로는 급결제를 사용한다.
다. 굵은 골재는 최대치수가 40~50mm의 부순돌 또는 강자갈을 사용한다.
라. 시공방법으로는 건식법과 습식법이 있다.

해설 잔골재 조립율은 2.3~3.1, 굵은골재 최대 치수는 10~15mm를 사용

문제 61

조기 강도가 작고 장기 강도가 큰 시멘트로 체적 변화가 적고 균열 발생이 적어 댐 공사, 단면이 큰 구조물공사에 적합한 것은?

가. 보통 포틀랜드 시멘트
나. 조강 포틀랜드 시멘트
다. 백색 포틀랜드 시멘트
라. 중용열 포틀랜드 시멘트

해설
중용열 포틀랜드 시멘트
① 수화열을 적게 만듦
② 수화열이 적어 건조수축이 작으며, 장기 강도가 크다.
③ 계절적으로는 수화열이 작아 여름(서중콘크리트)에 사용.
④ 화학성분은 C_2S, C_4AF가 비교적 많고 C_3S와 C_3A는 적다.
⑤ 수화열과 건조수축이 작아 댐이나 매스콘크리트(Mass Concrete) 사용

문제 62

포틀랜드 시멘트 제조방법 중 옳지 않은 것은?

가. 건식법
나. 반건식법
다. 습식법
라. 수중법

해설 포틀랜드 제조법 : 건식법, 습식법, 반건식법이 있다.

문제 63

시멘트 밀도에 영향을 미치는 요소에 대한 설명으로 옳지 않은 것은?

가. 저장기간이 길어지면 밀도가 작아진다.
나. 혼합물이 섞이면 밀도가 작아진다.
다. SiO_2, Fe_2O_3 가 많으면 밀도가 커진다.
라. 소성과정(Burning)이 불충분하면 밀도가 커진다.

해설 소성과정(Burning)이 불충분하면 밀도가 작아진다.

정답 60. 다 61. 라 62. 라 63. 라

문제 64

우리나라에서 일반적으로 가장 많이 사용되는 시멘트는?

가. 고로 시멘트
나. 조강 포틀랜드 시멘트
다. 보통 포틀랜드 시멘트
라. 중용열 포틀랜드 시멘트

해설 보통포틀랜드 시멘트 사용량이 약 90%

문제 65

아래의 표에서 설명하는 시멘트는?

> 시멘트 콘크리트의 큰 결점 중의 하나인 수축은 균열을 일으키는 원인이 되므로 이를 개선하기 위해서 수화 시에 의도적으로 팽창시키는 작용을 지니도록 제조한 시멘트

가. 초속경 시멘트
나. 팽창시멘트
다. 알루미나 시멘트
라. 포틀랜드 포졸란 시멘트

해설 팽창시멘트 : 굳어지는 과정에 콘크리트를 팽창시켜 건조수축에 대해 보상하는 시멘트

문제 66

보통 포틀랜드의 시멘트 분말도 규격에서 비표면적은 얼마 이상이어야 하는가?

가. $2800cm^2/g$ 이상 나. $3100cm^2/g$ 이상 다. $3300cm^2/g$ 이상 라. $3500cm^2/g$ 이상

해설 분말도는 비표면적으로 나타냄. 비표면적은 조강포틀랜드 시멘트는 $3300cm^2/g$, 그 밖의 시멘트는 $2800cm^2/g$

문제 67

다음 중 특수 시멘트에 속하는 것은?

가. 보통 포틀랜드 시멘트
나. 중용열 포틀랜드 시멘트
다. 알루미나 시멘트
라. 고로시멘트

해설 포틀랜드 시멘트 및 같은 계열 시멘트 이외의 시멘트. 대표적인 것은 알루미나 시멘트로 보크사이트와 석회석을 전기로에서 구워 만든다.

문제 68

시멘트의 분말도에 관한 설명 중 틀린 것은?

가. 시멘트의 입자가 가늘수록 분말도가 높다.
나. 시멘트 입자의 가는 정도를 나타내는 것을 분말도라 한다.
다. 시멘트의 분말도가 높으면 조기강도가 커진다.
라. 시멘트의 분말도가 높으면 균열이 없고 풍화가 생기지 않는다.

정답 64. 다 65. 나 66. 가 67. 다 68. 라

해 설	시멘트 분말도가 높으면(입자가 가늘면) • 수화작용이 빠르고 • 풍화하기 쉽고 • 건조수축이 커진다. • 조기강도가 커진다. • 수화열이 많아 콘크리트에 균열 발생

문제 69

시멘트의 밀도에 대한 일반적인 설명으로 틀린 것은?

가. 클링커의 소성이 불충분한 경우 밀도가 작아진다.
나. 혼합물이 섞여 있는 경우 밀도가 작아진다.
다. 저장기간이 짧을수록 밀도가 작아진다.
라. 시멘트가 풍화되면 밀도가 작아진다.

해 설	시멘트의 밀도가 작아지는 원인 • 시멘트가 대기 중의 수분이나 탄산가스를 흡수하여 풍화될 때 • 클링커의 소성이 불충분할 때 • 혼합물이 섞여 있을 때 • 장기간 저장할 때

정답 69. 다

혼화재료

문제 1

서중 콘크리트의 시공이나 레디믹스트 콘크리트에서 운반거리가 멀 경우 주로 사용하는 혼화제는?

가. AE제 나. 지연제 다. 분산제 라. 방수제

해 설	지연제 : 콘크리트의 응결이나 초기경화를 지연시키기 위해 사용 ① 레디믹스트 콘크리트의 운반거리가 멀 경우에 사용 ② 콘크리트를 연속적으로 칠 때 콜드죠인트가 생기지 않도록 할 경우 사용 ③ 서중콘크리트에 적당

문제 2

AE 공기량이 어느 정도일 때 워커빌리티(workability)와 내구성이 가장 좋은 콘크리트가 되는가?

가. 1~2% 나. 5~8% 다. 4~7% 라. 7~9%

해 설	일반적인 콘크리트의 공기량은 4~7 % 정도가 표준

문제 3

AE제를 사용한 콘크리트의 성질로 옳은 것은?

가. 발열량이 커진다.
나. 강도가 커진다.
다. 철근과의 부착강도가 커진다.
라. 수밀성이 커진다.

해 설	AE제를 사용한 콘크리트 수밀성, 동결융해성, 내식성, 기상작용에 대한 저항성 등 내구성을 개선

문제 4

혼화재와 혼화제의 분류에서 혼화재에 대한 설명으로 알맞은 것은?

가. 사용량이 비교적 많으나 그 자체의 부피가 콘크리트 등의 비비기 용적에 계산되지 않는 것
나. 사용량이 비교적 많아서 그 자체의 부피가 콘크리트 등의 비비기 용적에 계산되는 것
다. 사용량이 비교적 적으나 그 자체의 부피가 콘크리트 등의 비비기 용적에 계산되는 것
라. 사용량이 비교적 적어서 그 자체의 부피가 콘크리트 등의 비비기 용적에 계산되지 않는 것

해 설	혼화재는 사용량이 시멘트 중량의 5%이상으로 콘크리트의 배합설계 계산에 고려해야 하는 혼화 재료를 말함

정답 1. 나 2. 다 3. 라 4. 나

문제 5

콘크리트의 공기량에 영향을 끼치는 요인이 아닌 것은?

가. AE제의 사용량이 많을수록 공기량은 커진다.
나. 잔골재에 있어서 미립자(0.15~0.3mm)가 많을수록 공기량은 적어진다.
다. 콘크리트 배합이 부배합일수록 공기량은 줄어든다.
라. 콘크리트의 온도가 높을수록 공기량은 줄어든다.

문제 6

다음 중 인공산 포졸란에 속하는 것은?

가. 플라이애시   나. 규산백토   다. 화산회   라. 규조토

해설 플라이애시 : 인공산

문제 7

경화촉진제 사용의 특징으로 옳지 않은 것은?

가. 재료비가 다소 비싸진다.
나. 양생 비를 절감할 수 있다.
다. 고온 증기 양생을 해야 한다.
라. 거푸집을 일찍 떼어낼 수 있다.

해설 경화 촉진제, 급결제 특징
시멘트 수화작용을 촉진시키기 위한 것으로 순간적인 응결과 경화가 요구되는 경우에 사용하며 염화칼슘($CaCl_2$)을 사용한 특징은
① 혼화제를 사용하므로 콘크리트 가격이 올라가는 것은 당연하고
② 빨리 경화가 되므로 양생기간이 짧아져 양생비가 싸며
③ 양생기간이 짧아져 거푸집을 일찍 떼어낼 수가 있다

문제 8

혼화재료의 저장에 대한 설명으로 부적당한 것은?

가. 혼화제는 먼지나 불순물이 혼입되지 않고 변질 되지 않도록 저장한다.
나. 저장이 오래 된 것은 시험 후 사용여부를 결정하여야 한다.
다. 혼화재는 날리지 않도록 그 취급에 주의해야 한다.
라. 혼화재는 습기가 약간 있는 창고 내 저장한다.

해설 혼화재의 저장
① 혼화재는 방습적인 사일로 또는 창고 등에 품종별로 구분하여 저장하고, 입하의 순으로 사용해야 한다.
② 장기 저장한 혼화재는 이것을 사용하기 전에 시험하여 품질을 확인해야 한다.
③ 혼화재는 날리지 않도록 그 취급에 주의해야 한다.

정답 5. 나 6. 가 7. 다 8. 라

문제 9

입자가 둥글고 표면이 매끄러워 콘크리트의 워커빌리티가 좋고 가루석탄을 연소시킬 때 굴뚝에서 전기 집전기로 채취한 실리카질의 혼화재는?

가. A.E 제
나. 포졸란
다. 플라이애시
라. 리그널

해설
플라이 애시(fly ash)
분탄을 연소시킬 때 얻어지는 석탄재로 입자가 구형이고, 그 자체는 수경성이 없지만 실리카 성분이 수산화칼슘과 반응하여 경화(포졸란반응)하는 혼화재로 워커빌리티를 개선하고 단위수량을 감소시키는 혼화재

문제 10

다음 혼화재료 중 그 사용량이 시멘트 무게의 5% 정도 이상이 되어 그 자체의 부피가 콘크리트의 배합계산에 관계되는 혼화재료는?

가. 고로 슬래그
나. AE제
다. 염화칼슘
라. 기포제

해설
① 혼화재
　사용량이 시멘트 중량의 5%이상으로 콘크리트의 배합설계 계산에 고려해야 하는 혼화재료(플라이애시, 규조토, 화산회, 규산백토, 고로슬래그 미분말 등.)
② 혼화제
　사용량이 시멘트 중량의 1% 이하로 비교적 적어서 콘크리트의 배합계산에 무시되는 혼화 재료.(AE제, AE감수제, 유동화제, 고성능감수제, 촉진제, 지연제, 방청제등)

문제 11

서중 콘크리트의 시공이나 레디믹스트 콘크리트에서 운반거리가 멀 경우, 또 연속적으로 콘크리트를 칠 때 시공이음이 생기지 않도록 할 경우 사용하는 혼화재료는?

가. 발포제
나. 지연제
다. 급결제
라. 방수제

해설
지연제
콘크리트의 응결이나 초기경화를 지연시키기 위해 사용
① 레디믹스트 콘크리트의 운반거리가 멀 경우에 사용
② 콘크리트를 연속적으로 칠 때 콜드죠인트가 생기지 않도록 할 경우 사용
③ 서중콘크리트에 적당

정답 9. 다　10. 가　11. 나

문제 12

알루미늄 또는 아연가루를 넣어, 시멘트가 응결할 때 수소가스를 발생시켜 모르타르 또는 콘크리트 속에 아주 작은 기포를 생기게 하는 혼화제는?

가. 지연제
나. 발포제
다. 팽창제
라. 기포제

해 설
발포제
알루미늄 또는 아연가루를 넣어, 화학반응으로 발생하는 가스에 의해 기포를 생성하는 것으로 프리플레이스트용 그라우트, 프리스트레스 콘크리트용 그라우트에 사용.

문제 13

천연산의 것과 인공산의 것이 있으며 콘크리트의 워커빌리티를 좋게 하고 수밀성과 내구성 등을 크게 할 목적으로 사용되는 혼화재료는?

가. 완결제
나. 포졸란
다. 촉진제
라. 증량제

해 설
포졸란은 포졸란 반응에 의해서 조직이 치밀해지므로 수밀성과 내구성을 향상

문제 14

콘크리트에 AE제를 첨가하여 AE콘크리트로 만드는 가장 큰 이유는 무엇인가?

가. 사용되는 시멘트 량의 절약
나. 강도의 증진
다. 양생기간의 단축
라. 워커빌리티(workability)의 증진

해 설
AE제의 주 사용 목적은 워커빌리티(workability)의 개선에 있다.

문제 15

콘크리트 속의 공기량에 대한 설명이다. 잘못된 것은?

가. AE제에 의하여 콘크리트 속에 생긴 공기를 AE공기라 하고, 이 밖의 공기를 갇힌 공기라 한다.
나. AE콘크리트의 알맞은 공기량은 콘크리트 부피의 4~7%를 표준으로 한다.
다. AE콘크리트에서 공기량이 많아지면 압축강도가 커진다.
라. AE공기량은 시멘트의 양, 물의 양, 비비기 시간 등에 따라 달라진다.

해 설
AE공기량이 많아지면 양생 후 AE공기가 차지한 부분은 구멍 난 상태로 철근과의 부착강도, 압축강도가 낮아져 사용량을 제한, 그러나 경량 콘크리트 만드는 데는 유리

정답 12. 나 13. 나 14. 라 15. 다

문제 16

AE공기에 대한 설명으로 틀린 것은?

가. AE콘크리트의 알맞은 공기량은 굵은 골재의 최대치수에 따라 다르다.
나. 콘크리트 속에 알맞은 AE공기량이 들어 있으면 워커빌리티가 좋아진다.
다. AE공기량은 시멘트의 양, 물의 양, 비비기 시간, 온도, 다지기 등에 따라 달라진다.
라. AE콘크리트에서 공기량이 많아지면 압축강도가 커진다.

해 설	공기량이 1% 증가하면 압축강도는 약 4~6%, 휨강도는 2~3% 감소하고, 철근과의 부착강도 저하 등이 일어나므로 적정사용량 권장, 일반적인 콘크리트의 공기량은 4~7% 정도가 표준

문제 17

콘크리트에 AE제를 넣을 경우 설명이 잘못된 것은?

가. 강도가 증가된다.
나. 단위수량을 줄일 수 있다.
다. 워커빌리티가 개선된다.
라. 굳은 뒤에 수밀성과 내구성이 커진다.

해 설	AE제를 사용하는 이유 ① 워커빌리티를 좋게 하고, 블리딩 개선 ② 빈배합일수록 워커빌리티 개선효과가 크다. ③ 단위수량을 감소시켜 블리딩 등의 재료분리를 작게 한다. ④ 기상작용에 대한 저항성과 수밀성을 증진한다.

문제 18

시멘트가 응결할 때 화학적 반응에 의하여 수소가스를 발생시켜 모르타르 또는 콘크리트 속에 아주 작은 기포를 생기게 하는 혼화제로 알루미늄가루를 사용하며 프리플레이스트콘크리트용 그라우트나 PC공 그라우트에 사용하면 부착을 좋게 하는 것은?

가. 발포제
나. 방수제
다. 촉진제
라. 급결제

해 설	발포제 알루미늄 또는 아연가루를 넣어, 화학반응으로 발생하는 가스에 의해 기포를 생성하는 것으로 프리플레이스트용 그라우트, 프리스트레스 콘크리트용 그라우트에 사용

정답 16. 라 17. 가 18. 가

문제 19

포졸란은 천연산과 인공산으로 나누는데 다음 중 천연산이 아닌 것은?

가. 규산백토　　　나. 고로슬래그　　　다. 규조토　　　라. 화산재

해설	포졸란은 천연산(화산재, 규조토, 규산백토)과 인공산(고로슬래그, 플라이애시)

문제 20

플라이애시 시멘트의 장점에 속하지 않는 것은?

가. 수화열이 적고 장기강도가 크다.
나. 콘크리트의 워커빌리티가 좋다.
다. 조기강도가 상당히 크다.
라. 단위수량을 감소시킬 수 있다.

해설	플라이애시는 포졸란 반응이 있는 혼화재로서 플라이애시를 사용한 콘크리트 특징 ① 수밀성이 크다.　② 해수 등에 대한 화학적 저항성이 크다. ③ 재료분리를 막고 워커빌리티, 피니셔빌리티가 좋아 진다 ④ 발열량이 적다　⑤ 강도 증진은 느리나 장기강도가 크다

문제 21

시멘트의 입자를 분산시켜 콘크리트의 필요한 반죽질기를 얻고 단위수량을 줄일 목적으로 사용하는 혼화제는?

가. 감수제　　　나. 경화촉진제　　　다. AE제　　　라. 수포제

해설	감수제는 시멘트 입자를 분산시켜 분산효과를 나타내고, 감수제에 AE 공기도 함께 생기도록 한 것을 AE 감수제라 한다.

문제 22

감수제의 성질을 잘못 설명한 것은?

가. 시멘트의 입자를 흐트러지게 하는 분산제이다.
나. 워커빌리티가 좋아지므로 단위수량을 줄일 수 있다.
다. 내구성 및 수밀성이 좋아진다.
라. 단위 시멘트 량이 커지는 단점이 있다.

해설	감수제, ① 감수제는 시멘트 입자를 분산시켜 분산효과를 나타내고 ② 시멘트 분산작용을 이용 워커빌리티를 개선하며 ③ 소요의 슬럼프 및 강도를 확보하기 위해 단위수량 및 단위시멘트를 감소시킬 목적 ④ 재료분리가 적어진다.　　⑤ 동결융해에 대한 저항성을 향상

정답　19. 나　20. 다　21. 가　22. 라

문제 23

혼화재료인 플라이 애시 특성에 대한 설명 중 틀린 것은?

가. 가루 석탄재로서 실리카질 혼화재이다.
나. 입자가 둥글고 매끄럽다.
다. 콘크리트에 넣으면 워커빌리티가 좋아진다.
라. 콘크리트 반죽 시에 사용수량을 증가시켜야 한다.

해 설	플라이 애시(fly ash) ① 분탄을 연소시킬 때 얻어지는 석탄재로 입자가 구형이고, 포졸란 반응을 한다. ② 워커빌리티가 양호하며 단위수량이 감소된다. ③ 포졸란 반응에 의해서 조직이 치밀해지므로 수밀성과 내구성을 향상 시킨다. ④ 블리딩을 감소시킨다. ⑤ 장기강도는 향상된다. ⑥ 황산염 등의 화학저항성이 우수하다.

문제 24

경화촉진제의 사용목적 중 옳지 않은 것은?

가. 구조물의 사용개시가 늦다.
나. 거푸집 제거가 빠르다.
다. 양생기간을 단축한다.
라. 한중 콘크리트에서 저온으로 늦어지는 경화를 촉진한다.

해 설	경화촉진제는 수화열이 많아 콘크리트 경화속도를 빠르게 할 목적으로 사용하는 혼화제

문제 25

혼화 재료는 혼화제(混和劑)와 혼화재(混和材)로 나뉘며, 사용량이 시멘트 무게의 ( )% 정도 이상이 되어 그 자체의 부피가 콘크리트의 배합 계산에 관계되는 것을 혼화재(混和材)라고 한다. ( )속에 알맞은 수치는?

가.   나. 3   다. 5   라. 8

해 설	① 혼화재
	   사용량이 시멘트 중량의 5% 이상으로 콘크리트의 배합설계 계산에 고려해야 하는 혼화재료.
	② 혼화제
	   사용량이 시멘트 중량의 1% 이하로 비교적 적어서 콘크리트의 배합계산에 무시되는 혼화 재료.

정답 23. 라   24. 가   25. 다

문제 26

포졸란의 성질 중 잘못된 것은?

가. 수화열을 크게 한다. 나. 워커빌리티를 좋게 한다.
다. 수밀성을 크게 한다. 라. 내구성을 좋게 한다.

해설
포졸란을 사용한 콘크리트 특징
① 수밀성이 크다.
② 해수 등에 대한 화학적 저항성(내구성)이 크다.
③ 재료분리를 막고 워커빌리티, 피니셔빌리티가 좋아진다.
④ 발열량이 적다.
⑤ 강도 증진은 느리나 장기강도가 크다.

문제 27

응결지연제(retarder)를 혼입해서 사용해야 할 콘크리트는?

가. 한중콘크리트 나. 서중콘크리트
다. 수중콘크리트 라. 진공콘크리트

해설
① 서중콘크리트(여름철)에는 수화열이 커서 급속히 응결이 될 우려가 있어 지연제를 사용,
② 한중콘크리트나 수중콘크리트는 빨리 응결, 경화가 되어야 하므로 촉진제 사용

문제 28

다음 혼화재료 중에서 사용량이 시멘트 무게의 5% 정도 이상이 되어 그 자체의 부피가 콘크리트의 배합 계산에 관계되는 혼화재료는?

가. 포졸란 나. 응결촉진제
다. AE제 라. 발포제

해설
① 혼화재 종류 : 플라이애시, 규조토, 화산회, 규산백토, 고로슬래그 미분말 등
② 혼화제 종류 : AE제, AE감수제, 유동화제, 고성능감수제, 촉진제, 지연제, 방청제, 고성능AE감수제

문제 29

콘크리트 속에 거품을 일으켜 부재의 경량화나 단열을 위해 사용되는 혼화제는?

가. 감수제 나. 촉진제
다. 기포제 라. 지연제

해설 기포제 : 콘크리트 속에 거품을 일으켜 콘크리트를 경량화나 단열을 위해 사용

정답 26. 가 27. 나 28. 가 29. 다

문제 30
AE제를 사용할 때의 특성을 설명한 것으로 옳지 않은 것은?

가. 철근과의 부착 강도가 커진다.
나. 동결 융해에 대한 저항이 커진다.
다. 워커빌리티가 좋아지고 단위 수량이 줄어든다.
라. 수밀성은 커지나 강도가 작아진다.

문제 31
시멘트의 응결을 빠르게 하기 위하여 사용하는 혼화제는?

가. 지연제   나. 발포제   다. 급결제   라. 기포제

해설 응결이 빠른 혼화제 : 촉진제, 급결제

문제 32
혼화재 중 용광로에서 나오는 슬래그를 급냉시켜 만든 가루는?

가. 포졸라나(pozzolana)   나. 플라이 애시(fly ash)
다. 고로 슬래그 미분말   라. AE제

해설 고로슬래그 미분말 : 용광로에서 나오는 슬래그(slag)를 급냉시켜 만든 미분말

문제 33
포졸란(Pozzolan)의 종류에 해당하지 않는 것은?

가. 규조토   나. 규산백토
다. 고로슬래그   라. 포졸리스(Pozzolith)

해설 포조리스는 감수제 이다.

문제 34
가루 석탄을 연소 시킬 때 굴뚝에서 집진기로 모은 아주 작은 입자의 재이며 실리카질 혼화재로 입자가 둥글고 매끄럽기 때문에 콘크리트의 워커빌리티를 좋게 하고 수화열이 적으며, 장기 강도를 크게 하는 것은?

가. 포졸라나(pozzolana)   나. 플라이 애시(fly ash)
다. 고로 슬래그 미분말   라. AE제

해설 플라이 애시(fly ash): 분탄을 연소시킬 때 얻어지는 석탄재

정답 30. 가   31. 다   32. 다   33. 라   34. 나

문제 35

혼화재료 중 일반적으로 사용량이 비교적 많은 혼화재로만 짝지어진 항은?

가. AE제, 염화칼슘
나. AE제, 플라이애시
다. 고로슬래그 미분말, 염화칼슘
라. 고로슬래그 미분말, 플라이애시

해 설 사용량이 비교적 많은 혼화재료는 (사용량이 시멘트 중량의 5%이상) 혼화재로서, 플라이 애시, 규조토, 화산회, 규산백토, 고로슬래그 미분말

문제 36

다음 혼화재료 중 콘크리트 워커빌리티를 개선하는 효과가 없는 것은?

가. 응결경화촉진제
나. AE제
다. 플라이애시
라. 시멘트 분산제

해 설 워커빌리티를 개선효과가 있는 혼화 재료는 AE제, AE감수제, 플라이애시, 시멘트 분산제, 고로슬래그 미분말

문제 37

콘크리트 속에 일반적으로 많이 사용되는 응결경화 촉진제는?

가. 플라이애시
나. 산화철
다. 내황산염
라. 염화칼슘

해 설 촉진제, 급결제: 염화칼슘($CaCl_2$)을 사용

문제 38

프리플레이스트 콘크리트용 그라우트, 프리스트레스트 콘크리트용 그라우트 등에 사용하는 혼화제는?

가. 기포제
나. 발포제
다. 급결제
라. 촉진제

해 설 발포제
알루미늄 또는 아연가루를 넣어, 화학반응으로 발생하는 가스에 의해 기포를 생성하는 것으로 프리플레이스트용 그라우트, 프리스트레스 콘크리트용 그라우트에 사용.

정답 35. 라   36. 가   37. 라   38. 나

문제 39
콘크리트의 여러 가지의 성질을 좋게 하기 위하여 사용하는 촉진제에 대하여 틀리게 설명한 것은?

가. 프리플레이스트 콘크리트용 그라우트나 PC용 그라우트에 사용하여 부착을 좋게 한다.
나. 수화작용을 빠르게 하는 혼화제이다.
다. 콘크리트 속에 시멘트 무게의 1~2%정도의 염화칼슘을 사용하면 응결이 빨라져 조기강도가 커지게 한다.
라. 염화칼슘을 4% 이상 사용하면 급속히 굳어질 염려가 있고 장기 강도가 작아진다.

해설 촉진제는 시멘트 수화작용을 촉진시키기 위한 것으로 순간적인 응결과 경화가 요구되는 경우, 급속공사, 숏크리트, 한중콘크리트에 사용하며, 염화칼슘($CaCl_2$)을 사용 프리플레이스트 그라우트는 발포제를 사용한다.

문제 40
콘크리트가 경화되는 도중에 부피가 늘어나게 하여 콘크리트의 건조수축에 의한 균열을 막는데 사용하는 혼화재는?

가. AE제
나. 플라이애시(Fly-ash)
다. 팽창성 혼화재
라. 포졸란(Pozzolan)

해설 팽창재
콘크리트가 굳을 때 부피를 팽창시켜 건조수축에 의한 균열을 막아주기 위한 것

문제 41
운반거리가 먼 레미콘이나 여름철 콘크리트 시공에 사용되는 혼화제는?

가. 경화촉진제 나. 감수제
다. 지연제   라. 방수제

해설 지연제 : 콘크리트의 응결이나 초기경화를 지연시키기 위해 사용
① 레디믹스트 콘크리트의 운반거리가 먼 경우에 사용
② 콘크리트를 연속적으로 칠 때 콜드죠인트가 생기지 않도록 할 경우 사용
③ 서중콘크리트에 적당

정답 39. 가 40. 다 41. 다

문제 42

혼화재 중 입자가 둥글고 매끄러워 콘크리트의 워커빌리티를 좋게 하고, 수밀성과 내구성을 향상 시키는 혼화제는?

가. 폴리머
나. 플라이 애시
다. 염화칼슘
라. 팽창제

해 설	플라이 애쉬(fly ash) 분탄을 연소시킬 때 얻어지는 석탄재로 입자가 구형이고, ① 워커빌리티가 양호하며 단위수량이 감소된다. ② 포졸란 반응에 의해서 조직이 치밀해지므로 수밀성과 내구성을 향상 시킨다. ③ 블리딩을 감소, 장기강도 증대

문제 43

감수제를 사용하면 여러 가지 효과가 나타난다. 그 효과에 대한 설명으로 틀린 것은?

가. 콘크리트의 워커빌리티가 좋아진다.
나. 단위 시멘트의 사용량이 늘어난다.
다. 내구성이 좋아진다.
라. 강도가 커진다.

해 설	감수제의 역할 ① 시멘트 분산작용을 이용 워커빌리티를 개선하고 ② 슬럼프 및 강도를 확보하기 위해 단위수량 및 단위시멘트를 감소시킬 목적으로 사용 ③ 재료분리가 적어진다. ④ 동결융해에 대한 저항성을 향상

문제 44

혼화재료 중 혼화제는 사용량이 시멘트 무게의 어느 정도 이하로서 약품적으로 소량 사용되는 것으로 분류된다. 이 때 그 사용량은 얼마 정도인가?

가. 시멘트 무게의 1% 이하
나. 시멘트 무게의 2% 이하
다. 시멘트 무게의 4% 이하
라. 시멘트 무게의 5% 이하

해 설	① 혼화재 : 용량이 시멘트 중량의 5% 이상으로 콘크리트의 배합설계 계산에 고려해야 하는 혼화 재료를 말함 ② 혼화제 : 사용량이 시멘트 중량의 1% 이하로 비교적 적어서 콘크리트의 배합계산에 무시되는 혼화 재료.

정답 42. 나 43. 나 44. 가

문제 45

콘크리트에 AE제를 넣을 경우에 대한 설명이 잘못된 것은?

가. 물-결합재비가 일정할 경우 강도가 증가된다.
나. 일반 콘크리트와 비교하여 단위수량을 줄일 수 있다.
다. 워커빌리티가 개선된다.
라. 동결융해에 대한 저항성이 증대된다.

해 설	AE제를 사용하면 ① 워커빌리티를 좋게 하고, 블리딩 개선 ② 빈배합일수록 워커빌리티 개선효과가 크다. ③ 단위수량을 감소시켜 블리딩 등의 재료분리를 작게 한다. ④ 기상작용에 대한 저항성과 수밀성을 증진한다. 그러나 사용량이 많아지면 ① 강도가 작아진다. ② 철근과의 부착강도가 작아진다.

문제 46

다음 혼화재 중 인공산인 것은?

가. 플라이애시   나. 화산회   다. 규조토   라. 규산백토

해 설	화산회, 규조토, 규산백토는 자연산

문제 47

다음 혼화재료 중 그 사용량이 시멘트 무게의 5% 정도 이상이 되어 그 자체의 양이 콘크리트의 배합 계산에 관계되는 혼화재는?

가. 고로슬래그   나. AE제   다. 염화칼슘   라. 기포제

해 설	혼화재는 사용량이 시멘트 중량의 5% 이상으로 콘크리트의 배합설계 계산에 고려(플라이 애쉬, 규조토, 화산회, 규산백토, 고로슬래그 미분말 등)

문제 48

시멘트의 성분 중에서 석고를 사용하는 목적은?

가. 압축강도를 증진하기 위하여
나. 부착력을 증진하기 위하여
다. 반죽질기를 조절하기 위하여
라. 굳는 속도를 늦추기 위하여

해 설	석고를 사용하는 목적은 응결을 지연시키기 위함

정답 45. 가 46. 가 47. 가 48. 라

문제 49

고로 슬래그 시멘트에 대한 설명으로 틀린 것은?

가. 내화학성이 좋아 해수, 하수, 공장폐수와 닿는 콘크리트 공사에 적합하다.
나. 수화열이 적어서 매스콘크리트에 사용된다.
다. 응결시간이 빠르고 장기강도가 작으나 조기강도가 크다.
라. 제철소의 용광로에서 선철을 만들 때 부산물로 얻는 슬래그를 이용한다.

해설	고로슬래그 시멘트 : 용광로에서 나오는 슬래그를 급냉시켜 만든 미분말 • 워커빌리티 개선, 수화열이 적고, 장기강도가 크다. 수밀성 향상

문제 50

혼화재와 혼화제의 분류에서 혼화재에 대한 설명으로 알맞은 것은?

가. 사용량이 비교적 많으나 그 자체의 부피가 콘크리트 등의 비비기 용적에 계산되지 않은 것
나. 사용량이 비교적 많아서 그 자체의 부피가 콘크리트 등의 비비기 용적에 계산되는 것
다. 사용량이 비교적 적으나 그 자체의 부피가 콘크리트 등의 비비기 용적에 계산되는 것
라. 사용량이 비교적 적어서 그 자체의 부피가 콘크리트 등의 비비기 용적에 계산되지 않는 것

해설	혼화재 ; 사용량이 시멘트 중량의 5% 이상으로 콘크리트의 배합설계 계산에 고려 혼화제 ; 사용량이 시멘트 중량의 1% 이하로 비교적 적어서 배합계산에 무시

문제 51

플라이애시를 사용한 콘크리트에 대한 설명으로 틀린 것은?

가. 콘크리트의 워커빌리티를 좋게 하고 사용 수량을 감소시켜 준다.
나. 초기재령의 강도는 다소 작으나 장기재령의 강도는 증가한다.
다. AE제를 조금만 사용해도 공기량이 상당히 많아진다.
라. 콘크리트의 수밀성이 좋아진다.

해설	플라이애시는 구형의 형태로 볼 베어링 효과가 있어 워커빌리티개선 ① 유동성이 좋다.(워커빌리티가 좋다) ② 수화열이 적고, 장기 강도가 크다. ③ 해수 등 화학적 저항성이 크다. ④ 수밀성이 좋다. ⑤ 알카리 골재반응을 억제한다. ⑥ 건조수축을 감소

정답 49. 다   50. 나   51. 다

문제 52
혼화제를 사용 목적에 따라 분류할 때 다음 중 사용 목적이 다른 혼화제는?
가. AE제　　　나. 감수제　　　다. 기포제　　　라. AE감수제

해설
① 워커빌리티와 내동해성을 개선시키는 것 : 감수제, AE제, AE 감수제.
② 기포작용에 의해 충전성을 개선하거나 중량을 조절하는 것 : 기포제, 발포제

문제 53
콘크리트 속에 녹아 있는 수산화칼슘과 상온에서 천천히 화합하여 불용성 물질을 만드는 것을 포졸란 반응이라 한다. 이러한 포졸란 작용이 있는 대표적인 혼화재료는?
가. 팽창재　　　나. AE제　　　다. 플라이애시　　　라. 고성능 감수제

해설
포졸란 반응 : 시멘트의 수화에 의하여 생성되는 수산화칼슘($Ca(OH)_2$)과 서서히 반응하여 불용성의 규산칼슘을 생성하여 강도를 증진하는 것으로 플라이애시가 대표

문제 54
콘크리트에 사용하는 촉진제에 대한 설명으로 옳지 않은 것은?
가. 프리플레이스트 콘크리트용 그라우트에 사용하여 부착을 좋게 한다.
나. 시멘트의 수화작용을 빠르게 하여 응결이 빠르므로 숏크리트에 사용한다.
다. 일반적으로 시멘트 무게의 1~2%의 염화칼슘을 사용하여 조기강도가 커지게 한다.
라. 염화칼슘을 시멘트 무게의 4% 이상 사용하면 급속히 굳어질 염려가 있고 장기 강도가 작아진다.

해설
시멘트 수화작용을 촉진시키기 위한 것으로 순간적인 응결과 경화가 요구되는 경우에 사용하며 염화칼슘($CaCl_2$)을 사용
① 급속공사, 숏크리트(뿜어 붙이기 콘크리트)에 사용
② 발열량이 많아 한중콘크리트에 알맞다.

문제 55
다음 시멘트 중 특수시멘트에 속하는 것은?
가. 백색포틀랜드시멘트　　　나. 팽창시멘트
다. 실리카시멘트　　　라. 플라이애시시멘트

해설
특수 시멘트로 저발열형 시멘트, 초속경 시멘트, 초조강 시멘트, 콜로이드 시멘트, 시멘트계 고화제 등으로 종류는 팽창시멘트, 메이슨리시멘트, 알루미나시멘트, 초속경시멘트, 초조강 시멘트, 방통시멘트, 유정시멘트가 있다.

정답 52. 다　53. 다　54. 가　55. 나

혼 합 수

문제 1

콘크리트 공사에 사용하는 물에 대한 설명이다. 이중 옳지 않은 것은?
가. 오염의 염려가 있는 물을 사용하고자 할 경우에는 수질시험 등에 의해 확인해서 사용하는 것이 좋다.
나. 혼합수는 콘크리트의 응결, 경화, 강도, 워커빌리티 등의 품질에 많은 영향을 끼친다.
다. 양생수에 대해서는 혼합수보다 더욱 엄격한 판정기준을 적용한다.
라. 해수는 강재를 부식시킬 염려가 있기에 가급적 주의를 해야 한다.

해설
① 물은 기름, 산, 유기불순물, 혼탁물 등 콘크리트나 강재의 품질에 나쁜 영향을 미치는 물질의 유해량을 함유해서는 안 된다.
② 혼합수는 콘크리트의 응결경화, 강도의 발현, 체적변화, 워커빌리티 등의 품질에 나쁜 영향을 미치거나 강재를 녹슬게 하는 물질의 함유량을 초과해서는 안 된다.
③ 해수는 강재를 부식시킬 염려가 있으므로 철근콘크리트, 프리스트레스트콘크리트, 철골 철근콘크리트 및 가외철근이 배치된 무근콘크리트에서는 혼합수로서 해수를 사용해서는 안 된다.

문제 2

철근 콘크리트를 만드는데 필요한 배합수로 적합하지 않은 것은?
가. 지하수　　　　　　　　　　　　　　나. 바닷물
다. 수돗물　　　　　　　　　　　　　　라. 하천수

해설 철근콘크리트인 경우 바닷물은 염분이 있어 철근을 부식

정답 1. 다　2. 나

콘크리트 기능사 필기편

제2장

콘크리트 시공

2.1 콘크리트 시공기계 및 기구
2.2 콘크리트 배합
2.3 콘크리트 운반
2.4 콘크리트 치기 및 다지기
2.5 콘크리트 양생
2.6 콘크리트 이음
2.7 특수 콘크리트 시공법
◇ 문제 및 해설

제2장 콘크리트 시공

2.1 콘크리트의 시공기계 및 기구

1) 운반차
① 콘크리트 운반용 자동차는 배출작업이 쉬운 것이어야 한다. 운반거리가 긴 경우에는 애지테이터 등의 설비를 갖추어야 한다.
② 슬럼프가 25mm 이하의 낮은 콘크리트를 운반할 때는 덤프트럭을 사용
③ 운반거리가 100m 이하의 평탄한 운반로를 만들어 콘크리트의 재료분리를 방지할 수 있는 경우에는 손수레차 등을 사용

> ≪알아두기≫
> ☞ 애지테이터 트럭 : 콘크리트 플랜트에서 생산된 콘크리트를 칠 때까지 재료 분리가 일어나지 않도록 휘저어 섞으면서 운반하는 형식의 트럭
> ☞ 트럭믹서 : 트럭에 믹서를 실은 것으로 콘크리트 플랜트에서 공급받은 콘크리트를 비비면서 주행하는 트럭

2) 버킷
버킷의 구조는 콘크리트를 투입, 배출할 때에 재료분리를 일으키지 않는 것으로서 콘크리트의 배출이 쉬워야 한다.

3) 콘크리트펌프
① 콘크리트펌프의 기종은 콘크리트의 종류, 품질, 관의 지름을 포함한 배관조건, 치기장소, 1회의 치기량, 치기속도 등을 고려하여 선정
② 굵은 골재최대치수는 40mm가 표준이며 슬럼프는 10~18cm의 범위가 적절
③ 압송조건은 관내에 콘크리트가 막히는 일이 없도록 정 한다
④ 수송관의 배치는 될 수 있는 대로 굴곡을 적게 하고, 또 될 수 있는 대로 수평 또는 상향으로 해서 압송 중에 콘크리트가 막히지 않도록 조치
⑤ 콘크리트의 운반기구 중 재료의 분리가 적고 연속적으로 타설 할 수 있어 터널, 댐, 항만 등의 공사에 널리 쓰임.

4) 콘크리트 플레이서
   ① 수송관내의 콘크리트를 압축공기를 이용하여 압송하는 것으로서 콘크리트 펌프와 같이 터널 등 좁은 곳에서 운반이 편리
   ② 수송관의 배치는 굴곡을 적게 하고 수평 또는 상향으로 설치하며 하향경사로 설치 운용해서는 안 된다.

5) 벨트컨베이어
   ① 콘크리트를 연속적으로 운반하는데 편하다
   ② 벨트컨베이어의 끝부분에는 조절판 및 깔때기를 설치해서 재료분리를 방지해야 한다.
   ③ 운반거리가 길면 햇빛이나 공기에 노출되는 시간이 길어지므로 콘크리트가 건조하거나, 반죽질기가 변화하거나 하므로 컨베이어를 적당한 위치에 배치하여 벨트컨베이어에 덮개를 설치하는 등의 조치를 강구해야 한다.
   ④ 벨트컨베이어의 경사는 콘크리트의 운반 중 재료분리가 없도록 결정

6) 슈트
   ① 슈트를 사용하는 경우에는 원칙적으로 연직슈트를 사용해야 한다.
   ② 연직슈트를 사용할 경우 콘크리트가 한 장소에 모이지 않도록 콘크리트의 투입구의 간격, 투입 순서 등에 대하여 콘크리트 치기 전에 검토해 둔다.
   ③ 경사슈트는 전 길이에 걸쳐 거의 일정한 경사를 가져야 하며, 그 경사는 콘크리트의 재료분리를 일으키지 않는 것이어야 한다. 경사슈트의 출구에서 조절판 및 깔때기를 설치해서 재료분리를 방지하여야 한다. 이 경우 깔때기의 하단은 될 수 있는 대로 콘크리트를 치는 표면에 가까이 둘 필요가 있다. 그래서 이 간격은 1.5m 이하로 한다.
   ④ 높은 곳으로부터 콘크리트를 내리는 경우 운반기구

7) 콘크리트 다짐기계
   ① 내부진동기: 막대모양의 진동부를 콘크리트 속에 넣어 진동을 주어 다지는 기계
   ② 표면진동기: 비교적 두께가 얇고, 넓은 콘크리트의 표면에 진동을 주어 고르게 다지는 기계
   ③ 거푸집진동기 : 거푸집의 외부에 진동을 주어 내부 콘크리트를 다지는 기계

8) 콘크리트 피니셔
   콘크리트 스프레더로 펴서 간 콘크리트를 알맞은 두께로 만든 다음 진동기로 다지고, 다시 표면을 다듬질하는 기계

9) 콘크리트 슬립 폼 페이버

콘크리트를 깔아 다짐기와 측면으로 포장 판을 만들고, 마무리 판으로 표면을 다듬질하면서 연속적으로 포장하는 기계

10) 콘크리트 배쳐 플랜트

① 콘크리트를 일관성 있게 작업하여 대량생산 하는 장치
② 재료의 계량장치와 믹서(Mixer)가 연결되어 있다
③ 계량이 정확하여 일관성이 있다.
④ 비비기가 정확하여 콘크리트 품질이 좋다

11) 배치믹서(Batch Mixer)

콘크리트 재료를 1회분씩 혼합하는 믹서

12) 믹서

① 믹서는 고정식 믹서를 원칙으로 하며, 비비기 성능시험을 실시하여 다음 규정을 만족하면 소요의 비비기 성능을 가진 것으로 한다.

콘크리트 중 모르타르의 단위질량 차는 0.8% 이하일 것
콘크리트 중 단위굵은골재량의 차는 5% 이하일 것

② 믹서는 비빈 콘크리트를 신속하게 배출할 수 있어야 하며, 배출할 때 재료 분리를 일으키지 않는 구조이어야 한다.

2.2 콘크리트의 배합 및 배합설계

1 배합, 비비기 일반사항

1) 일반사항
   ① 콘크리트의 배합은 소요의 강도, 내구성, 수밀성, 균열저항성, 철근 또는 강재를 보호하는 성능 및 작업에 적합한 워커빌리티를 갖는 범위 내에서 단위 수량이 될 수 있는 대로 적게 되도록 해야 한다.
   ② 작업에 적합한 워커빌리티를 갖기 위해 콘크리트는 부재의 크기와 형상, 콘크리트의 다지기 방법 등에 따라서 거푸집의 구석구석까지 콘크리트가 충분히 채워지도록 치고 다지는 작업이 용이함과 동시에 재료분리가 거의 생기지 않는 콘크리트이어야 한다.

2) 재료의 계량오차

재료의 종류	측정단위	허용오차 (%)
물	질량	-2, +1
시 멘 트	질량	-1, +2
혼 화 재	질량	±2
골 재	질량 또는 부피	±3
혼 화 제	질량 또는 부피	±3

※ 고로슬래그 미분말의 계량오차의 최대값은 ±1%로 한다.

3) 콘크리트 비비기
   ① 콘크리트의 재료는 반죽된 콘크리트가 균등질이 될 때까지 충분히 비빈다.
   ② 콘크리트 비비기는 원칙적으로 배치믹서(batch mixer)에 의해서 해야 하나 소규모나 중요하지 않은 공사에서는 삽 비빔을 하기도 한다.
   ③ 재료를 믹서에 투입하는 순서는 미리 적절하게 정해야 된다.
   ④ 비비기 시간은 가경식 믹서는 1분 30초 이상, 강제혼합식믹서는 1분 이상
   ⑤ 비비기는 미리 정해 둔 비비기 시간의 3배 이상 계속해서는 안 된다.
   ⑥ 비비기를 시작하기 전에 미리 믹서내부를 모르터로 부착시켜야 한다.
   ⑦ 믹서 안의 콘크리트를 전부 꺼낸 후 다음 재료를 넣는다.
   ⑧ 비벼놓아 굳기 시작한 콘크리트는 되비벼서 사용하지 않는다.

≪알아두기≫
- 되비비기 : 모르타르, 콘크리트가 엉기기 시작하였을 때 다시 비비는 작업.
- 거듭비비기 : 엉기기 시작하지는 않았으나 비빈 후 상당시간이 지났거나 재료분리가 발생한 경우 다시 비비는 작업.

4) 설계기준강도(f_{ck})

콘크리트 부재 설계에서 기준으로 한 압축강도, 일반적으로 재령 28일 압축강도를 기준

5) 배합강도(f_{cr})

콘크리트 배합을 정하는 경우 목표로 하는 압축강도를 말함

6) 물-결합재비(W/B)

콘크리트의 골재가 표면건조포화상태에 있을 때, 결합재 풀 속에 있는 물과 결합재 무게비

7) 단위량(kg/㎥)

콘크리트 1㎥만드는데 필요한 각 재료 양

8) 잔골재율(S/a)

골재에서 5mm체를 통과하는 것을 잔골재, 5mm체에 남는 것을 굵은 골재로 보아 산출한 잔골재량의 전체 골재량에 대한 절대부피(%)

$$잔골재율(S/a) = \frac{S_V}{S_V + G_V} \times 100\,(\%)$$

9) 시방배합

시방서 또는 책임 감리원이 지시한 배합, 이 때 골재는 표면건조포화상태에 있고, 잔골재는 5mm체를 다 통과하고, 굵은 골재는 5mm체에 다 남는 것으로 한다.

10) 현장배합

시방배합은 골재는 표면건조포화상태에 있고, 잔골재는 5mm체를 다 통과 하고, 굵은 골재는 5mm체에 다 남는 것으로 하지만, 현장 골재함수상태나 입도 상태는 그렇지 않으므로 시방배합을 고치는 것을 현장배합

2 배합설계 (2009 콘크리트 개정시방서 참고)

시방배합

배합을 결정하는 방법은 ① 계산에 의한 방법 ② 배합표에 의한 방법 ③ 시험 배합에 의한 방법이 있다.

가장 합리적이고 실용적인 방법이 시험 배합에 의한 방법으로 이 방법에 의한 배합설계순서 및 방법을 소개 한다

1) 배합강도 결정 (f_{cr})

배합강도는 설계기준압축강도 35MPa 이하의 경우와, 35MPa 초과의 경우로 나누어 계산하고 각 두 식에 의한 값 중 큰 값으로 정하여야 한다.

□ $f_{ck} \leq 35$ MPa인 경우

$$f_{cr} = f_{ck} + 1.34s \qquad \text{(MPa)} \text{-------(1)}$$

$$f_{cr} = (f_{ck} - 3.5) + 2.33s \qquad \text{(MPa)} \text{-------(2)}$$

□ $f_{ck} > 35$ MPa인 경우

$$f_{cr} = f_{ck} + 1.34s \qquad \text{(MPa)} \text{-------(1)}$$

$$f_{cr} = 0.9 f_{ck} + 2.33s \qquad \text{(MPa)} \text{-------(2)}$$

여기서, s ; 압축강도의 표준편차(MPa)

□ 시험횟수에 따른 표준편차

(1)식은 f_{ck}이하로 내려갈 확률이 1/100이하, (2)식은 (f_{ck}-3.5 MPa) 이하로 내려갈 확률이 1/100로 정한 것이므로 표준편차는 100회 이상 시험값으로 구하는 것이 원칙이다. 시방서에서는 30회 이상 연속된 결과로 얻어진 값으로 구하나 만약 30회 미만 15회 이상이면, 보정계수를 곱하여 표준 편차를 구한다.

시험횟수가 29회 이하일 때 표준 편차의 보정계수

시험 횟수	표준 편차의 보정 계수
15	1.16
20	1.08
25	1.03
30 이상	1.00

□ 표준편차를 모를 때 또는 시험횟수가 14회 미만인 경우 배합강도

콘크리트 압축강도의 표준 편차를 알지 못할 때, 또는 시험 횟수가 14회 이하인 경우 콘크리트 배합강도는 아래의 표로 구한다.

표준편차를 알지 못하거나 시험횟수가 14회 이하인 경우 배합강도

설계기준강도 f_{ck} (MPa)	배합강도 f_{cr} (MPa)
21 미만	$f_{ck} + 7$
21 이상 35 이하	$f_{ck} + 8.5$
35 초과	$f_{ck} + 10$

2) 물 - 결합재비 (W/B) 결정

물-결합재비는 소요의 강도, 내구성, 수밀성, 균열저항성 등을 고려하여 결정

① 압축강도를 기준으로 해서 물-결합재비를 정할 경우

- 시험에 의하여 결정하는 것이 원칙이며, 재령 28일 압축강도를 표준

  ◇ 지금까지 실험 예) $f_{28} = -13.8 + 21.6 \dfrac{B}{W}$ (MPa)

- 배합에 사용할 물-결합재비는 기준 재령의 결합재-물비와 압축강도와의 관계식에서 배합강도에 해당하는 결합재-물비 값의 역수로 한다.

② 수밀성을 기준으로 물-결합재비를 정하는 경우 : 50% 이하

③ 제빙화학제가 사용되는 콘크리트의 물-결합재비 : 45% 이하

④ 중성화 저항성을 고려해야 하는 경우 물-결합재비 : 55% 이하

⑤ 내동해성을 기준으로 물-결합재비를 정하는 경우

특수노출상태에 대한 요구사항

노출상태	보통골재 콘크리트 최대 물-결합재비	보통골재 콘크리트와 경량골재 콘크리트의 최소 설계기준압축강도 f_{ck}(MPa)
물에 노출되었을 때 낮은 투수성이 요구되는 콘크리트	0.50	27
습한상태에서 동결융해 또는 제빙화학제에 노출된 콘크리트	0.45	30
제빙화학제, 염, 소금물, 바닷물에 노출되거나 이런 종류들이 살포된 콘크리트의 철근부식방지	0.40	35

3) 슬럼프(slump) 값 결정

구조물의 종류		슬 럼 프(mm)
철근콘크리트	일반적인 경우	80 ~ 150
	단면이 큰 경우	60 ~ 120
무근콘크리트	일반적인경우	50 ~ 150
	단면이 큰 경우	50 ~ 100

4) 굵은골재 최대치수(G_{max}) 결정, (공기량(A), 잔골재율(S/a), 단위수량(W) 결정)

콘크리트 종류		굵은 골재의 최대치수(mm)	
무근콘크리트		40	부재최소치수의 $\frac{1}{4}$ 이하
철근콘크리트	일반적인경우	20 또는 25	부재최소치수의 $\frac{1}{5}$ 이하
	단면이 큰 경우	40	피복 두께, 철근간격의 $\frac{3}{4}$ 이하

(콘크리트의 단위 굵은 골재용적, 잔골재율 및 단위수량의 표준의 값)

굵은골재 최대치수 (mm)	공기량 (%)	양질의 AE제를 사용한 경우		AE콘크리트	
		잔골재율 s/a(%)	단위수량 W(kg)	잔골재율 s/a(%)	단위수량 W(kg)
15	7.0	47	180	48	170
20	6.0	44	175	45	165
25	5.0	42	170	43	160
40	4.5	39	165	40	155

- 이 표의 값은 골재로서 보통 입도의 모래(조립률 2.80 정도) 및 자갈을 사용한 물-시멘트비 55%정도, 슬럼프 약 80mm의 콘크리트에 대한 것이다.
- 사용재료 또는 콘크리트의 품질이 위 조건과 다를 경우에는 보정해야 한다.

배합의 보정표

구 분	S/a의 보정 (%)	W의 보정 (kgf)
모래의 조립률이 0.1 만큼 클(작을)때 마다	0.5 만큼 크게(작게) 한다.	보정하지 않는다.
슬럼프 값이 1cm 만큼 클(작을)때 마다	보정하지 않는다.	1.2% 만큼 크게(작게)한다.
공기량이 1% 만큼 클(작을)때 마다	0.5~1.0 만큼 작게(크게) 한다.	3% 만큼 작게(크게)한다.
물-결합재비가 0.05 클(작을)때 마다	1 만큼 크게(작게) 한다.	보정하지 않는다.
S/a가 1% 클(작을)때 마다	보정하지 않는다.	1.5kg 만큼 크게(작게)한다.
부순돌을 사용할 경우	3~5 만큼 크게 한다.	9~15 만큼 크게 한다.
바순모래를 사용할 경우	2~3 만큼 크게 한다. *	6~9 만큼 크게 한다.

* 단위 굵은골재 용적에 의하는 경우에는 모래의 조립률이 0.1 만큼 커질(작아질) 때마다 단위 굵은골재 용적을 1% 만큼 작게(크게)한다.

5) 공기량(A), 잔골재율(S/a), 단위수량(W) 결정
① 콘크리트의 단위 굵은 골재용적, 잔골재율 및 단위수량의 표준의 값에 의하여 결정
② 결정된 값을 배합의 보정표에 의하여 수정한다.

6) 단위량계산
① 단위시멘트량(C) : $\dfrac{W}{C}$ 비에서 구한다. (kg)

② 골재의 절대용적($S_V + G_V$)

$$S_V + G_V = 1 - \left(\dfrac{C(kg)}{1000 \times C_g} + \dfrac{W(kg)}{1000} + \dfrac{A(\%)}{100} + \dfrac{혼화재량(kg)}{1000 \times 혼화재비중} \right) (m^3)$$

③ 잔골재 절대용적(S_V)

$$S_V = (S_V + G_V) \times S/a \, (m^3)$$

④ 단위 잔골재량(S)

$$S = S_V \times S_g \times 1000 \, (kg)$$

⑤ 굵은 골재 절대용적(G_V)

$$G_V = (S_V + G_V) - S_V \, (m^3)$$

⑥ 굵은 골재량(G)

$$G = G_V \times G_g \times 1000 \ (kg)$$

여기서,

C : 시멘트 무게 [kg] W : 물 무게 [kg]
A : 공기량 [%] S : 잔골재량 [kg]
S_V : 잔골재 부피 [m³] S_g : 잔골재밀도 [g/cm³]
G : 굵은 골재량 [kg] G_V : 굵은골재 부피 [m³]
G_g : 굵은골재 밀도 [g/cm³]

7) 배합 표시방법

굵은 골재의 최대 치수 (mm)	슬럼프 범위 (mm)	공기량 범위 (%)	물-결합 재비1) W/B (%)	잔골 재율 S/a (%)	단위질량(kg/m³)				혼화재료	
					물	시멘트	잔골재	굵은 골재	혼화재1)	혼화제2)

주 1) 포졸란반응성 및 잠재수경성을 갖는 혼화재를 사용하지 않는 경우에는 물-결합재비가 된다.
  2) 같은 종류의 재료를 여러 가지 사용할 경우에는 각각의 난을 나누어 표시한다. 이 때 사용량에 대하여는 mℓ/m³ 또는 g/m³로 표시하며, 희석시키거나 녹이거나 하지 않은 것으로 나타낸다.

현 장 배 합

시방배합은 골재는 표면건조포화상태에 있고, 잔골재는 5mm 체를 다 통과하고, 굵은 골재는 5mm 체에 다 남는 것으로 한다.

그러나 현장 골재함수상태나 입도상태는 그렇지 않으므로 시방배합을 고쳐야 한다.

1) 입도 보정

현장 골재에서 잔골재 속에 들어 있는 굵은 골재량(5mm 체에 남은 양)과 그리고 굵은 골재 속에 들어 있는 잔골재량(5mm 체 통과량)에 따라 입도를 보정

2) 표면수 보정

현장 골재의 함수 상태에 따라 콘크리트의 함수량이 달라지고 골재량도 달라진다. 따라서 골재의 함수 상태에 따라 시방 배합의 물의 양과 골재량을 보정

배합설계예제

1. 설계조건

주어진 재료에 의하여 콘크리트 표준시방서의 규정에 따라 배합설계를 하시오.

설계기준강도(f_{ck})=23(MPa), 목표로 하는 슬럼프는 100mm이고, 공기량은 4.5% 이다. 또 굵은골재는 최대치수 25mm이며, 구조물은 보통의 노출상태에 있으며, 기상작용이 심하고 단면이 보통이며, 수밀콘크리트를 만들고 그밖에 것은 고려하지 않는다. 혼화제는 제조자가 추천한 AE제 사용량은 시멘트질량의 0.02%

2. 재료시험

재료를 시험한 결과

시멘트 밀도 : 3.14g/cm³

잔골재의 표건밀도 : 2.55g/cm³

굵은골재 표건밀도 : 2.60g/cm³

잔골재의 조립률 : 2.85 (5mm체 잔유분 제거 후 시험)

3. 배합강도(f_{cr}) 계산

콘크리트 압축강도의 표준편차 (s) : 3.5(MPa)라고 한다면, 아래 계산에서 큰 값을 사용

$$f_{cr} = f_{ck} + 1.34s = 23 + 1.34 \times 3.5 = 27.69 \ (MPa)$$

$$f_{cr} = (f_{ck} - 3.5) + 2.33s = (23 - 3.5) + 2.33 \times 3.5 = 27.66 (MPa)$$

$$\therefore f_{cr} = 27.69 \ (MPa) \ 결정$$

4. 물-결합재비 결정

① 압축강도를 기준으로 해서 물-결합재비를 정할 경우

$$f_{28} = -13.8 + 21.6 \times \frac{B}{W} \ 에서 \ \therefore 27.69 = -13.8 + 21.6 \times \frac{B}{W}$$

$$\frac{B}{W} = \frac{27.69 + 13.8}{21.6}, \quad \therefore \frac{W}{B} = \frac{21.6}{41.49} = 0.520 = 52\%$$

② 수밀성을 기준으로 물-결합재비를 정하는 경우 : 50% 이하

③ 내동해성 기준 (보통 노출상태에서 기상작용이 심하고 단면이 보통인 경우) : 55% 이하
위 조건에 의해 물- 결합재가 가장 작은 값을 사용

$$\therefore \frac{W}{B} = 50 \, (\%) \text{로 결정}$$

5. 잔골재율 및 단위수량의 결정

굵은골재 최대치수 25mm에 대하여 공기량 : 5(%), 잔골재율(S/a) : 42(%), 단위 수량(W) ; 170(kg)으로 보정

보정항목	표 조건	배합 조건	S/a = 42%	W = 170kg
			S/a의 보정량	W의 보정량
잔골재의 조립률	2.8	2.85	$\frac{2.85-2.80}{0.1} \times 0.5 = +0.25(\%)$	-
슬럼프	8	10	-	$(10-8) \times 1.2 = +2.4(\%)$
물-결합재비	0.55	0.5	$\frac{0.5-0.55}{0.05} \times 1 = -1(\%)$	
공기량	5.0	4.5	$\frac{5.0-4.5}{1} \times 0.75 = +0.4(\%)$	$(5.0-4.5) \times 3 = +1.5(\%)$
합계			$-0.35(\%)$	$+3.9(\%)$
보정한 설계치			$S/a = 42 - 0.35 \fallingdotseq 41.7$	$W = 170 + (170 \times 0.039) \fallingdotseq 177 \, (kg)$

6. 단위량의 계산

① 단위시멘트량 (C)

$$\frac{W}{C} = 50 \, (\%) \text{에서}, \quad C = \frac{W}{0.5} = \frac{177}{0.5} = 354 \, (kgf)$$

② 골재의 절대용적 ($S_V + G_V$)

$$S_V + G_V = 1 - \left(\frac{C(kg)}{1000 \times C_g} + \frac{W(kg)}{1000} + \frac{A(\%)}{100} + \frac{\text{혼화재량}(kg)}{1000 \times \text{혼화재비중}} \right) (m^3)$$

$$= 1 - \left(\frac{354}{1000 \times 3.14} + \frac{177}{1000} + \frac{4.5}{100} \right) = 0.665 \, m^3$$

③ 잔골재의 절대용적 (S_V)

$$S_V = 0.665 \times 0.417 = 0.277 \, (m^3)$$

④ 단위잔골재량 (S)

$$S = 0.277 \times 1000 \times 2.55 = 706 \, (kgf)$$

⑤ 굵은골재의 절대용적(G_V)

$$G_V = 0.665 - 0.277 = 0.388 \ (m^3)$$

⑥ 단위 굵은골재량(G)

$$G = 0.388 \times 1000 \times 2.60 = 1009 \ (kgf)$$

⑦ 단위 AE제량 (A)

$$A = 354 \times 0.0002 = 70.8 \ (gf) \ (\text{AE제 사용량 } 0.02 \ \% = 0.0002)$$

7. 시험비비기 및 시방 배합

계산된 단위량으로부터 시험비비기를 실시하여 시방배합을 실시

가. 제1배치량 계산

골재의 함수상태는 표면건조포화상태로 만든다. 1배치 콘크리트 양을 $50l$ ($0.05m^3$, $1m^3 = 1000 \ l$) 라고 하면 1배치 각 재료의 양은 다음과 같다.

① 물의 양 (W) = $177 \times \dfrac{50}{1000} = 8.85 \ (kgf)$

② 시멘트량 (C) = $354 \times \dfrac{50}{1000} \times 17.7 \ (kgf)$

③ 잔골재량 (S) = $706 \times \dfrac{50}{1000} = 35.3 \ (kgf)$

④ 굵은골재량(G) = $1009 \times \dfrac{50}{1000} = 50.45 \ (kgf)$

⑤ AE제량 (A) = $70.8 \times \dfrac{50}{1000} = 3.54 \ (gf)$

1배치 양에 의해 시험 비비기를 한 결과 슬럼프 값이 120mm, 공기량이 5.5%의 결과가 나왔다면, 목표로 하는 슬럼프값 100mm와 공기량 4.5%와는 차이가 있으므로 보정한다.

나. 제1배치 시험 비비기에 의한 보정

① 슬럼프값 보정 : 슬럼프 값을 보정하려면 물을 보정하면 되므로 슬럼프 값이 1cm 만큼 클(작을)때 마다 물을 1.2% 만큼 크게(작게)보정한다.

$$W = 177 \times \left\{ 1 - (\frac{12-10}{1}) \times 0.012 \right\} = 173 \ (kgf)$$

② 공기량 보정 : 공기량 보정도 물을 보정하면 된다. 공기량이 1% 만큼 클(작을) 때 마다, 물을 3% 만큼 작게(크게) 한다. 따라서 잔골재율도 보정을 해야 한다.

$$W = 177 \times \left\{1 + (\frac{5.5 - 4.5}{1}) \times 0.03\right\} = 178 \ (kgf)$$

$$S/a = 41.7 + (\frac{5.5 - 4.5}{1}) \times 0.75 = 42.5 \ (\%)$$

③ 공기량 4.5 %로 하기위한 AE제량 보정

$$0.02 \, (\%) \times \frac{4.5}{5.5} = 0.016 \, (\%)$$

다. 시방배합

① 단위시멘트량 (C)

$$\frac{W}{C} = 50 \ (\%) \ 에서, \ C = \frac{W}{0.5} = \frac{178}{0.5} = 356 \ (kgf)$$

② 골재의 절대용적($V_S + V_G$)

$$= 1 - \left(\frac{356}{1000 \times 3.14} + \frac{178}{1000} + \frac{4.5}{100}\right) = 0.664 \ m^3$$

③ 잔골재의 절대용적(S_V)

$$S_V = 0.664 \times 0.425 = 0.282 \ (m^3)$$

④ 단위잔골재량 (S)

$$S = 0.282 \times 1000 \times 2.55 = 719 \ (kgf)$$

⑤ 굵은골재의 절대용적(G_V)

$$G_V = 0.664 - 0.282 = 0.382 \ (m^3)$$

⑥ 단위 굵은골재량(G)

$$G = 0.382 \times 1000 \times 2.60 = 993 \ (kgf)$$

⑦ 단위 AE제량 (A)

$$A = 354 \times 0.00016 = 56.6 \ (gf) \ \ (AE제 \ 사용량 \ 0.016 \ \% = 0.00016)$$

굵은골재 최대치수 (mm)	슬럼프 범위 (cm)	공기량 범위 (%)	물-결합 재비 W/B (%)	잔골재율 S/a (%)	단위량 (kgf/m³)				
					물 W	시멘트 C	잔골재 S	굵은골재 G	혼화제 (gf/m³)
25	10	4.5	50	42.5	178	356	719	993	56.6

라. 제2배치

제1배치 시방배합으로 50ℓ에 대한 각 재료량을 계산하여 시험 배합한 결과 슬럼프 값이 100mm, 공기량이 4.5%가 되어 설계조건이 만족하면 제1배치 시방 배합으로 결정

8. 현장배합 설계

시방배합결과와 현장골재상태가 다음 표와 같을 때 현장배합으로 고치시오

현 장 골 재 상 태				
잔골재 표면수량	1 %	5mm 체에 남는 잔골재량	4 %
굵은 골재 표면수량	3 %	5mm 체에 통과하는 굵은 골재량	3 %

가. 입도 조정

$$S + G = 719 + 993 = 1712 \quad \cdots\cdots\cdots\cdots\cdots ①$$

$$0.96S + 0.03G = 719 \quad \cdots\cdots\cdots\cdots\cdots ②$$

①식에 0.96를 곱하여 ②식과 연립하면

$$\begin{array}{r} 0.96S + 0.96G = 1644 \\ -)\ 0.96S + 0.03G = 719 \\ \hline 0 + 0.93G = 925 \end{array}$$

$$\therefore G = \frac{925}{0.93} = 995 \ kgf \quad \cdots\cdots ③$$

③식을 ①식에 대입하면

$$\therefore S = 1712 - 995 = 717 \ kgf$$

나. 표면수 보정
　① 잔골재 표면수 : $717 \times 0.01 = 7 \, (kgf)$
　② 굵은 골재 표면수 : $995 \times 0.03 = 30 \, (kgf)$

다. 콘크리트 1m³을 만들기 위한 각 재료 양
　① 시멘트 : $356 \, (kgf/m^3)$
　② 물 : $178 - (7 + 30) = 141 \, (kgf/m^3)$
　③ 잔골재 : $717 + 7 = 724 \, (kgf/m^3)$
　④ 굵은 골재 : $995 + 30 = 1025 \, (kgf/m^3)$

2.3 콘크리트 운반

1) 계획
콘크리트 치기를 시작하기 전에 구조물에 요구되는 기능, 강도, 내구성 및 시공상 주의해야 할 점 등을 고려하여 구체적인 운반, 치기 등의 방법에 관하여 충분한 계획을 세워야 하며, 계획 수립 시에 검토해야 할 사항은 다음과 같다.
① 전 공종중의 콘크리트 작업의 공정
② 1일에 쳐야 할 콘크리트량에 맞추어 운반, 치기방법 등의 설비 및 인원배치
③ 운반로, 운반경로
④ 치기구획, 시공이음의 위치, 시공이음의 처치방법
⑤ 콘크리트의 치기순서, 기상조건(온도, 습도, 풍속, 직사광선)
⑥ 콘크리트의 비비기에서 치기까지 소요시간

2) 일반사항
① 콘크리트는 신속하게 운반하여 즉시 치고, 충분히 다져야 한다.
② 비비기로부터 치기가 끝날 때까지의 시간은 원칙적으로 외기온도가 25°C를 넘었을 때는 1.5시간, 25°C 이하일 때에는 2시간을 넘어서는 안 된다.
③ 운반 및 치기는 재료분리가 될 수 있는 대로 적게 일어나도록 해야 한다.
④ 운반 중 재료의 손실이 생기지 않아야 한다.
⑤ 운반 중 슬럼프의 감소가 생기지 않아야 한다.

3) 운반 기계기구
운반차, 버킷, 콘크리트 펌프, 콘크리트 플레이셔, 벨트컨베이어, 슈트

≪알아두기≫
☞ 레디믹스트 콘크리트(레미콘)의 제조 및 운반방법
① 센트럴 믹스트 콘크리트(central mixed concrete) : 플랜트에서 완전히 믹싱하여 트럭믹서 또는 트럭 애지테이터(truck agitator)로 운반 중에 교반(agitate)하면서 공사현장까지 배달 공급하는 방식. 일반적으로 많이 쓰인다.
② 쉬링크 믹스트 콘크리트(shrink mixed concrete) : 플랜트에서 어느 정도 콘크리트를 비빈 후 트럭믹서 또는 트럭애지테이터에 투입하여 운반시간 동안 혼합하여 배달 공급하는 방식.
③ 트랜싯 믹스트 콘크리트(transit mixed concrete) : 플랜트에서 계량된 각각의 재료를 트럭믹서에 투입하여 운반 시간 동안에 혼합수를 가하여 교반 혼합하여 배달 공급하는 방식.

2.4 콘크리트 치기 및 다지기

1) 준비
   ① 콘크리트를 치기 전에 철근, 거푸집, 설비배관, 박스, 매입 철골, 치기순서에 관해서는 시공 상세도 및 철근가공조립도에 정해진 대로 배치되었는지를 확인해야 한다.
   ② 콘크리트 치기를 시작하기 전에 운반 및 치기설비 등이 정해진 치기계획에 충분히 일치하는가를 확인해야 한다.
   ③ 콘크리트를 치기 전에 운반 장치, 치기설비 및 거푸집 안을 청소하여 콘크리트 속에 잡물이 혼입되는 것을 방지해야 한다.
   ④ 콘크리트가 닿았을 때 흡수할 염려가 있는 곳(거푸집 등)은 미리 습하게 하여 두어야 한다.
   ⑤ 콘크리트를 직접 지면에 치는 경우에는 미리 깔기 콘크리트를 깔아둔다
   ⑥ 터파기 안의 물은 치기 전에 제거해야 한다. 또 터파기 안에 흘러들어온 물에 이미 친 콘크리트가 씻기지 않도록 적당한 조치를 강구해야 한다.

2) 치기
   ① 콘크리트의 치기는 원칙적으로 시공계획서에 따라 쳐야 한다.
   ② 콘크리트의 치기작업을 할 때에는 철근 및 매설물의 배치나 거푸집이 변형 및 손상되지 않도록 주의해야 한다.
   ③ 친 콘크리트를 거푸집 안에서 횡 방향으로 이동시켜서는 안 된다.
   ④ 치기 도중에 심한 재료분리가 생겼을 때에는 재료분리를 방지할 방법을 강구해야 한다.
   ⑤ 한 구획내의 콘크리트는 치기가 완료될 때까지 연속해서 쳐야 한다.
   ⑥ 콘크리트는 그 표면이 한 구획 내에서는 거의 수평이 되도록 치는 것을 원칙으로 한다. 콘크리트 치기의 1층 높이는 다짐능력을 고려하여 이를 결정해야한다.
   ⑦ 콘크리트를 2층 이상으로 나누어 칠 경우, 상층의 콘크리트 치기는 원칙적으로 하층의 콘크리트가 굳기 시작하기 전에 쳐야 하며, 상층과 하층이 일체가 되도록 시공해야 한다.

※ 콜드죠인트가 발생하지 않도록 이어 쳐야하며, 이어치기 허용시간은 아래 표와 같다.

외기온도	비비기 ~ 타설	허용 이어치기
25°C 이상	1.5시간 이내	2.0 시간
25°C 이하	2시간 이내	2.5 시간

⑧ 거푸집의 높이가 높을 경우, 재료분리를 방지하기 위하여 상부의 철근 또는 거푸집에 콘크리트가 부착하여 경화하는 것을 방지하기 위해 거푸집에 투입구를 설치하거나, 연직 슈트 또는 펌프배관의 배출구를 치기면 가까운 곳까지 내려서 콘크리트 치기를 해야 한다. 이 경우 슈트, 펌프배관, 버킷, 호퍼 등의 배출구와 치기 면까지의 높이는 1.5m 이하를 원칙으로 한다.

⑨ 콘크리트 치기 도중 표면에 떠올라 고인 블리딩 수가 있을 경우에는 적당한 방법으로 이 물을 제거한 후가 아니면 그 위에 콘크리트를 쳐서는 안 된다. 고인 물을 제거하기 위하여 콘크리트 표면에 도랑을 만들어 흐르게 해서는 안 된다.

⑩ 벽 또는 기둥과 같이 높이가 높은 콘크리트를 연속해서 칠 경우에는 치기 및 다질 때 재료분리가 될 수 있는 대로 적게 되도록 콘크리트의 반죽질기 및 쳐 올라가는 속도를 조정해야 한다. 치기속도는 일반적으로 30분에 1~1.5m 정도로 한다.

3) 다지기

① 콘크리트 다지기에는 내부진동기의 사용을 원칙으로 하나, 얇은 벽 등 내부 진동기의 사용이 곤란한 장소에서는 거푸집진동기를 사용해도 좋다.

② 콘크리트는 친 직후 바로 충분히 다져서 콘크리트가 철근 및 매설물 등의 주위와 거푸집의 구석구석까지 잘 채워져 밀실한 콘크리트가 되도록 해야 한다.

③ 진동다짐을 할 때에는 진동기를 아래층의 콘크리트 속에 10cm 정도 찔러 넣어야 한다.

④ 내부진동기의 찔러 넣는 간격 및 한 장소에서의 진동시간 등은 콘크리트를 충분히 잘 다질 수 있도록 정해야 한다.

내부진동기 사용 표준은
- 내부진동기를 하층의 콘크리트 속으로 0.1m 정도 찔러 넣는다.
- 내부진동기는 연직으로 찔러 넣는다.
- 삽입 간격은 0.5m 이하

- 1개소 당 진동시간은 다짐할 때 시멘트풀이 표면 상부로 약간 부상하기까지 한다.
- 내부진동기로 콘크리트를 횡 방향 이동목적으로 사용해서는 안 된다.
- 진동기는 콘크리트로부터 천천히 빼내어 구멍이 남지 않도록 해야 한다.

⑤ 재료분리를 방지하기위하여 내부진동기로 콘크리트를 횡 방향으로 이동시키면서 작업하지 않는다.

⑥ 재 진동을 할 경우에는 콘크리트에 나쁜 영향이 생기지 않도록 초결이 일어나기 전에 실시해야 한다.

재 진동을 함으로써 효과는
- 콘크리트 속의 빈틈이 감소한다.
- 콘크리트의 강도가 증가한다.
- 철근과 부착 강도가 증가한다.
- 재료의 침하에 의한 균열을 막을 수 있다.

4) 침하균열에 대한 조치

① 침하균열을 방지하기 위하여 벽 또는 기둥의 콘크리트 침하가 거의 끝난 후부터 슬래브, 보의 콘크리트를 쳐야 한다. 내민 부분을 가진 구조물의 경우에도 동일한 방법으로 시공한다.

② 콘크리트가 굳기 전에 침하균열이 발생한 경우에는 즉시 다짐(tamping)을 하여 균열을 제거해야 한다.

5) 콘크리트 표면의 마감처리

① 치기 및 다짐 후에 콘크리트 표면은 요구되는 정밀도와 물매에 따라 평활한 표면 마감을 해야 한다.

② 블리딩, 들뜬 골재, 콘크리트의 부분침하 등의 결함은 콘크리트 응결 전에 수정 처리를 완료해야 한다.

③ 기둥, 벽 등의 수평이음부의 표면은 소정의 물매와 거치 면으로 마감한다.

6) 거푸집, 동바리

가) 일반사항

① 건축공사뿐 아니라 토목공사에서도 광범위하게 사용되는 거푸집 등의 받침 역할을

하는 가설재이다.

> ≪알아두기≫
> ☞ 동바리, 받침기둥(support, shore or staging) : 거푸집 및 콘크리트의 무게와 시공하중을 지지하기 위하여 설치하는 부재 또는 작업 장소가 높은 경우 발판, 재료 운반이나 위험물 낙하 방지를 위해 설치하는 임시 지지대

나) 동바리의 종류 : 잭 서포트, 시스템 서포트, 일반 서포트

다) 거푸집 및 동바리의 해체

① 거푸집 및 동바리 해체 가능한 콘크리트의 압축강도 시험결과

부재	콘크리트 압축강도
확대기초, 보 옆, 기둥, 벽 등의 측벽	5MPa 이상
슬래브 및 보의 밑면, 아치 내면	설계기준강도의 2/3 (14MPa 이상)

② 특히 내구성을 고려할 경우의 기초, 보의 측면, 기둥, 벽의 거푸집널은 콘크리트의 압축강도가 10MPa 이상 도달한 경우 해체하는 것이 좋다.

③ 거푸집널의 존치기간 중 평균 기온이 10℃ 이상인 경우 압축강도 시험을 하지 않고 기초, 보 옆, 기둥 및 벽의 측벽의 경우 다음 표에 주어진 재령 이상을 경과하면 해체할 수 있다.

시멘트의 종류 평균기온	조강 포틀랜드 시멘트	• 보통 포틀랜드 시멘트 • 고로슬래그 시멘트(특급) • 포틀랜드 포졸란 시멘트(A종) • 플라이 애쉬 시멘트(A종)	• 고로슬래그 시멘트(1급) • 포틀랜드 포졸란 시멘트(B종) • 플라이애쉬 시멘트(B종)
20℃ 이상	2일	4일	5일
20℃ 미만 10℃ 미만	3일	6일	8일

④ 해체순서는 하중을 받지 않는 부분부터 해체한다. 즉 연직부재는 수평부재의 거푸집보다 먼저 해체한다.

2.5 콘크리트 양생

1) 일반사항

콘크리트는 친 후 소요기간까지 경화에 필요한 온도, 습도조건을 유지하며, 유해한 작용의 영향을 받지 않도록 충분히 양생하여야 한다.

양 생 종 류		양 생 방 법	
습윤 양생		수중	
		담수	
		살수	
		젖은포(양생매트, 가마니)	
		젖은 모래	
		막양생	유지계
			수지계
온도제어 양생	매스콘크리트	파이프 쿨링, 연속살수	
	한중콘크리트	단열, 급열, 증기, 전열	
	서중콘크리트	살수, 햇볕덮개	
	촉진양생	증기, 급열	
유해 작용으로부터 보호			

2) 습윤양생

① 콘크리트는 친 후 경화를 시작할 때까지 직사광선이나 바람에 의해 수분이 증발하지 않도록 보호해야 한다.

② 콘크리트의 표면을 해치지 않고 작업이 될 수 있을 정도로 경화하면 콘크리트의 노출면은 양생용 매트, 가마니 등을 적셔서 덮거나 또는 살수를 하여 습윤상태로 보호해야 한다.

③ 습윤상태의 보호 기간은 보통포틀랜드시멘트를 사용할 경우 5일간 이상, 조강포틀랜드 시멘트를 사용한 경우 3일간 이상을 표준으로 한다.

④ 거푸집판이 건조할 염려가 있을 때에는 살수해야 한다.

⑤ 막양생을 할 경우에는 충분한 양의 막양생제를 적절한 시기에 균일하게 살포 해야 한다.

3) 온도제어 양생

① 기온이 낮을 경우에는 콘크리트의 수화 반응이 늦고, 강도가 늦게 나타나서 초기에 동해를 받기 쉬우므로 겨울 공사에는 보온 양생이나 급열양생 실시

② 기온이 높을 경우에는 온도에 의한 균열이 생기기 쉬우므로 여름 공사는 온도를 낮추어야 한다.

4) 유해한 작용에 대한 보호

콘크리트는 양생기간 중에 예상되는 진동, 충격, 하중 등의 유해한 작용으로부터 보호해야 한다.

5) 촉진양생

증기양생, 기타의 촉진양생을 실시할 경우에는 콘크리트에 나쁜 영향을 미치지 않도록 양생을 개시하는 시기, 온도의 상승 및 하강속도, 양생온도 및 양생시간 등을 정해야 한다.

2.6 콘크리트 이음

1) **시공이음**

   콘크리트 구조물은 일체가 되도록 연속해서 쳐야 하지만, 시공 상의 이유로 멈추었다가 다시 시작 할 경우 먼저 친 콘크리트와 나중에 친 콘크리트사이에 이음이 생기는 것.

2) **수평시공이음**

   ① 수평시공이음이 거푸집에 접하는 선은 될 수 있는 대로 수평한 직선이 되도록 해야 한다.

   ② 콘크리트를 이어 칠 경우에는 구 콘크리트 표면의 레이탄스, 품질이 나쁜 콘크리트, 꽉 달라붙지 않은 골재 알 등을 완전히 제거하고 충분히 흡수시켜야 한다.

   ③ 시공이음부가 될 콘크리트 면은 느슨해진 골재알 등이 없도록 마무리하고, 경화가 시작되면 되도록 빨리 조기에 쇠솔(wire brush)이나 모래분사 등으로 면을 거칠게 하며 충분히 습윤상태로 양생하여야 한다.

3) **연직시공이음**

   ① 연직시공이음의 시공에 있어서는 시공이음면의 거푸집을 견고하게 지지하고 이음부분의 콘크리트는 진동기를 써서 충분히 다져야 한다.

   ② 시공이음면의 거푸집 철거는 콘크리트가 굳은 후 되도록 빠른 시기에 한다.

   ③ 시공이음 면은 거푸집을 철거 후 곧 쇠솔이나 쪼아내기(chipping) 등에 의하여 거칠게 하고, 충분히 흡수시킨 후에 시멘트풀, 모르타르 또는 습윤면용 에폭시수지 등을 바른 후 새 콘크리트를 쳐서 이어나가야 한다.

   ④ 새 콘크리트를 칠 때는 신·구 콘크리트가 충분히 밀착되도록 잘 다져야 한다. 새 콘크리트를 친 후 적당한 시기에 재 진동 다지기를 하는 것이 좋다.

4) **신축이음**

   신축이음에는 구조물이 서로 접하는 양쪽부분을 절연시켜야 한다. 신축이음에는 필요에 따라 이음재, 지수판 등을 배치해야 한다.

5) **균열유발줄눈**

   균열의 제어를 목적으로 균열유발줄눈을 설치할 경우 구조물의 강도 및 기능을 해치지 않도록 그 구조 및 위치를 정해야 한다.

2.7 특수 콘크리트의 시공법

1) 한중콘크리트
① 기온이 낮을 때 시공하는 콘크리트
② 1일 평균기온이 4℃이하로 될 때 한중콘크리트 시공
③ 한중콘크리트를 쳐 넣었을 때의 온도는 5~20℃로 한다.
④ 콘크리트를 쳐 넣은 뒤 초기에 얼지 않도록 잘 보호한다.
⑤ 바람을 막아야 하며, 양생 중에는 콘크리트의 온도를 5℃ 이상 유지하여야 하고, 또한 소요 압축강도에 도달한 후 2일간은 구조물의 어느 부분이라도 0℃ 이상이 되도록 유지하여야 한다.
⑥ 수화열에 의한 균열의 문제가 없는 경우에는 조강포틀랜드시멘트나 초조강 포틀랜드 시멘트의 사용이 효과적
⑦ 시멘트는 절대로 직접 가열해서는 안 된다.
⑧ 한중콘크리트는 공기연행콘크리트를 사용하는 것을 원칙으로 한다.
⑨ 콘크리트 제조시 가열한 재료의 믹서 투입 순서
　　더운 물 → 굵은골재 → 잔골재 → 시멘트 투입
⑩ 배합강도 및 물-결합재비는 적산온도방식에 의해 결정할 수 있다

2) 서중콘크리트
① 기온이 높을 때 시공하는 콘크리트
② 하루 평균기온이 25℃ 넘으면 서중콘크리트로 시공
③ 콜드죠인트(cold joint)가 발생하기 쉽다
④ 서중콘크리트는 쳐 넣었을 때 온도는 35℃ 이내
⑤ 콘크리트를 비벼 쳐 넣을 때까지의 시간은 1.5시간 이내
⑥ 배합은 필요한 강도 및 워커빌리티를 얻는 범위 내에서 단위 수량과 시멘트량은 될 수 있는 대로 적게 한다.
⑦ 중용열 포틀랜드 시멘트나 혼합시멘트를 사용
⑧ 콘크리트 치기가 끝나면 곧바로 양생을 시작하고, 콘크리트 표면 건조를 막아야 한다.

3) 수중콘크리트

① 콘크리트를 물속에서 치는 콘크리트
② 정수 중에 치는 것을 원칙으로 하며 완전히 물막이를 할 수 없는 경우에도 유속은 1초간 5cm 이하로 되는 것이 좋다
③ 콘크리트를 수중에 직접 낙하시켜서는 안 된다.
④ 콘크리트의 타설 면은 수평을 유지하며 소정의 높이 또는 수면위로 나올 때까지 연속해서 타설
⑤ 물-결합재비는 50% 이하를 표준
⑥ 단위 시멘트량은 370kg/m^3 이상을 표준
⑦ 일반 수중콘크리트의 슬럼프의 표준값(mm)

시공방법	일반 수중 콘크리트	현장타설말뚝 및 지하연속벽에 사용하는 수중콘크리트
트레미	130~180	180~210
콘크리트펌프	130~180	-
밑열림상자, 밑열림포대	100~150	-

⑧ 수중콘크리트는 재료분리를 적게 하기 위하여 단위시멘트량이 크고, 잔골재율도 크게 하여 점성이 풍부한 콘크리트를 사용한다. 잔골재율은 40~45%를 표준으로 하고, 굵은 골재는 둥근모양의 입도가 좋은 자갈을 사용하는 것이 좋다.
⑨ 수중콘크리트 치는 방법은 트레미, 포대콘크리트, 밑열림 상자 및 밑열림 포대, 콘크리트 펌프 및 프리플레이스트콘크리트 등이 있다.
⑩ 트레미를 사용하여 수중에서 콘크리트를 치면 강도가 공기 중에서 시공한 것의 약 60% 정도이다. 콘크리트가 수중으로 쳐지는 과정에서 물에 씻기는 작용 때문에 강도 저하를 일으킨다.
⑪ 굵은 골재의 최대 치수는 수중불분리성 콘크리트의 경우 40mm 이하를 표준으로 하며, 부재 최소 치수의 1/5 및 철근의 최소 순간격의 1/2를 초과해서는 안 되며, 현장 타설 말뚝 및 지하연속벽에 사용하는 콘크리트의 경우는 25mm 이하, 철근 순간격의 1/2 이하를 표준으로 하여야 한다.
⑫ 수중불분리성콘크리트는 혼화제의 증점 효과와 소정의 유동성을 확보하기 위하여 일반

수중콘크리트보다도 단위수량이 크게 요구되므로 감수제, 공기연행감수제 또는 고성능 감수제를 사용하여야 한다.

4) 프리플레이스트 콘크리트(프리팩트콘크리트에서 ACI기준으로 바뀜)

4-1) 일반사항

① 특정한 입도를 가진 굵은 골재를 거푸집에 채워 넣고 그 공극 속에 특수한 모르타르를 적당한 압력으로 주입하여 만든 콘크리트이다.

② 특수 모르타르는 유동성이 크고, 재료분리가 적고, 적당한 팽창성을 가진 주입 모르타르를 말한다.

③ 고강도 프리플레이스트콘크리트라 함은 고성능감수제에 의하여 주입모르타르의 물-결합재비를 40% 이하로 낮추어 재령 91일에서 압축강도 40MPa 이상이 얻어지는 프리플레이스트 콘크리트를 말한다.

4-2) 유동성

① 주입 모르타르의 유동성은 유하시간으로 설정
- 16~20 초가 표준, 고강도 프리플레이스트는 25~50초가 표준

② 모르타르는 주입시 재료분리가 적고, 경화 시 블리딩이 적으며 소요의 팽창을 가져야 한다.

③ 경화 후 소요의 압축강도와 골재와의 부착력을 가지며, 충분한 내구성 및 수밀성과 강재를 보호하는 성능을 가져야 한다.

4-3) 재료분리 저항성 및 팽창성

① 주입 모르타르의 블리딩률 값은 3% 이하, 고강도 프리팩트 콘크리트의 경우는 1% 이하로 한다.

② 팽창률은 시험 시작 후 3시간에서 5~10% 값이 표준이며, 고강도는 2~5%가 표준이다.

③ 블리딩 현상에 의하여 침하수축 하는 모르타르를 팽창시켜 골재와 모르타르 사이에 틈이 생기는 것을 방지함과 동시에 부착강도를 증진시키기 위하여 주입 모르타르의 팽창성을 확보하여야 한다.

4-4) 재료 및 배합

① 주입 모르타르는 수화열의 억제, 유동성 및 화학저항성의 향상 목적으로 포틀랜드시멘트에 플라이애시나 고로슬래그미분말 등의 혼화재를 혼합한다.

② 주입 모르타르에 사용되는 혼화제는 유동성을 좋게 하고, 보수성을 향상시켜서 재료분리를 방지하고, 응결을 지연시키며 팽창성을 가지는 감수제, 발포제, 보수제 및 지연제 등을 혼합한 프리믹스트 타입의 프리플레이스트 콘크리트용 혼화제를 사용하는 것이 좋다.

③ 발포제는 일반적으로 알루미늄 분말이며 결합재에 대한 중량비로서 0.010~0.015% 정도를 사용한다.

④ 주입 모르타르의 유동성과 보수성을 좋게 하기 위하여 잔골재는 보통 콘크리트에서 사용하는 것보다 입도가 가는 것이 좋다. 잔골재는 입경 2.5mm 이하, 조립률 1.4~2.2의 범위가 적당하다.

⑤ 굵은 골재 최소치수는 15mm 이상, 최대치수는 최소치수의 2~3배 또한 부재 단면 최소치수의 1/4 이하, 철근콘크리트의 경우는 철근의 순간격의 2/3 이하로 하는 것이 좋다.

⑥ 대규모 프리플레이스트콘크리트의 경우 굵은 골재 최소치수는 40mm 이상이다.

⑦ 깊은 해수 중에 시공할 경우 모르타르의 팽창값이 적정값이 되도록 알루미늄 분말의 혼입량을 증가시켜야 한다.

4-5) 용도 및 특징

① 용도
- 수중 콘크리트 시공 : 재료분리가 적고 타설 관리가 용이
- 매스콘크리트 시공 : 경화 후 수축이 적다.
- 구조물 보수
- 중량 콘크리트 시공 : 재료분리가 없으므로 밀도가 큰 중량 콘크리트에 적합

② 특징
- 부착 성능이 향상
- 시공이음 대형 구조물시공이 가능
- 건조수축이 일반 콘크리트에 비해 1/2 정도로 감소된다.
- 장기강도가 크다
- 내구성 및 수밀성이 뛰어나다

5) 숏크리트 (shotcrete)

① 압축공기를 이용하여 콘크리트나 모르타르를 시공 면에 뿜어 붙여서 만든 콘크리트

② 터널이나 큰 공동구조물의 라이닝, 비탈면, 법면 또는 벽면의 풍화나 박리, 박락의 방지, 터널, 댐 및 교량의 보수보강공사 등에 적용되는 콘크리트

③ 숏크리트 시공법은

- 건식공법 : 노즐에서 물과 드라이믹스(drymix)된 재료를 혼합하는 것으로 리바운드 량이 많다
- 습식공법 : 물을 포함한 각 재료를 미리 계량하고 충분히 혼합할 수 있으므로 품질관리가 쉽고 분진의 발생 및 리바운드 량도 적다.

④ 숏크리트는 다음과 같은 기능을 발휘할 수 있도록 하여야 한다.

- 지반과의 부착 및 자체 전단 저항효과로 숏크리트에 작용하는 외력을 지반에 분산시키고, 터널 주변의 붕락하기 쉬운 암괴를 지지하며, 굴착면 가까이에 지반 아치가 형성될 수 있도록 한다.
- 강지보재, 록볼트에 지반 압력을 전달하는 기능을 발휘하도록 하여야 한다.
- 굴착된 지반의 굴곡부를 메우고 절리면 사이를 접착시킴으로써 응력집중 현상을 피하도록 한다.
- 굴착면을 피복하여 풍화방지, 지수, 세립자 유출 등을 방지하도록 한다.
- 보수, 보강 재료로 사용되어 소요의 강도와 내구성 등 구조물의 충분한 보수 및 보강 성능을 발휘하여야 한다.
- 비탈면, 법면 또는 벽면 보호 공법으로 적용되어 충분한 안전성을 확보하여야 한다.

⑤ 숏크리트의 초기강도 표준값

재령	숏크리트의 초기강도(MPa)
24시간	5.0~10.0
3시간	1.0~3.0

⑥ 일반 숏크리트의 장기 설계기준압축강도는 재령 28일로 설정하며 그 값은 21 MPa 이상으로 한다.

⑦ 재령 28일 부착강도는 1.0MPa 이상이 되도록 관리하여야 한다.

⑧ 숏크리트의 휨강도 및 휨인성의 성능 목표는 재령 28일 값을 기준으로 설정하여야 한다.

⑨ 공기연행제는 건식 숏크리트의 경우 사용할 수 없으며, 습식 숏크리트의 경우 동결 융해저항성을 확보하기 위하여 사용할 수 있다.

6) 경량골재 콘크리트

① 콘크리트의 건조밀도가 $2.0g/cm^3$ 이하의 콘크리트를 경량콘크리트라 하며, 경량골재를 사용한다.

② 경량골재콘크리트는 사용골재를 프리웨팅(pre-wetting)할 필요가 있으며 반드시 AE 콘크리트 시공

③ 경량골재 콘크리트의 슬럼프값은 180mm 이하로 하고, 단위 시멘트량의 최소값은 $300kg/m^3$, 물-결합재비의 최대값은 60%로 한다.

④ 경량골재 콘크리트 1종 설계기준압축강도(MPa) : 18

⑤ 경량골재의 체가름시험은 KS F 2502, 씻기시험은 KS F 2511에 따른다. 골재의 씻기시험에 의하여 손실되는 양은 10% 이하로 하여야 한다.

⑥ 경량골재는 각 입경마다 골재의 밀도를 측정하는 것은 용이하지 않으므로 질량 백분율로 표시한다. 경량골재 표준입도는 각체를 통과하는 질량백분율 13%에 해당

⑦ 단위질량은 허용값의 10% 이상 차이가 나지 않도록 하여야 한다.

⑧ 콘크리트의 수밀성을 기준으로 물-결합재비를 정할 경우에는 50% 이하를 표준으로 한다.

⑨ 경량골재 콘크리트를 타설할 때 모르타르가 침하하고, 굵은 골재가 위로 떠오르는 재료분리 현상이 작게 일어나도록 하여야 한다.

7) 방사선차폐용 콘크리트

① 밀도가 큰 골재를 사용하여 방사선 차폐용과 같은 특수한 목적으로 사용 되는 콘크리트로 원자력발전용으로 사용

② 철광석, 중정석 기타의 중량골재를 사용

③ 물-결합재비는 50% 이하를 원칙으로 하고, 워커빌리티 개선을 위하여 품질이 입증된 혼화제를 사용할 수 있다.

8) 매스콘크리트(mass concrete)
   ① 매스콘크리트는 부재 또는 구조물의 치수가 커서 시멘트의 수화열에 의한 온도 상승을 고려하여 시공하는 콘크리트
   ② 넓이가 넓은 슬래브에서는 두께 80cm 이상, 하단이 구속된 벽에서는 두께 50cm 이상이면 매스콘크리트
   ③ 수화열에 의한 열응력으로 균열이 생기므로, 온도를 낮추는 방법에는 파이프쿨링(pipe-cooling)과 프리쿨링(pre-cooling)
   ④ 균열 방지법으로는 균열유발줄눈(joint)설치, 팽창콘크리트의 사용에 의한 균열방지방법, 균열제어철근의 배치에 의한 방법

9) 섬유보강 콘크리트
   ① 콘크리트의 약점인 인장강도, 내충격성, 균열 등의 취성을 개선하기 위해 콘크리트 속에 섬유를 혼합시켜 균열에 대한 저항성을 증진시키고 인성을 부여 할 목적으로 제조된 콘크리트
   ② 섬유의 종류는 강섬유, 유리 섬유 등이 있다.
   ③ 섬유혼입률(fiber volume fraction)
   섬유보강콘크리트 1 m^3중에 점유하는 섬유의 용적백분율(%)

10) 해양 콘크리트
   해양에 위치한 항만이나 조류의 작용을 받는 구조물은 해수중의 염류에 크게 영향을 받아서 콘크리트가 열화 되고 철근이 부식하는 등의 내구성이 저하

   | 일반사항 |

   ① 내구성으로 정해지는 최소 단위 결합재량(kg/m^3)

환경구분 \ 굵은골재최대치수	20mm	25mm	40mm
물보라 지역 및 해상 대기중	340	330	300
해 중	310	300	280

   ② 내구성으로 정해지는 공기연행콘크리트 최대 물 - 결합재비

환경구분 \ 시공조건	일반 현장 시공	공장제품, 공장제품과 동등 이상의 품질이 보증될 때
해 중	50	50
해상 대기중	45	50
물보라 지역	45	45

③ 해양콘크리트의 설계기준강도는 30MPa 이상으로 한다.
④ 해양구조물에서는 성능 저하를 방지하기 위하여 가능한 범위 내에서 시공 이음을 두지 말아야 한다.
⑤ 콘크리트는 재령 5일이 되기까지 바닷물에 씻기지 않도록 보호해야 하며, 고로 슬래그 시멘트 등 혼합시멘트를 사용할 경우에는 이 기간을 설계기준압축 강도의 75% 이상의 강도가 확보될 때까지 연장하여야 한다.
⑥ 해안선으로부터 250m 이내의 육상 지역은 콘크리트 구조물이 염해를 입기 쉬우므로 해안으로 부터 거리에 따라 구분하여 내구성 향상 대책을 수립하여야 한다.
⑦ 해양콘크리트 구조물에 쓰이는 콘크리트의 설계기준강도는 30MPa 이상으로 한다.
⑧ 콘크리트 공기량의 표준값(%)

환경조건		굵은 골재의 최대 치수(mm)		
		20	25	40
동결융해작용을 받을 염려가 있는 경우	(a) 물보라, 간만대 지역	6	6	5.5
	(b) 해상 대기중	5	4.5	4.5
동결융해작용을 받을 염려가 없는 경우		4	4	4

해수에 의한 콘크리트의 열화방지 방안

① 양질의 감수제 및 AE제 사용.
② 중용열시멘트, 고로시멘트, 플라이 애시 시멘트, 포졸란이 다량 함유된 시멘트 등의 혼합 시멘트 사용.
③ 부배합의 콘크리트 사용.
④ 물-결합재비를 작게 한다.
⑤ 최소한 재령 4일까지 해수영향을 받지 않도록 보호.

11) 수밀콘크리트

① 물이 새지 않도록 치밀하게 만든 콘크리트
② 수밀콘크리트에 사용하는 혼화 재료에 적합한 공기연행제, 감수제, 공기연행감수제, 고성능공기연행감수제 또는 포졸란 등을 사용하는 것을 원칙으로 한다.

③ 수밀성 향상을 목적으로 사용하는 혼화 재료로서 팽창재, 방수제 등을 사용할 경우에는 그 효과를 확인하고 사용 방법을 충분히 검토하여야 한다.

⑤ 소요품질이 얻어지는 범위 내에서 단위수량 및 물-결합재비를 가급적 적게 하고, 단위 굵은 골재량을 가급적 크게 한다.

⑥ 혼화제를 사용하여도 공기량은 4% 이하가 되게 한다.

⑦ 물-결합재비는 50% 이하를 표준으로 한다.

⑧ 균열저감제(crack reducing agent)

콘크리트의 블리딩을 저감시키고, 시공 후 수화과정에서 콘크리트의 결함부를 충전하는 불용성 혹은 난용성 화합물을 생성시켜 소성수축, 건조수축 등에 대한 저항성을 향상시킴으로써 수축균열을 억제하는 기능성 혼화 재료를 사용하여 균열저감

12) 프리스트레스트 콘크리트

콘크리트에 생기는 인장응력을 상쇄시키거나 감소시키기 위해서, 강선이나 강봉을 미리 긴장시켜 압축응력을 주어 만든 것

① 프리스트레스트 콘크리트 장점
- 부재 단면에 미리 가해진 압축응력으로 인해 균열이 발생하지 않는다.
- 균열이 발생하더라도 하중이 제거되면 원래상태로 복원 한다
- 전단면을 유효하게 이용할 수 있어 자중을 감소시킬 수 있다
- 충격하중, 반복하중에 대한 저항성이 철근 콘크리트 보에 비하여 크다
- 처짐이 적다.
- 지간을 길게 할 수 있다

② 프리스트레스트 콘크리트 단점
- 고강도의 재료를 사용하여야 함으로 단가가 비싸다.
- 부재의 강성이 작기 때문에 변형이 크고, 진동하기 쉽다.
- 설계자나 시공자가 풍부한 경험을 가져야 하고, 제작에 손이 많이 간다.
- 열 피해를 받기 쉽다.
- 콘크리트 단면변화의 허용범위가 좁다.

④ 프리텐션공법과 포스트텐션공법의 비교
  - 프리텐션은 제작에는 공장설비가 필요하나 포스트텐션은 필요 없다.
  - 장대지간의 부재는 프리텐션에서는 부적당하다.
  - 포스트텐션은 정착장치, 쉬스, 그라우트가 필요하나 프리텐션에서 필요 없다.
⑤ 부재 콘크리트와 긴장재를 일체화시키는 부착강도는 재령 28일의 압축강도로 대신하여 설정할 수 있다. 압축강도는 KS F 2426에 준하여 구한 시험값에 의해 설정하며, 비팽창성 그라우트의 경우는 30MPa 이상, 팽창성 그라우트의 경우는 20MPa 이상을 표준으로 한다.

13) 레디믹스트콘크리트 (KS F 4009, 2003.11.19 참고)

① 콘크리트 제조 설비를 갖는 공장(레미콘 공장)에서 생산되고, 아직 굳지 않은 상태로 현장에 운반되는 콘크리트
② 레미콘의 장점
  - 현장에 설비가 없어도 콘크리트를 구입할 수 있다.
  - 공사 진행에 차질이 없다.
  - 품질이 보증된다.
  - 콘크리트를 치기가 쉬워 능률적 이다.
③ 콘크리트 펌프를 이용하여 콘크리트를 칠 때는 슬럼프 15cm 이상의 콘크리트를 사용해야 한다.
④ 강도시험을 한 경우 다음 규정을 만족시켜야 한다.
  - 1회의 시험결과는 구입자가 지정한 호칭강도의 85% 이상이어야 한다.
  - 3회의 시험결과의 평균치는 구입자가 지정한 호칭강도의 값 이상이어야 한다.
⑤ 시험결과 콘크리트의 강도가 작게 나오는 경우
  강도가 부족하다고 판단되고 관리재령의 연장도 불가능할 때에는 비파괴 시험을 실시한다. 비파괴 시험 결과에서도 불합격될 경우 문제된 부분에서 코어를 채취하여 KS F 2422에 따라 코어의 압축강도의 시험을 실시하여야 한다. 코어 강도의 시험 결과는 평균값이 f_{ck}의 85%를 초과하고 각각의 값이 75%를 초과하면 적합한 것으로 판정한다.
  시험 결과 부분적인 결함이라면 해당부분을 보강하거나 재시공하며, 전체적인 결함이라면 재하시험을 실시한다.

⑥ 슬럼프 및 슬럼프 플로 허용오차

슬럼프 허용오차

슬럼프	슬럼프 허용차
2.5	± 1.0
5 및 6.5	± 1.5
8 이상	± 2.5

슬럼프 플로 허용오차(mm)

슬럼프 플로	슬럼프 플로 허용오차
500	± 75
600	± 100
700※	± 100

주(※) 굵은골재의 최대치수가 15 mm인 경우에 한하여 적용한다.

⑦ 공기량은 보통콘크리트의 경우 4.5%이며, 경량콘크리트의 경우 5%로 하되, 그 허용오차는 ±1.5%로 한다.

⑧ 염화물함유량의 한도는 배출지점에서 염화물이온(CL)량에 대한 0.30 kg/m^3 이하. 다만 구입자의 승인을 얻은 경우에는 0.60kg/m^3 이하로 할 수 있다.

⑨ 콘크리트 운반차는 트럭믹서 또는 트럭애지데이터의 사용을 원칙으로 하고, 슬럼프가 2.5cm 이하의 낮은 콘크리트를 운반할 때는 덤프트럭을 사용

⑩ 압축강도에 의한 콘크리트의 품질검사

종류	항목	시험·검사 방법	시기 및 횟수[1]	판정기준	
				$f_{ck} \leq 35$ MPa	$f_{ck} > 35$ MPa
설계기준압축강도로부터 배합을 정한 경우	압축강도 (일반적인 경우 재령 28일)	KS F 2405의 방법1)	1회/일, 또는 구조물의 중요도와 공사의 규모에 따라 100 m^3 마다 1회, 배합이 변경될 때마다	① 연속 3회 시험값의 평균이 설계기준압축강도 이상 ② 1회 시험값이 (설계기준압축강도-3.5MPa) 이상	① 연속 3회 시험값의 평균이 설계기준압축강도 이상 ② 1회 시험값이 설계기준압축강도의 90 % 이상
그 밖의 경우				압축강도의 평균치가 소요의 물-결합재비에 대응하는 압축강도 이상일 것.	

주 1) 1회의 시험값은 공시체 3개의 압축강도 시험값의 평균값임

⑪ 시험

트럭애지데이터를 30초 교란 후 최초 배출되는 콘크리트 약 50%를 제외한 후 콘크리트 흐름의 전횡단면에서 채취하여, 슬럼프시험, 공기량시험, 강도 시험, 염화물함유량시험, 단위용적질량시험 실시

14) 고강도 콘크리트

① 고강도 콘크리트의 설계기준강도는 일반적으로 40MPa 이상으로 하며, 고강도 경량콘크리트는 27MPa 이상으로 한다.

② 고강도콘크리트는 부배합 즉, 단위시멘트량이 많기 때문에 시멘트 대체 재료인 프라이애쉬, 고로슬래그분말 등을 쓰기도 하고, 높은 강도를 내기 위해 실리카 퓸을 쓴다.

③ 고강도콘크리트에 사용되는 굵은골재의 최대치수는 40mm 이하로서 가능한 25mm 이하로 하며, 철근 최소 수평 순간격의 3/4, 부재최소치수의 1/5 이내의 것으로 한다.

④ 콘크리트에 포함된 염화물은 염소이온량으로서 $0.3kg/m^3$ 이하가 되어야 한다. 다만, 구입자가 승인하는 경우는 0.6kg/m3 이하로 할 수 있다.

⑤ 슬럼프는 작업이 가능한 범위 내에서 되도록 작게 하며, 유동화 콘크리트로 할 경우 슬럼프 플로의 목표값은 설계기준압축강도 40MPa 이상 60MPa 이하의 경우 구조물의 작업 조건에 따라 500mm, 600mm, 700mm로 구분하여 정한다.

15) 팽창콘크리트

① 팽창콘크리트는 수축보상용 콘크리트, 화학적 프리스트레스용 콘크리트 및 충전용 모르타르와 콘크리트로 한다.

② 수축보상용 콘크리트는 콘크리트의 수축으로 인한 체적감소를 억제시키고 화학적 프리스트레스용 콘크리트는 수축보상용 콘크리트보다도 큰 팽창력을 가져야 한다.

③ 팽창콘크리트에 혼화재로서 플라이 애쉬 및 고로 슬래그 미분말을 사용할 경우에는 각각 KS L 5405 및 KS F 2563에 적합한 것으로 한다.

④ 포대 팽창재는 12포대 이하로 쌓아야 한다.

⑤ 팽창재는 다른 재료와 별도로 질량으로 계량하며, 그 오차는 1회 계량분량의 1% 이내로 하여야 한다.

⑥ 콘크리트 거푸집널의 존치기간은 콘크리트 강도의 확보와 팽창률 확보 및 수화 반응에 필요한 수분의 건조를 방지하기 위하여 평균기온 20℃ 미만인 경우에는 5일 이상, 20℃ 이상인 경우에는 3일 이상을 원칙으로 한다.

16) 공장제품

① 관리된 공장에서 계속적으로 제조되는 프리캐스트(PC) 및 프리스트레스트(PSC) 콘크리트 제품

② 양생은 오토클레이브 양생. 증기양생, 전기양생, 온수양생, 적외선 양생, 고주파 양생 등이 있지만 증기양생을 주로 쓰인다.

③ 일반적으로 공장제품은 재령 14일 압축강도로 한다.

④ 프리스트레스콘크리트 제품의 경우 재생골재를 사용해서는 안 된다.

문제 및 해설

콘크리트시공기계기구

문제 1

다음은 배쳐플랜트(Batcher Plant)에 대한 설명들이다. 적당치 않는 것은?

가. 재료의 계량장치와 믹서(Mixer)가 연결되어 있다.
나. 소량의 콘크리트를 만드는데 적당하다.
다. 계량이 정확하여 일관성이 있다.
라. 비비기가 정확하여 콘크리트 품질이 좋다.

해설 배쳐플랜트(Batcher Plant) : 재료저장, 계량장치, 믹서, 혼합한 콘크리트의 배출장치 등을 기능적으로 결합하여 구성한 콘크리트의 제조설비

문제 2

수송관내의 콘크리트를 압축공기로써 압송하는 것으로 터널 등의 좁은 곳에 콘크리트를 운반하는데 편리한 것은?

가. 벨트 켄베이어
나. 운반차
다. 버킷
라. 콘크리트 플레이서

해설 콘크리트 플레이서(concrete placer) : 수송관내의 콘크리트를 압축공기를 이용하여 압송하는 것으로서 콘크리트 펌프와 같이 터널 등 좁은 곳에서 운반이 편리

문제 3

배치믹서(Batch Mixer)란 다음 중 어느 것을 말하는가?

가. $1m^3$의 콘크리트를 혼합하는 기계이다.
나. 콘크리트 재료를 1회분씩 혼합하는 믹서이다.
다. 배치플랜트(Batch Plant)의 별명이다.
라. 콘크리트나 모르타르의 배합비를 측정하는 기계이다.

해설 배치(Batch)의 뜻 : 한번 작업에 필요한 재료, 1회분의 원료, 한 무더기

정답 1. 나   2. 라   3. 나

문제 4

콘크리트 펌프(Concrete Pump)에 의하여 치기를 하고자할 때 사용되는 굵은 골재의 최대치수는 얼마 이하인가?

가. 30mm 이하　　　　　　　　　나. 35mm 이하
다. 40mm 이하　　　　　　　　　라. 60mm 이하

해 설 　콘크리트 펌프는 배관이 막힐 우려가 있어, 굵은 골재최대치수는 40mm가 표준이며, 슬럼프는 10~18cm의 범위가 적절

문제 5

콘크리트의 운반기구 중 재료의 분리가 적고 연속적으로 타설 할 수 있어 터널, 댐, 항만 등의 공사에 널리 쓰이는 것은?

가. 콘크리트 펌프　　　　　　　　나. 벨트 콘베이어
다. 경사 슈트　　　　　　　　　　라. 버킷

해 설
① 재료분리가 적은 장비 : 콘크리트 펌프, 콘크리트 버킷
　　　　　　　　　　　(버킷은 재료분리는 적으나 연속성이 없음)
② 재료분리가 많은 장비 : 슈트, 벨트컨베이어

문제 6

보통 콘크리트를 펌프로 압송할 경우 슬럼프의 범위로 적절한 것은?

가. 3~10cm　　　　　　　　　　나. 10~18cm
다. 18~22cm　　　　　　　　　　라. 22~26cm

해 설 　콘크리트 펌프의 슬럼프는 10~18cm의 범위가 적절

문제 7

높은 곳으로부터 콘크리트를 내리는 경우 가장 적당한 운반기구는?

가. 손수레　　　　　　　　　　　나. 연직 슈트
다. 벨트 콘베이어　　　　　　　　라. 콘크리트 플레이서

해 설
① 높은 곳에서 낮은 곳 운반기구 : 슈트 (중력에 의해 운반)
② 높, 낮음 동시 운반기구 : 버킷, 콘크리트 펌프
③ 수평운반 기구 : 트럭믹서, 애지데이터, 손수레, 벨트컨베이어
④ 수평. 수직겸용 운반기구 : 버킷, 콘크리트 펌프

정답　4. 다　5. 가　6. 나　7. 나

문제 8

다음은 콘크리트 운반기계이다. 해당되지 않는 기계는?

가. 콘크리트 버켓트(concrete bucket)
나. 배처 플랜트(batcher plant)
다. 슈트(shute)
라. 트럭 애지데이터(truck agitator)

해설
① 콘크리트 운반기구 : 버킷, 콘크리트 펌프, 슈트, 트럭믹서, 애지데이터, 손수레, 벨트컨베이어
② 배처 플랜트(batcher plant) : 콘크리트 제조 설비

문제 9

콘크리트를 운반할 때 가급적 운반 횟수를 적게 하는 가장 큰 이유는?

가. 건조 예방
나. 경비 절감
다. 재료분리 방지
라. 도중 분실 예방

해설 재료분리 방지를 위하여 운반횟수를 가급적 적게 한다.

문제 10

콘크리트 시공기계에 관한 설명 중 옳지 않은 것은?

가. 콘크리트운반기계는 트럭믹서, 콘크리트 펌프, 손수레, 치기기계는 슈트, 트레미 등이 있다.
나. 골재기계는 크러셔, 골재 플랜트 등이 있다.
다. 제조기계는 강제식믹서, 가경식믹서 등이 있다.
라. 다짐기계는 진동기, 탬퍼, 배치플랜트 등이 있다.

해설 배처 플랜트(batcher plant) : 콘크리트 제조 설비

문제 11

다음 중 배치믹서(batch mixer)란?

가. 콘크리트 재료를 1회분씩 혼합하는 기계.
나. 콘크리트 재료를 1회분씩 계량하는 기계.
다. 콘크리트를 혼합하면서 운반하는 트럭.
라. 콘크리트를 1m³씩 혼합하는 기계.

정답 8. 나 9. 다 10. 라 11. 가

문제 12

콘크리트 펌프로 콘크리트를 수송할 때 수송관이 90°의 굴곡이 1회 있을 경우 수평거리 몇 m 정도로 환산 하는가? (단, 슬럼프 값은 12cm 정도)

가. 2m 나. 6m 다. 8m 라. 12m

문제 13

콘크리트 운반 중 재료분리가 발생할 염려가 가장 큰 기구는?

가. 콘크리트 펌프(pump)
나. 경사슈트(shute)
다. 벨트컨베이어
라. 콘크리트 버킷(bucket)

해 설 재료분리가 가장 큰 기구는 슈트

문제 14

그림은 벨트 컨베이어에 의한 콘크리트의 운반을 나타낸 것이다. 재료의 분리방지를 위해 설치하는 깔때기의 길이는 몇 cm 이상이어야 하는가? (단, 타설 높이가 1m이상일 때)

가. 30 나. 40
다. 50 라. 60

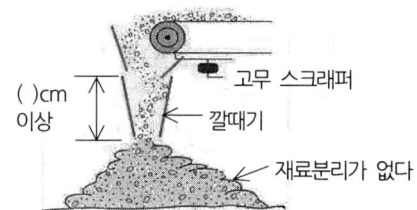

문제 15

콘크리트 내부진동기를 사용할 때 주의사항들이다. 바르지 못한 것은?

가. 내부진동기는 될 수 있는 대로 연직으로 찔러 넣는다.
나. 내부진동기의 간격은 일반적으로 50㎝ 이하로 한다.
다. 재료분리를 방지하기 위하여 내부진동기로 콘크리트를 횡 방향으로 이동시키면서 작업하여야 한다.
라. 내부진동기는 콘크리트로부터 천천히 빼내어 구멍이 남지 않도록 한다.

해 설 진동기를 횡 방향으로 이동작업 하면 재료 분리 발생

정답 12. 나 13. 나 14. 라 15. 다

문제 16

거푸집의 외부에 진동을 주어 내부 콘크리트를 다지는 기계는?

가. 표면 진동기
나. 거푸집 진동기
다. 내부 진동기
라. 콘크리트 플레이서

해설	① 내부진동기 : 막대모양의 진동부를 콘크리트 속에 넣어 진동을 주어 다지는 기계 ② 표면진동기 : 비교적 두께가 얇고, 넓은 콘크리트의 표면에 진동을 주어 다지는 기계 ③ 거푸집진동기 : 거푸집의 외부에 진동을 주어 내부 콘크리트를 다지는 기계

문제 17

비교적 두께가 얇고, 넓은 콘크리트의 표면에 진동을 주어 고르게 다지는 기계로서, 주로 도로 포장, 활주로 포장 등의 표면 다지기에 사용되는 기계는?

가. 표면 진동기
나. 거푸집 진동기
다. 내부진동기
라. 콘크리트 플레이서

해설	표면진동기 : 비교적 두께가 얇고, 넓은 콘크리트의 표면에 진동을 주어 다지는 기계

문제 18

다음의 콘크리트 운반기계 중에서 거리가 멀 때 가장 적합한 운반기계는?

가. 벨트 컨베이어(Belt conveyer)
나. 버켓(Bucket)
다. 트럭 애지테이터(truck agitator)
라. 콘크리트 펌프(concrete pump)

해설	장거리 운반 기계 : 트럭애지데이터, 트럭믹서, 덤프트럭

문제 19

콘크리트의 운반에서 벨트 컨베이어를 사용한다면 깔때기의 높이는 최소 얼마 이상이어야 하는가?

가. 40cm 이상
나. 50cm 이상
다. 60cm 이상
라. 70cm 이상

정답 16. 나   17. 가   18. 다   19. 다

문제 20

다음 중 콘크리트 다짐기계의 종류가 아닌 것은?

가. 표면 진동기
나. 거푸집 진동기
다. 내부 진동기
라. 콘크리트 플레이서

해 설 콘크리트 플레이서는 콘크리트 치기장비

문제 21

콘크리트를 높은 곳에서 낮은 곳으로 미끄러져 내려 갈수 있게 만든 홈 통이나 관 모양의 것으로 만들어진 것은 어느 것인가?

가. 콘크리트 플레이서
나. 슈트
다. 버킷
라. 벨트 컨베이어

해 설 높은 곳에서 낮은 곳 운반기구 : 슈트 (중력에 의해 운반)

문제 22

콘크리트 플랜트에서 생산된 콘크리트를 칠 때까지 재료분리가 일어나지 않도록 휘저어 섞으면서 운반하는 형식의 트럭은?

가. 트럭 믹서
나. 덤프 트럭
다. 애지테이터 트럭
라. 스크레이퍼

해 설 애지데이터
콘크리트 플랜트에서 생산된 콘크리트를 칠 때까지 재료 분리가 일어나지 않도록 휘저어 섞으면서 운반하는 형식의 트럭

문제 23

콘크리트 치기 기계 중에서 수송관을 통하여 압력으로 비빈 콘크리트를 치기 할 장소까지 연속적으로 보내는 기계로, 좁은 장소나 수중 콘크리트 치기에 적당한 기계는?

가. 트럭 믹서
나. 콘크리트 플랜트
다. 콘크리트 플레이서
라. 콘크리트 펌프

문제 24

콘크리트 플랜트에서 공급받아 비비면서 주행하는 레디믹스트콘크리트 운반용 트럭은?

가. 슈트
나. 트럭 믹서
다. 콘크리트 펌프
라. 콘크리트 플레이서

정답 20. 라 21. 나 22. 다 23. 라 24. 나

문제 25
콘크리트 다짐기계 중 비교적 두께가 얇고 면적이 넓은 도로 포장 등의 다지기에 사용되는 것은?

가. 래머(rammer)   나. 내부진동기
다. 표면 진동기   라. 거푸집 진동기

문제 26
콘크리트를 수송관을 통하여 압력으로 비빈 콘크리트를 치기 장소까지 연속적으로 보내는 기계는?

가. 로울러   나. 덤프
다. 콘크리트 펌프 라. 트럭믹서

문제 27
콘크리트 운반 중 재료분리가 발생할 염려가 가장 큰 기구는?

가. 콘크리트 펌프(pump)   나. 경사슈트(shute)
다. 벨트컨베이어   라. 콘크리트 버킷(bucket)

| 해설 | 경사 슈트는 중력을 이용하여 치는 기구로 무거운 굵은 골재가 먼저 떨어지고 나중에 모르타르가 떨어지므로 재료분리 발생 |

문제 28
보통 콘크리트를 콘크리트 펌프로 압송하고자 한다. 굵은골재의 최대치수와 슬럼프 범위가 적절한 것은?

가. 20이하 5-10   나. 40이하 10-18
다. 80이하 10-18   라. 100이하 15-20

| 해설 | 콘크리트 펌프는 배관이 막힐 우려가 있어, 굵은 골재최대치수는 40mm가 표준이며, 슬럼프는 10~18cm의 범위가 적절 |

문제 29
콘크리트를 수송관을 통하여 압력으로 비빈 콘크리트를 치기 장소까지 연속적으로 보내는 기계는?

가. 로울러   나. 덤프트럭
다. 콘크리트 펌프 라. 트럭믹서

| 해설 | 로울러: 다짐장비, 덤프트럭: 보통 흙운반, 트럭믹서: 트럭에 의한 운반 |

정답 25. 다 26. 다 27. 나 28. 나 29. 다

문제 30

용량이 1m³의 강제혼합식 콘크리트 플랜트의 1시간당 작업량은 얼마인가?
(단, 작업효율 E=0.45, 사이클타임 Cm=1.5분이다.)

가. 18m³/h
나. 20m³/h
다. 22m³/h
라. 25m³/h

해설 사이클타임 : 1회 혼합시간

$$1m^3 \times 0.45 \times \frac{60분}{1.5분} = 18 \ m^3/h$$

문제 31

콘크리트 다짐기계 중 막대모양의 진동부를 콘크리트 속에 넣어서 진동을 주는 기계는?

가. 표면 진동기
나. 거푸집 진동기
다. 내부 진동기
라. 콘크리트 플레이서

문제 32

콘크리트를 일관 작업으로 대량 생산하는 장치로서, 재료 저장부, 계량 장치, 비비기 장치, 배출 장치로 되어 있는 것은?

가. 레미콘
나. 콘크리트 플랜트
다. 콘크리트 피니셔
라. 콘크리트 디스트리뷰터

해설 레디믹스트 콘크리트 제조공장을 말함

문제 33

콘크리트 칠 때 슈트, 버킷, 호퍼 등의 배출구로부터 치기 면까지의 높이는 최대 얼마 이하를 원칙으로 하는가?

가. 0.5m
나. 1.0m
다. 1.5m
라. 2.0m

해설 재료분리 등의 우려가 있어 1.5 m 이하를 원칙으로 함

문제 34

콘크리트 비비기 시간에 대한 시험을 실시하지 않은 경우 비비기 최소시간의 표준은?
(단, 강제식 믹서를 사용하는 경우)

가. 2분 30초 이상
나. 2분 이상
다. 1분 30초 이상
라. 1분 이상

해설 비비기 시간은 가경식 믹서는 1분 30초, 강제식 혼합믹서는 1분 이상

정답 30. 가 31. 다 32. 나 33. 다 34. 라

문제 35

다음 중 콘크리트 펌프에 관한 설명으로 틀린 것은?

가. 일반적으로 지름 100~150mm의 수송관을 사용한다.
나. 일반 콘크리트를 펌프로 압송할 경우, 굵은 골재의 최대 치수 40mm이하를 표준으로 한다.
다. 일반 콘크리트를 펌프로 압송할 경우. 슬럼프는 100~180mm의 범위가 적절하다.
라. 수송관의 배치는 굴곡을 많이 하고, 하향으로 해서 압송 중에 콘크리트가 막히지 않도록 해야 한다.

해 설	수송관의 배치는 될 수 있는 대로 굴곡을 적게 하고, 또 될 수 있는 대로 수평 또는 상향으로 해서 압송 중에 콘크리트가 막히지 않도록 조치

문제 36

다음 중 콘크리트의 시공기계와 가장 거리가 먼 것은?

가. 콘크리트 펌프
나. 콘크리트 믹서.
다. 레이크 도저
라. 콘크리트 플랜트

해 설	레이크 도져는 나무뿌리 등을 제거하는 토공용 기계

문제 37

콘크리트 재료가 고르게 섞이도록 콘크리트를 비비는 장치는?

가. 콘크리트 믹서
나. 트럭
다. 콘크리트 펌프
라. 콘크리트 플레이서

해 설	콘크리트 믹서 : 콘크리트 재료 혼합기계 트럭, 콘크리트 펌프, 콘크리트플레이서 : 콘크리트 운반기계

문제 38

벨트컨베이어를 사용하여 콘크리트를 운반할 때 벨트컨베이어의 끝 부분에 조절판 및 깔때기를 설치하는 이유로 가장 적당한 것은?

가. 콘크리트의 건조를 방지하기 위하여
나. 콘크리트의 재료분리를 방지하기 위하여
다. 콘크리트의 반죽질기 변화를 방지하기 위하여
라. 운반거리를 단축하기 위하여

해 설	깔때기 설치 이유는 재료분리 방지하기 위함

정답 35. 라 36. 다 37. 가 38. 나

문제 39

콘크리트 시공장비에 대한 설명으로 틀린 것은?

가. 콘크리트 펌프의 형식은 피스톤식 또는 스퀴즈식을 표준으로 한다.
나. 콘크리트 플레이서 수송관의 배치는 굴곡을 적게 하고 수평 또는 상향으로 설치하여야 한다.
다. 슈트를 사용하는 경우에는 원칙적으로 경사슈트를 사용하여야 한다.
라. 벨트 컨베이어의 경사는 콘크리트의 운반도중 재료 분리가 발생하지 않도록 결정하여야 한다.

해설 슈트는 원칙적으로 연직슈트 사용

정답 39. 다

콘크리트배합 및 배합설계

문제 1

다음 중 콘크리트의 배합설계에 필요 없는 것은?

가. 골재   나. 혼화재료
다. 철근   라. 물

해설 배합설계에 필요한 것
콘크리트 압축강도 표준편차, 잔골재율, 시멘트밀도, 잔골재 밀도, 굵은 골재밀도, 물-결합재비, 물, 골재, 시멘트, 혼화재, 공기량, 슬럼프, 설계기준강도, 배합강도,

문제 2

다음 중 콘크리트 배합설계와 관계가 없는 것은?

가. 잔골재율   나. 콘크리트의 탄성계수
다. 변동계수   라. 시멘트 밀도

해설 배합설계에 필요한 것
콘크리트 압축강도 표준편차, 잔골재율, 시멘트밀도, 잔골재 밀도, 굵은 골재밀도, 물-결합재비, 물, 골재, 시멘트, 혼화재, 공기량, 슬럼프, 설계기준강도, 배합강도,

문제 3

물-결합재비(W/B)는 55%, 단위 시멘트 량이 160kgf일 때 단위 수량은 얼마인가?

가. 88kgf   나. 78kgf   다. 128kgf   라. 118kgf

해설 $\dfrac{W}{C} = 55\%$ 에서, $\therefore W = 0.55 \times C = 0.55 \times 160 = 88 \ kgf$

문제 4

가경식 믹서의 콘크리트 비비기 시간은 믹서 안에 재료를 투입한 후 얼마 이상을 표준으로 하는가?

가. 1분 이상   나. 1분 30초 이상
다. 2분 이상   라. 2분 30초 이상

해설 비비기 시간은 가경식 믹서는 1분 30초 이상, 강제혼합식믹서는 1분 이상

정답 1. 다   2. 나   3. 가   4. 나

문제 5

콘크리트 각 재료의 양을 계량할 때 반죽질기, 워커빌리티, 강도 등에 직접 영향을 끼치므로 특히 정확하게 계량해야 하는 재료는?

가. 혼화재
나. 물
다. 잔골재
라. 굵은 골재

해설

재료의 계량오차

재료의 종류	측정단위	허용오차 (%)
물	질량	-2, +1
시 멘 트	질량	-1, +2
혼 화 재	질량	± 2
골 재	질량 또는 부피	± 3
혼 화 제	질량 또는 부피	± 3

※ 고로슬래그 미분말의 계량오차의 최대값은 ±1%로 한다.

문제 6

콘크리트의 배합에 관한 설명으로 옳은 것은?

가. 각 재료의 비율은 체적비로 나타낸다.
나. 물의 양은 작업의 난이도에 따라 결정한다.
다. 현장배합을 기준으로 시방배합을 정한다.
라. 굵은 골재와 잔골재의 비율은 잔골재율을 쓴다.

해설
① 각 재료는 무게로 나타낸다.
② 물은 굵은 골재최대치수가 결정되면 표에 의해 구할 수 있다.
③ 시방배합을 기준으로 현장배합을 정한다.

문제 7

콘크리트의 시방배합을 현장배합으로 수정할 때 수정할 필요가 없는 것은?

가. 단위 수량
나. 단위 시멘트량
다. 단위 잔골재량
라. 단위 굵은골재량

해설 현장배합은 골재의 함수 상태와 입도상태에 대한 수정이므로 시멘트는 관계없다

정답 5. 나 6. 라 7. 나

문제 8

단위 골재량의 절대 체적이 0.75m³이고 잔골재율이 30%일 때의 단위잔골재량은 얼마인가?
(단, 잔골재의 밀도는 2.6g/cm³임)

가. 585kgf
나. 595kgf
다. 605kgf
라. 615kgf

해설

- 잔골재 절대용적(S_V)

$$S_V = (S_V + G_V) \times S/a = 0.75 \times 0.3 = 0.225 \ (m^3)$$

- 단위 잔골재량(S)

$$S = S_V \times S_g \times 1000 = 0.225 \times 2.6 \times 1000 = 585 \ (kgf)$$

문제 9

시방배합에서 단위 잔골재량이 720kgf이다. 현장 골재의 시험에서 표면수량이 1%라면 현장 배합으로 보정된 잔골재량은?

가. 727.2kgf
나. 712.8kgf
다. 722.4kgf
라. 720.1kgf

해설 잔골재 S = 720 kg중에 표면수 1% (720×0.01=7.2kg)가 물이므로, 즉 잔골재를 720 kg을 썼는데, 실제는 잔골재 표면에 물이 7.2kg이 묻어 있으므로, 사용수량에서는 -7.2kg하고, 사용 잔골재에서는 +7.2kg 한다.

문제 10

콘크리트의 배합을 정하는 경우에 목표로 하는 압축강도를 무엇이라 하는가?

가. 현장배합
나. 설계기준강도
다. 시방배합
라. 배합강도

해설 배합강도(f_{cr})
콘크리트 배합을 정하는 경우 목표로 하는 압축강도를 말함

문제 11

콘크리트 비빔 작업 시 시멘트 계량의 허용오차는 얼마 이하인가?

가. 1% 나. 2% 다. 3% 라. 4%

해설 시멘트 계량의 허용오차는 1 %

정답 8. 가 9. 가 10. 라 11. 가

문제 12

골재의 단위부피가 0.691m³인 콘크리트에서 절대 잔골재율이 41%이고 잔골재의 밀도 2.6g/cm³, 굵은 골재의 밀도가 2.65g/cm³라면 단위 굵은 골재의 중량은?

가. 410kgf
나. 741kgf
다. 820kgf
라. 1081kgf

해설
- 잔골재 절대용적 $(V_S) = (V_S + V_G) \times S/a = 0.691 \times 0.41 = 0.283\ (m^3)$
- 굵은 골재 절대용적 $(V_G) = (V_S + V_G) - V_S = 0.691 - 0.283 = 0.408\ (m^3)$
- 굵은 골재량 $(G) = V_G \times G_g \times 1000 = 0.408 \times 2.65 \times 1000 = 1081\ (kgf)$

문제 13

물-결합재비가 50%이고 단위수량이 160kgf 일 때 단위 결합재 량은 얼마인가?

가. 260kgf 나. 280kgf 다. 300kgf 라. 320kgf

해설 $\dfrac{W}{B} = 50\%$ 에서, $\therefore B = \dfrac{W}{0.50} = \dfrac{160}{0.50} = 320\ (kgf)$

문제 14

콘크리트의 배합 설계에서 고려해야할 것 중 관계가 먼 것은?

가. 소요의 강도
나. 재료의 혼합 방법
다. 내구성과 수밀성
라. 워커빌리티(workability)

해설 콘크리트의 배합 설계에서 고려
콘크리트의 배합은 소요의 강도, 내구성, 수밀성, 균열저항성, 철근 또는 강재를 보호하는 성능 및 작업에 적합한 워커빌리티를 갖는 범위 내에서 단위수량이 될 수 있는 대로 적게 되도록 해야 한다.

문제 15

단위 수량이 186kg/m³이고 물-결합재(W/B)비가 45%의 콘크리트를 만드는데 필요한 단위 결합재량은 얼마인가?

가. 413kg/m³
나. 84kg/m³
다. 4.13kg/m³
라. 8370kg/m³

해설 $\dfrac{W}{B} = 45\%$ 에서, $\therefore B = \dfrac{W}{0.45} = \dfrac{186}{0.45} = 413\ (kgf)$

정답 12. 라 13. 라 14. 나 15. 가

문제 16

콘크리트 배합설계에서 단위 시멘트 량이 380kgf, 물은 180kgf, 갇힌 공기량은 2% 이었다. 단위 골재량의 절대 부피는 얼마인가?
(단, 시멘트 밀도는 3.14g/cm³이다.)

가. 0.542m³
나. 0.480m³
다. 0.679m³
라. 0.854m³

해설

골재의 절대용적($S_V + G_V$)

$$S_V + G_V = 1 - \left(\frac{C(kg)}{1000 \times C_g} + \frac{W(kg)}{1000} + \frac{A(\%)}{100} + \frac{혼화재량(kg)}{1000 \times 혼화재비중} \right)(m^3)$$

$$= 1 - \left(\frac{380}{1000 \times 3.14} + \frac{180}{1000} + \frac{2}{100} \right) = 0.679 \ (m^3)$$

문제 17

일반적으로 콘크리트의 압축강도는 재령 며칠의 강도를 설계 표준으로 하는가?

가. 28일
나. 91일
다. 7일
라. 1일

해설 콘크리트 부재 설계에서 기준으로 한 압축강도는 일반적으로 재령 28일 압축강도를 기준

문제 18

콘크리트 배합설계에서 물-결합재 비를 정할 때 콘크리트의 기준으로 가장 거리가 먼 것은?

가. 압축강도
나. 크리프
다. 내구성
라. 수밀성

해설

물-결합재비를 정하는 기준
① 압축강도를 기준으로 해서 물-결합재비를 정할 경우
② 수밀성을 기준으로 물-결합재비를 정하는 경우 : 50 % 이하
③ 제빙화학제가 사용되는 콘크리트의 물-결합재비 : 45 % 이하
④ 중성화 저항성을 고려해야 하는 경우 물-결합재비 : 55 % 이하
⑤ 내동해성을 기준으로 물-결합재비를 정하는 경우
　　③,④,⑤항목은 내구성에 관련된 것임

정답 16. 다　17. 가　18. 나

문제 19

콘크리트의 배합설계에서 재료 계량의 허용 오차가 맞는 것은?

가. 물: -1, +2 %, 혼화재 3%
나. 물: -2, +1%, 혼화재 ±2 %
다. 물: -2, +3 %, 혼화재 1%
라. 물: -3%, +2, 혼화재 ±4 %

해설 재료의 계량오차

재료의 종류	측정단위	허용오차 (%)
물	질량	-2, +1
시 멘 트	질량	-1, +2
혼 화 재	질량	± 2
골 재	질량 또는 부피	± 3
혼 화 제	질량 또는 부피	± 3

※ 고로슬래그 미분말의 계량오차의 최대값은 ±1%로 한다.

문제 20

단위 시멘트량은 어떻게 정하는가?

가. 단위 수량과 물-결합재비
나. 압축 강도와 휨강도
다. 내구성과 수밀성
라. 잔골재율과 조립률

해설 단위결합재량(B)은 $\dfrac{W}{B}$ 비와 단위수량에서 구한다.

문제 21

단위 골재량의 절대체적을 구하는데 관계가 없는 것은?

가. 공기량   나. 단위수량   다. 잔골재율   라. 시멘트의 밀도

해설 골재의 절대용적($S_V + G_V$)

$$S_V + G_V = 1 - \left(\frac{C(kg)}{1000 \times C_g} + \frac{W(kg)}{1000} + \frac{A(\%)}{100} + \frac{혼화재량(kg)}{1000 \times 혼화재비중} \right)(m^3)$$

C:시멘트 무게(kg), Cg:시멘트밀도, W:물 무게(kg),
A:공기량(%), Sg:잔골재밀도, Gg:굵은 골재 밀도

문제 22

단위 잔골재량의 절대부피 0.266m³, 잔골재의 밀도 2.60g/cm³ 일 때 단위 잔골재량은 약 몇 kg/m³ 인가?

가. 692   나. 962   다. 296   라. 726

해설 단위 잔골재량(S)
$S = S_V \times S_g \times 1000 = 0.266 \times 2.6 \times 1000 = 692 \, (kgf/m^3)$

정답 19. 나 20. 가 21. 다 22. 가

문제 23

콘크리트 배합설계에서 단위수량이 165kgf, 단위 시멘트 량이 300kgf일 때 물-결합재비는 얼마인가?

가. 45% 나. 48% 다. 55% 라. 60%

해설 $\dfrac{W}{B} = \dfrac{165}{300} \times 100 = 55\ \%$

문제 24

콘크리트의 단위 잔골재량과 단위 굵은골재량이 각각 690kgf 와 1,060kgf 이며, 밀도가 잔골재와 굵은 골재가 각각 2.60g/cm³ 및 2.65g/cm³ 일 때 잔골재율은 얼마인가?

가. 40% 나. 45% 다. 50% 라. 55%

해설 골재의 부피에 대한 것 임

잔골재율$(S/a) = \dfrac{S_V}{S_V + G_V} \times 100 = \dfrac{0.265}{0.265 + 0.4} \times 100 = 40\ (\%)$

여기서, 잔골재부피$(S_V) = \dfrac{690}{2.6 \times 1000} = 0.265\ m^3$

(잔골재밀도 = 2.6 g/cm3 = 2.6 × 1000 kg/㎥
굵은골재밀도 = 2.65 g/cm3 = 2.65 × 1000 kg/㎥)

문제 25

콘크리트의 배합 설계 방법 중 적당치 못한 것은?

가. 배합표에 의한 방법
나. 단위수량에 의한 방법
다. 계산에 의한 방법
라. 시험배합에 의한 방법

해설 콘크리트의 배합 설계 방법
① 배합표에 의한 방법
② 계산에 의한 방법
③ 시험배합에 의한 방법

문제 26

콘크리트 배합설계에서 잔골재의 부피 290ℓ, 굵은 골재의 부피 510ℓ를 얻었다면 잔골재율은 얼마인가?

가. 29% 나. 36% 다. 57% 라. 64%

해설 잔골재율$(S/a) = \dfrac{S_V}{S_V + G_V} \times 100 = \dfrac{290}{290 + 510} \times 100 = 36\ (\%)$

정답 23. 다 24. 가 25. 나 26. 나

문제 27

콘크리트의 물-결합재(W/B)비를 정하는 기준이 아닌 것은?

가. 내구성
나. 수밀성
다. 배합강도
라. 굵은 골재의 최대치수

해설
물-결합재비를 정하는 기준
압축강도, 내구성, 수밀성으로 물-결합재비 결정

문제 28

현장에서 사용하는 골재의 함수상태, 혼합율 등을 고려하여 현장에서 실제로 사용하는 재료의 성질에 맞추어 고친배합(수정배합)은?

가. 시방배합
나. 현장배합
다. 복합배합
라. 경험배합

해설
현장배합
현장 골재함수상태나 입도상태에 맞도록 시방배합을 고치는 배합

문제 29

콘크리트의 재령 28일 압축강도가 233kgf/cm2일 때 경험식에 의한 물 - 결합재비는?

가. 47.0% 나. 47.5% 다. 48.0% 라. 48.5%

해설
시방서 변경 전 구하는 방식임
$f_{28} = -210 + 215\, C/W$ $233 = -210 + 215\, C/W$
$\therefore \dfrac{C}{W} = \dfrac{233+210}{215}$ 역수를 취하면 $\dfrac{W}{C} = \dfrac{215}{443} \times 100 = 48.5\,\%$

문제 30

콘크리트 배합설계 할 때 고려하여야 할 사항으로 적당하지 않은 것은?

가. 골재는 표면건조 포화상태로 한다.
나. 가능한 한 단위수량을 적게 한다.
다. 굵은 골재는 될수록 작은 치수의 것을 사용한다.
라. 배합은 충분한 내구성과 강도를 가지도록 한다.

해설
콘크리트의 배합은 소요의 강도, 내구성, 수밀성, 균열저항성, 철근 또는 강재를 보호하는 성능 및 작업에 적합한 워커빌리티를 갖는 범위 내에서 단위수량이 될 수 있는 대로 적게 되도록 하고, 시방배합에서 골재의 함수상태는 표면건조포화상태로 배합설계

정답 27. 라   28. 나   29. 라   30. 다

문제 31

단위수량이 154kgf일 때 물-결합재비(W/B) 50%의 콘크리트 1m³을 만드는데 필요한 단위 시멘트량은 약 얼마인가?

가. 308kgf   나. 154kgf   다. 77kgf   라. 462kgf

해설 $\dfrac{W}{B}=50\%$ 에서, $\therefore B=\dfrac{W}{0.50}=\dfrac{154}{0.50}=308\ kgf$

문제 32

콘크리트 부재의 설계에서 기준이 되는 재령 28일의 압축강도를 무엇이라 하는가?

가. 배합강도   나. 배합설계
다. 설계기준강도   라. 시방배합

해설 설계기준강도(f_{ck})
일반적으로 재령 28일 압축강도를 기준

문제 33

단위 골재량의 절대체적이 0.75m³이고 잔골재율이 34% 일 때 단위 굵은 골재량은 얼마인가?
(단, 굵은 골재의 밀도는 2.6g/cm³임)

가. 1137kgf   나. 1187kgf
다. 1237kgf   라. 1287kgf

해설
- 잔골재 절대용적 $(S_V) = (S_V + G_V) \times S/a = 0.75 \times 0.34 = 0.255\ (m^3)$
- 굵은 골재 절대용적 $(G_V) = (S_V + G_V) - S_V = 0.75 - 0.255 = 0.495\ (m^3)$
- 굵은 골재량 $(G) = G_V \times G_g \times 1000 = 0.495 \times 2.6 \times 1000 = 1287\ (kgf)$

문제 34

배합설계에서 단위 골재량의 절대 부피가 0.665m³, 잔골재율이 40%, 단위 굵은 골재의 절대 부피는 얼마인가? (단, 굵은 골재의 밀도는 2.63g/cm³임)

가. 0.399m³   나. 0.566m³
다. 0.266m³   라. 0.499m³

해설
- 잔골재 절대용적 $(S_V) = (S_V + G_V) \times S/a = 0.665 \times 0.40 = 0.266\ (m^3)$
- 굵은 골재 절대용적 $(G_V) = (S_V + G_V) - S_V = 0.665 - 0.266 = 0.399\ (m^3)$

정답   31. 가   32. 다   33. 라   34. 가

문제 35

다음 표와 같은 시방배합표에서 갇힌 공기량을 1.1%가 되도록 하면 단위 골재량의 절대체적은 얼마인가? (단, 시멘트의 밀도는 3.15g/cm³임)

시 방 배 합 표(kg/m³)			
물	시 멘 트	잔 골 재	굵 은 골 재
139	315		

가. 0.60m³
나. 0.65m³
다. 0.70m³
라. 0.75m³

해설 골재의 절대용적($S_V + G_V$)

$$S_V + G_V = 1 - \left(\frac{315}{1000 \times 3.15} + \frac{139}{1000} + \frac{1.1}{100}\right) = 0.75 \ m^3$$

문제 36

단위 시멘트 량이 400kgf일 때 단위혼화재의 양은?
(단, 혼화재의 사용은 단위 시멘트량의 5%이다)

가. 10kgf
나. 20kgf
다. 30kgf
라. 40kgf

해설 혼화재량 = 400×0.05 = 20kg

문제 37

콘크리트의 시방배합 작성 시 다음 중 가장 후에 구하는 것은?

가. 잔 골재율
나. 물-결합재 비
다. 단위 시멘트 량
라. 단위 굵은 골재량

해설 시방 배합설계시 가장 후에 계산 되는 것은 단위 굵은 골재량

문제 38

단위 골재 량의 절대 부피를 구하는데 관계없는 것은?

가. 블리딩의 양
나. 시멘트의 밀도
다. 단위 혼화재량
라. 단위 시멘트 량

정답 35. 라   36. 나   37. 라   38. 가

문제 39

설계기준강도란 일반적으로 무엇을 말하는가?

가. 재령 28일의 인장강도   나. 재령 28일 압축강도
다. 재령 7일 인장강도   라. 재령 7일 압축강도

문제 40

콘크리트 배합설계에서 물-결합재비가 48%, 절대 잔골재율이 35%, 단위 수량이 170kgf/m³을 얻었다면 단위 결합재량은 얼마인가?

가. 485kgf/m³   나. 413kgf/m³
다. 354kgf/m³   라. 327kgf/m³

| 해 설 | $\dfrac{W}{B} = 48\%$ 에서, $\therefore B = \dfrac{W}{0.48} = \dfrac{170}{0.48} = 354 \ kgf$ |

문제 41

콘크리트 시방배합설계의 기준으로서 골재는 어느 상태의 골재를 사용하는가?

가. 절대 건조 상태   나. 습윤 상태
다. 공기 중 건조 상태   라. 표면 건조 포화 상태

| 해 설 | 콘크리트 시방 배합설계시 함수상태는 표면건조포화상태를 기준 |

문제 42

콘크리트 배합은 시멘트, 물, 골재의 혼합비로 하며 각 재료의 어떤 비율로서 나타내는가?

가. 체적비   나. 혼합비
다. 물-결합재 비   라. 무게비

| 해 설 | 배합설계 최종적으로 나타내는 것은 각 재료의 무게로 나타냄 |

문제 43

시방서 또는 책임기술자가 지시한 배합을 무엇이라 하는가?

가. 현장배합   나. 시방배합
다. 복합배합   라. 용적배합

정답 39. 나   40. 다   41. 라   42. 라   43. 나

문제 44

물-결합재비가 55%일 때 40kgf 짜리 시멘트 2포를 사용하는 배치에서 물은 얼마로 하여야 하는가?

가. 40kgf   나. 44kgf   다. 48kgf   라. 52kgf

해설 1배치 시멘트무게 ; 40kg × 2포 = 80kg
$\frac{W}{B} = 55\%$ 에서, ∴ $W = 0.55 \times B = 0.55 \times 80 = 44 \ kgf$

문제 45

콘크리트 배합 설계에서 시방서에 맞추어 하는 배합을 무슨 배합이라고 하는가?

가. 현장배합   나. 강도배합
다. 골재배합   라. 시방배합

문제 46

콘크리트 비빔 작업 시 시멘트 계량의 허용오차는 얼마 이하인가?

가. -1, +2%   나. -2, +3%
다. -3, +4%   라. -4, +5%

문제 47

시방배합에서 규정된 배합의 표시법에 포함되지 않는 것은?

가. 물-결합재 비   나. 잔골재의 최대치수
다. 물, 시멘트, 골재의 단위량   라. 슬럼프의 범위

해설 시방배합표

굵은골재 최대치수 (mm)	슬럼프 (cm)	공기량 (%)	물-결합재비 (%)	잔골재율 (S/a) (%)	단 위 량 (kgf/m³)				혼화재료 (g/m³)
					물 W	시멘트 C	잔골재 S	굵은골재 G	

문제 48

콘크리트 각 재료의 계량 오차 중 혼화재의 허용오차는?

가. ±1%   나. ±2%   다. ±3%   라. ±4%

정답 44. 나   45. 라   46. 가   47. 나   48. 나

문제 49

콘크리트 1m³를 만드는데 쓰이는 각 재료량을 무엇이라 하는가?

가. 잔 골재율
나. 물·결합재 비
다. 증가계수
라. 단위량

문제 50

콘크리트 배합설계에서 단위수량이 165kgf, 단위 시멘트 량이 300kgf 일 때 물-결합재비는 얼마인가?

가. 45%
나. 48%
다. 55%
라. 60%

해설 $\dfrac{W}{B} = \dfrac{165}{300} \times 100 = 55\,\%$

문제 51

콘크리트의 배합에서 단위 잔골재량이 600kg/m³, 단위 굵은 골재량이 1400kg/m³일 때 절대 잔골재율(S/a)은?
(단, 잔골재와 굵은 골재 밀도는 같다.)

가. 30%
나. 35%
다. 40%
라. 45%

해설 골재의 부피에 대한 것임

잔골재율 $(S/a) = \dfrac{S_V}{S_V + G_V} \times 100 = \dfrac{0.60}{0.60 + 1.4} \times 100 = 30\,(\%)$

여기서, 밀도가 같으므로

잔골재 부피 $(S_V) = \dfrac{600}{1000} = 0.6\ m^3$

굵은골재 부피 $(G_V) = \dfrac{1400}{1000} = 1.4\ m^3$

문제 52

일반 콘크리트의 수밀성을 기준으로 물-결합재비를 정하는 경우 최대 몇 % 이하여야 하는가?

가. 40%
나. 45%
다. 50%
라. 55%

해설 수밀성을 기준으로 물-결합재비를 정하는 경우 : 50 % 이하

정답 49. 라   50. 다   51. 가   52. 다

문제 53

단위 잔골재량의 절대 부피가 0.253m³ 이고, 잔 골재의 밀도가 2.60g/cm³ 일 때 단위 잔골재량은 몇 kg/m³인가?

가. 658
나. 687
다. 693
라. 721

문제 54

콘크리트 배합에 있어서 단위수량 160kg/m³, 단위시멘트량 310kg/m³, 공기량 3%로 할 때 단위 골재 량의 절대 부피는? (단, 시멘트의 밀도는 3.15g/cm³이다.)

가. 0.71m³
나. 0.74m³
다. 0.61m³
라. 0.64m³

해설

골재의 절대용적 $(S_V + G_V)$

$$S_V + G_V = 1 - \left(\frac{C(kg)}{1000 \times C_g} + \frac{W(kg)}{1000} + \frac{A(\%)}{100} + \frac{혼화재량(kg)}{1000 \times 혼화재비중} \right)(m^3)$$

$$= 1 - \left(\frac{310}{1000 \times 3.15} + \frac{160}{1000} + \frac{3}{100} \right) = 0.71 \ m^3$$

문제 55

단위 골재 량의 절대부피가 0.80m3, 단위 굵은 골재 량의 절대부피가 0.55m³일 경우 잔골재율은 얼마인가?

가. 31%　　나. 35%　　다. 41%　　라. 55%

해설

잔골재율 $(S/a) = \dfrac{S_V}{S_V + G_V} \times 100 = \dfrac{0.25}{0.8} \times 100 = 31 \ (\%)$

여기서, 골재량의 부피 : $S_V + G_V = 0.8 \ m^3$

잔골재 부피 : $S_V = (S_V + G_V) - G_V = 0.80 - 0.55 = 0.25 \ m^3$

문제 56

콘크리트 배합설계 순서 중 가장 마지막에 하는 작업은?

가. 공기량 측정
나. 물-결합재비 결정
다. 골재량 산정
라. 시방배합을 현장배합으로 수정

정답 53. 가　54. 가　55. 가　56. 라

문제 57

시방배합에 해당하는 설명은 어느 것인가?

가. 시방서 또는 책임기술자가 지시한 배합을 말한다.
나. 시방서 또는 현장에서 직접 배합한 것을 말한다.
다. 시방서와 상관없이 현장에서 배합한 것을 말한다.
라. 현장에서 사용하는 골재의 함수상태를 고려하여 배합한 것을 말한다.

문제 58

물-결합재비가 40%인 단위 시멘트량은 300kg/m³이다. 단위수량은?

가. 100kg/m³
나. 110kg/m³
다. 120kg/m³
라. 130kg/m³

해설 $\frac{W}{B} = 40\%$ 에서, $\therefore W = 0.4 \times B = 0.4 \times 300 = 120 \; kgf$

문제 59

콘크리트 비비기는 미리 정해 둔 비비기 시간의 몇 배 이상 계속해서는 안 되는가?

가. 2배
나. 3배
다. 4배
라. 5배

해설 비비기는 미리 정해 둔 비비기 시간의 3배 이상 계속해서는 안 된다.

문제 60

콘크리트의 시방배합을 현장배합으로 수정할 때 필요한 사항이 아닌 것은?

가. 시멘트 밀도
나. 골재의 표면수량
다. 잔골재의 5mm 체 잔유율.
라. 굵은 골재의 5mm 체 통과율

해설 시방배합을 현장배합으로 수정사항
① 입도조정: 잔골재의 5mm 체 잔유율, 굵은 골재의 5mm 체 통과율
② 함수량 조정 : 골재표면수량

정답 57. 가 58. 다 59. 나 60. 가

문제 61

콘크리트 배합에 대한 설명 중 옳은 것은?

가. 시방배합의 단위수량은 골재가 건조상태에 있는 것으로 표시한다.
나. 콘크리트 단위수량은 골재가 건조상태에 있는 것으로 표시한다.
다. 무근 콘크리트의 굵은 골재 최대치수는 150mm 이하가 표준이다.
라. 단위 시멘트량은 단위수량과 물-결합재비로써 정한다.

해 설	① 단위수량(W)는 W/B비에서 정함 ② 시방배합의 골재 함수상태는 표면건조 포화상태의 것으로 함 ③ 무근 콘크리트 굵은 골재 최대 치수는 40mm 이하, 부재 최소 치수의 $\frac{1}{4}$ 이하

문제 62

콘크리트 1m³를 만드는데 필요한 재료의 양을 무엇이라고 하는가?

가. 시방배합
나. 현장배합
다. 배합강도
라. 단위량

해 설	① 시방배합 : 골재는 표면건조포화상태, 잔골재는 5mm 체를 전부 통과 하고, 굵은 골재는 5mm 체에 전부 남은 골재로 배합 설계 ② 현장배합 : 현장에서 사용하는 골재의 함수 상태와 잔골재 속의 5mm 체에 남은 양, 굵은골재 속의 5mm 체를 통과한 양을 고려하여 시방배합한 것을 현장 골재 상태에 맞도록 고친 것 ③ 배합강도 : 콘크리트 배합을 정하는 경우에 목표로 하는 압축강도, 즉 예기치 못한 이유로 인해 강도가 저하 될 것을 고려하여 설계기준 강도 보다 크게 함

문제 63

콘크리트의 배합 설계에서 재료의 계량 허용오차는 물의 경우 얼마 정도인가?

가. -2, +1%
나. -3, +2%
다. -4, +3%
라. -5, +4%

해 설	재료의 계량오차

재료의 종류	측정단위	허용오차 (%)
물	질량	-2, +1
시 멘 트	질량	-1, +2
혼 화 재	질량	± 2
골 재	질량 또는 부피	± 3
혼 화 제	질량 또는 부피	± 3

※ 고로슬래그 미분말의 계량오차의 최대값은 ±1%로 한다.

정답 61. 라　62. 라　63. 가

문제 64

콘크리트 비비기에 대한 설명 중 옳지 않은 것은?

가. 비비기는 미리 정해둔 비비기 시간이상 계속해서는 안 된다.
나. 비비기를 시작하기 전에 미리 믹서에 모르타르를 부착 시키는게 원칙이다.
다. 재료를 믹서에 넣는 순서는 미리 적절하게 정해 놓아야한다.
라. 믹서는 사용전후에 충분히 청소해야 한다.

해 설	콘크리트 비비기 ① 콘크리트의 재료는 반죽된 콘크리트가 균등 질이 될 때까지 충분히 비빈다. ② 콘크리트 비비기는 원칙적으로 배치믹서(batch mixer)에 의해서 해야 하나 소규모나 중요하지 않은 공사에서는 삽 비빔을 하기도 한다. ③ 재료를 믹서에 투입하는 순서는 미리 적절하게 정해야 된다. ④ 비비기 시간은 가경식 믹서는 1분 30초 이상, 강제혼합식믹서는 1분 이상 ⑤ 비비기는 미리 정해 둔 비비기 시간의 3배 이상 계속해서는 안 된다. ⑥ 비비기를 시작하기 전에 미리 믹서내부를 모르터로 부착시켜야 한다. ⑦ 믹서 안의 콘크리트를 전부 꺼낸 후 다음 재료를 넣는다. ⑧ 비벼놓아 굳기 시작한 콘크리트는 되비벼서 사용하지 않는다.

문제 65

시방배합에서 규정된 배합의 표시법에 포함되지 않는 것은?

가. 슬럼프의 범위   나. 잔골재의 최대치수
다. 물·결합재비   라. 시멘트의 단위량

시방배합 표시법

굵은골재 최대치수 (mm)	슬럼프 (cm)	공기량 (%)	물-결합재 (%)	잔골재율 (S/a)(%)	단 위 량 (kgf/m³)				
					물 W	시멘트 C	잔골재 S	굵은골재 G	혼화재료 (g/m³)

문제 66

시방배합에서 잔골재와 굵은 골재를 구별하는 표준체는?

가. 5mm 체   나. 10mm 체
다. 2.5mm 체   라. 1.2mm 체

해 설	5mm 체를 기준으로 남는 것은 굵은골재, 통과한 것은 잔골재

정답 64. 가   65. 나   66. 가

문제 67

콘크리트용 골재에서 잔골재율을 가장 옳게 설명한 것은?

가. 잔 골재의 질량 백분율이다.
나. 잔 골재와 굵은 골재의 비율이다.
다. 잔 골재량의 전체 골재량에 대한 절대 부피비를 %로 나타낸 것이다.
라. 잔 골재의 단위 중량이다.

해 설	잔골재율 잔골재량의 전체 골재량에 대한 절대부피(%) $$잔골재율(S/a) = \frac{S_V}{S_V + G_V} \times 100 \, (\%)$$ 로 나타낸다.

문제 68

콘크리트 배합에 있어서 단위수량 160kg/m³, 단위시멘트량 310kg/m³, 공기량 3%로 할 때 단위 골재량의 절대 부피는? (단, 시멘트의 밀도는 3.15g/cm³이다.)

가. 0.71m³ 나. 0.74m³
다. 0.61m³ 라. 0.64m³

해 설	골재의 절대용적 $(S_V + G_V)$ $$S_V + G_V = 1 - \left(\frac{C(kg)}{1000 \times C_g} + \frac{W(kg)}{1000} + \frac{A(\%)}{100} + \frac{혼화재량(kg)}{1000 \times 혼화재비중} \right) (m^3)$$ $$= 1 - \left(\frac{310}{1000 \times 3.15} + \frac{160}{1000} + \frac{3}{100} \right) = 0.71 \, m^3$$

문제 69

다음 중 시방배합표에 나타내지 않는 것은?

가. 굵은골재의 최대치수   나. 슬럼프값
다. 블리딩량   라. 공기량

문제 70

잔골재율이 35%인 콘크리트 배합에서 단위 잔골재량이 665kg/m³ 일 때 단위 굵은 골재량은 얼마인가? (단, 잔골재와 굵은 골재의 밀도는 2.6임)

가. 약 1070kg/m³   나. 약 1120kg/m³
다. 약 1235kg/m³   라. 약 1397kg/m³

해 설	$S/a = \dfrac{S_V}{S_V + G_V} \times 100$ 이므로 $0.35 = \dfrac{665}{665 + G_V}$ $0.35(665 + G_V) = 665$ $\therefore G_V = 1235 kg/m^3$

정답 67. 다 68. 가 69. 다 70. 다

문제 71
다음 중 콘크리트의 배합설계에서 제일 먼저 결정해야 하는 것은?
가. 물-결합재비
나. 배합 강도
다. 단위수량
라. 단위 골재량

해설	배합설계 순서 배합강도 → W/B → 슬럼프 → 굵은골재 최대치수 → 공기량, 잔골재율, 단위수량 → 단위량

문제 72
콘크리트의 배합에 관한 설명으로 옳은 것은?
가. 사용하는 각 재료의 비율은 부피비로 나타낸다.
나. 물의 양은 작업의 난이도에 따라 결정한다.
다. 현장 배합을 기준으로 시방 배합을 정한다.
라. 잔골재량의 전체 골재량에 대한 절대부피율을 백분율로 나타낸 것은 잔골재율이라고 한다.

해설	각 재료량은 무게로 나타내고, 물의 양은 W/B에서 결정하며, 시방배합을 기준으로 현장배합

문제 73
콘크리트의 시방배합을 현장배합으로 고칠 때 단위량이 변하지 않는 것은?
가. 단위 수량
나. 단위 잔골재량
다. 단위 굵은골재량
라. 단위 시멘트량

해설	단위 시멘트량은 시방배합량과 현장배합량이 같음

문제 74
콘크리트의 배합설계를 할 때 고려하여야 할 사항으로 적당하지 않은 것은?
가. 골재는 표면건조 포화상태로 한다.
나. 가능한 한 단위수량을 적게 한다.
다. 굵은골재는 될수록 작은 치수의 것을 사용한다.
라. 배합은 충분한 내구성과 강도를 가지도록 한다.

해설	굵은골재는 될수록 큰 치수의 것을 사용한다.

문제 75
콘크리트 각 재료의 양을 계량할 때 반죽질기, 워커빌리티, 강도 등에 직접 영향을 끼치므로 특히 정확하게 계량해야 하는 재료는?
가. 혼화재
나. 물
다. 잔골재
라. 굵은골재

해설	물 계량허용오차 : -2, +1

정답 71. 나   72. 라   73. 라   74. 다   75. 나

문제 76

콘크리트 배합설계에서 물-결합재비가 48%, 잔골재율이 35%, 단위수량이 170kg/m³ 을 얻었다면 단위 시멘트량은 약 얼마인가?

가. 485kg/m³
나. 413kg/m³
다. 354kg/m³
라. 327kg/m³

해 설 $\dfrac{W}{B} = 0.48$ ∴ $B = \dfrac{W}{0.48} = \dfrac{170}{0.48} = 354\ kgf/m^3$

문제 77

콘크리트 배합에 대한 설명 중 옳은 것은?

가. 시방배합에서 골재량은 공기중 건조상태에 있는 것을 기준으로 한다.
나. 설계기준강도는 배합 강도보다 충분히 크게 정하여야 한다.
다. 무근 콘크리트의 굵은 골재 최대치수는 150mm 이하가 표준이다.
라. 단위 시멘트량은 원칙적으로 단위수량과 물-결합재비로부터 정한다.

해 설
- 시방배합은 표면건조포화상태를 기준
- 설계기준강도보다 배합강도를 크게 한다.
- 무근 콘크리트 굵은골재 최대치수는 40mm, 부재최소치수의 1/4 이하 중 작은값

문제 78

시방서 또는 책임기술자가 지시한 배합을 무엇이라 하는가?

가. 현장배합
나. 시방배합
다. 복합배합
라. 용적배합

문제 79

콘크리트의 배합을 정하는 경우에 목표를 하는 강도를 배합강도라고 한다. 배합강도는 일반적인 경우 재령 며칠의 압축강도를 기준으로 하는가?

가. 14일   나. 18일   다. 28일   라. 32일

문제 80

잔골재의 절대부피가 0.324m³이고 골재의 절대부피는 0.684m³일 때 잔골재율을 구하면?

가. 16%   나. 17.1%   다. 24.5%   라. 47.4%

해 설 $S/a = \dfrac{S_V}{S_V + G_V} \times 100 = \dfrac{0.324}{0.684} \times 100 = 47.4\,(\%)$

정답   76. 다   77. 라   78. 나   79. 다   80. 라

문제 81

30회 이상의 시험실적으로부터 구한 압축강도의 표준편차가 2MPa이고 설계기준 압축강도가 30MPa인 경우 배합강도는?

가. 30MPa
나. 31.2MPa
다. 32.7MPa
라. 33.9MPa

해설

$f_{ck} \leq 35$ MPa인 경우 (둘중 큰값)	$f_{ck} > 35$ MPa인 경우 (둘중 큰값)	s ; 압축강도의 표준 편차(MPa)
$f_{cr} = f_{ck} + 1.34s$ $f_{cr} = (f_{ck} - 3.5) + 2.33s$	$f_{cr} = f_{ck} + 1.34s$ $f_{cr} = 0.9f_{ck} + 2.33s$	

〈계산〉 설계기준강도가 $f_{ck} \leq 35$ MPa인 경우 이므로

$$f_{cr} = f_{ck} + 1.34s = 30 + 1.33 \times 2 = 32.7(MPa)$$
$$f_{cr} = (f_{ck} - 3.5) + 2.33s = (30 - 3.5) + 2.33 \times 2 = 31.2(MPa)$$
$$\therefore f_{cr} = 32.7(MPa)$$

문제 82

시방배합 결과 단위 잔골재량이 700kg/m³이고, 단위 굵은골재량이 1000kg/m³, 단위수량이 180kg/m³이었다. 현장에서 골재의 상태가 잔골재의 표면수량은 5%, 굵은골재의 표면수량이 1%인 경우 현장배합으로 보정한 단위수량은? (단, 입도에 대한 보정은 필요 없는 경우)

가. 120kg/m³
나. 135kg/m³
다. 210kg/m³
라. 225kg/m³

해설

① 잔골재 표면수 = 700×0.05=35kg
② 굵은골재 표면수 = 1000×0.01=10kg
③ 보정한 단위수량 = 180-(35+10)=135kg/m³

문제 83

콘크리트 재료의 계량에 대한 설명으로 틀린 것은?

가. 골재의 계량오차는 ±3%
나. 혼화제를 묽게 하는 데 사용하는 물은 단위 수량으로 포함하여서는 안 된다.
다. 혼화재의 계량오차는 ±2%이다.
라. 각 재료는 1배치씩 질량으로 계량하여야 하며 물과 혼화제 용액은 용적으로 계량해도 좋다.

해설 혼화제를 묽게 하는 데 사용하는 물은 단위 수량으로 포함

정답 81. 다 82. 나 83. 나

콘크리트 운반

문제 1

플랜트에서 재료를 계량하여 트럭믹서에 싣고 적당한 거리에 도달하였을 때 트럭믹서에서 혼합하여 현장에 가서 쏟는다. 이것은 현장 거리가 멀 때 사용되는 것으로 그 명칭은 다음 중 어느 것인가?

가. 센트럴 믹스트 콘크리트 (central mixed concrete)
나. 슈링크 믹스트 콘크리트 (shrink mixed concrete)
다. 트랜싯 믹스트 콘크리트 (transit mixed concrete)
라. 메스 믹스트 콘크리트 (mass mixed concrete)

해설
① 센트럴 믹스 : 플랜트에서 완전히 믹싱하여 공사현장까지 배달
② 쉬링크 믹스 : 플랜트에서 어느 정도 콘크리트를 비빈 후 운반시간 동안 혼합하여 배달 공급하는 방식.
③ 트랜싯 믹스 : 플랜트에서 계량된 각각의 재료를 트럭믹서에 투입하여 운반 시간 동안에 혼합수를 가하여 교반 혼합하여 배달 공급하는 방식.

문제 2

콘크리트 운반에 대한 일반적인 설명 중 가장 적당하지 않은 것은?

가. 운반방법은 재료의 분리 및 손실이 없는 경제적인 방법을 선택한다.
나. 운반 때문에 치기에 필요한 콘시스턴시(consistency)를 변화시켜선 안 된다.
다. 운반도중 재료가 분리된 콘크리트는 사용해선 안 된다.
라. 콘크리트 취급 횟수를 적게 하는 것이 좋다.

해설 엉기기 시작하지는 않았으나 비빈 후 상당시간이 지났거나 재료분리가 발생한 경우 거듭 비비기를 실시하여 사용

문제 3

비빈 콘크리트의 운반으로 적당하지 않은 것은?

가. 재료의 손실이 생기지 않아야 함
나. 재료의 분리가 생기지 않아야 함
다. 슬럼프의 감소가 생기지 않아야 함
라. 되도록 늦게 운반해야 함

해설
① 콘크리트는 신속하게 운반하며, 외기온도가 25℃를 넘었을 때는 1.5시간, 25℃ 이하일 때에는 2시간을 넘어서는 안 된다.
③ 운반 및 치기는 콘크리트의 재료분리가 될 수 있는 대로 적게 일어나도록 해야 한다.

정답 1. 다 2. 다 3. 라

문제 4

콘크리트의 운반에 사용되는 슈트에 대한 설명으로 틀린 것은?

가. 연직슈트를 사용하는 경우에는 깔때기 등을 이어대서 만들어 재료분리가 적게 일어나도록 해야 한다.
나. 슈트를 사용하는 경우에는 원칙적으로 경사슈트를 사용하여야 한다.
다. 경사슈트는 전 길이에 걸쳐 거의 일정한 경사를 가져야 한다.
라. 연직슈트의 이음부분은 콘크리트 치기 중에 빠지지 않도록 충분한 강도를 가져야 한다.

| 해 설 | 슈트는 원칙적으로 연직 슈트를 사용 |

문제 5

콘크리트를 운반할 때 가능한 운반거리를 짧게 해야 하는데 그 이유로 가장 적당한 것은?

가. 건조하기 쉬우므로
나. 공기량이 많아지므로
다. 재료가 분리되기 쉬우므로
라. 경비가 많이 들므로

| 해 설 | 운반거리가 멀어지면 운반 중에 재료분리 발생 |

문제 6

콘크리트를 운반할 때 가급적 운반 횟수를 적게 하는 가장 큰 이유는?

가. 건조 예방
나. 경비 절감
다. 재료분리 방지
라. 도중 분실 예방

| 해 설 | 트럭믹서→버킷→콘크리트펌프→손수레→치기 등의 운반이 여러 번 이루어지면 재료분리가 발생, (트럭믹서→콘크리트펌프→치기로 마무리) |

문제 7

믹서에서 반 정도 혼합한 재료를 애지테이터 트럭에서 운반 도중 계속 혼합하여 현장에 가서 쏟는 기계는?

가. 센트럴믹스트 콘크리트
나. 트랜싯믹스트 콘크리트
다. 믹서 콘크리트
라. 쉬링크믹스트 콘크리트

| 해 설 | 쉬링크 믹스트 : 플랜트에서 어느 정도 콘크리트를 비빈 후 운반시간 동안 혼합하여 배달 공급하는 방식. |

정답 4. 나 5. 다 6. 다 7. 라

문제 8

레디 믹스트 콘크리트의 종류 중 센트럴 믹스트 콘크리트의 설명으로 틀린 것은?

가. 일정한 장소에 설치된 믹서에서 충분히 혼합된 콘크리트를 운반한다.
나. 비교적 단거리에 사용한다.
다. 운반 시간이 짧은 경우에 사용한다.
라. 믹서에서 반정도 혼합한 재료는 운반 중에 충분히 혼합한다.

해설
① 센트럴 믹스트 : 플랜트에서 완전히 믹싱하여 공사현장까지 배달, 단거리, 운반시간이 짧은 경우 배달방식
② 쉬링크 믹스트 : 플랜트에서 어느 정도 콘크리트를 비빈 후 운반시간 동안 혼합하여 배달 공급하는 방식
③ 트랜싯 믹스트 : 플랜트에서 계량된 각각의 재료를 트럭믹서에 투입하여 운반 시간 동안에 혼합수를 가하여 교반 혼합하여 배달 공급하는 방식

문제 9

수송관을 통하여 압력으로 비빈 콘크리트를 치기 할 장소까지 연속적으로 보내는 기계로 좁은 장소나 수중 콘크리트의 치기에 알맞은 것은?

가. 버킷(bucket)
나. 벨트 콘베이어
다. 콘크리트 펌프
라. 밑열림 상자

해설
① 버킷 : 믹서로부터 배출되는 콘크리트를 적당한 구조의 버킷으로 받아 즉시 콘크리트를 칠 장소로 운반하는 방법, 배출구가 한 쪽으로 치우쳐 재료분리가 일어나기 쉽다.
② 벨트 콘베이어 : 연속운반 관리에 편리, 끝 부분에 조절판 및 깔때기 설치해서 재료분리 방지
③ 밑열림 상자 : 수중콘크리트 치기 장비

문제 10

다음 중 콘크리트의 운반방법을 결정하는데 고려해야 하는 사항과 가장 거리가 먼 것은?

가. 양생기간과 양생방법
나. 구조물의 종류와 치수
다. 운반비용과 콘크리트량
라. 운반거리와 지형

해설 양생기간과 양생방법은 콘크리트 양생임

정답 8. 라 9. 다 10. 가

문제 11

다음 중 콘크리트의 운반 기구 및 기계가 아닌 것은?

가. 버킷
나. 콘크리트 펌프
다. 콘크리트 플랜트
라. 벨트 컨베이어

해설 콘크리트 플랜트는 콘크리트를 일관성 있게 작업하여 대량 생산하는 장치

문제 12

공장에 있는 고정 믹서에서 어느 정도 콘크리트를 비빈 다음, 트럭믹서에 싣고 비비면서 현장에 운반하는 레디믹스트 콘크리트는?

가. 벌크 믹스트 콘크리트
나. 센트럴 믹스트 콘크리트
다. 트랜싯 믹스트 콘크리트
라. 슈링크 믹스트 콘크리트

해설
① 센트럴 믹스트 : 플랜트에서 완전히 믹싱하여 공사현장까지 배달
② 쉬링크 믹스트 : 플랜트에서 어느 정도 콘크리트를 비빈 후 운반시간 동안 혼합하여 배달 공급하는 방식
③ 트랜싯 믹스트 : 플랜트에서 계량된 각각의 재료를 트럭믹서에 투입하여 운반 시간 동안에 혼합수를 가하여 교반 혼합하여 배달 공급하는 방식.

문제 13

다음 중 콘크리트 운반기계에 포함되지 않는 것은?

가. 버킷
나. 배쳐 플랜트
다. 슈트
라. 트럭에지데이터

해설 콘크리트 플랜트는 콘크리트를 일관성 있게 작업하여 대량 생산하는 장치

정답 11. 다 12. 라 13. 나

콘크리트치기 및 다지기

문제 1

벽이나 기둥과 같이 높이가 높은 콘크리트를 연속해서 칠 경우 치는 속도가 너무 빠르면 재료분리가 일어나기 쉬우므로 일반적으로 30분에 어느 정도가 적당한가?

가. 4~5m
나. 3~4m
다. 2~3m
라. 1~1.5m

해설 높이가 높은 콘크리트를 연속해서 칠 경우 치기속도는 일반적으로 30분에 1~1.5m 정도로 한다.

문제 2

거푸집의 높이가 높아 연직슈트, 깔때기 등을 사용하여 콘크리트를 칠 때 배출구와 치기면 까지의 높이는 최대 몇 m 이하로 하는가?

가. 1m 이하
나. 1.5m 이하
다. 2m 이하
라. 3m 이하

해설 슈트, 펌프배관, 버킷, 호퍼 등의 배출구와 치기 면까지의 높이는 1.5m 이하를 원칙

문제 3

콘크리트 치기에 앞서 거푸집에 충분히 물을 뿌리지 않으면 안 될 이유 가운데 가장 중요한 것은?

가. 거푸집의 먼지를 청소한다.
나. 콘크리트 치기의 작업이 용이하다.
다. 거푸집을 사용함이 편리하다.
라. 거푸집이 시멘트의 경화에 필요한 수분을 흡수하는 것을 방지한다.

해설 거푸집에 물을 뿌리는 주된 이유는 타설 후 거푸집이 콘크리트 물이 흡수하는 것을 방지

문제 4

한 구획내의 콘크리트는 연속적으로 쳐 넣어야 하며 치기의 1층 높이는 내부 진동기의 성능 등을 고려하여 얼마 이하로 하는가?

가. 5-10cm
나. 10-20cm
다. 20-30cm
라. 40-50cm

해설 일반적으로 내부진동기를 사용하는 경우는 40~50 cm 이하

정답 1. 라 2. 나 3. 라 4. 라

문제 5

벽이나 기둥과 같은 높은 구조물에 연속해서 콘크리트를 칠 경우 알맞은 시공 속도는?

가. 30분에 0.5~1m
나. 60분에 0.5~1m
다. 30분에 1~1.5m
라. 60분에 1~1.5m

해설 30분에 1~1.5m 정도

문제 6

콘크리트는 신속하게 운반하여 즉시 치고 충분히 다져야하는데, 비비기로부터 치기가 끝날 때 까지 외기온도가 25 ℃ 이하 일 때는 몇 시간 정도가 이상적인가?

가. 30분   나. 1시간   다. 2시간   라. 4시간

해설 비비기로부터 치기가 끝날 때까지의 시간은 원칙적으로 외기온도가 25℃를 넘었을 때는 1.5시간, 25℃ 이하일 때에는 2시간을 넘어서는 안 된다.

문제 7

콘크리트를 한 차례 다지기를 한 뒤에 알맞는 시기에 다시 진동을 주는 것을 재진동이라 한다. 재진동의 효과가 아닌 것은?

가. 콘크리트 속의 빈틈이 증가한다.
나. 콘크리트의 강도가 증가한다.
다. 철근과 부착 강도가 증가한다.
라. 재료의 침하에 의한 균열을 막을 수 있다.

해설 재진동을 할 경우에는 콘크리트에 나쁜 영향이 생기지 않도록 초결이 일어나기 전에 실시해야 하며, 재진동 효과는 ①빈틈 감소, ②강도, 부착강도증진, ③침하균열 방지

문제 8

콘크리트 치기의 유의할 점 중 옳지 않은 것은?

가. 거푸집의 높이가 높을 경우에는 재료의 분리를 방지하기 위하여 거푸집에 입구를 두거나 연직 슈트 등을 사용해서 쳐야 한다.
나. 상하가 일체로 되는 구조물에서 기둥 콘크리트를 친 후 바로 보 부분의 콘크리트를 쳐야 한다.
다. 치기 도중에 재료 분리된 콘크리트는 반드시 거듭비비기를 하여야 한다.
라. 콘크리트치기 도중에 표면에 떠올라 고인 블리딩수가 있는 경우 콘크리트의 표면에 도랑을 만들어 흐르게 하여 제거하여야 한다.

정답 5. 다 6. 다 7. 가 8. 라

해설	콘크리트 치기 도중 표면에 떠올라 고인 블리딩 수가 제거한 후가 아니면 그 위에 콘크리트를 쳐서는 안 된다. 고인 물을 제거하기 위하여 콘크리트 표면에 도랑을 만들어 흐르게 해서는 안 된다.

문제 9

콘크리트 치기에 대한 설명으로 옳지 못한 것은?

가. 철근의 배치가 흐트러지지 않도록 주의해야 한다.
나. 거푸집 안에 투입한 후 이동시킬 필요가 없도록 해야 한다.
다. 2층 이상으로 쳐 넣을 경우 아래층이 굳은 다음 윗 층을 쳐야한다.
라. 높은 곳을 연속해서 쳐야할 경우 반죽질기 및 속도를 조정해야 한다.

해설	콘크리트를 2층 이상으로 나누어 칠 경우, 상층의 콘크리트 치기는 원칙적으로 하층의 콘크리트가 굳기 시작하기 전에 쳐야 하며, 이유는 상하층이 일체가 되기 위함

문제 10

콘크리트의 다지기에 있어서 내부진동기를 쓸 경우 아래층 콘크리트 속에 몇 cm 정도 찔러 넣어야 하는가?

가. 5cm 나. 10cm 다. 15cm 라. 20cm

해설	진동다짐을 할 때에는 진동기를 아래층의 콘크리트 속에 10cm 정도 찔러 넣어야 한다.

문제 11

운반 및 치기 도중에 심한 재료분리가 일어났으며 엉기기 시작한 콘크리트의 처리는?

가. 되비비기를 하여 사용한다.
나. 물을 넣지 않고 거듭 비비기를 하여 사용한다.
다. 사용 하여서는 안 된다.
라. 물을 사용하여 거듭 비빈 후 사용한다.

해설	심한 재료분리나 엉기기 시작하면 거듭비비기하여 사용할 수 없다.

문제 12

콘크리트 또는 모르타르가 엉기기 시작하였을 때 다시 비비는 작업을 무엇이라 하는가?

가. 되 비비기 나. 거듭 비비기 다. 믹서 비비기 라. 혼합 비비기

해설	되비비기 : 모르터, 콘크리트가 엉기기 시작하였을 때 다시 비비는 작업. 거듭비비기 : 엉기기 시작하지는 않았으나 비빈 후 상당시간이 지났거나 재료분리가 발생한 경우 다시 비비는 작업

정답 9. 다   10. 나   11. 다   12. 가

문제 13

콘크리트 치기에 있어 먼저 친 콘크리트와 새로 친 콘크리트의 사이에 이음이 생기는데 이 이음을 무엇이라 하는가?

가. 공사 이음
나. 시공 이음
다. 치기 이음
라. 압축 이음

해설 시공이음 : 먼저 친 콘크리트와 나중에 친 콘크리트 사이에 생기는 이음

문제 14

콘크리트 또는 모르터가 엉기기 시작하지는 않았지만 비빈 후 상당히 시간이 지났거나, 재료가 분리된 경우에 다시 비비는 작업은?

가. 되비비기
나. 거듭비비기
다. 현장비비기
라. 시방배합

문제 15

일반적인 콘크리트 치기의 진동 다지기에 있어 내부 진동기로 찔러 넣는 간격으로 알맞은 것은?

가. 30cm 이하 나. 50cm 이하 다. 70cm 이하 라. 90cm 이하

해설 내부진동기를 찔러 넣는 간격은 50cm 이하

문제 16

내부 진동기를 사용하여 콘크리트를 다지기 방법에 대한 설명으로 틀린 것은?

가. 내부 진동기는 철근에 닿지 않도록 하며 수직으로 찔러 넣는다.
나. 내부 진동기를 빼낼 때에는 구멍이 생기지 않도록 천천히 빼낸다.
다. 내부 진동기를 찔러 넣는 간격은 일반적으로 50cm 이내로 한다.
라. 내부 진동기 찔러 넣는 깊이는 아래층 콘크리트 속으로 20cm 이상 들어가게 넣는다.

해설 내부진동기 사용 표준
① 내부진동기를 하층의 콘크리트 속으로 0.1m 정도 찔러 넣는다.
② 내부진동기는 연직으로 찔러 넣는다.
③ 삽입 간격은 0.5m 이하
④ 1개소 당 진동시간은 5~15 초
⑤ 내부진동기로 콘크리트를 횡방향 이동목적으로 사용해서는 안 된다.
⑥ 진동기는 콘크리트로부터 천천히 빼내어 구멍이 남지 않도록 해야 한다.

정답 13. 나 14. 나 15. 나 16. 라

문제 17

콘크리트 타설 후 침하 균열이 발생되었을 때, 다짐(tamping)은 언제 하는 것이 효과가 가장 크게 되는가?

가. 발생 직후
나. 발생 2~3시간 경과 후
다. 발생 1일후
라. 발생 7일후

해설
침하균열에 대한 조치
① 침하균열을 방지하기 위하여 벽 또는 기둥의 콘크리트 침하가 거의 끝난 후 부터 슬래브, 보의 콘크리트를 쳐야 한다. 내민 부분을 가진 구조물의 경우에도 동일한 방법으로 시공한다.
② 콘크리트가 굳기 전에 침하균열이 발생한 경우에는 즉시 다짐(tamping)을 하여 균열을 제거해야 한다.

문제 18

외기온도가 25 ℃ 미만인 경우 콘크리트 비비기에서 타설이 끝날 때까지의 시간은 최대 얼마를 넘어서는 안 되는가?

가. 1시간
나. 1.5시간
다. 2시간
라. 2.5시간

해설 콘크리트 비비기부터 치기가 끝날 때까지의 시간은 보통 기온일 때 1시간이내, 온도가 낮고 습기가 있을 때 2시간 이내

문제 19

용량 0.75m³인 믹서 2대로 된 중력식 콘크리트 플랜트의 시간당 생산량을 구하면?
(단, 작업 효율(E)=0.8, 사이클 시간(Cm) = 4 min으로 한다.)

가. 14m³/h
나. 16m³/h
다. 18m³/h
라. 20m³/h

해설 $0.75m^3 \times 2대 \times 0.8 \times \dfrac{60}{4} = 18m^3/h$

문제 20

콘크리트 치기에 앞서 거푸집에 충분히 물을 뿌려야 하는 이유로 가장 중요한 것은?

가. 거푸집의 먼지를 청소한다.
나. 콘크리트 치기의 작업이 용이하다.
다. 거푸집을 재사용함이 편리하다.
라. 거푸집이 시멘트의 경화에 필요한 수분을 흡수하는 것을 방지한다.

해설 수분흡수 방지

정답 17. 가 18. 다 19. 다 20. 라

문제 21

콘크리트를 2층 이상으로 나누어 타설할 경우 외기온도 20℃ 이하에서 이어치기 허용시간의 표준으로 옳은 것은?

가. 1.0시간
나. 1.5시간
다. 2.0시간
라. 2.5시간

해설 외기온도에 따른 이어치기 허용시간의 표준

외기온도	비비기 ~ 타설 시간	이어치기 허용시간
25℃ 이상	1.5시간 이내	2.0 시간
25℃ 이하	2시간 이내	2.5 시간

문제 22

콘크리트 타설에 대한 설명으로 옳지 않은 것은?

가. 콘크리트의 타설은 원칙적으로 시공계획서에 따라야 한다.
나. 타설한 콘크리트를 거푸집 안에서 횡방향으로 이동시켜서는 안 된다.
다. 한 구획 내의 콘크리트는 타설이 완료될 때까지 연속해서 타설하여야 한다.
라. 벽 또는 기둥과 같이 높이가 높은 콘크리트의 치기속도는 1시간에 1~1.5m 정도로 한다.

해설 벽 또는 기둥과 같이 높이가 높은 콘크리트를 연속해서 칠 경우 쳐 올라가는 속도는 일반적으로 30분에 1~1.5m 정도로 한다.

문제 23

거푸집과 동바리에 관한 설명 중 옳지 않은 것은?

가. 연직부재의 거푸집은 수평부재의 거푸집보다 빨리 떼어낸다.
나. 보에서는 밑면 거푸집을 양측면의 거푸집보다 먼저 떼어낸다.
다. 거푸집을 시공할 때 거푸집 판의 안쪽에 박리제를 발라서 콘크리트가 거푸집에 붙는 것을 방지하도록 한다.
라. 거푸집 및 동바리는 콘크리트가 자중 및 시공 중에 가해지는 하중에 충분히 견딜만한 강도를 가질 때까지 해체해서는 안 된다.

해설 수평부재 보다 연직부재를 먼저 해체 (보 밑면 : 수평부재, 보 양측면: 연직부재)

정답 21. 라 22. 라 23. 나

문제 24

콘크리트 치기의 시공 이음에 대한 설명이 잘못된 것은?

가. 먼저 친 콘크리트와 새로 친 콘크리트 사이의 이음을 시공 이음이라 한다.
나. 시공 이음은 될 수 있는 대로 전단력이 큰 곳에 만든다.
다. 부재의 압축력이 작용하는 방향과 직각이 되도록 하는 것이 원칙이다.
라. 이음부의 시공에 있어서는 설계에 정해져 있는 이음의 위치와 구조는 지켜져야 한다.

해 설   시공이음은 될 수 있는 대로 전단력이 작은 곳에 둔다

문제 25

슬래브 및 보의 밑면 거푸집은 콘크리트 압축강도가 최소 얼마 이상일 때 해체할 수 있는가?
(단, 콘크리트의 압축강도를 시험하여 거푸집널의 해체시기를 정하는 경우)

가. 5MPa   나. 10MPa
다. 14MPa   라. 28MPa

해 설

거푸집 해체

부재	콘크리트 압축강도
확대기초, 보 옆, 기둥, 벽 등의 측벽	5MPa 이상
슬래브 및 보의 밑면, 아치 내면	설계기준강도의 2/3 (14MPa 이상)

특히 내구성을 고려할 경우의 기초, 보의 측면, 기둥, 벽의 거푸집널은 콘크리트의 압축강도가 10MPa 이상 도달한 경우 해체하는 것이 좋다.

문제 26

콘크리트의 비비기에 대한 설명으로 옳은 것은?

가. 콘크리트의 비비기 시간은 시험에 의해 정하는 것을 원칙으로 한다.
나. 가경식 믹서를 사용하는 경우 비비기 시간의 최소시간은 2분 30초 이상을 표준으로 한다.
다. 강제식 믹서를 사용하는 경우 비비기 시간의 최소시간은 3분 이상을 표준으로 한다.
라. 비비기는 미리 정해둔 비비기 시간이상 계속하지 않아야 한다.

해 설   ① 비비기 시간은 가경식 믹서는 1분 30초, 강제식 혼합믹서는 1분 이상
② 비비기는 미리 정해둔 시간의 3배 이상을 비벼서는 안된다.

정답   24. 나   25. 다   26. 가

콘크리트 양생

문제 1

무근 및 철근 콘크리트에서 조강 포틀랜드 시멘트를 사용할 경우 최소 습윤양생 기간은 며칠인가?

가. 3일
나. 5일
다. 14일
라. 21일

해설
양생기간
보통포틀랜드시멘트를 사용할 경우 5일간 이상, 조강포틀랜드시멘트를 사용한 경우 3일 간 이상을 습윤양생

문제 2

콘크리트 양생에 관한 다음 설명 중 틀린 것은?

가. 타설 후 건조 및 급격한 온도변화를 주어서는 안 된다.
나. 경화 중에 진동, 충격 및 하중을 가해서는 안 된다.
다. 콘크리트 표면은 물로 적신 가마니 포대 등으로 덮어 놓는다.
라. 조강 포틀랜드 시멘트를 사용할 경우 적어도 2 일간 습윤 양생한다.

해설 조강포틀랜드시멘트를 사용한 경우 3일간 이상을 습윤양생

문제 3

다음 중 콘크리트 표면에 물을 적신 가마니를 덮어 양생시키는 방법은?

가. 습포 양생법
나. 피막 양생법
다. 습사 양생법
라. 수중 양생법

해설
양생방법
① 습포양생 : 젖은 가마니 포대 등으로 덮는 방법
② 습사양생 : 젖은 모래로 덮는 방법
③ 피막양생 : 습윤 양생방법이 곤란할 때는 표면에 막을 형성하는 양생제를 살포하여 물(막양생)의 증발을 막는 양생방법
④ 수중양생 : 물속에서 양생하는 방법 (수중콘크리트, 실험실에서 시험체 양생방법)

정답 1. 가 2. 라 3. 가

문제 4

콘크리트의 양생법 중 막 양생은 어떻게 하는 것인가?

가. 거푸집 판에 물을 뿌리는 방법
나. 가마니 또는 포대 등에 물을 적셔서 덮는 방법
다. 양생제를 뿌려 물의 증발을 막는 방법
라. 비닐로 덮는 방법

해설
막양생(피막양생)
습윤 양생방법이 곤란할 때는 표면에 막을 형성하는 양생제를 살포하여 물의 증발을 막는 양생방법

문제 5

거푸집 떼어내기에 대한 설명으로 옳은 것은?

가. 물-결합재비가 클수록 빨리 떼어낸다.
나. 수직부재보다 수평부재를 빨리 떼어낸다.
다. 기둥보다 슬래브(Slab)를 늦게 떼어낸다.
라. 확대기초의 옆면은 보의 옆면보다 늦게 떼어낸다.

해설
거푸집 떼기
① 물-결합재비가 크면 늦게 뗀다. (∵경화속도 느림)
② 수평부재는 수직부재보다 늦게 뗀다. (∵수평부재는 인장으로 압축부재보다 약함)
③ 슬래브(수평부재)는 기둥(수직부재)보다 늦게 뗀다.
④ 거푸집 존치기간이 짧은 순서: 기둥, 푸팅기초, 스팬이 짧은 보, 스팬이 긴 보, 콘크리트 포장

문제 6

콘크리트 양생에 관한 설명 중 옳지 않은 것은?

가. 해수, 알칼리, 산성, 흙의 영향을 받을 경우도 양생기간은 보통 콘크리트의 경우와 같다.
나. 양생기간 중에 예상되는 진동, 충격, 하중 등의 유해한 작용으로부터 보호해야 한다.
다. 콘크리트 노출면을 덮은 후 살수하며 보통 포틀랜드시멘트의 경우 5일간 같은 상태로 보호한다.
라. 콘크리트 노출면을 덮은 후 살수하며 조강 포틀랜드시멘트의 경우 3일간 같은 상태로 보호한다.

해설
① (나) : 유해한 작용에 대한 보호 방법
② (다) : 습윤양생중 보통 포틀랜드시멘트 표준 양생기간(5일)
③ (라) : 습윤양생중 조강 포틀랜드시멘트 표준 양생기간(3일)

정답 4. 다 5. 다 6. 가

문제 7

콘크리트의 건조를 방지하기 위하여 방수제를 표면에 바르든지 또는 이것을 뿜어 붙이기를 하여 습윤양생을 하는 것은?

가. 습윤양생   나. 방수양생
다. 증기양생   라. 피막양생

해 설 방수제는 물의 침투가 되지 않도록 하는 역할을 하나, 콘크리트 표면에 방수제를 바르면 콘크리트 속에 포함된 물이 증발이 안 되어 습윤상태 유지

문제 8

콘크리트의 표면에 아스팔트 유제나 비닐 유제 등으로 불투수층을 만들어 수분의 증발을 막는 양생방법을 무엇이라 하는가?

가. 증기양생   나. 전기양생
다. 습윤양생   라. 피복양생

해 설 피복양생: 콘크리트 표면에 아스팔트 유제나 비닐 유제로 불투수층을 만들어 수분증발 억제

문제 9

보통 포틀랜드시멘트를 사용한 경우, 콘크리트는 최소 며칠 이상 습윤상태로 보호해야 하는가?

가. 3일   나. 5일   다. 7일   라. 10일

해 설 보통포틀랜드시멘트를 사용할 경우 5일간 이상, 조강포틀랜드시멘트를 사용한 경우 3일 간 이상을 습윤양생

문제 10

콘크리트 공사에서 거푸집 떼어내기에 관한 설명으로 틀린 것은?

가. 거푸집은 콘크리트가 그 자중 및 시공 중에 주어지는 하중을 받는 데 필요한 강도를 낼 때까지 떼어 내어서는 안 된다.
나. 거푸집을 떼어 내는 순서는 비교적 하중을 받지 않는 부분을 먼저 떼어냄
다. 연직 부재의 거푸집은 수평부재의 거푸집보다 먼저 떼어낸다.
라. 보의 밑판의 거푸집은 보의 양측면의 거푸집보다 먼저 떼어낸다.

해 설
① 콘크리트 자중 및 시공 중에 가해지는 하중을 충분히 견딜 정도가 될 때까지 해체하지 않는다.
② 비교적 하중이 적게 받는 부재부터 떼어 낸다.
③ 연직부재는 수평부재보다 먼저 뗀다.(보 밑판: 수평부재, 보양측면: 연직부재)

정답 7. 나   8. 라   9. 나   10. 라

문제 11

기온이 상당히 낮은 경우에 온도 응력에 의한 균열을 막기 위하여 실시하는 양생법은?

가. 온도제어양생
나. 증기양생
다. 습윤양생
라. 피막양생

해설

온도제어 양생
① 기온이 낮을 경우에는 콘크리트의 수화 반응이 늦고, 강도가 늦게 나타나서 초기에 동해를 받기 쉬우므로 겨울 공사에는 보온 양생이나 급열양생 실시
② 기온이 높을 경우에는 온도에 의한 균열이 생기기 쉬우므로 여름 공사는 온도를 낮추어야 한다.

문제 12

콘크리트의 양생에 대한 설명으로 틀린 것은?

가. 기온이 상당히 낮은 경우에는 일정한 기간 동안 열을 주거나 보온에 의해 온도제어를 한다.
나. 콘크리트 양생기간 중에는 진동, 충격의 작용을 무시해도 된다.
다. 촉진 양생을 할 때는 콘크리트에 나쁜 영향이 없도록 해야 한다.
라. 콘크리트의 수분 증발을 막기 위해서는 콘크리트의 표면에 매트, 가마니 등을 물에 적셔서 덮는 등의 습윤상태로 보호해야 한다.

해설

① (가) 온도제어양생
② (나) 유해작용에 대한보호 양생으로 무시해서는 안 되고 보호해야 한다.
③ (다) 촉진양생 방법
④ (라) 습윤양생 방법

문제 13

콘크리트의 양생법 중 막양생에 대한 설명으로 옳은 것은?

가. 거푸집판에 물을 뿌리는 방법
나. 가마니 또는 포대 등에 물을 적셔서 덮는 방법
다. 양생제를 뿌려 물의 증발을 막는 방법
라. 비닐로 덮는 방법

해설

① (가)는 습윤양생의 살수 방법
② (나)는 습윤양생의 습포 방법
③ (다)는 습윤양생의 막양생 방법

정답 11. 가 12. 나 13. 다

문제 14
콘크리트 표면에 막을 만드는 양생은 어느 것인가?
- 가. 습포양생
- 나. 수중양생
- 다. 습사양생
- 라. 피막양생

문제 15
콘크리트 양생에서 제일 중요한 때는 어느 때인가?
- 가. 초기양생
- 나. 중기양생
- 다. 말기양생
- 라. 중기 및 말기양생

해설 콘크리트 타설 후 수화작용에 의하여 강도 발현과, 균열에 민감하므로 초기에 온도, 습도 유지

문제 16
공장 제품 콘크리트의 강도는 보통 재령 며칠의 압축강도를 기준으로 하는가?
- 가. 7일
- 나. 14일
- 다. 28일
- 라. 91일

해설 일반적으로 공장제품은 재령 14일에서의 압축강도 시험 값을 기준으로 함

문제 17
다음 중 습윤 양생 방법이 아닌 것은?
- 가. 가압양생
- 나. 수중양생
- 다. 습포양생
- 라. 피막양생

해설 습윤양생 방법
수중, 담수, 살수, 젖은 포(습포 양생매트, 가마니) 젖은 모래(습사), 막 양생

문제 18
콘크리트 양생에 관한 다음 설명 중 틀린 것은?
- 가. 타설 후 건조 및 급격한 온도변화를 주어서는 안 된다.
- 나. 경화 중에 진동, 충격 및 하중을 가해서는 안 된다.
- 다. 콘크리트 표면은 물로 적신 가마니 포대 등으로 덮어놓는다.
- 라. 조강 포틀랜드 시멘트를 사용할 경우 적어도 2 일간 습윤 양생한다.

해설
① (가) 온도제어 양생
② (나) 유해 작용으로부터의 보호 양생
③ (다) 습윤양생
④ (라) 조강포틀랜드 시멘트를 사용하는 경우 3일간 습윤상태 유지

정답 14. 라 15. 가 16. 나 17. 가 18. 라

문제 19

콘크리트를 친 다음 일정 기간 동안 콘크리트에 충분한 온도와 습도를 주는 것을 무엇이라 하는가?

가. 콘크리트 진동
나. 콘크리트 다짐
다. 콘크리트 양생
라. 콘크리트 시공

해설 양생 정의: 콘크리트 타설 후 소요기간 까지 경화에 필요한 온도, 습도조건과 유해 작용의 영향을 받지 않도록 하는 것

문제 20

콘크리트를 양생하는 목적에 해당하지 않는 것은?

가. 수분의 증발을 촉진시키려고
나. 건조 수축에 의한 균열을 줄이려고
다. 하중, 진동 등으로부터 보호하기 위하여
라. 수화 작용에 의해 충분한 강도를 내기 위하여

해설 양생의 최종적인 목표는 수화작용을 도와 강도가 충분이 발휘되기 위함

문제 21

일반적으로 가마니, 마포 등을 적시거나 살수하는 등의 습윤양생이 곤란한 경우에 사용하는 것으로 콘크리트의 막을 만드는 양생제를 살포하여 증발을 막는 양생 방법은?

가. 막양생
나. 촉진양생
다. 증기양생
라. 온도제어양생

해설 막 양생을 할 경우에는 충분한 양의 막양생제를 적절한 시기에 균일하게 살포하여 수분증발 억제.

문제 22

콘크리트의 표면을 가마니, 마포 등을 적셔서 덮거나 또는 물을 뿌려 젖은 상태로 보호하는 양생은?

가. 수중양생
나. 촉진양생
다. 습윤양생
라. 증기양생

해설

양 생 종 류		양 생 방 법
습윤 양생		수중, 담수살수, 젖은포(양생매트,가마니), 젖은 모래
	막양생	유지계, 수지계

정답 19. 다　20. 가　21. 가　22. 다

문제 23

콘크리트를 친 다음 콘크리트가 수화 작용에 의하여 충분한 강도를 내고 균열이 생기지 않도록 하기 위하여 일정한 기간 동안 콘크리트에 충분한 온도와 습도를 주는 것을 무엇이라 하는가?

가. 콘크리트의 배합
나. 콘크리트의 양생
다. 콘크리트의 운반
라. 콘크리트의 치기

문제 24

콘크리트의 습윤양생 방법이 아닌 것은?

가. 수중양생
나. 습포양생
다. 전기양생
라. 피막양생

해설 습윤양생 방법
수중, 담수, 살수, 젖은 포(습포 양생매트, 가마니) 젖은 모래(습사), 막 양생

문제 25

일명 고온고압 양생이라고 하며, 증기압 7~15 기압, 온도 180℃ 정도의 고온, 고압으로 양생하는 방법은?

가. 오토 클레이브 양생
나. 상압증기양생
다. 전기양생
라. 가압양생

해설 오토클레이브양생(autoclave curing)
고온 증기 양생, 콘크리트 제품의 증기 양생

문제 26

콘크리트의 경화나 강도발현을 촉진하기 위해 실시하는 촉진양생의 종류에 속하지 않는 것은?

가. 습윤양생
나. 증기양생
다. 오토크레이브양생
라. 전기양생

해설 촉진양생: 증기양생, 오토크레이브 양생, 전기 양생

문제 27

콘크리트의 조기 강도를 얻기 위한 양생으로 한중 콘크리트 등에 사용되는 양생법은?

가. 수중 양생 나. 습사 양생 다. 피막 양생 라. 증기 양생

해설 촉진양생 : 증기양생

정답 23. 나   24. 다   25. 가   26. 가   27. 라

특수 콘크리트 시공법

문제 1

레디믹스트 콘크리트(레미콘)의 장점이 아닌 것은?

가. 균질의 콘크리트를 얻을 수 있다.
나. 공사능률이 향상 되고 공기를 단축할 수 있다.
다. 콘크리트의 워커빌리티를 즉시 조절할 수 있다.
라. 콘크리트 치기와 양생에만 전념할 수 있다.

해 설
레디믹스트 콘크리트(레미콘)의 장점
① 현장에 설비가 없어도 콘크리트를 구입할 수 있다.
② 공사 진행에 차질이 없다. (공기단축)
③ 품질이 보증된다.
④ 콘크리트를 치기가 쉬워 능률적 이다.

문제 2

수중 콘크리트에서 물-결합재 비는 50% 이하, 단위 시멘트 량은 370 kg/m³ 이상, 잔 골재율은 얼마를 표준으로 하는가?

가. 10 ~ 25%
나. 20 ~ 35%
다. 40 ~ 45%
라. 50 ~ 55%

해 설
수중 콘크리트는
① 물-결합재 비는 50 % 이하를 표준
② 단위 시멘트 량은 370 kg/m³ 이상을 표준
③ 잔 골재율은 40~45%를 표준

문제 3

한중 콘크리트 시공시 콘크리트 타설 시의 콘크리트 온도범위로 가장 적당한 것은?

가. -50~0℃
나. 0~10℃
다. 5~20℃
라. 20~30℃

해 설
한중콘크리트
① 1일 평균기온이 4℃ 이하로 될 때 한중콘크리트 시공
② 한중콘크리트를 쳐 넣었을 때의 온도는 5~20℃로 한다.
③ 콘크리트를 쳐 넣은 뒤 초기에 얼지 않도록 잘 보호 한다
④ 바람을 막아야 하며, 양생 중에는 콘크리트의 온도를 5℃ 이상유지

정답 1. 다   2. 다   3. 다

문제 4

PS콘크리트의 단점으로 옳지 않은 것은?

가. 제작에 손이 많이 간다.
나. 열 피해를 받기 쉽다.
다. 변형이 복구되지 않는다.
라. 콘크리트 단면변화의 허용범위가 좁다.

해 설	프리스트레스트 콘크리트 장점 ① 부재 단면에 미리 가해진 압축응력으로 인해 균열이 발생하지 않는다. ② 균열이 발생하더라도 하중이 제거되면 원래상태로 복원 한다 ③ 전단면을 유효하게 이용할 수 있어 자중을 감소시킬 수 있다 ④ 처짐이 적다. ⑤ 지간을 길게 할 수 있다 프리스트레스트 콘크리트 단점 ① 고강도의 재료를 사용하여야 함으로 단가가 비싸다. ② 부재의 강성이 작기 때문에 변형이 크고, 진동하기 쉽다. ③ 설계자나 시공자가 풍부한 경험을 가져야 하고, 제작에 손이 많이 간다. ④ 열 피해를 받기 쉽다. ⑤ 콘크리트 단면변화의 허용범위가 좁다.

문제 5

미리 거푸집 안에 굵은 골재를 채우고 그 틈 사이에 특수 모르타르를 주입하는 콘크리트는?

가. 진공 콘크리트
나. 프리플레이스트 콘크리트
다. 레디 믹스드 콘크리트(Ready Mixed Conerete)
라. 프리스트레스트 콘크리트(Prestressed Concrete)

해 설	프리플레이스트콘크리트: 굵은 골재를 거푸집에 채워 넣고, 그 공극 속에 특수한 모르터를 적당한 압력으로 주입하여 만든 콘크리트

문제 6

해양콘크리트의 물-결합재비로 가장 적당한 것은?

가. 45% 이하　　　　　　　　　　나. 45~50%
다. 50~55%　　　　　　　　　　라. 55% 이상

해 설	해양콘크리트의 물-결합재비는 해중 : 50%, 해상 대기 중 : 45%, 물보라 지역 : 45% (범위는: 45% ~ 50%)

정답　4. 다　5. 나　6. 나

문제 7

레디믹스트(Ready Mixed) 콘크리트(레미콘)에 관한 설명 중 옳지 않은 것은?

가. 콘크리트를 치기가 쉬워 능률적이다.
나. 공사비용과 공사기간이 늘어나는 단점이 있다.
다. 콘크리트의 품질을 염려할 필요가 없이 시공에만 전념할 수 있다.
라. 좋은 품질의 콘크리트를 얻기가 쉽다

해설 콘크리트 치기가 쉽고, 능률적이라, 공사기간을 단축

문제 8

한중 콘크리트의 시공에 관한 사항 중 옳지 않은 것은?

가. 물, 골재, 시멘트를 가열하여 적당한 온도에서 비볐다.
나. 가능한 한 단위 수량을 줄였다.
다. 콘크리트를 칠 때의 온도를 10℃ 이상으로 하였다.
라. AE콘크리트를 사용하여 시공하였다.

해설 한중콘크리트
① 한중콘크리트를 쳐 넣었을 때의 온도는 5~20℃로 한다.
② 시멘트는 어떤 경우에도 직접 가열해서는 안 된다
③ 한중콘크리트는 AE제, AE감수제의 사용을 표준으로 한다.

문제 9

수중 콘크리트를 시공할 때 물-결합재비(W/B)와 단위 시멘트량은 얼마를 표준으로 하는가?

가. 물-결합재비 50% 이하, 단위 시멘트량 300kgf/m³ 이상
나. 물-결합재비 65% 이하, 단위 시멘트량 370kgf/m³ 이상
다. 물-결합재비 50% 이하, 단위 시멘트량 370kgf/m³ 이상
라. 물-결합재비 65% 이하, 단위 시멘트량 300kgf/m³ 이상

해설 일반 수중콘크리트
① 물-결합재비는 50% 이하를 표준
② 단위 시멘트량은 370kg/㎥ 이상을 표준

문제 10

서중 콘크리트에서 콘크리트를 쳐 넣을 때의 콘크리트 온도는 최대 몇 ℃ 이하라야 하는가?

가. 20℃　　나. 25℃　　다. 15℃　　라. 35℃

해설 서중콘크리트는 쳐 넣었을 때 온도는 35℃이내

정답 7. 나　8. 가　9. 다　10. 라

문제 11

한중 콘크리트에 있어서 양생 중 콘크리트의 온도는 약 몇 ℃ 이상으로 유지하는 것을 표준으로 하는가?

가. 5℃ 나. 10℃ 다. 15℃ 라. 20℃

해설 한중콘크리트의 양생 중에는 콘크리트의 온도를 5℃ 이상 유지

문제 12

수밀 콘크리트에 대한 설명 중 옳지 않은 것은?

가. 일반적인 경우보다 잔골재율을 적게 하는 것이 좋다.
나. 물-결합재비는 50% 이하가 표준이다.
다. 경화후의 콘크리트는 될 수 있는 대로 장기간 습윤 상태로 유지한다.
라. 혼화재료는 AE감수제, 고성능감수제 또는 포졸란을 사용한다.

해설 수밀콘크리트 : 균일하고 치밀하게 만들어지는 콘크리트
① AE제, 감수제, AE감수제, 고성능감수제 또는 포졸란 등을 사용하는 것을 원칙
② 혼화제를 사용하여도 공기량은 4% 이하.
③ 물-결합재 비는 50% 이하를 표준
④ 단위 굵은 골재량을 가급적 크게 하고, S/a를 약간 크게 선정

문제 13

포장 콘크리트에 알맞는 굵은 골재의 최대 치수는 몇 mm 이하인가?

가. 25mm 나. 40mm 다. 100mm 라. 150mm

해설 포장콘크리트용 굵은 골재는 일반적으로 40mm

문제 14

다음 중에서 뿜어 붙이기 콘크리트의 시공에 적합하지 않은 것은?

가. 콘크리트 표면공사 나. 콘크리트 보수공사
다. 터널(tunnel)공사 라. 수중 콘크리트 공사

해설 터널이나 큰 공동구조물의 라이닝, 비탈면, 법면 또는 벽면의 풍화나 박리, 박락의 방지, 터널, 댐 및 교량의 보수·보강공사 등에 적용되는 콘크리트

문제 15

한중 콘크리트 시공시 동결 온도를 낮추기 위한 방법으로 옳지 않은 것은?

가. 적당한 보온장치를 한다. 나. 시멘트를 가열 한다.
다. 골재를 가열 한다. 라. 물을 가열 한다.

해설 시멘트는 어떤 경우에도 가열해서는 안 된다.

정답 11. 가 12. 가 13. 나 14. 라 15. 나

문제 16

서중콘크리트에 대한 설명으로 옳은 것은?

가. 월평균 기온이 5℃를 넘을 때 시공한다.
나. 중용열 포틀랜드 시멘트나 혼합시멘트를 사용하면 좋다.
다. 배합은 필요한 강도 및 워커빌리티를 얻는 범위 내에서 단위 수량과 시멘트량은 많이 되도록 한다.
라. 콘크리트를 비벼서 쳐 넣을 때까지의 시간은 30분을 넘어서는 안 된다.

해설	서중콘크리트 ① 하루 평균기온이 25℃ 또는 최고온도 30℃를 넘으면 서중콘크리트로 시공 ② 콘크리트를 비벼 쳐 넣을 때까지의 시간은 1.5시간이내 ③ 단위 수량과 시멘트 량은 될 수 있는 대로 적게 한다. ④ 중용열 포틀랜드 시멘트나 혼합시멘트를 사용

문제 17

프리플레이스트 콘크리트에 사용하는 굵은 골재의 최소 치수는 얼마 이상으로 하는가?

가. 5mm
나. 8mm
다. 10mm
라. 15mm

해설	굵은 골재의 최소치수는 15mm 이상, 굵은 골재의 최대치수는 부재단면 최소치수의 1/4이하, 철근 순간격의 2/3 이하

문제 18

레미콘의 비빔시작부터 치기 종료까지의 소요 시간으로 적당한 것은?
(단, 외기온도 25℃ 이상의 경우)

가. 1시간 이내
나. 1시간 30 분 이내
다. 2시간 이내
라. 2시간 30 분 이내

해설	비비기로부터 치기가 끝날 때까지의 시간은 외기온도가 25℃를 넘었을 때는 1.5시간, 25℃ 이하일 때에는 2시간 이내

문제 19

수중 콘크리트에 적합한 물-결합재비는 몇 % 이하를 표준으로 하는가?

가. 20%
나. 30%
다. 40%
라. 50%

해설	수중콘크리트의 물-결합재 비는 50%이하

정답 16. 나 17. 라 18. 나 19. 라

문제 20

프리플레이스트 콘크리트에 관한 설명 중 옳지 않은 것은?

가. 강도의 증진이 보통 콘크리트 보다 빠르다.
나. 수중콘크리트, 콘크리트 구조물의 수선 등에 사용 한다
다. 건조 수축이 적고 저 발열성 이다.
라. 부착강도가 크며 동결융해 저항성이 크다.

해설	① 부착 성능이 크고, 동결융해 저항성이 크다 ② 건조수축이 일반 콘크리트에 비해 1/2정도로 감소된다. ③ 장기강도가 크다 (강도증진이 느리다) ④ 내구성 및 수밀성이 뛰어나다

문제 21

다음에서 수중 콘크리트 공사에 사용하는 도구로 부적당한 것은?

가. 슈트
나. 트레미
다. 포대
라. 밑열림상자

해설	① 수중콘크리트 치는 방법은 트레미, 포대콘크리트, 밑열림 상자 및 밑열림 포대, 콘크리트 펌프 및 프리플레이스트 콘크리트 ② 슈트는 육상에서 콘크리트 치는 기구

문제 22

특수 콘크리트의 시공법 중에서 해양 콘크리트에 대한 설명으로 잘못된 것은?

가. 단위 시멘트 량은 280~330kg/m3로 한다.
나. 최대 물 – 결합재비는 45~50%로 한다.
다. 해양구조물에서는 성능 저하를 방지하기 위하여 가능한 범위 내에서 시공이음을 만들어야 한다.
라. 콘크리트는 재령 5일이 되기까지 바닷물에 씻기지 않도록 보호해야 한다.

해설	시멘트 량: 280~330 kg/m^3, W/B : 45~50%, 시공이음 두지 말 것, 바닷물에 씻기지 않도록 보호

문제 23

공장 제품 콘크리트의 강도는 보통 재령 며칠의 압축강도를 기준으로 하는가?

가. 7일
나. 14일
다. 28일
라. 91일

해설	일반적인 공장제품은 재령 14일 압축강도 시험 값

정답 20. 가   21. 가   22. 다   23. 나

문제 24

수중콘크리트를 칠 때 사용되는 기계 및 기구와 관계가 먼 것은?

가. 트레미
나. 슬립폼페이버
다. 밑열림상자
라. 콘크리트펌프

해설 콘크리트 슬립 폼 페이버
연속적으로 콘크리트 포장하는 기계

문제 25

완전히 물막이를 할 수 없는 현장에서 수중콘크리트를 타설하고자 할 때 유속을 얼마 이하로 하여야 수중콘크리트를 타설할 수 있는가?

가. 50mm/sec
나. 100mm/sec
다. 150mm/sec
라. 200mm/sec

해설 정수 중에 치는 것을 원칙으로 하며 완전히 물막이를 할 수 없는 경우에도 유속은 1초간 50mm 이하

문제 26

수밀 콘크리트를 만드는데 적합하지 않은 것은?

가. 물-결합재비는 되도록 적게 한다.
나. 단위 굵은 골재량은 되도록 크게 한다.
다. 단위수량은 되도록 적게 한다.
라. AE제의 사용을 금지한다.

해설
① 수밀콘크리트는 양질의 AE제, 감수제, AE감수제, 고성능감수제 또는 포졸란등을 사용
③ 단위수량 및 물-결합재 비를 가급적 적게 하고, 단위 굵은 골재량을 가급적 크게 한다.
④ 혼화제를 사용하여도 공기량은 4% 이하가 되게 한다.
⑤ 물-결합재비는 50% 이하를 표준으로 한다.

문제 27

공장 제품 콘크리트의 강도는 보통 재령 며칠의 압축강도를 기준으로 하는가?

가. 7일 나. 14일 다. 28일 라. 91일

해설 일반적인 공장제품은 재령 14일 압축강도 시험 값

정답 24. 나 25. 가 26. 라 27. 나

문제 28

서중 콘크리트로 시공을 할 경우 콘크리트를 비벼서 쳐 넣을 때까지의 시간에 대한 설명으로 옳은 것은?

가. 50분을 넘어서는 안 된다.
나. 90분을 넘어서는 안 된다.
다. 150분을 넘어서는 안 된다.
라. 200분을 넘어서는 안 된다.

해 설 콘크리트를 비벼 쳐 넣을 때까지의 시간은 1.5시간 이내

문제 29

다음 중 프리플레이스트 콘크리트의 특징이 아닌 것은?

가. 장기 강도가 크다.
나. 수중콘크리트에 적합하다.
다. 블리딩 및 레이턴스가 적다.
라. 조기강도가 보통 콘크리트보다 크다.

해 설 프리플레이스트콘크리트 장기강도가 크다.

문제 30

수밀콘크리트의 물-결합재비는 얼마 이하가 표준인가?

가. 45% 이하   나. 50% 이하
다. 55% 이하   라. 58% 이하

해 설
① 수밀콘크리트는 양질의 AE제, 감수제, AE감수제, 고성능감수제 또는 포졸란등을 사용
③ 단위수량 및 물-결합재 비를 가급적 적게 하고, 단위 굵은 골재량을 가급적 크게 한다.
④ 혼화제를 사용하여도 공기량은 4% 이하가 되게 한다.
⑤ 물-결합재 비는 50% 이하를 표준으로 한다.

문제 31

다음 중에서 뿜어붙이기 콘크리트의 시공에 적합하지 않은 것은?

가. 콘크리트 표면공사   나. 콘크리트 보수공사
다. 터널(tunnel)공사   라. 수중 콘크리트 공사

해 설 뿜어붙이기 콘크리트 (숏크리트 콘크리트)
① 압축공기를 이용하여 콘크리트나 모르터를 시공면에 뿜어 붙여서 만든 콘크리트
② 터널이나 큰 공동구조물의 라이닝, 비탈면, 법면 또는 벽면의 풍화나 박리, 박락의 방지, 터널, 댐 및 교량의 보수보강공사 등에 적용되는 콘크리트

정답 28. 나   29. 라   30. 나   31. 라

문제 32

레디믹스트콘크리트에 관한 설명 중 옳지 않은 것은?

가. 운반 중 슬럼프 및 공기량 감소에 주의해야 한다.
나. 플랜트에서 재료를 계량하여 트럭믹서에 싣고 운반 중에 물을 넣어 비비는 방법을 센트럴 믹스트 콘크리트라 한다.
다. 대량 콘크리트의 연속치기로 경비를 절약할 수 있다.
라. 재료 분리 방지를 위해 애지 데이터 트럭을 이용한다.

해설 센트럴 믹스트 콘크리트: 플랜트에서 완전히 혼합하여 공사현장까지 운반하는 방식

문제 33

미리 거푸집 안에 굵은 골재를 채우고 그 틈 사이에 특수 모르타르를 주입하는 콘크리트는?

가. 진공 콘크리트
나. 프리플레이스트 콘크리트
다. 레디 믹스트 콘크리트
라. 프리스트레스트 콘크리트

해설
여러가지 콘크리트
① 프리플레이스트콘크리트 : 굵은 골재를 거푸집에 채워 넣고, 그 공극속에 특수한 모르터를 적당한 압력으로 주입하여 만든 콘크리트
② 매스콘크리트 (mass concrete) : 매스콘크리트는 부재 또는 구조물의 치수가 커서 시멘트의 수화열에 의한 온도 상승을 고려하여 시공하는 콘크리트
③ 섬유보강 콘크리트 : 콘크리트의 약점인 인장강도, 내충격성, 균열 등의 취성을 개선하기 위해 콘크리트 속에 섬유를 혼합시켜 균열에 대한 저항성을 증진시키고 인성을 부여 할 목적으로 제조된 콘크리트
④ 수밀콘크리트 : 물이 새지 않도록 치밀하게 만든 콘크리트
⑤ 프리스트레스트 콘크리트 : 콘크리트에 생기는 인장응력을 상쇄시키거나 감소시키기 위해서, 강선이나 강봉을 미리 긴장시켜 압축응력을 주어 만든 것
⑥ 레디믹스트콘크리트 (레미콘) : 콘크리트 제조 설비를 갖는 공장(레미콘 공장)에서 생산되고, 아직 굳지 않은 상태로 현장에 운반되는 콘크리트
⑦ 숏크리트 (shotcrete) : 압축공기를 이용하여 콘크리트나 모르터를 시공면에 뿜어 붙여서 만든 콘크리트
⑧ 한중콘크리트 : 기온이 낮을 때 시공하는 콘크리트, 1일 평균기온이 4℃이하로 될 때 한중콘크리트 시공
⑨ 서중콘크리트 : 기온이 높을 때 시공하는 콘크리트, 하루 평균기온이 25℃ 또는 최고 온도 30℃를 넘으면 서중 콘크리트로 시공
⑩ 수중콘크리트 : 콘크리트를 물속에서 치는 콘크리트

정답 32. 나   33. 나

문제 34

A.E콘크리트의 가장 적당한 공기량은 콘크리트 부피의 얼마 정도인가?

가. 1~3%
나. 4~7%
다. 8~12%
라. 12~15%

해설 공기량은 콘크리트 부피의 4~7%가 적당

문제 35

특수 콘크리트의 시공법 중에서 해양 콘크리트에 대한 설명으로 잘못된 것은?

가. 단위 시멘트량은 280~330kg/m³ 이상으로 한다.
나. 일반 현장시공의 경우 최대 물-결합재비는 45~50%로 한다.
다. 해양구조물에서는 성능 저하를 방지하기 위하여 시공이음을 만들어야 한다.
라. 보통포틀랜드시멘트를 사용한 콘크리트는 재령 5일이 되기까지 바닷물에 씻기지 않도록 보호해야 한다.

해설 해양콘크리트는 되도록이면 시공이음을 두지 말아야 함

문제 36

수중콘크리트의 타설에 대한 설명으로 옳지 않은 것은?

가. 콘크리트를 수중에 낙하 시키지 말아야 한다.
나. 수중의 물의 속도가 30cm/sec 이내 일 때에 한하여 시공한다.
다. 콘크리트 면을 가능한 수평하게 유지하면서 소정의 높이 또는 수면상에 이를 때까지 연속해서 타설해야 한다.
라. 한 구획의 콘크리트 타설을 완료한 후 레이턴스를 모두 제거하고 다시 타설하여야 한다.

해설 부득이한 경우 5cm/sec 이내에 한하여 시공한다.

문제 37

모르타르 또는 콘크리트를 압축 공기에 의해 뿜어 붙여서 만든 콘크리트로 비탈면의 보호, 교량의 보수 등에 쓰이는 콘크리트는?

가. 진공 콘크리트
나. 프리플레이스트 콘크리트
다. 숏크리트
라. 수밀 콘크리트

정답 34. 나 35. 다 36. 나 37. 다

문제 38

건조 수축에 의한 균열을 막기 위하여 콘크리트에 팽창재를 넣거나 팽창 시멘트를 사용하여 만든 콘크리트를 무엇이라 하는가?

가. AE콘크리트
나. 유동화 콘크리트
다. 팽창 콘크리트
라. 철근 콘크리트

해설
팽창콘크리트
① 팽창재를 사용하여 팽창을 일으키는 성질을 가진 콘크리트
② 일반 콘크리트의 결점인 수축성을 개선하고, 균열발생을 억제한다.

문제 39

부재 혹은 구조물의 치수가 커서 시멘트의 수화열에 의한 온도 상승 및 강하를 고려하여 설계·시공해야 하는 콘크리트는?

가. 뿜어붙이기 콘크리트
나. 진공 콘크리트
다. 매스 콘크리트
라. 롤러 다짐 콘크리트

해설 매스콘크리트는 부재 또는 구조물의 치수가 커서 시멘트의 수화열에 의한 온도 상승을 고려하여 시공하는 콘크리트

문제 40

숏크리트에 대한 설명으로 틀린 것은?

가. 시멘트 건(gun)에 의해 압축공기로 모르타르를 뿜어 붙이는 것이다.
나. 수축균열이 생기기 쉽다.
다. 공사기간이 길어진다.
라. 건식공법의 경우 시공 중 분진이 많이 발생한다.

해설
숏크리트의 장단점
① 장점
  a. 급결제의 첨가에 따라 조기강도를 발현한다.
  b. 거푸집이 불필요하고, 급속시공이 가능하다.
  c. 비교적 소규모이며 운반 가능한 기계설비로 시공 가능하다.
  d. 위쪽, 옆면을 포함한 임의방향으로 시공이 가능하다.
  e. 플랜트에서 떨어진 협소한 장소, 또 급경사면의 나쁜 작업조건하에서도 시공이 가능
② 단점
  a. 리바운드에 의한 재료손실이 많으며, 분진이 발생한다.
  b. 평활한 마무리면을 얻기 어렵다
  c. 뿜어 붙일 면에서 물이 나올 때는 부착이 곤란하다.
  d. 시공조건, 시공자의 기술에 따라 시공성, 품질 등에 변동이 생기기 쉽다.
  e. 수밀성이 다소 결여된다.

정답 38. 다 39. 다 40. 다

문제 41

매우 된 반죽의 빈배합 콘크리트를 불도저로 깔고 진동롤러로 다져서 시공하는 콘크리트는?

가. 매스 콘크리트
나. 프리플레이스트 콘크리트
다. 강섬유 콘크리트
라. 진동 롤러 다짐 콘크리트

해설	매우 된 반죽 콘크리트를 얇게 층으로 깔고, 진동 롤러로 다지기를 한 콘크리트를 진동롤러다짐 콘크리트(roller compacted concrete, RCC)라 한다.

문제 42

한중 콘크리트에 관한 설명으로 틀린 것은?

가. 하루의 평균기온이 4℃ 이하가 예상되는 조건일 때는 한중 콘크리트로 시공하여야 한다.
나. 한중 콘크리트는 공기연행 콘크리트를 사용하는 것을 원칙으로 한다.
다. 콘크리트를 타설할 때에는 철근이나 거푸집 등에 빙설이 부착되어 있지 않아야 한다.
라. 초기동해를 적게 하기 위하여 단위수량은 크게 하는 것이 좋다.

해설	한중콘크리트 ① 1일 평균기온이 4℃이하로 될 때 한중콘크리트 시공 ② 한중콘크리트를 쳐 넣었을 때의 온도는 5~20℃로 한다. ③ 콘크리트를 쳐 넣은 뒤 초기에 얼지 않도록 잘 보호하고 단위수량을 작게 한다. ④ 양생 중에는 콘크리트의 온도를 5℃ 이상 유지하여야 하고, 또한 소요 압축강도에 도달한 후 2일간은 구조물의 어느 부분이라도 0℃ 이상이 되도록 유지 ⑤ 수화열에 의한 균열의 문제가 없는 경우에는 조강포틀랜드시멘트나 초조강 포틀랜드 시멘트의 사용이 효과적 ⑥ 시멘트는 절대로 직접 가열해서는 안 된다. ⑦ 한중콘크리트는 공기연행콘크리트를 사용하는 것을 원칙으로 한다.

정답 41. 라   42. 라

콘크리트 기능사 필기편

제3장

콘크리트 재료 시험

3.1 시멘트 관련시험
3.2 굳지않은 콘크리트 관련시험
3.3 골재시험
3.4 굳은 콘크리트 관련시험
◇ 문제 및 해설

제3장 콘크리트 재료시험

3.1 시멘트 관련 시험

시멘트밀도시험

1) 시험기구
   - 르샤트리에 비중병
2) 사용재료
   - 광유(온도 23±2℃에서 비중 0.83인 완전 탈수된 등유나 나프타)
   - 시멘트 : 64g

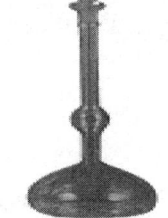
【르샤트리에 비중병】

3) 관련지식 및 유의사항
   ① 시멘트 밀도를 알면
      ◇ 시멘트 종류, 품질 판정
      ◇ 콘크리트 배합설계 때 시멘트 무게를 구할 수 있음
   ② 광유 곡면 읽을 때 곡면 밑면을 읽음
4) 결과계산
   - 시멘트의 밀도 = $\dfrac{\text{시멘트 무게}(g)}{\text{비중병 눈금차}(ml)}$ (여기서 시멘트 무게는 64g)

시멘트응결시험

1) 시험기구
   - 비카 장치
   - 길모어 장치
2) 사용재료
   - 시멘트, 유리판

【비카 장치】   【길모어 장치】

3) 관련지식 및 유의사항

① 시멘트 습도가 높고, 수량이 많고, 풍화하면 응결시간이 늦어진다.

② 온도가 높고 분말도가 높으면 응결이 빨라진다.

③ 비카 장치: 초결 측정에 사용

④ 길모어 장치: 초결과 종결 측정에 사용

4) 결과의 판정

① 비카 침에 의한 초결 시간은 시멘트를 혼합한 후부터 30초 동안에 표준침이 시험체에 25mm 들어갔을 때의 시간으로 한다.

② 길모어 침에 의한 응결 시간은 시멘트를 물과 혼합한 후부터 초결은 초결침, 종결은 종결침을 시험체가 표면에 흔적을 내지 않고 받치고 있을 때까지의 시간으로 한다.

시멘트 모르타르 압축강도 시험

1) 시험기구
   - 시험체몰드(40mm 정육면체)
   - 흐름시험기
   - 압축강도시험기
   - 모르타르 혼합기

【시험체 몰드】

【흐름 시험기】

2) 관련지식 및 유의사항

   모르타르의 압축강도는
   - 수량이 적을수록 커진다.
   - 분말도가 높을수록 커진다.

3) 주요 시험방법

① 모래알의 차이에 따른 영향을 없애기 위해 표준모래 사용

② 모르타르 제작시 시멘트 : 모래의 비

> ※ 모르타르제작 모래 : 시멘트비 2011 KS 규격 변경
> 〈변경전〉 압축강도 2.45 : 1, 인장강도는 2.7 : 1
> 〈변경후〉 압축강도 및 휨강도용 모르타르 제작 시 시멘트 : 모래의 비는 1 : 3비가 되게 한다.
> (인장강도에 대한 규정 없음)
>
> -. 압축강도(MPa) = $\dfrac{최대하중(N)}{시험체의 단면적(mm^2)}$
>
> -. 휨강도(MPa) = $\dfrac{1.5 F_f l}{b^3}$

③ 9개의 시험체를 한 배치로 한다.

④ 혼합수는 포틀랜드 시멘트인 경우 시멘트 무게의 50%로 하며, 그 밖의 시멘트는 흐름값이 110±5가 되도록 한다.

⑤ 시험체 양생은 습기함에서 24시간

⑥ 시험체에서 몰드를 떼어 내고, 20±1℃의 양생 수조에 넣는다.

4) 결과계산

- 압축강도(N/mm^2) = $\dfrac{최대하중(N)}{시험체의\ 단면적(mm^2)}$

여기서, 시험체 단면적(mm^2) = 40mm×40mm=1600 (mm^2)

시멘트분말도시험

1) **시험목적** : 시멘트 입자의 가는 정도를 알기 위함(비표적으로 표시: cm2/g)
2) **시험방법** : 블레인 공기투과장치

시멘트팽창도시험

1) **시험목적** : 시멘트가 굳어가는 도중에 부피가 팽창하는 것을 알기 위해 실시
2) **시험방법** : 오토클레이브 팽창도시험

시멘트풍화시험

1) **시험목적** : 시멘트 풍화정도 측정
2) **시험방법** : 강열 감량 시험법
3) **시멘트 감량 규정** : KS에서는 3% 이하

3.2 굳지않은 콘크리트 관련 시험

굳지않은 콘크리트 슬럼프시험 (KS F 2402 2002.8.24)

1) **시험기구**
   - 슬럼프 콘
     - ◇ 밑면 안지름 : 200mm
     - ◇ 윗면 안지름 : 100mm
     - ◇ 높이 : 300mm
   - 다짐봉: 지름 16mm, 길이 500~600mm

   【슬럼프 콘】

2) **시험 목적** ; 콘크리트 반죽질기를 측정하는 것으로, 워커빌리티 판단수단

3) **관련지식**
   ① 콘크리트 슬럼프 시험은 굳지 않은 콘크리트의 반죽질기(컨시스턴시)를 측정하는 시험 방법으로, 워커빌리티를 판정하는 시험
   ② 굵은 골재 최대치수가 40mm를 넘을 경우 40mm 골재는 제거
   ③ 슬럼프 콘을 들어 올리는 시간은 높이 30cm에서 2~3 초로 한다.

4) **시험방법**
   ① 슬럼프 콘에 시료를 채우고 벗길 때 까지 전 작업시간은 3분 이내
   ② 슬럼프 콘은 강으로 된 평판 위에 설치하고 3층 25회 다진다.
   ③ 2층은 슬럼프콘 부피의 약 $\frac{2}{3}$ (깊이 약 16 cm) 넣고 25회 고르게 다진다.

각 층을 다질 때 다짐봉의 다짐 깊이는 그 앞 층에 거의 도달할 정도로 함.

④ 슬럼프 콘을 채운 콘크리트 윗면을 고르게 하고 즉시 슬럼프 콘을 연직으로 들어 올려 공시체 높이와 콘크리트가 무너진 상단부와 차를 5mm 단위로 측정하여 슬럼프 값으로 한다.

5) 결과의 계산
   - 콘크리트가 내려앉은 길이를 슬럼프 값으로 한다.

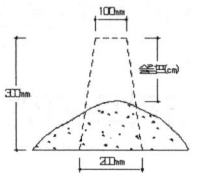

【슬럼프 값】

6) 레디믹스트 콘크리트 슬럼프 허용오차(mm)

슬럼프	슬럼프 허용오차
25	± 10
50 및 65	± 15
80 이상	± 25

굳지않은 콘크리트 슬럼프플로시험 (KS F 2594)

1) 적용범위

   ① 굵은골재 최대치수 40mm 이하인 고유동 콘크리트의 슬럼프 플로 시험

   ② 굵은골재 최대치수 40mm를 넘는 경우 40mm를 넘는 골재는 제거

2) 시험용 기구

   ① 슬럼프 콘, 다짐봉 : KS F 2402(슬럼프시험) 으로 규정된 것으로 한다.

   ② 평판 : 수밀성 및 강성을 갖는 강철 제품으로 크기는 800mm×800mm 이상으로 평편한 것으로 한다.

   ③ 버니어 캘리퍼스 또는 척도 : 1mm까지 읽을 수 있는 것으로 한다.

④ 콘크리트 용기 : 용량이 12L 정도의 것

⑤ 스톱워치 : 0.1초까지 계측할 수 있는 것

3) 시험

① 슬럼프 콘 및 평판의 설치

슬럼프 콘 및 평판을 내면 및 표면을 습포로 닦아내고 슬럼프 콘은 수평으로 설치한 평판 위에 둔다.

② 시료 채우기

시료는 재료분리가 생기지 않도록 주의하여 채우고 슬럼프 콘에 채우기 시작하여 끝날 때까지의 시간은 2분 이내로 한다. 고유동 콘크리트인 경우, 콘크리트 시료를 미리 용기에 받아 두고 균질한 상태로 섞어주며, 다지거나 진동을 주지 않은 상태로 한꺼번에 채워 넣도록 한다. 필요에 따라 3층으로 나누어 채운 후 각 층마다 다짐봉으로 5회 다짐을 실시한다.

③ 슬럼프 플로 측정

슬럼프 콘에 채운 콘크리트의 윗면을 슬럼프 콘의 상단에 맞춘 후 슬럼프콘을 연직 방향으로 들어 올린다. 콘크리트의 움직임이 멈춘 후에 퍼짐이 최대라고 생각된 지름과 그 직교한 방향의 지름을 잰다. 측정횟수는 1회로 한다.

④ 500mm 플로 도달시간 측정

500mm 플로 도달시간을 구하는 경우에는 슬럼프 콘을 들어 올리고 개시시간으로부터 확산이 평평하게 그렸던 지름 500mm의 원에 최초에 이른 시간까지의 시간을 스톱 위치로 0.1초 단위로 잰다. 슬럼프를 측정하는 경우에는 콘크리트의 중앙부에서 내려간 부분을 재고 이것을 슬럼프라고 한다. 슬럼프는 5mm 까지 잰다.

⑤ 플로 유동 정지 시간의 측정

플로의 유동 정지 시간을 구하는 경우에는 슬럼프 콘을 들어 올리는 시점으로부터 육안으로 정지가 확인되기까지의 시간을 스톱위치로 0.1초 단위로 잰다.

4) 시험의 결과

슬럼프 플로는 최대 및 그와 직교하는 지름의 평균값을 5mm 단위로 표시한다. 콘크리트의 퍼짐이 원형 모형과 현저하게 다르다고 판단되거나 슬럼프 플로의 양 지름의 측정차이가 50mm 이상인 경우에는 같은 배치의 시료를 이용하여 재시험한다.

5) 레디믹스트 콘크리트 슬럼프 플로 허용오차 (mm)

슬럼프 플로	슬럼프 플로 허용오차
500	± 75
600	± 100
700※	± 100

주(※) 굵은골재의 최대치수가 15 mm인 경우에 한하여 적용 한다

굳지않은 콘크리트 블리딩시험

1) 시험기구

- 용기
  - 안지름 25±0.5cm
  - 안높이 28±0.5cm

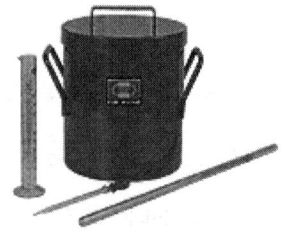

【블리딩 시험용기】

2) 관련지식 및 유의사항

① 블리딩 시험은 콘크리트의 재료 분리의 경향을 알기 위해서 한다.

② 블리딩에 의하여 콘크리트의 표면에 떠올라서 가라앉은 미세한 물질을 레이턴스(laitance)라고 한다. 블리딩이 크면 레이턴스도 크다.

③ 블리딩이 심하면 콘크리트의 윗부분이 다공질이 되며, 강도, 수밀성, 내구성 등이 작아진다.

④ 블리딩(bleeding)이란, 굳지 않은 콘크리트 또는 모르타르에서 물이 분리되어 위로 올라오는 현상을 말한다.

⑤ 블리딩이 크면, 굵은 골재가 모르타르로부터 분리되는 경향이 커진다.

⑥ 일반적으로 블리딩은 콘크리트를 친후 처음 15~30분에 대부분 생기며, 2~4시간에 거의 끝난다.

⑦ 블리딩 현상을 줄이려면, 분말도가 높은 시멘트, 혼화 재료, 응결 촉진제 등을 사용하고, 단위 수량을 적게 해야 한다

3) 시험방법

① 대표적인 시료 채취한다. 이때 채취량은 필요한 양보다 5L 이상으로 한다.

② 혼합된 콘크리트를 용기에 3층으로 나누어 넣고, 각 층을 다짐대로 25회 다진 후 용기의 바깥을 10~15번 정도 두드린다.

③ 콘크리트를 용기에 25±0.3cm의 높이까지 채운 후, 윗부분을 흙손으로 평활하게 고른다.

④ 시료와 용기를 수평한 시험대 위에 놓고 뚜껑을 덮는다.

⑤ 처음 60분 동안은 10분 간격으로, 그 후는 블리딩이 정지할 때까지 30분 간격으로 표면에 생긴 블리딩 물을 피펫으로 빨아낸다.

⑥ 각각 빨아 낸 물을 메스실린더에 옮긴 후 물의 양을 기록한다.

⑦ 이 시험 방법은 굵은 골재 최대 치수가 50mm 이하인 경우에 적용된다.

⑧ 시험중에는 실온 20±3℃로 하고, 콘크리트의 온도는 20±2℃로 한다.

4) 결과 계산

① 블리딩량$(cm^3/cm^2, ml/cm^2) = \dfrac{V}{A}$

여기서, V : 규정된 측정시간동안에 생긴 블리딩 물의 양(cm3= ml)

A : 콘크리트 노출면의 면적 (cm^2)

② 블리딩률$(\%) = \dfrac{B}{C \times 1000} \times 100$

여기서, $C = \dfrac{w}{W} \times S$

B : 시료의 블리딩 물의 총량 (cc) C : 시료에 함유된 물의 총 무게 (kgf)

W : 콘크리트 1m^{3}에 사용된 재료의 총 무게 (kgf)

w : 콘크리트 1m^{3}에 사용된 물의 총 무게 (kgf)

S : 시료의 무게 (kgf)

압력법에 의한 공기함유량 시험

1) 시험기구

    - 공기량계
        ◇ 워싱턴형

굵은 골재 최대치수(mm)	용기 최소 치수 (L)
50 이하	6
80 이하	12

【워싱턴형 공기량계】

2) 관련 지식 및 시험방법

   ① 공기량 시험법은 질량방법, 용적에 의한 방법, 공기실 압력법이 있다

   ② 공기량 시험은 AE 공기량을 측정하기 위함

   ③ AE 공기는 연행공기, 갇힌 공기는 혼화제를 쓰지 않고 자연적으로 생김

   ④ 알맞은 공기량의 범위는 4~7%

3) 시험방법

   겉보기 공기량 측정

   ① 시료의 양은 필요한 양보다 5L이상을 한다.

   ② 대표적인 시료를 용기에 3층으로 넣고, 각 층을 25회 다진다.

   ③ 용기 옆면을 고무망치로 가볍게 두들겨 빈틈을 없앤다.

   ④ 용기 윗부분의 남은 콘크리트를 정규로 깎아 내고 뚜껑을 얹어 공기가 새지 않게 잠근다. 이때, 공기실의 주 밸브는 잠그고, 배기구 밸브와 주수구 밸브를 열어 놓는다.

   ⑤ 물을 넣을 경우 배기구에서 물이 나올 때까지 주수구에 물을 넣고, 배기구에서 기포가 나오지 않을 때까지 압력계를 두들긴 다음 배기구와 주수구를 잠근다.

   ⑥ 공기실 내의 압력을 초압력까지 올리고, 약 5초 지난 뒤에 주 밸브를 충분히 연다.

⑦ 콘크리트 각 부분에 압력이 잘 전달되도록 용기의 옆면을 고무망치로 두들긴다.

⑧ 지침이 안정되었을 때 압력계를 읽어 겉보기 공기량(A1)을 구한다.

골재 수정계수의 결정

① 잔골재와 굵은 골재의 시료를 채취한다.

② 시료를 따로 따로 약 5분간 물에 담그어 둔다.

③ 용기에 물을 $\frac{1}{3}$ 정도 채운다.

④ 용기에 잔골재를 한 삽 놓고, 다짐대로 10번 정도 다진다.

⑤ 용기에 옆면을 고무망치로 두들겨 공기를 뺀다.

⑥ 골재 수정계수(G)값을 구한다.

4) 결과의 계산

$$\text{콘크리트 공기량 } A(\%) = A_1 - G$$

여기서, A : 콘크리트의 공기량 (콘크리트 부피에 대한 비 [%])

A_1 : 겉보기 공기량 (콘크리트 부피에 대한 비 [%])

G : 골재의 수정 계수 (콘크리트 부피에 대한 비 [%])

3.3 골재시험

골재체가름시험

1) 시험목적 : 골재의 입도, 조립률, 굵은 골재의 최대치수 등을 얻는다. 콘크리트의 배합설계에 있어서 잔골재율이나 입도를 조정하기 위한 자료를 얻기 위하여 필요하다.

2) 시험기구

① 체진동기

② 표준체

【 체진동기 】　　　　　【 표준체 】

3) 관련지식 및 유의사항

① 골재 체가름 시험을 통해 골재의 입도 및 최대치수를 구할 수 있다.

② 골재 조립률을 구하여 입도를 판정할 수 있다.

③ 시료를 건조기에 넣고 105±5℃에서 일정 무게가 될 때까지 건조한다.

④ 표준체 규격

0.08, 0.15, 0.3, 0.6, 1.2, 2.5, 5.0, 10, 13, 15, 20, 25, 30, 40, 50, 60, 80, 100 mm.

⑤ 체분석을 실시하여 각체에 남은 양을 구하여 조립률(FM)을 구한다.

　㉠ 조립률을 구하기 위한 10개 체

　　80, 40, 20, 10, 5, 2.5, 1.2, 0.6, 0.3, 0.15 mm

　㉡ 각 체에 남은 시료의 질량을 전체 질량에 대한 질량비(%)로 나타내며, 체잔유율 및 누적 체통과량의 백분율의 결과는 소수점 이하 한자리에서 끝맺음 한다.

$$조립률(FM) = \frac{10개\ 각\ 체에\ 남는\ 양의\ 누적잔유율의\ 합}{100}$$

⑥ 굵은 골재 최대 치수

질량(무게)으로 90% 이상 통과 하는 체 중 체 눈금이 최소인 것의 호칭치수로 나타내는 굵은 골재의 크기

⑦ 조립률의 적절한 범위 (골재의 조립률은 알의 지름이 클수록 크다)

㉠ 잔골재 : 2.3 ~ 3.1

㉡ 굵은 골재 : 6 ~ 8

굵은 골재 밀도 및 흡수율 시험 (KSF 2503 2002.7.30)

1) **시험목적** : 굵은 골재의 공극 및 콘크리트 배합 시 사용수량을 조절하기 위하여 필요하다.

2) **시험기구**

   ① 저울
   ② 철망태
   ③ 물통
   ④ 건조기: 105±5℃

【 굵은 골재 밀도 시험장치 】

3) **관련지식 및 유의사항**

   ① 5mm 체에 남은 굵은 골재를 4분법 또는 시료분취기로 채취한다.

   ② 시료를 물로 충분히 세척하고 입자 표면의 불순물 및 그 밖의 이물질을 제거한다.

   ③ 시료를 철망태에 넣고 20±5℃ 물속에 24시간 담근다.

   ④ 20±5℃의 물속에서 수중질량(C)과 수온을 측정한다.

   ⑤ 시료를 수중에서 꺼내어 흡수천으로 물기를 제거하고 표면건조포화상태의 질량(B)을 측정한다.

   ⑥ 105±5℃에서 건조 시키고 실온에서 냉각 후 절대건조상태의 질량(A)을 측정한다.

4) **결과의 계산**

   ① 표면건조 포화상태 밀도

   $$D_s = \frac{B}{B-C} \times \rho_w \ (g/cm^3)$$ ρ_w : 시험온도에서 물의 밀도(g/cm^3)

   ② 절대건조 상태 밀도 B : 표면건조 포화상태 질량(g)

$$D_d = \frac{A}{B-C} \times \rho_w \ (g/cm^3)$$

C : 시료의 수중 질량(g)

③ 진 밀도

A : 절대건조상태 시료 질량(g)

$$D_A = \frac{A}{A-C} \times \rho_w \ (g/cm^3)$$

④ 흡수율

$$Q = \frac{B-A}{A} \times 100 \ (\%)$$

5) 시방서 규정

① 물리적 성질에 관한 기준

구 분	절건밀도(g/mm³)	흡수율(%)	안정성	마모율
굵은골재	0.0025 이상	3.0 이하	12% 이하	40% 이하

② 유해물질 함유량 시험 기준 (질량 백분율)

구 분	점토덩어리	연한석편	0.08mm체 통과량	염화물 함유량
굵은골재	0.25% 이하	5.0% 이하	1.0% 이하	-

잔골재 밀도 및 흡수율 시험 (KSF 2504 2002.7.30)

1) **시험목적** : 잔골재의 공극 및 콘크리트 배합 시 사용수량을 조절하기 위하여 필요하다.

2) **시험기구**

① 원뿔형 몰드

윗지름 : 40±3mm

밑지름 : 90±3mm

높이 : 75±3mm

② 플라스크

: 잔골재 밀도 시험(500ml)

【 원뿔형 몰드 】

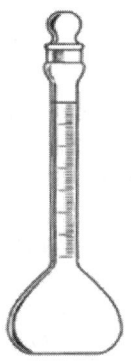
【 플라스크 】

3) 관련지식

① 잔골재 밀도는 콘크리트 배합 설계 시 잔골재의 부피계산에 이용된다.

② 잔골재의 흡수율은 골재알 속의 빈틈이 많고 적음을 나타낸다.

③ 잔골재의 흡수율은 콘크리트 배합에서 혼합수량을 조정하는데 쓰인다.

4) 시료 준비

① 시료를 4분법 또는 시료분취기에 의해서 채취한다.

② 약 $1000g$의 양을 적당한 팬이나 그릇에 넣어 105±5℃의 온도로 항량이 될 때까지 건조시킨다.

③ 원뿔형 몰드에 시료를 채우고 윗면을 평평하게 고르고 표면을 다짐봉으로 25회 가볍게 다진다.

④ 원뿔형 몰드를 들어 올렸을 때에 시료의 원뿔 모양이 처음으로 흘러내렸을 때를 표면건조포화상태로 한다.

5) 밀도 시험

① 표시선까지 물을 채운 플라스크의 질량을 계량한다.

② 표면건조포화상태의 시료 500g을 0.1g까지 계량한다.

③ 시료를 플라스크에 넣고 물을 용량의 90%까지 넣은 후 기포를 제거

④ 항온수조 속에 약 1시간 담근 후, 정확히 $500ml$의 눈금까지 물을 넣고 무게를 측정하고 0.1g까지 기록한다.

6) 흡수율 시험

잔골재를 플라스크에서 꺼낸 다음 항량이 될 때까지 105±5℃에서 건조시키고 실내온도까지 식힌 후 무게를 잰다.

7) 결과계산

① 표면건조포화상태의 밀도 $(d_s) = \dfrac{m}{B+m-C} \times \rho_w \ (g/cm^3)$

② 절대건조 상태의 밀도 $(d_d) = \dfrac{A}{B+m-C} \times \rho_w \ (g/cm^3)$

③ 진밀도 $(d_A) = \dfrac{A}{B+A-C} \times \rho_w \ (g/cm^3)$

④ 흡수율 $(Q) = \dfrac{m-A}{A} \times 100 \ (\%)$

여기서, m : 표면건조 포화상태 시료의 질량 (g)
C : 시료와 물로 검정된 용량을 나타낸 눈금까지 채운 플라스크 질량 (g)
B : 검정된 용량을 나타낸 눈금까지 물을 채운 플라스크 질량 (g)
A : 절대건조 상태의 시료 질량 (g)

8) 시방서 규정

① 물리적 성질에 관한 기준

구 분	절건밀도(g/mm³)	흡수율(%)	안정성	마모율
잔 골 재	0.0025 이상	3.0 이하	10% 이하	-

② 유해물질 함유량 시험 기준 (질량 백분율)

구 분	점토덩어리	연한석편	0.08mm체 통과량	염화물 함유량
잔골재	1.0% 이하	-	마모저항 받는 경우 3.0% 이하	0.04% 이하
			기타 5.0% 이하	

골재의 단위 용적질량 및 실적률 시험 (KSF2505 2002.12.20)

1) 시험목적 : 콘크리트의 제조, 배합의 결정, 현장에서 골재를 계량할 경우에 필요하다.

2) 시험법
① 봉 다지기 ② 충격에 의한 경우

3) 결과
① 골재의 단위 용적 질량(T)

$$T = \frac{m_1}{V}(kg/m^3)$$

여기서, m_1 : 용기안의 시료의 질량 (kg)
V : 용기 용적 (m^3)

【 골재의 단위용적 측정기 】

② 골재의 실적률(G)

$$G = \frac{T}{d_D \times 1000} \times 100 (\%) \quad \text{또는} \quad G = \frac{T}{d_S \times 1000} \times (100 + Q)(\%)$$

여기서, d_D : 골재의 절대건조상태 밀도 (g/cm^3)

d_S : 골재의 표면건조포화상태 밀도 (g/cm^3)

Q : 골재의 흡수율

잔골재 표면수 시험

1) **시험 목적** : 콘크리트 배합설계를 할 때 골재의 표면수가 있으면 물-결합재비가 달라지므로 혼합수를 조정하기 위해 잔골재의 표면수율 시험을 한다.

2) **관련지식**

   ① 콘크리트의 배합설계는 골재의 표면건조 포화상태를 기준으로 한 것 이므로 골재의 표면수를 측정하여 혼합수량을 조절한다.

   ② 잔골재의 표면수 측정방법은 질량에 의한 측정법(질량법), 용적에 의한 측정법(부피법), 메스실린더에 의한 간이 측정법이 있다.

3) **시험방법(질량법)**

   ① 플라스크의 표시선까지 물을 채우고 질량을 계량한다.

   ② 물을 일부 제거한 플라스크 속에 시료 500g을 넣고, 흔들어서 공기를 없앤다.

   ③ 플라스크 표시선까지 물을 채우고 시료와 물이 든 플라스크의 질량을 계량한다.

   ④ 시료가 밀어낸 물의 질량

   $m = m_1 + m_2 - m_3$

   여기서, m_1 : 시료의 질량

   m_2 : 표시선까지 물을 채운 플라스크의 질량

   m_3 : 시료를 넣고 표시선까지 물을 채운 플라스크의 질량

4) **결과의 계산**

   ① 표면수율

   $$H(\%) = \frac{m - m_s}{m_1 - m} \times 100(\%)$$

   여기서, m_s : $\dfrac{m_1}{\text{표면건조 포화상태의 밀도}}$

골재의 안정성 시험

1) **시험 목적** : 골재의 내구성을 알기 위해 황산나트륨 포화용액으로 인한 골재의 부서짐 작용에 대한 저항성을 시험한다.

2) **시험기구**

   ① 시험용 용기

   ② 철망태

   ③ 저울

   ④ 건조기 : 105±5℃

   ⑤ 표준체

   ⑥ 황산나트륨 용액

【 골재 안정성 시험용기 】

3) **황산나트륨 표준용액 제조방법**

   ① 25~30℃의 깨끗한 물 1l에 황산나트륨(Na_2SO_4) 약 250g을 넣는다.

   ② 황산나트륨이 잘 녹을 수 있도록 저으면서 섞는다.

   ③ 황산나트륨 용액을 20℃가 될 때까지 식히고 48시간 이상 유지한 후 사용한다.

4) **관련지식 및 시험방법**

   ① 골재의 내구성은 과거의 경험이 없는 경우에는 골재의 안정성 시험 또는 그 골재를 사용한 콘크리트로 동결융해시험 등의 촉진 내구성 시험을 하여 그 결과로 판단한다.

   ② 용액은 48시간 이상, 시료의 온도는 21±1℃를 유지한 후 사용한다.

   ③ 용액을 시험에 사용하는 경우, 용기의 바닥에 결정이 생기지 말아야 한다.

   ④ 시험에 사용하여 더러워진 용액은 10번 이상 되풀이 하여 시험에 사용해서는 안 된다. 각 무더기의 질량비가 5% 이상이 된 무더기에서만 안정성 시험을 한다.

   ⑤ 시료를 철망 바구니 안에 넣고 시험용 용액 안에 16 - 18시간 동안 담가둔다.

골재의 유기 불순물 시험

1) **시험목적** : 잔골재 중에 함유되어 있는 유기 불순물의 양을 알아 그 모래의 사용 적부를 판단하는데 필요하다. 잔골재 중의 유기물은 콘크리트의 경화를 방해하고 콘크리트의 강도, 내구성 및 안정성을 해친다.

2) **관련지식 및 시험방법**

   ① 표준색 용액 제조

   ㉠ 10%의 알코올 용액을 만든다. (알코올 10g + 물 90g)

   ㉡ 10%의 알코올 용액 9.8g에 타닌산 가루 0.2g을 넣어 2%의 타닌산 용액을 만든다.

   ㉢ 3%의 수산화나트륨 용액을 만든다. (수산화나트륨 9g + 물 291g)

   ㉣ 2% 타닌산 용액 2.5ml를 3% 수산화나트륨 용액 97.5ml에 섞어서 표준색 용액을 만든다.

   ② 시험용액 제조

   ㉠ 시료를 무색 유리병에 130ml의 눈금까지 넣고 3%의 수산화나트륨 용액을 200ml의 눈금까지 넣는다.

   ㉡ 병마개를 닫고 잘 흔든 다음 24시간 동안 가만히 둔다.

   ③ 시험용액의 색깔이 표준색 용액보다 연할 때는 사용 가능하다.

3) **시방사항**

   잔골재의 유해물 함유량 한도(질량백분율)

종류	최대값
점토 덩어리	1.0
0.08 mm체 통과량 콘크리트의 표면이 마모작용을 받는 경우 기타의 경우	 3.0 5.0
석탄, 갈탄 등으로 밀도 2.0 g/cm^{3}의 액체에 뜨는 것 콘크리트의 외관이 중요한 경우 기타의 경우	 0.5 1.0
염화물(NaCl 환산량)	0.04

골재에 포함된 잔입자 시험 (0.08 mm체 통과량 시험)

1) **시험목적** : 콘크리트의 강도, 건조수축 및 혼합수량에 영향을 끼치는 잔입자의 함유량을 측정한다.

2) **관련지식 및 시험방법**

   ① 골재에 잔입자인 점토, 실트, 운모질 등이 많이 함유되어 있으면 콘크리트의 혼합수량이 많아지고 건조수축에 의한 콘크리트에 균열이 생기기 쉽다.

   그리고 블리딩현상으로 레이턴스가 많이 생기며 시멘트 풀과 골재와의 부착력이 약해져서 콘크리트의 강도와 내구성이 낮아진다.

   ② 일정한 시료를 준비하여 건조시킨 다음 질량을 측정하고 시료를 용기에 잠기게 넣는다. 그리고 0.08mm체 위에 1.2mm체를 얹어 시료를 붓는다.

   ③ 씻은 물이 맑을 때까지 계속 작업한다.

   ④ 건조시킨 후 질량을 측정한다.

   ⑤ 통과율(%) = $\dfrac{\text{씻기 전 시료의 건조질량} - \text{씻은 후 시료의 건조질량}}{\text{씻기 전 시료의 건조질량}} \times 100(\%)$

   ⑥ 골재의 잔입자 함유량 한도

항 목	최대값(%)	
	잔골재	굵은 골재
콘크리트의 표면이 닳음 작용을 받은 경우	3.0	1.0
그 밖의 경우	5.0	1.0

   ⑦ 골재 중의 점토 덩어리 함유량 한도

골재의 종류	최대값(%)
잔골재	1.0
굵은골재	0.25

   ⑧ 점토 덩어리 량의 시험 시 사용되는 체는 잔골재 0.6mm, 굵은 골재 2.5mm를 사용한다.

굵은 골재의 마모시험(닳음 시험)

1) **시험목적** : 도로용 콘크리트 및 댐 콘크리트와 같이 마모저항이 요구되는 콘크리트에 사용되는 굵은 골재의 사용 가능성 여부를 판단하는데 사용된다.

2) **시험기구 및 재료** :

① 로스엔젤레스 시험기 :

   안지름 710±5mm

   안쪽길이 510±5mm의 강제원통

② 철구 : 평균지름 약 46.8mm,

   1개의 질량은 390~445 g

③ 저울 : 시료 전체 무게의 0.1% 이상의 정밀도

④ 체 : 망체 1.7, 2.5, 5, 10, 15, 20, 25, 40, 50, 65, 80 mm

⑤ 건조기 : 105±5℃의 온도를 유지할 수 있는 것

⑥ 시료용기

【 로스엔젤레스 시험기 】

3) **관련지식 및 시험방법**

① 철구의 질량 및 철구 수

입도구분	철구의 질량(g)	철구 수	입도구분	철구의 질량(g)	철구 수
A	5,000±25	12	E	5,000±25	12
B	4,580±25	11	F	5,000±25	12
C	3,330±20	8	G	5,000±25	12
D	2,500±5	6			

② 입도구분에 따라 시료를 준비하고 분당 30~33회전으로 A, B, C, D 입도의 경우 500회 회전, E, F 및 G 입도의 경우는 1000회 회전시킨다.

③ 시료를 시험기에서 꺼내 1.7mm 체로 체가름 한 후 물로 씻고 건조시켜 질량을 측정한다.

④ 마모율(%) = $\dfrac{\text{시험 전 시료 질량} - \text{시험 후 } 1.7mm \text{체에 남은 시료 질량}}{\text{시험 전 시료 질량}} \times 100(\%)$

⑤ 보통 콘크리트용 골재의 마모율은 50% 이하, 댐 콘크리트는 40% 이하, 포장 콘크리트의 경우는 35% 이하이다.

3.4 굳은 콘크리트 관련시험

콘크리트 압축강도시험

1) 시험기구
   - 압축강도용 시험체 몰드
       ◇ 지름:150mm, 높이:300mm
       ◇ 지름:100mm, 높이:200mm
   - 압축강도시험기

【압축강도용몰드】

【만능재료시험기】

2) 관련지식
   ① 콘크리트의 강도라 함은 보통 압축강도를 말함
   ② 압축강도 시험 목적
       ◇ 경제적인 콘크리트 만들기 위한 재료 선정
       ◇ 재료 및 배합한 콘크리트의 압축강도를 구한다.
       ◇ 공사 현장의 콘크리트가 필요한 성질을 가진 콘크리트인지 확인
       ◇ 압축강도 시험 값으로부터 다른 여러 가지 성질(휨 강도, 인장강도, 탄성계수)의 대략 값을 추정
       ◇ 콘크리트 품질관리 용이
   ③ 압축강도 시험은 보통 재령 7일, 28일 (댐 콘크리트는 91일)의 강도를 설계 표준
   ④ 시험체 지름은 굵은 골재 최대치수의 3배 이상, 또 100mm이상이어야 한다.
       굵은 골재 최대 치수가 40mm를 넘을 경우 40mm 망체로 쳐서 40mm를 넘는 입자를 제거한 시료를 사용하여 지름이 15cm의 공시체를 사용

⑤ 시험체 가압면에는 0.05mm 이상의 홈이 있어서는 안 된다.

⑦ 공시체 지름을 0.1mm, 높이를 1mm까지 측정한다.

⑧ 공시체는 소정의 양생이 끝난 직후의 상태에서 시험

⑨ 공시체 치수는 공시체 지름의 2배의 높이를 가진 원기둥으로 한다. 그 지름은 굵은골재 최대치수의 3배 이상, 100mm 이상으로 한다.

3) 시험방법

① 탈형을 쉽게 하고 이음새로 콘크리트가 새는 것을 방지하기 위해 공시체 내부에 그리스를 바른다.

② 콘크리트 몰드에 3층 25회 다진다.

   콘크리트를 채울 때 1층 두께는 160mm를 넘어서는 안 되며, 다짐은 10cm² 당 1회 비율로 다짐

③ 콘크리트를 채운 후 된 반죽콘크리트는 2~6시간, 묽은 반죽콘크리트는 6~24시간 지나서 물-결합재비(W/B) 27~30%로 공시체를 캐핑한다.

④ 시험체에 콘크리트를 다 채운 후 16시간 이상 3일 이내에 몰드를 뗀다.

⑤ 시험체를 20±2℃에서 습윤 양생

⑦ 압축강도 시험시 공시체는 습윤상태를 유지한다.

⑧ 공시체에 일정한 속도로 하중을 가한다, 하중을 가하는 속도는 압축응력도의 증가율이 매초 0.6±0.2 (MPa)로 한다.

⑨ 소정의 재령이 되면 시험체를 파괴한다. 이때 최대 파괴하중을 기록

4) 결과 계산

$$f_C = \frac{P}{A} \ (MPa)$$

여기서, P : 최대하중(N) A : 공시체의 면적$(\frac{\pi d^2}{4})$

$d = \frac{d_1 + d_2}{2}$ d_1, d_2 : 두방향 지름(mm)

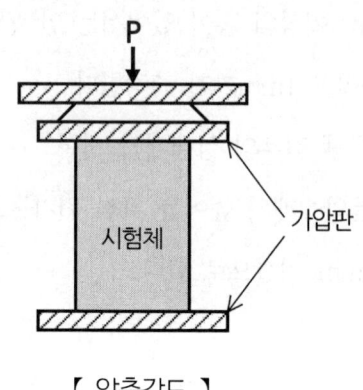

【 압축강도 】

≪알아두기≫
☞ 콘크리트 압축강도, 인장강도, 휨강도 공통사항
  ① 몰드 떼는 시기 : 16시간~3일
  ② 시험체 양생 : 20 ± 2 ℃에서 습윤양생
  ③ 캐핑(capping) : 일반적으로 물건 위를 감싸거나 위에 씌우거나 위에 부착하는 것
  ④ 국제단위(SI)단위에 따른 환산 : $1kgf = 9.8N$, $1MPa = 10.2kgf/cm^2$

콘크리트 쪼갬인장강도시험

1) 콘크리트 인장강도 시험방법은 직접 인장강도 시험법과, 쪼갬 인장강도 시험법이 있으나, 직접 인장강도 시험법은 시험이 어려워 쪼갬 인장강도(할렬시험)
   시험법을 표준
2) 인장강도 시험의 기계기구, 시험체 제작은 압축강도와 동일
3) 관련지식
   ① 시험하기 전의 재료의 온도는 20~25℃로 일정하게 유지
   ② 공시체의 지름은 골재 최대 치수의 4배 이상이고 100mm 이상으로 하며, 공시체 길이는 지름의 2배로 한다.
   ③ 시험기의 위아래의 가압판은 평행이 되어야 한다.
   ④ 시험체는 양생이 끝난 뒤, 즉시 젖은 상태에서 시험하여야 한다.
   ⑤ 인장강도는 콘크리트 포장슬래브, 물탱크 등에서 중요

⑥ 콘크리트 인장강도는 압축강도의 $\frac{1}{10} \sim \frac{1}{13}$ 정도

4) 인장강도 시험

① 시험체를 시험하기 직전에 양생실에서 꺼내어 지름을 0.1mm까지 두 곳 이상을 재어서 평균값을 구한다.

② 시험체의 길이를 0.1mm까지 두 곳 이상을 재어서 평균값을 구한다.

③ 시험체를 시험기의 가압판 위에 중심선과 일치하도록 옆으로 뉘고, 인장응력도의 증가율이 매초 0.06±0.04 (MPa)의 일정한 비율로 증가 하도록 하중을 준다.

④ 시험체가 파괴될 때, 시험기에 나타난 최대 하중을 기록한다.

5) 결과 계산

$$인장강도(f_{sp}) = \frac{2P}{\pi dl}(MPa)$$

여기서, P : 시험기에 나타난 최대하중(N)
l : 시험체의 길이(mm)
d : 시험체의 지름(mm)

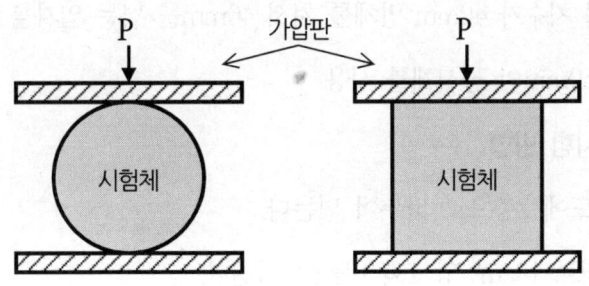

【 인장강도 시험 】

콘크리트 휨강도시험

1) **시험기구**
   - 휨 시험체 몰드
     - 150×150×530mm 몰드
     - 100×100×380mm 몰드
   - 만능재료시험기

【휨 시험체 몰드】

2) **관련지식**

   ① 콘크리트 휨 강도는 압축강도의 $\frac{1}{5} \sim \frac{1}{8}$ 정도

   ② 콘크리트 휨 강도는 도로 포장용 콘크리트 품질 결정에 사용

   ③ 공시체의 높이는 골재 최대 치수의 4배 이상이며, 100mm 이상으로 한다.

   ④ 공시체의 길이는 높이의 3배보다 80mm 이상 더 커야 한다.

   ⑤ 휨 강도용 공시체 (150×150×530mm, 또는 100×100×380m)를 만들어 양생 후 시험체를 3등분하여 놓고 파괴하여 최대하중 구하여 휨강도 구함.

   ⑥ 굵은 골재 최대 치수가 40mm 망체를 쳐서 40mm를 넘는 입자를 제거한 시료를 사용하여 150mm×150mm의 공시체를 사용

3) **시험체 제작 및 시험 방법**

   ① 콘크리트를 몰드에 2층으로 나누어 넣는다.

   ② 각 층을 다짐대로 $10cm^2$ 당 1회 비율로 다진다.

   ③ 하중을 가하는 속도는 가장자리 응력도의 증가율이 매초 0.06±0.04 [MPa] 이 되도록 조정하고, 최대하중이 될 때까지 그 증가율을 유지하도록 한다.

   ④ 파괴 단면 나비는 3곳에서 0.1mm 까지 측정하여 평균하고, 파괴 단면 높이는 2곳에서 0.1mm까지 측정

4) 결과의 계산

① 시험체가 지간의 3등분 중앙에서 파괴 될 때

$$휨강도(f_b) = \frac{Pl}{bd^2} \ (MPa)$$

여기서, P : 시험기에 나타난 최대하중(N) b : 평균 나비(mm)

l : 지간의 길이(mm) d : 평균 두께(mm)

② 공시체가 인장 쪽 표면의 지간 방향 중심선의 3등분점의 바깥쪽에서 파괴된 경우 그 시험은 무효로 한다.

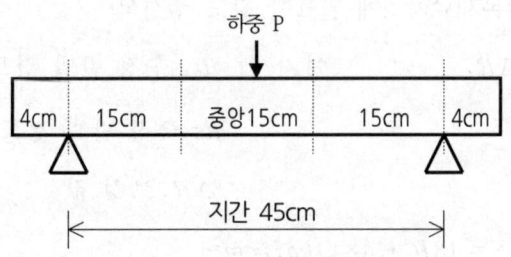

【15×15×53cm 중앙점 하중장치】

≪알아두기≫
☞ 휨강도 1층당 다짐횟수 구하기
  ① 15×15×53cm 몰드를 사용한 경우(다짐횟수는 1회/10㎠)
     다짐횟수 = 면적÷10 =(15×53)÷10 =79.5 ≒ 80회
  ② 10×10×38cm 몰드 사용한 경우(다짐회수는 1회/10㎠
     다짐횟수 = 면적÷10 =(10×38)÷10 = 38회

콘크리트 압축강도 추정을 위한 반발경도 시험

1) **시험목적** : 비파괴로 콘크리트의 강도를 알기 위함
2) **시험방법** : 슈미트 해머(Schmidt hammer)로 때려 반발경도로 콘크리트 압축강도 추정
   ① 시험부위 : 시험할 콘크리트 부재 두께는 100mm 이상, 하나의 구조체로 고정, 평활한 면을 선택

② 타격방향: 수평 타격이 가장 안정적
③ 시험 준비
- 시험 영역 지름은 150mm 이상
- 거친 면, 푸석푸석한 면은 연삭 숫돌로 평활하게 한다.

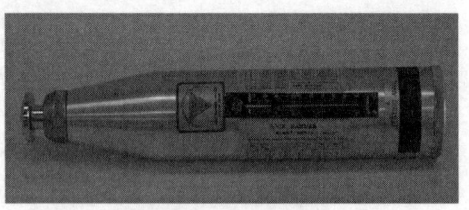
【슈미트 해머】

④ 계산

시험 값 20개의 평균으로부터 오차가 20% 이상은 버리고 나머지 시험값 평균, 이때 4개 이상 벗어나면 재시험

⑤ 압축강도 추정 (일본재료학회에 발표한 강도 추정식)

$$R_0 = R + \Delta R$$

여기서, R_0 : 수정 반발 경도
R : 측정 반발 경도
ΔR : 보정 값

압축강도 $F = 13R_0 - 184 \ (kgf/cm^2)$

$F = 1.27R_0 - 18.0 \ (MPa)$

압축강도 추정값 $F_c = F \times \alpha$

α : 재령보정계수

≪알아두기≫
콘크리트 관련시험은 KS 기준의 일부이므로 정확한 것은 KS 규정을 참고
시멘트밀도시험((KS L 5110 2001.12.27)),시멘트 응결시험(KS L 5108 2002.12.18),시멘트모르타르압축강도시험(KS L 5105 1987.12.10),슬럼프시험 (KS F 2402 2002.8.24),콘크리트의 블리딩 시험(KSF 2414 2000.12.28),굵은골재 및 잔골재 체가름시험(KSF 2502 2005.12.21),굵은골재 밀도 및 흡수율 시험(KSF 2503 2002.7.30),잔골재 밀도 및 흡수율 시험(KSF 2504 2002.7.30),골재의 단위 용적질량 및 실적률 시험(KSF2505 2002.12.20),콘크리트의 압축강도 시험(KSF2405 2005.12.26),콘크리트의 인장강도 시험(KSF 2423 2001.6.14),콘크리트의 휨강도 시험(KSF 2408. 2005.9.28),콘크리트 압축강도 추정을 위한 반발경도 시험(KSF 2730 2003.11.19)

문제 및 해설

콘크리트 슬럼프시험

문제 1

슬럼프 시험 결과로 판정할 수 없는 것은?

가. 반죽질기(consistency) 나. 재료의 분리에 저항하는 정도
다. 성형성(plasticity) 라. 내구성

해설
① 슬럼프 시험은 콘크리트 반죽질기를 측정하는 것으로, 워커빌리티 판정 시험
② 워커빌리티(workability) : 반죽질기에 따른 작업이 어렵고 쉬운 정도 및 재료분리에 저항하는 정도를 나타내는 성질.
③ 성형성(plasticity) : 거푸집에 쉽게 다져 넣을 수 있고, 거푸집을 제거하면 천천히 형상이 변하기는 하지만 허물어지거나 재료분리하지 않는 성질.

문제 2

다음 슬럼프 시험에 대한 사항 중 옳지 않은 것은?

가. 시료를 채우고 벗길 때까지의 전 작업 시간은 3분 이내로 한다.
나. 반죽된 콘크리트 시료를 3층으로 나누어 넣고 각층마다 25회 다진다.
다. 시험 후 슬럼프 값은 무너지고 콘크리트가 남아 있는 높이다.
라. 슬럼프 콘(cone)을 수직으로 끌어올린다.

해설
① 슬럼프 콘을 들어 올리는 시간은 높이 30cm에서 2~5초로 한다.
② 슬럼프 콘에 채우고 벗길 때 까지 전 작업시간은 3분 이내.
③ 슬럼프 콘은 강으로 된 평판위에 설치하고 3층 25회 다진다.
④ 슬럼프 콘을 연직으로 들어 올려 공시체 높이와 콘크리트가 무너진 상단부와 차를 5mm 단위로 측정하여 슬럼프 값으로 한다.

문제 3

슬럼프 시험에서 슬럼프 값은 콘크리트가 내려앉은 길이를 어느 정도의 정밀도로 측정 하는가?

가. 5mm 나. 10mm 다. 20mm 라. 30mm

해설 콘크리트가 내려앉은 길이를 5mm의 단위로 측정

정답 1. 라 2. 다 3. 가

문제 4

크리트 슬럼프 시험은 굵은 골재의 크기가 최소 몇 mm 이상인 경우에는 적용 할 수 없는가?

가. 40mm 나. 25mm 다. 80mm 라. 60mm

해설	굵은 골재 최대치수가 40mm를 넘을 경우 40mm 골재는 제거하고 시험

문제 5

콘크리트의 슬럼프 시험에서 슬럼프 콘을 벗기는 작업에 필요한 시간은?

가. 28~30초 나. 13~15초 다. 8~10초 라. 2~5초

해설	슬럼프 콘을 들어 올리는 시간은 높이 30cm에서 2~5초

문제 6

굳지 않은 콘크리트의 워커빌리티를 측정하는 시험법으로 틀린 것은?

가. 슬럼프 시험 나. 플로(flow) 시험
다. 공기 함유량 시험 라. 구관입 시험

해설	워커빌리티 판정 시험 : 슬럼프 시험, 구관입 시험, 흐름(플로)시험, 비비(vebe)시험, 리몰딩시험

문제 7

콘크리트 슬럼프 시험에서 슬럼프 콘 부피의 2/3까지 시료를 넣고 2번째 층을 다질 때 다짐대가 콘크리트 속으로 들어가는 적당한 깊이는?

가. 7cm 나. 9cm 다. 12cm 라. 16cm

해설	다짐대가 콘크리트 속으로 들어가는 깊이는 9cm정도
변경	각 층을 다질 때 다짐봉의 다짐 깊이는 그 앞 층에 거의 도달할 정도로 한다.

문제 8

콘크리트의 슬럼프 시험을 하였다. 슬럼프 콘을 뺀 후의 형상이 아래그림과 같았을 때 측정 척을 콘크리트의 표면에 일치시킨 것이다. 이때 슬럼프 값은 얼마인가?

가. 2cm 나. 14cm
다. 15cm 라. 16cm

해설	콘크리트가 내려앉은 길이를 슬럼프 값

정답 4. 가 5. 라 6. 다 7. 나 8. 나

문제 9

콘크리트의 슬럼프 시험에 관한 용도를 가장 적절하게 설명한 것은?

가. 재료분리의 정도를 알기 위한 시험이다.
나. 반죽질기를 측정하기 위한 시험이다.
다. 공기량을 알기 위한 시험이다.
라. 피니셔빌리티를 측정하기 위한 시험이다.

해설 슬럼프 시험은 콘크리트 반죽질기를 측정하는 것으로, 워커빌리티 판정 시험

문제 10

슬럼프 시험에서 시료를 슬럼프 콘에서 몇 층으로 나누고 각층을 몇 회 다지는가?

가. 2층 25회
나. 3층 25회
다. 2층 15회
라. 3층 15회

해설 슬럼프 콘에 3층 25회 다진다.

문제 11

슬럼프 시험에서 매 층 당 다지는 횟수는?

가. 10회로 한다.
나. 25회로 한다.
다. 20회로 한다.
라. 15회로 한다.

해설 슬럼프 콘에 3층 25회 다진다.

문제 12

콘크리트의 슬럼프 시험에 사용하는 콘의 밑면 안지름은?

가. 15cm
나. 20cm
다. 25cm
라. 30cm

해설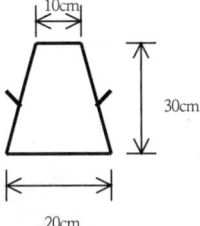

정답 9. 나   10. 나   11. 나   12. 나

문제 13

콘크리트의 슬럼프 시험에 사용하는 다짐대의 지름은 몇 mm인가?

가. 10mm
나. 13mm
다. 16mm
라. 19mm

해설 슬럼프 다짐봉: 지름 16mm, 길이 500~600mm

문제 14

슬럼프 시험의 설명으로 알맞은 것은?

가. 콘크리트의 물 - 결합재 비를 측정하는 시험이다.
나. 굳지 않은 콘크리트의 반죽질기 정도를 측정하는 시험이다.
다. 굳지 않은 콘크리트속의 공기량을 측정하는 시험이다.
라. 재료의 혼합 정도를 측정하는 시험이다.

해설 슬럼프 시험은 콘크리트 반죽질기를 측정하는 것

문제 15

포틀랜드 시멘트 콘크리트의 슬럼프 시험을 통하여 알 수 있는 것은?

가. 반죽질기
나. 내진성
다. 압축강도
라. 탄성계수

해설 슬럼프 시험은 콘크리트 반죽질기(컨시스턴시)를 측정하는 것

문제 16

다음 그림은 포틀랜드 시멘트 콘크리트의 슬럼프 시험을 한 것이다. 슬럼프 값을 바르게 나타낸 것은?

가. H1
나. H2
다. d2
라. d2 - d1

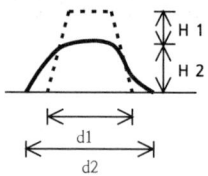

해설 슬럼프콘의 규격 및 슬럼프 값

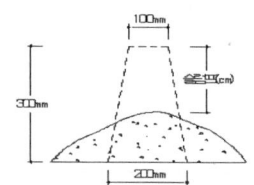

① 슬럼프콘 규격
  윗지름 : 100mm, 아래지름 : 200mm, 높이 : 300mm
② 슬럼프 값 : 콘크리트가 내려앉은 길이를 슬럼프 값

정답 13. 다 14. 나 15. 가 16. 가

문제 17

슬럼프 시험은 슬럼프 콘에 콘크리트를 3층으로 나누어넣고, 지름 (㉠)의 다짐대로 각 층을 (㉡)번씩 다진 후 슬럼프 값을 측정하는 시험이다. ( )안에 적절한 값을 순서대로 나열한 것은?

가. ㉠=12mm, ㉡=15
나. ㉠=12mm, ㉡=25
다. ㉠=16mm, ㉡=15
라. ㉠=16mm, ㉡=25

해설 슬럼프 시험은 지름이 16mm 다짐대로 슬럼프콘에 3층으로 나누어 25회씩 다짐

문제 18

콘크리트의 슬럼프 시험에 사용되는 슬럼프 콘은 밑면의 안지름이 (㉠)cm, 윗면의 안지름이 (㉡)cm이고 높이가 (㉢)cm이다. ( )안에 값을 순서대로 나열한 것은?

가. ㉠=20, ㉡=10, ㉢=30
나. ㉠=30, ㉡=20, ㉢=30
다. ㉠=20, ㉡=10, ㉢=40
라. ㉠=30, ㉡=20, ㉢=40

해설 슬럼프콘의 규격

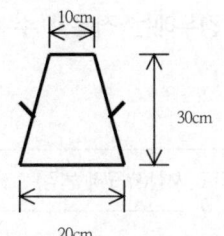

① 슬럼프콘 규격
  위지름 : 100mm, 아래지름 : 200mm, 높이 : 300mm
② 슬럼프 값 : 콘크리트가 내려앉은 길이를 슬럼프 값

문제 19

다음 중에서 아직 굳지 않은 콘크리트의 반죽질기를 구하는 시험은?

가. 강열감량시험
나. 블레인(Blaine)공기투과장치
다. 슬럼프 시험
라. 블리딩 시험(Bleeding Test)

해설 반죽질기 시험
슬럼프 시험이 대표적이며, 그밖에 구관입 시험, 흐름시험, 비비 시험(Vee-Bee test), 리몰딩 시험(remolding test)

정답 17. 라 18. 가 19. 다

문제 20

슬럼프(slump)시험 기구 및 방법에 대한 설명으로 틀린 것은?

가. 슬럼프 콘은 밑면의 안지름이 20cm, 윗면의 안지름이 10cm, 높이가 30cm의 원추형을 사용한다.
나. 다짐봉은 지름 20mm, 길이 80cm의 강 또는 금속제 원형봉으로 그 앞 끝을 반구모양으로 한다.
다. 슬럼프 콘을 연직으로 들어 올리고 콘크리트의 중앙부에서 공시체의 높이와의 차를 측정하여 이것을 슬럼프로 한다.
라. 슬럼프는 0.5cm 단위로 표시한다.

해설 다짐봉은 지름이 16mm, 길이 500~600mm 을 사용

문제 21

굳지 않은 콘크리트의 워커빌리티를 측정하는 시험법으로 틀린 것은?

가. 슬럼프 시험
나. 플로(flow) 시험
다. 공기 함유량 시험
라. 구관입 시험

해설 공기함유량 시험은 콘크리트 공기량시험이다

문제 22

콘크리트 슬럼프 시험은 굵은 골재 최대치수가 몇 mm 이상 인 경우에는 적용할 수 없는가?

가. 40mm
나. 30mm
다. 25mm
라. 20mm

해설 굵은 골재 최대치수가 40mm를 넘을 경우 40mm이상 골재는 제거하고 시험(ks규격 변경)

문제 23

콘크리트의 슬럼프 시험에 대한 설명으로 옳은 것은?

가. 콘크리트가 내려앉은 길이를 5mm의 정밀도로 측정한다.
나. 시료는 슬럼프 콘의 높이를 3등분하여 3층으로 나누어 넣고 가운데 층만 25회 다진다.
다. 슬럼프 콘에 시료를 채우고 벗길때 까지의 전작업 시간은 3분 30초 이내로 한다.
라. 슬럼프 콘 벗기는 작업은 10초 정도로 천천히 해야 한다.

해설
- 내려앉은 길이를 5mm 단위로 측정 (ks규격 변경, 구 규격 0.5cm 단위로 측정)
- 슬럼프 시험의 층수 및 다짐횟수 : 3층, 25회 다짐
- 전 작업시간은 3분 이내, 슬럼프 콘 벗기는 작업은 2~3초(ks규격 변경)

정답 20. 나 21. 다 22. 가 23. 가

문제 24

시멘트 밀도 시험의 목적이 아닌 것은?

가. 시멘트의 종류를 어느 정도 추정할 수 있다.
나. 시멘트의 품질을 판정할 수 있다.
다. 시멘트 입자 사이의 공기량을 알 수 있다.
라. 콘크리트 배합 설계를 할 때 시멘트의 질량을 구할 수 있다.

해설	시멘트 밀도를 알면 ① 시멘트 종류, 품질 판정 ② 콘크리트 배합설계 때 시멘트 질량를 구할 수 있음

문제 25

포장 콘크리트와 같은 된 반죽 콘크리트의 반죽 질기를 측정하기 위한 시험 방법은?

가. 슬럼프(slump)시험
나. 비비(Vee-Bee) 시험
다. 압축강도 시험
라. 공기량 시험

해설	비비시험은 슬럼프시험으로 구별하기 어려운 비교적 된반죽 콘크리트의 반죽질기를 측정할 수 있는 특징이 있다

문제 26

일반 콘크리트의 슬럼프 시험에서 대한 설명으로 틀린 것은?

가. 굵은 골재의 최대치수가 40mm를 넘는 콘크리트의 경우에는 40mm를 넘는 굵은 골재를 제거한다.
나. 슬럼프 콘을 벗길 때는 좌우로 가볍게 흔들어 주어 콘이 잘 벗겨지도록 한다.
다. 콘에 시료를 채울 때는 시료를 거의 같은 양을 3층으로 나눠서 채우며, 그 각 층은 다짐봉으로 고르게 한 후 25회 똑같이 다진다.
라. 콘크리트가 슬럼프콘의 중심축에 대하여 치우치거나 무너지거나 해서 모양이 불균형이 된 경우는 다른 시료에 의해 재시험을 한다.

해설	슬럼프 콘을 벗길 때는 윗면을 고르게 고르고 즉시 슬럼프콘을 연직으로 들어 올린다.

정답 24. 다 25. 나 26. 나

블리딩 시험

문제 1

블리딩 시험에서 블리딩량을 나타내는 단위로 옳은 것은?

가. cm^2
나. cm^3
다. $cm^2/cm.^3$
라. cm^3/cm^2

해설 블리딩량$(cm^3/cm^2, ml/cm^2) = \dfrac{V}{A}$

문제 2

블리딩 시험에서 처음 60분 동안은 몇 분 간격으로 표면에 생긴 블리딩의 물을 빨아내는가?

가. 30분 간격으로 시험한다.
나. 20분 간격으로 시험한다
다. 10분 간격으로 시험한다.
라. 5분 간격으로 시험한다.

해설 처음 60분 동안은 10분 간격으로 빨아낸다.

문제 3

콘크리트의 블리딩시험에 있어서 처음 60분 동안은( )분 간격으로 그 후는 블리딩이 정지할 때까지 ( )분 간격으로 표면에 생긴 물을 빨아낸다. ( )속에 맞는 수치로 나열된 항은?

가. 5분, 20분
나. 5분, 30분
다. 10분, 20분
라. 10분, 30분

해설 처음 60분 동안은 10분 간격으로, 그 후는 블리딩이 정지할 때까지 30분 간격으로 표면에 생긴 블리딩 물을 피펫으로 빨아낸다.

문제 4

블리딩을 감소시키기 위한 방법이 아닌 것은?

가. 분말도가 높은 시멘트를 사용한다.
나. AE제를 사용한다.
다. 물의 양을 적게 한다.
라. 단위 굵은 골재량을 증가시킨다.

해설 블리딩 현상을 줄이려면, 분말도가 높은 시멘트, 혼화 재료, 응결 촉진제 등을 사용하고, 단위 수량을 적게 해야 한다

정답 1. 라 2. 다 3. 라 4. 라

문제 5

콘크리트의 블리딩 시험용기의 내경이 25cm이고, 규정된 측정시간 동안에 생긴 블리딩 물의 양이 1470㎖일 때 블리딩량은 얼마인가?

가. 2㎖/cm²
나. 6㎖/cm²
다. 3㎖/cm²
라. 5㎖/cm²

해설
$$블리딩량(cm^3/cm^2, ml/cm^2) = \frac{V}{A} = \frac{1470}{\frac{3.14 \times 25^2}{4}} = 3ml/cm^2(cm^3/cm^2)$$

문제 6

콘크리트의 블리딩 시험에 있어서 표면에 올라온 물의 수집을 처음 60분 간은 10분 간격으로 하고 그 후 블리딩이 정지할 때 까지는 몇 분 간격으로 하는가?

가. 15분
나. 20분
다. 30분
라. 60분

해설 처음 60분 동안은 10분 간격으로, 그 후는 블리딩이 정지할 때까지 30분 간격으로 표면에 생긴 블리딩 물을 피펫으로 빨아낸다.

문제 7

블리딩(bleeding)이 심하면 콘크리트에 어떤 영향을 미치는가?

가. 강도, 수밀성, 내구성 등이 작아진다.
나. 성형성이 나빠진다.
다. 워어커빌리티가 나빠진다.
라. 레이턴스(laitance)가 작아진다.

해설 블리딩이 심하면 콘크리트의 윗부분이 다공질이 되며, 강도, 수밀성, 내구성 등이 작아짐

문제 8

블리딩 시험에서 콘크리트를 용기에 3층으로 나누어 넣고 각 층을 다짐대로 몇 회씩 다지는가?

가. 15 회/층
나. 25 회/층
다. 35 회/층
라. 50 회/층

해설 혼합된 콘크리트를 용기에 3층으로 나누어 넣고, 각 층을 다짐대로 25회 다진 후 용기의 바깥을 10~15번 정도 두드린다.

정답 5. 다 6. 다 7. 가 8. 나

문제 9

굳지 않은 콘크리트의 블리딩 시험은 굵은 골재 최대치수가 몇 mm 이하인 경우 적용 하는가?

가. 25mm 나. 40mm 다. 50mm 라. 100mm

해설 굵은 골재의 최대 치수가 50 mm 이하인 경우에 적용된다.

문제 10

콘크리트의 블리딩 시험은 일정규격의 그릇에 굳지 않은 콘크리트를 몇 cm 높이로 채운 후 실시 하는가?

가. 15±0.3cm 나. 18±0.5cm
다. 23±0.3cm 라. 25±0.3cm

해설 콘크리트를 용기에 25±0.3cm의 높이까지 채운다.

문제 11

보통 포틀랜드 시멘트 콘크리트 블리딩 시험을 할 때 콘크리트를 친 후 블리딩이 대부분 발생하는 시기는?

가. 타설 직후부터 10분 이내 나. 15 ~ 30분 이내
다. 30분 ~ 1시간 이내 라. 1 ~ 2시간 이내

해설 일반적으로 블리딩은 콘크리트를 친후 처음 15~30분에 대부분 생기며, 2~4시간에 거의 끝난다.

문제 12

규정된 용기에서 콘크리트의 노출된 윗 면적이 491㎠, 30분 동안에 생긴 블리딩 물의 양은 87㎖이고 시료에 함유된 물의 양은 총무게 2.8kg였다. 블리딩량을 구하면?

가. 5.64㎠/㎖ 나. 0.277kg/㎠
다. 0.177㎖/㎠ 라. 0.032kg/㎖

해설 $블리딩량(cm^3/cm^2,\ ml/cm^2) = \dfrac{V}{A} = \dfrac{87}{491} = 0.177 ml/cm^2\,(cm^3/cm^2)$

문제 13

콘크리트의 블리딩 시험에서 블리딩 물의 총량이 200mL이고 시료에 함유된 물의 총무게는 15kgf일 때 블리딩률은?

가. 0.1% 나. 10% 다. 0.8% 라. 1.3%

해설 $블리딩률(\%) = \dfrac{B}{C \times 1000} \times 100 = \dfrac{200}{15 \times 1000} \times 100 = 1.33\,(\%)$

정답 9. 다 10. 라 11. 나 12. 다 13. 라

문제 14

안지름 25cm, 안높이 28cm인 그릇에 콘크리트를 25cm의 높이까지 일정한 방법으로 채운 후 규정된 시간동안에 생긴 블리딩 물의 양이 1375mL이었다. 블리딩량은 얼마인가?

가. $0.1 ml/cm^2$
나. $1.2 ml/cm^2$
다. $2.8 ml/cm^2$
라. $3.6 ml/cm^2$

해설 블리딩량$(ml/cm^2) = \dfrac{V}{A} = \dfrac{1375}{\dfrac{3.14 \times 25^2}{4}} = 2.8 \, ml/cm^2$

문제 15

콘크리트의 블리딩 시험용기의 내부 지름이 25cm이고, 규정된 측정시간 동안에 생긴 블리딩 물의 양이 1470mL일 때 블리딩량은 얼마인가?

가. $2 ml/cm^2$
나. $6 ml/cm^2$
다. $3 ml/cm^2$
라. $5 ml/cm^2$

해설 블리딩량$(ml/cm^2) = \dfrac{V}{A} = \dfrac{1470}{\dfrac{3.14 \times 25^2}{4}} = 3.0 \, ml/cm^2$

문제 16

콘크리트의 블리딩 시험을 위하여 안지름 25cm인 용기에 콘크리트를 채운 후 블리딩 된 물을 수집한 결과 441㎤ 이었다. 블리딩량은 몇 cm^3/cm^2 인가? (단, 계산은 소숫점 아래 2자리에서 반올림)

가. 0.6 나. 0.9 다. 1.2 라. 1.5

해설 블리딩량$(cm^3/cm^2) = \dfrac{V}{A} = \dfrac{441}{\dfrac{3.14 \times 25^2}{4}} = 0.9 \, (cm^3/cm^2)$

문제 17

블리딩(bleeding)에 관한 다음 설명 중 잘못된 것은?

가. 시멘트의 분말도가 높고 단위 수량이 적은 콘크리트는 블리딩이 작아진다.
나. 블리딩이 많으면 레이턴스는 작아지므로 콘크리트의 이음부에서는 블리딩이 많은 콘크리트가 유리하다.
다. 블리딩이 많은 콘크리트는 강도와 수밀성이 작아지며 철근콘크리트에서는 철근과의 부착을 감소시킨다.
라. 콘크리트의 치기가 끝나면 블리딩이 일어나며 대략 2~4시간에 끝난다.

해설 블리딩이 많으면 레이턴스도 많아지며, 거푸집 이음부에서 모르터가 새어나와 재료분리가 되어 콘크리트에 불리하다

정답 14. 다 15. 다 16. 나 17. 나

문제 18

다음 블리딩 시험에 대한 설명이 올바른 것은?

가. 시험하는 동안 온도 23±1°C로 유지해야 한다.
나. 굵은 골재의 최대치수가 40mm이상인 경우에 적용한다.
다. 물을 빨아낼 때 이외에는 용기의 뚜껑을 열어서는 안 된다.
라. 시료는 용기에 5층으로 나누어 넣는다.

해설

블리딩 시험법
① 대표적인 시료 채취한다. 이때 채취량은 필요한 양보다 5L 이상으로 한다.
② 혼합된 콘크리트를 용기에 3층으로 나누어 넣고, 각 층을 다짐대로 25회 다진 후 용기의 바깥을 10~15번 정도 두드린다.
③ 콘크리트를 용기에 25±0.3cm의 높이까지 채운 후, 윗부분을 흙손으로 평활하게 한다.
④ 시료와 용기를 수평한 시험대 위에 놓고 뚜껑을 덮는다.
⑤ 처음 60분 동안은 10분 간격으로, 그 후는 블리딩이 정지할 때까지 30분 간격으로 표면에 생긴 블리딩 물을 피펫으로 빨아낸다.
⑥ 각각 빨아 낸 물을 메스실린더에 옮긴 후 물의 양을 기록한다.
⑦ 이 시험 방법은 굵은 골재의 최대 치수가 50mm 이하인 경우에 적용된다.

문제 19

콘크리트의 블리딩 시험을 통한 블리딩량이 많고 적음에 따라 일반적으로 판정할 수 없는 것은?

가. 재료분리의 경향
나. 레이턴스의 량
다. 워커빌리티의 상태
라. 수밀성, 내구성의 상태

해설

블리딩 시험
① 블리딩 시험은 콘크리트의 재료 분리의 경향을 알기 위해서 한다.
② 블리딩에 의하여 콘크리트의 표면에 떠올라서 가라앉은 미세한 물질을 레이턴스(laitance)라고 한다. 블리딩이 크면 레이턴스도 크다.
③ 블리딩이 심하면 콘크리트의 윗부분이 다공질이 되며, 강도, 수밀성, 내구성 등이 작아진다.

문제 20

블리딩 시험을 수행할 때 유지되어야 하는 시험실의 온도로써 가장 적당한 것은?

가. 10±3°C
나. 14±3°C
다. 20±3°C
라. 26±3°C

정답 18. 다 19. 다 20. 다

문제 21

다음 중 콘크리트의 블리딩 시험에서 필요한 시험기구는?

가. 슬럼프 콘
나. 메스실린더
다. 강도 시험기
라. 데시케이터

해설 슬럼프 콘 : 슬럼프 시험기구, 강도시험기 : 압축, 인장 시험기,

문제 22

콘크리트의 블리딩량을 계산하는 식으로 옳은 것은?

가. $\dfrac{\text{블리딩 물의 양}(cm^3)}{\text{콘크리트의 윗 면적}(cm^2)}$

나. $\dfrac{\text{시료에 들어있는 물의 총무게}(kg)}{\text{콘크리트 } 1m^3 \text{에 사용된 재료의 총무게}(kg)}$

다. $\dfrac{\text{시료의 무게}(kg)}{\text{콘크리트 } 1m^3 \text{에 사용된 재료의 총무게}(kg)}$

라. $\dfrac{\text{콘크리트 } 1m^3 \text{에 사용된 물의 총무게}(kg)}{\text{콘크리트 } 1m^3 \text{에 사용된 재료의 총무게}(kg)}$

정답 21. 나   22. 가

골재밀도 및 흡수율 시험

문제 1

잔골재의 밀도 및 흡수량 시험에 사용되는 시료의 양은 몇 gf를 표준으로 하는가?

가. 300gf
나. 500gf
다. 600gf
라. 800gf

해설 표면건조포화상태의 시료 500g 을 0.1g까지 계량

문제 2

건조시료의 대기중 무게가 265gf, 표면건조 포화상태시료의 대기중 무게가 365gf, 시료의 수중무게가 240gf 이라면 이 굵은 골재의 표면건조 포화상태의 밀도는?

가. 2.92g/cm³
나. 10.6g/cm³
다. 37.7g/cm³
라. 2.12g/cm³

해설 $D_S = \dfrac{B}{B-C} \times \rho_w = \dfrac{365}{365-240} \times 1 = 2.92(g/cm^3)$

문제 3

골재 흡수량의 계산식으로 옳은 것은?
(단, 노건조 상태의 무게 : A, 기건 상태의 무게 : B, 표면건조포화 상태의 무게 : C, 습윤 상태의 무게 : D)

가. A − B
나. D − A
다. C − A
라. B − A

해설 골재 흡수량은 = 표면건조포화상태(C)-노건상태(A)

문제 4

골재의 절대건조 상태란 건조로의 온도를 얼마로 가열 하는가?

가. 100±5℃
나. 105±5℃
다. 110±15℃
라. 115±5℃

해설 105 ± 5 ℃에서 건조 시키고 실온에서 냉각 후 절대건조상태 질량을 측정.

정답 1. 나 2. 가 3. 다 4. 나

문제 5

표면건조 포화상태의 잔골재 500gf을 노 건조 시켰더니 480gf였다면 흡수율은 얼마인가?

가. 4.00% 나. 4.17% 다. 4.76% 라. 5.00%

해설

$$흡수율 = \frac{표면건조\ 포화\ 상태 - 절대건조\ 상태}{절대건조\ 상태} \times 100\ (\%)$$
$$= \frac{500-480}{480} \times 100 = 4.17\ (\%)$$

문제 6

습윤상태에 있어서 중량 120gf의 모래를 건조시켜 표면건조포화상태에서 105gf, 공기건조상태에서 100gf, 노건조상태에서 97gf의 무게가 되었을 때 흡수율은?

가. 14.3% 나. 5.5% 다. 8.2% 라. 23.7%

해설

$$흡수율 = \frac{표면건조\ 포화\ 상태 - 절대건조\ 상태}{절대건조\ 상태} \times 100\ (\%) = \frac{105-97}{97} \times 100 = 8.2\ (\%)$$

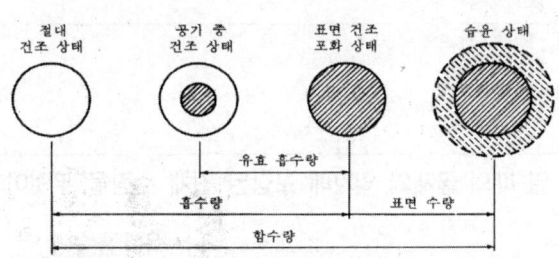

문제 7

아래와 같은 조건에서 표면건조 포화상태의 밀도를 나타내는 식으로 옳은 것은?

A : 공기 중에서의 노 건조 시료의 무게
B : 공기 중에서의 표면건조포화 상태의 시료의 무게
C : 물 속에서의 시료의 무게

가. A÷(B-C) 나. B÷(B-C)
다. A÷(A-C) 라. B÷(B-A)

해설

$$D_S = \frac{B}{B-C} \times \rho_w\ (g/cm^3)$$

정답 5. 나 6. 다 7. 나

문제 8
잔골재의 밀도시험에 사용하지 않는 기계, 기구는?

가. 르샤틀리에 비중병 　　　나. 시료분취기
다. 저울 　　　　　　　　　라. 원추형 몰드

해설 르샤트리에 비중병은 시멘트 밀도시험 기구 이고, 잔골재 밀도시험은 잔골재 플라스크를 사용한다.

문제 9
잔골재의 밀도 및 흡수량시험에 사용되는 시험기구가 아닌 것은?

가. 플라스크 　　　　　　　나. 원뿔형몰드
다. 저울 　　　　　　　　　라. 원심분리기

해설 잔골재 밀도시험기구
- 다짐몰드(윗지름40±3mm, 밑지름90±3mm, 높이75±3mm) : 표면건조 포화상태 측정
- 잔골재 플라스크 : 잔골재 밀도 시험(500ml)
- 다짐대, 저울, 깔때기 등

문제 10
표면건조 포화상태 일 때의 골재의 입자에 포함된 전체 수량을 무엇이라 하는가?

가. 흡수량 　　　　　　　　나. 유효흡수량
다. 표면수량 　　　　　　　라. 전함수량

해설 문제6번 그림 참조

문제 11
골재의 함수상태에서 골재 알의 표면에는 물기가 없고 알속의 빈틈만 물로 차 있는 상태는?

가. 습윤상태 　　　　　　　나. 표면건조 포화상태
다. 절대건조상태 　　　　　라. 공기중 건조상태

해설
① 절대 건조 상태 : 골재속의 공극에 있는 물을 전부 제거된 상태
② 공기 중 건조 상태 : 공기 중에서 자연건조 시킨 상태로 골재속의 내부 일부는 물로 차 있는 상태
③ 표면 건조 포화 상태 : 골재 표면은 물기가 없고, 내부 빈틈은 물로 포화된상태
④ 습윤상태: 골재 표면에 물기가 있고, 내부 빈틈도 물로 차 있는 상태

정답　8. 가　9. 라　10. 가　11. 나

문제 12

다음 중 건조로에서 105±5°C의 온도로 골재를 일정한 무게가 되도록 건조시킨 골재의 상태는?

가. 절대 건조 상태
나. 공기 중 건조 상태
다. 표면 건조 포화 상태
라. 습윤 상태

해설 절대 건조 상태 : 골재속의 공극에 있는 물을 전부 제거된 상태

문제 13

잔골재의 밀도 및 흡수량 시험을 하면서 시료와 물이 들어있는 플라스크를 편평한 면에 굴리는 이유 중 가장 옳은 것은?

가. 먼지를 제거하기 위하여
나. 온도차에 의한 물의 단위무게를 고려하기 위하여
다. 공기를 제거하기 위하여
라. 플라스크 용량 검정을 위하여

해설 편평한 면에 굴리는 이유는 골재 속에 포함되어 있는 공기를 제거하기 위함

문제 14

잔골재의 밀도 측정 시 원뿔형 몰드에 시료를 넣은 후 다짐대로 몇 번 다지는가?

가. 20번 나. 25번 다. 30번 라. 35번

해설 원뿔형 모울드에 시료를 채우고 표면을 다짐봉으로 25회 가볍게 다진다.

문제 15

잔골재의 밀도 및 흡수율 시험에서 시료의 질량을 측정한 후 플라스크에 넣고 물을 용량의 몇 %까지 채우는가?

가. 70% 나. 80% 다. 90% 라. 100%

해설 시료를 플라스크에 넣고 물을 용량의 90%까지 넣은 후 기포 제거

문제 16

어떤 굵은 골재의 공기중 표면건조 포화상태의 시료무게가 4000g이고, 물속에서의 표면건조 포화상태의 시료의 무게가 2445g일 때 표면건조 포화상태의 밀도는 얼마인가?

가. $1.64 g/cm^3$ 나. $0.61 g/cm^3$ 다. $0.39 g/cm^3$ 라. $2.57 g/cm^3$

해설 $Ds = \dfrac{B}{B-C} \times \rho\omega = \dfrac{4000}{4000-2445} \times 1 = 2.57 (g/cm^3)$

정답 12. 가   13. 다   14. 나   15. 다   16. 라

문제 17

골재알이 공기중 건조상태에서 표면건조 포화상태로 되기까지 흡수된 물의 양을 나타내는 것은?

가. 함수량　　　나. 흡수량　　　다. 유효흡수량　　　라. 표면수량

문제 18

실내에서 건조시킨 상태로 골재의 알 속의 일부에만 물기가 있는 상태를 무엇이라 하는가?

가. 절대건조상태　　　　　　　나. 표면건조 포화상태
다. 습윤상태　　　　　　　　　라. 공기중 건조상태

문제 19

표면 건조 포화 상태 시료의 질량이 4000g 이고, 물속에서 철망태와 시료의 질량이 3070g이며 물속에서 철망태의 질량이 580g, 절대건조상태 시료의 질량이 3930g일 때 이 굵은 골재의 절대 건조 상태의 밀도를 구하면? (단, 시험온도에서의 물의 밀도는 1g/cm³이다.)

가. 2.30g/cm³　　　　　　　나. 2.40g/cm³
다. 2.50g/cm³　　　　　　　라. 2.60g/cm³

해설 절대건조상태밀도 = $\dfrac{\text{절대건조시료무게}(g)}{\text{표면건조상태 무게}(g) - \text{시료의 수중무게}(g)} = \dfrac{3930}{4000 - (3070 - 580)} = 2.60\,g/cm^3$

문제 20

잔골재 밀도시험에 표면 건조포화상태 시료 500g를 사용하여 아래 표와 같은 결과를 얻었다. 표면건조포화상태의 밀도는?

* 검정선까지 물을 채운 플라스크의 질량 : 760g
* 시료를 넣고 검정선까지 물을 채운 플라스크의 질량 : 1060g
* 시험온도에서의 물의 밀도 : 1g/cm³

가. 2.50g/cm³　　　　　　　나. 2.55g/cm³
다. 2.60g/cm³　　　　　　　라. 2.65g/cm³

해설 표면건조포화상태의 밀도 $(d_s) = \dfrac{m}{B+m-C} \times \rho_w = \dfrac{500}{760+500-1060} = 2.50\,(g/cm^3)$

정답 17. 다　18. 라　19. 라　20. 가

골재 체가름시험

문제 1
일반적으로 콘크리트용 굵은 골재의 조립률(F.M)의 적당한 범위는 얼마인가?

가. 2~5   나. 4~6   다. 6~8   라. 9~11

해설 잔골재 조립률의 적정 범위는 2.3~3.1, 굵은 골재 조립률의 적정 범위는 6~8

문제 2
굵은 골재의 체가름 시험에서 조립률을 계산하는데 적용되는 체가 아닌 것은?

가. 40mm   나. 25mm   다. 20mm   라. 10mm

해설 10개 표준체: 0.15mm, 0.3mm, 0.6mm, 1.2mm, 2.5mm, 5.0mm, 10mm, 20mm, 40mm, 80mm,

문제 3
골재의 체가름 시험에서 골재의 최대호칭치수가 25mm라면 시료의 최소량은?

가. 1000gf   나. 3000gf
다. 5000gf   라. 10000gf

해설 굵은 골재 최대치수 25mm 정도인 것 5kg

문제 4
골재의 체가름 시험을 하여 알 수 있는 것은?

가. 마모량   나. 풍화도
다. 골재의 모양   라. 조립률

해설 골재 체가름시험은 골재의 조립률을 구하여 입도 및 최대치수를 구하기 위함

문제 5
잔골재와 굵은 골재로 분류하는 체의 크기는?

가. 3mm   나. 4mm   다. 5mm   라. 10mm

해설 잔골재와 굵은 골재를 구분하는 체는 5mm 체가 기준이 되고, 5mm 체에 남은 골재는 굵은 골재, 5mm 체를 통과한 골재는 잔골재

정답 1. 다   2. 나   3. 다   4. 라   5. 다

문제 6
잔골재 체가름 시험에서 조립률의 기호는 어느 것인가?

가. AM　　　　나. AF　　　　다. FM　　　　라. CG

해설 조립률은 영문으로 Finess Modules로 FM으로 표시

문제 7
골재의 체가름 시험에 있어서 체질하는 방법은 표준체에 시료를 넣고 1분간에 각체에 남는 시료의 양이 몇 % 이상 그 체를 통과하지 않을 때 까지 계속 하는가?

가. 0.1%　　　　나. 0.3%　　　　다. 0.5%　　　　라. 0.7%

해설 1분 동안에 그 체를 남는 시료의 양이 0.1% 이상 그 체를 통과하지 않을 때까지 체가름 작업을 계속한다.

문제 8
굵은 골재와 잔골재가 섞여 있을 때 구분하는 방법은?

가. 10mm 체로 쳐서 구분한다.
나. 5mm 체로 쳐서 구분한다.
다. 15mm 체로 쳐서 구분한다.
라. 2.5mm 체로 쳐서 구분한다.

해설 잔골재와 굵은 골재를 구분하는 체는 5mm 체임

문제 9
골재의 체가름시험은 표준체에 시료를 넣고(①)분 동안에 각체에 남는 시료량의(②)% 이상이 그 체를 통과하지 않을 때까지 체를 흔든다. ( )속에 맞는 수치는?

	①, ②	①, ②	①, ②	①, ②
	가. 1, 0.1	나. 1, 0.2	다. 2, 0.1	라. 2, 0.2

해설 7번 해설 참조

문제 10
골재의 조립률 측정을 위해 사용되는 체의 종류 중 적당치 못한 것은?

가. 40mm　　　　나. 30mm　　　　다. 20mm　　　　라. 10mm

해설 10개 표준체: 0.15mm, 0.3mm, 0.6mm, 1.2mm, 2.5mm, 5.0mm, 10mm, 20mm, 40mm, 80mm,

정답 6. 다　7. 가　8. 나　9. 가　10. 나

문제 11

골재의 체가름 시험에 사용되는 시료는 건조기에 넣고 몇 °C에서 일정 무게가 될 때까지 건조하는가?

가. 23±2 °C
나. 90±5 °C
다. 20±3 °C
라. 105±5 °C

해 설 시료를 건조기에 넣고 105±5℃에서 일정 무게가 될 때까지 건조한다.

문제 12

1.2mm 체에 5%(질량비) 이상 남는 잔골재에 대해 체가름 시험을 실시하고자 할 때 시험을 위한 최소의 시료량은?

가. 100g
나. 300g
다. 500g
라. 1000g

해 설 체가름 시험 잔골재 시료의 표준량
1.2mm체를 95%(질량비)이상 통과 한 것 : 100g
1.2mm체에 5%(질량비)이상 남은 것 : 500g

문제 13

골재의 체가름 시험에 사용하는 저울은 어느 정도의 정밀도를 가진 것이 필요한가?

가. 최소측정 값이 1g인 정밀도를 가진 것
나. 최소측정 값이 0.1g인 정밀도를 가진 것
다. 시료질량의 1% 이상인 눈금량 또는 감량을 가진 것
라. 시료질량의 0.1%이하의 눈금량 또는 감량을 가진 것.

문제 14

골재 마모시험 방법 중 로스엔젤레스 마모시험기에 의해 마모시험을 한 경우 잔량 및 통과량을 결정하는 체는?

가. 5mm체 나. 2.5mm체 다. 1.7mm체 라. 1.2mm체

정답 11. 라   12. 다   13. 라   14. 다

골재용적 및 실적률 시험

문제 1

골재의 단위무게 시험방법에서 골재의 최대 치수가 40mm 이하인 경우에 적용하는 방법은?

가. 다짐대를 사용하는 방법 나. 충격을 이용하는 방법
다. 삽을 이용하는 방법 라. 부피 측정을 이용하는 방법

해설	골재의 단위무게 시험방법은 다짐대를 사용하는 방법, 충격을 이용하는 방법, 부피 측정을 이용하는 방법
변경	골재 단위 용적질량 시험 두 가지는 봉다지기에 의한 방법, 충격을 이용한 방법

문제 2

골재의 단위 무게 시험 방법 중 충격을 이용하는 방법에서 용기를 떨어뜨리는 높이는 어느 정도인가?

가. 20cm   나. 15cm   다. 10cm   라. 5cm

해설	용기의 한쪽을 약 5cm 가량 들어 올렸다 떨어뜨리고, 반대쪽을 5cm 정도 들어올렸다 떨어뜨려 한쪽을 25번씩 모두 50번 떨어뜨린다.

문제 3

다음 중 골재의 실적률을 계산하기 위해 필요한 것이 아닌 것은?

가. 골재의 단위무게 나. 골재의 빈틈률
다. 골재의 조립률 라. 골재의 밀도

해설	실적률(%) = 100 − 공극률(%) = $\dfrac{단위용적\ 질량}{밀도} \times 100$ (%)

문제 4

콘크리트용 모래에 포함되어 있는 유기불순물 시험에 필요한 식별용 표준색 용액을 제조하는 경우에 대한 아래표의 내용중 (   )에 적합한 것은?

> 식별용 표준색 용액은 10%의 알코올 용액으로 (   )의 탄닌산 용액을 만들고, 그 2.5mL를 3%의 수산화나트륨용액 97.5mL에 가하여 유리병에 넣어 마개를 닫고 잘 흔든다. 이것을 표준색 용액으로 한다.

가. 1%   나. 2%   다. 3%   라. 5%

정답   1. 가   2. 라   3. 다   4. 나

기타 골재시험

문제 1
잔골재의 유해물중 시방서에 규정된 점토 덩어리의 함유량의 한도(중량 백분율)는 얼마인가?

가. 0.5% 나. 1% 다. 3% 라. 5%

해설 콘크리트용 골재의 점토덩어리 함유량 한도는 잔골재 : 질량비 1%, 굵은골재 : 질량비 0.25%

문제 2
골재에 포함된 잔입자 시험을 하는 과정에서 골재를 씻은 물을 붓는데 필요한 체 2개는 어느 것인가?

가. 0.08mm, 2.5mm 나. 2.5mm, 5mm
다. 0.08mm, 1.2mm 라. 1.2mm, 2.5mm

해설 시료를 씻은 물을 0.08mm체 위에 1.2mm체를 얹은 한 벌로 된 체에 붓는다.

문제 3
골재의 안정성 시험에 대한 설명 중 옳지 않은 것은?

가. 시료를 금속제 망태에 넣고 시험용 용액을 24시간 담가 둔다.
나. 무게비가 5% 이상인 무더기에 대해서만 시험을 한다.
다. 용액은 자주 휘저으면서 21±1.0℃의 온도로 48시간 이상 보존 후 시험에 사용
라. 황산나트륨 포화용액으로 인한 골재의 부서짐 작용에 대한 저항성을 시험

해설 시료를 철망 바구니 안에 넣고 시험용 용액 안에 16 - 18시간 동안 담가둔다.

문제 4
콘크리트 비파괴시험 중 표면 경도법에 해당되는 방법은?

가. 공진법 나. 파동법
다. 반발경도에 의한 방법 라. 초음파법

해설 비파괴 시험 방법으로 콘크리트의 강도를 반발경도로 콘크리트 압축강도 추정

정답 1. 나 2. 다 3. 가 4. 다

문제 5

골재의 안정성 시험은 무엇을 얻기 위한 목적으로 시험을 실시하는가?

가. 골재의 단위중량　　　　　　　나. 골재의 입도
다. 기상작용에 대한 내구성　　　　라. 염화물 함유량

해설 골재의 안정성 시험은 골재의 내구성을 알기위한 시험

문제 6

콘크리트용 모래에 포함되어 있는 유기불순물 시험에 사용되는 시약은?

가. 수산화나트륨　　　　　　　　　나. 염화칼슘
다. 페놀프탈레인　　　　　　　　　라. 규산나트륨

해설 유기불순물시험에 사용되는 시약
10% 알콜용액 → 2% 타닌산 용액 → 3% 수산화나트륨 용액

문제 7

골재의 안정성 시험에 사용되는 시험용 용액은?

가. 염화칼슘　　　　　　　　　　　나. 가성소다
다. 황산나트륨　　　　　　　　　　라. 탄닌산

문제 8

콘크리트용 굵은 골재의 안정성은 황산나트륨으로 5회 시험을 하여 평가한다. 이 때 손실질량은 몇 % 이하를 표준으로 하는가?

가. 12%　　　　　　　　　　　　　나. 10%
다. 5%　　　　　　　　　　　　　　라. 3%

해설 안정성 시험에서 골재 손실 무게 비는 잔골재는 10% 이하, 굵은 골재는 12% 이하로 규정하고 있다.

문제 9

골재안정성 시험은 황산나트륨을 용해시켜 황산나트륨용액을 만들어 사용한다. 이때 시험용 용액의 비중은?

가. 1.151~1.174　　　　　　　　　나. 1.251~1.274
다. 1.351~1.374　　　　　　　　　라. 1.451~1.474

해설 황산나트륨용액 비중 1.151~1.174

정답　5. 다　6. 가　7. 다　8. 가　9. 가

문제 10

콘크리트용 모래에 포함되어 있는 유기불순물 시험에 사용하는 유리병에 대한 설명으로 옳은 것은?

가. 병은 고무마개를 가지고 눈금이 없는 용량 800mL의 무색투명 유리병이 1개 있어야 한다.
나. 병은 고무마개를 가지고 눈금이 있는 용량 400mL의 무색투명 유리병이 2개 있어야 한다.
다. 병은 고무마개를 가지고 눈금이 없는 용량 800mL의 파랑색 투명 유리병이 2개 있어야 한다.
라. 병은 고무마개를 가지고 눈금이 없는 용량 400mL의 파랑색 투명 유리병이 1개 있어야 한다.

해설 병은 고무마개를 가지고 눈금이 있는 용량 400mL의 무색투명 유리병이 2개 있어야 한다.

문제 11

골재 마모시험 방법 중 로스엔젤레스 마모시험기에 의해 마모시험을 할 경우 잔량 및 통과량을 결정하는 체는?

가. 5mm체   나. 2.5mm체
다. 1.7mm체 라. 1.2mm체

해설 마모시험용 체 : 1.7, 2.5, 5, 10, 15, 20, 25, 40, 50, 65, 75 mm
∴ 맨마지막 작은 체인 1.7mm체

문제 12

로스앤젤레스 시험기에 의한 굵은 골재의 마모시험을 실시한 결과가 아래의 다음과 같을 때 마모감량은?

* 시험 전의 시료의 질량 : 5000g
* 시험 후 1.7mm의 망체 남은 시료의 질량 : 4525g

가. 8.5%   나. 9.5%   다. 10.5%   라. 11.5%

해설
$$마모율(\%) = \frac{시험 전 시료 질량 - 시험 후 1.7mm 체에 남은 시료 질량}{시험 전 시료 질량} \times 100(\%)$$
$$= \frac{5000-4525}{5000} \times 100 = 9.5\%$$

문제 13

굵은 골재의 마모시험에 사용되는 기계·기구로 옳은 것은?

가. 비카트 침   나. 로스앤젤레스 시험기
다. 침입도계   라. 비비 미터

해설 비카트 침 : 응결시험 장치. 침입도계 : 아스팔트 침입도 시험기.

정답 10. 나 11. 다 12. 나 13. 나

콘크리트 압축강도 시험

문제 1
콘크리트의 압축강도를 시험하기 전에 공시체의 지름을 최소 몇 mm까지 측정 하는가?

가. 0.5mm 나. 0.25mm 다. 0.1mm 라. 0.01mm

해설	0.25mm 까지 측정, 변경
변경	공시체 지름을 0.1mm, 높이를 1mm까지 측정한다.

문제 2
콘크리트 압축강도 시험용 공시체 표면의 캐핑은 무엇으로 하는가?

가. 된 반죽의 시멘트 풀 나. 가는 모래
다. 흙손으로 표면을 고른다. 라. 시멘트 분말

해설	① 캐핑(capping): 콘크리트 공시체 윗면을 시멘트 풀로 씌우는 것 ② 콘크리트를 채운 후 2~6시간 지나서 된 반죽의 시멘트 풀(W/B: 27~30%)로 공시체를 캡핑

문제 3
콘크리트 공시체로 압축강도 시험을 한 결과 공시체가 파괴될 때의 최대 하중이 589kN 이었고, 공시체의 지름은 150mm이었다면 콘크리트의 압축강도는?

가. 66.67(MPa) 나. 45.07(MPa)
다. 33.33(MPa) 라. 280.3(MPa)

해설	압축강도$(f_c) = \dfrac{P(N)}{A(mm^2)} = \dfrac{589 \times 1000}{\dfrac{\pi \times 150^2}{4}} = 33.33\ (MPa)$ 여기서, P: 파괴 하중, A: 원의 단면적 $\left(\dfrac{\pi d^2}{4}\right)$

문제 4
콘크리트 압축강도 시험에서 공시체의 지름은 굵은 골재최대치수의 최소 몇 배 이상이어야 하는가?

가. 2배 나. 3배 다. 4배 라. 5배

해설	시험체의 굵은 골재 최대치수의 3배 이상이며, 또 100mm 이상

정답 1. 다 2. 가 3. 다 4. 나

문제 5

콘크리트의 강도시험을 위한 공시체는 성형 후 몇 시간 내에 몰드를 떼어 내는가?

가. 24시간~6일
나. 20시간~4일
다. 16시간~3일
라. 6시간~1일

| 해설 | 몰드를 떼는 시기는 16시간에서 3일 이내 |

문제 6

콘크리트 압축강도 시험용 공시체 제작 시 매 층당 다짐은 몇 회인가?
(시험체의 크기 지름 15cm, 높이 30cm의 경우)

가. 20회 나. 25회 다. 30회 라. 15회

| 해설 | 콘크리트 몰드에 3층 25회 다진다. |

문제 7

지름이 10cm 높이가 20cm인 시험체를 만들어 사용할 때 콘크리트의 압축 강도용 표준 시험체는 굵은 골재의 최대치수가 몇 mm 이하의 경우인가?

가. 25mm 이하 나. 50mm 이하 다. 100mm 이하 라. 150mm 이하

| 해설 | 15cm×30cm인 경우 : 50mm이하, 10cm×20cm인 경우 : 25mm 이하 |
| 변경 | 굵은골재 최대치수가 40mm를 넘을 경우 40mm 망체로 쳐서 40mm 넘는 입자는 제거하고 지름이 15cm 공시체를 사용 |

문제 8

콘크리트 강도 측정용 공시체는 어떤 상태에서 시험을 하는가?

가. 절대 건조상태 나. 기건상태 다. 표면건조 포화상태 라. 습윤상태

| 해설 | 공시체는 습윤상태를 유지 |

문제 9

콘크리트 압축강도 시험에서 공시체의 높이와 지름의 비가 클수록 강도는 저하 하는데 표준공시체의 높이와 지름의 비로 옳은 것은?

가. 2.0 나. 3.0 다. 4.0 라. 5.0

| 해설 | 공시체 지름(D) : 높이(H)의 비는 1:2가 되어야 한다.
표준 원추형 공시체 (Ø 150×300mm, 또는 Ø 100×200mm)
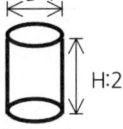 |

정답 5. 다   6. 나   7. 가   8. 라   9. 가

문제 10

콘크리트 압축강도 시험에서 유압식 시험기의 경우 하중을 가하는 속도는 어느 정도인가?

가. 매초 약 1.3mm의 속도로 움직이게 한다.
나. 매초 1.5~3.5kgf/cm²의 속도로 움직이게 한다.
다. 매초 약 1.5mm의 속도로 움직이게 한다.
라. 매초 약 2kgf/cm²의 속도로 움직이게 한다.

해설	나선식 시험기는 매분 약 1.3mm 유압식 시험기는 매초 1.5~3.5 kgf/cm²로 하중을 가한다.
변경	변경 시방서는 하중을 가하는 속도에서 압축응력도의 증가율은 매초 0.6±0.2(Mpa)로 한다.

문제 11

콘크리트 압축강도 시험용 공시체의 표면을 캐핑하기 위한 시멘트 풀의 물-결합재비(W/B)는 어느 정도가 적당한가?

가. 30~35% 　　　　　　　　나. 37~40%
다. 17~20% 　　　　　　　　라. 27~30%

해설	된 반죽의 시멘트 풀의 W/B: 27~30%로 공시체를 캐핑

문제 12

콘크리트의 압축강도 시험용 공시체는 몰드에 콘크리트를 채운 후 몇 시간 지나서 된 반죽의 시멘트풀로 공시체의 표면을 캐핑 하는가?

가. 2~6시간 　　　　　　　　나. 7~11시간
다. 12~16시간 　　　　　　　라. 17~21시간

해설	콘크리트를 채운 후 2~6시간 지나서 된 반죽으로 캐핑

문제 13

지름 10cm, 높이 20cm인 콘크리트 공시체로 압축강도 시험을 실시한 결과 공시체 파괴시 최대하중이 191kN 이었다. 이 공시체의 압축강도는?

가. 28.3(MPa) 　　　　　　　나. 26.3(MPa)
다. 24.3(MPa) 　　　　　　　라. 22.3(MPa)

해설	압축강도$(f_c) = \dfrac{P(N)}{A(mm^2)} = \dfrac{191 \times 1000}{\dfrac{\pi \times 100^2}{4}} = 24.32 \ (MPa)$

정답　10. 나　11. 라　12. 가　13. 다

문제 14

콘크리트 압축강도 시험용 공시체 제작시 몰드 내부에 그리스를 발라주는 가장 주된 이유는?

가. 탈형을 쉽게하고 이음새로 콘크리트가 새는 것을 방지하기 위해
나. 편심하중을 방지하고 경제적인 공시체 제작을 위해
다. 공시체 속의 공기를 제거하고 강도를 높이기 위해
라. 몰드에 콘크리트를 채울 때 골재 분리를 막기 위해

| 해설 | 몰드는 두 조각으로 되어 있어 조립 후 몰드에 콘크리트를 채울 때 시멘트 풀이 새는 것을 방지하고, 16시간 이상 3일 이내에 몰드를 쉽게 떼기 위함 |

문제 15

콘크리트 압축강도 시험용 공시체 몰드의 크기로 옳은 것은?

가. 15cm×20cm
나. 5cm×15cm
다. 10cm×20cm
라. 20cm×30cm

| 해설 | 공시체 지름(D) : 높이(H)의 비는 1:2가 되어야 하며, 표준공시체는 Ø 150×300mm, 또는 Ø 100×200mm |

문제 16

콘크리트 압축강도 시험에서 시료의 양생 온도를 몇 ℃정도로 균일하게 유지해야 하는가?

가. 0~4℃
나. 6~10℃
다. 11~15℃
라. 18~22℃

| 해설 | 시험체 양생은 20±2℃에서 습윤양생 |

문제 17

콘크리트 압축강도 시험에서 공시체 가압면에는 최소 얼마 이상의 홈이 있어서는 안 되는가?

가. 0.1mm
나. 0.05mm
다. 0.5mm
라. 1mm

| 해설 | 시험체 가압면에는 0.05mm 이상의 홈이 있어서는 안 된다. 홈이 크거나, 돌출부 등이 있으면 압력을 가할 때 편심, 불규칙하중이 가해져 정확한 파괴시험이 어렵다 |

정답 14. 가   15. 다   16. 라   17. 나

문제 18

콘크리트의 압축강도는 원기둥형 시험체를 만들어 규정된 일수까지 양생한 다음 압축시험기로 하중을 가하여 파괴될 때의 최대 (　)을 구한다. (　)안에 알맞은 것은?

가. 하중　　　　　나. 변형률　　　　　다. 골재율　　　　　라. 공기량

해설	압축강도$(MPa) = \dfrac{P}{A}$ 에서 P는 압축시험기로 하중을 가하여 시험체가 파괴 될 때 최대 하중 값

문제 19

콘크리트의 강도라 하면 일반적으로 어느 강도를 말하는가?

가. 압축강도　　　　나. 인장강도　　　　다. 전단강도　　　　라. 부착강도

해설	콘크리트의 강도라 함은 보통 압축강도를 말함

문제 20

콘크리트 압축강도 시험에서 공시체의 제작은 공시체를 성형한 후 몇 시간 내에 몰드를 떼어 내는가?

가. 1시간 이내　　　　　　　　　　나. 5시간~6시간
다. 10시간~15시간　　　　　　　　라. 20시간~48시간

해설	시험체를 만든 뒤 20~48시간 안에 몰드를 떼어낸다.
변경	시험체에 콘크리트를 다 채운 후 16시간 이상 3일 이내에 몰드를 뗀다.

문제 21

콘크리트의 압축강도시험에서 최대하중이 28kN일 때, 압축강도를 구하면?
(단, 공시체는 ϕ150×300mm이다.)

가. 5.7(MPa)　　　　　　　　　나. 4.5(MPa)
다. 2.2(MPa)　　　　　　　　　라. 1.6(MPa)

해설	압축강도$(f_c) = \dfrac{P(N)}{A(mm^2)} = \dfrac{28 \times 1000}{\dfrac{\pi \times 150^2}{4}} = 1.6\ (MPa)$

문제 22

다음 중 콘크리트의 압축강도 시험에 필요하지 않은 시험 기구는 무엇인가?

가. 몰드　　　　　나. 메스실린더　　　　　다. 캘리퍼스　　　　　라. 다짐대

해설	압축강도 시험기구: 압축강도시험기, 시험체 몰드, 다짐대, 콘크리트 혼합기, 양생장치, 저울, 캘리퍼스, 비빔용기, 흙손, 작은삽

정답　18. 가　19. 가　20. 라　21. 라　22. 나

문제 23

굵은 골재의 최대 치수가 50mm 이하인 경우에 사용하는 콘크리트 압축강도 시험용 표준 공시체의 크기는?

가. Ø15×55cm
나. Ø15×45cm
다. Ø15×30cm
라. Ø15×20cm

해설 ks 규정 변경으로 굵은골재 최대치수가 40mm 망체로 쳐서 40mm를 넘는 골재는 제거하고 지름이 15cm, 높이 30cm 공시체를 사용

문제 24

콘크리트 압축강도 시험에서 몰드 지름 150mm인 공시체의 파괴 강도가 523,000N 일 때 압축강도는 약 얼마인가?

가. $29.6(MPa)$
나. $24.0(MPa)$
다. $25.8(MPa)$
라. $23.6(MPa)$

해설 압축강도$(f_c) = \dfrac{P(N)}{A(mm^2)} = \dfrac{523,000}{\dfrac{\pi \times 150^2}{4}} = 29.6\ (MPa)$

문제 25

시멘트 모르타르의 압축 강도 시험용 모르타르를 만들 때, 시멘트와 표준 모래를 섞을 때 시멘트와 표준 모래의 무게비가 얼마가 되게 하는가?

가. 1:1
나. 1:2.45
다. 1:3
라. 1:4.25

해설 모르타르 시험체 제작 시 시멘트 대 표준모래의 무게 비는, 압축강도용은 1 : 3

문제 26

콘크리트 압축강도 시험을 실시하였을 때 최대 하중값이 442,000N이고 공시체의 지름은 150mm, 높이가 300mm 였다. 압축강도는 약 몇 MPa 인가?

가. 24.5
나. 25.0
다. 25.5
라. 26.0

해설 압축강도$(Mpa) = \dfrac{P(N)}{A(mm^2)} = \dfrac{442,000}{\dfrac{\pi \times 150^2}{4}} = 25.0\ (MPa)$

정답 23. 다 24. 가 25. 다 26. 나

문제 27

굵은 골재의 최대치수가 40mm 이하인 콘크리트의 압축강도 시험용 원주형 공시체의 직경과 높이로 가장 적합한 것은?

가. Ø 5×10cm
나. Ø 10×10cm
다. Ø 15×20cm
라. Ø 15×30cm

문제 28

콘크리트 압축강도 시험에 사용하는 시료의 양생 온도 범위로 가장 적합한 것은?

가. 0~4℃
나. 6~10℃
다. 11~15℃
라. 18~22℃

해 설	시험체 양생은 20±2℃에서 습윤양생

문제 29

설계기준 압축강도가 40MPa이고, 콘크리트압축강도의 시험기록이 없는 경우 콘크리트의 배합강도는?

가. 47MPa
나. 48.5MPa
다. 50MPa
라. 52.5MPa

해 설	표준편차를 알지 못하거나 시험횟수가 14회 이하인 경우 배합강도	
	설계기준강도 f_{ck} (Mpa)	배합강도 f_{cr} (Mpa)
	21 미만	$f_{ck}+7$
	21 이상 35 이하	$f_{ck}+8.5$
	35 초과	$f_{ck}+10$
계 산	설계기준강도가 35 MPa를 초과한 경우 이므로 $f_{ck}+10$ 을 적용 하면 $f_{ck}+10 = 40+10 = 50MPa$	

정답 27. 라 28. 라 29. 다

콘크리트 인장강도 시험

문제 1

콘크리트의 인장강도시험을 한 결과 파괴하중이 140,000N이였다. 이때의 인장강도는?
(단, 지름:150mm, 길이:300mm)

가. 1.98(Mpa) 나. 1.88(Mpa)
다. 1.78(Mpa) 라. 1.68(Mpa)

해설

인장강도$(f_{sp}) = \dfrac{2P}{\pi dl} = \dfrac{2 \times 140,000}{\pi \times 150 \times 300} = 1.98 \ (MPa)$

여기서, P: 시험기에 나타난 최대하중(N)
l: 시험체의 길이(mm)
d: 시험체의 지름(mm)

문제 2

콘크리트 인장강도 시험에서 재하속도는 공시체가 파괴될 때까지 계속적으로 충격 없이 하중을 가하되 인장강도가 매분 몇 kgf/cm² 의 일정한 비율로 증가 하도록 하는가?

가. 1~2kgf/cm² 나. 2~4kgf/cm²
다. 4~6kgf/cm² 라. 7~14kgf/cm²

해설 시험체를 시험기의 가압판 위에 중심선과 일치하도록 옆으로 뉘고, 인장강도가 매분 7~14 kgf/cm²의 일정한 비율로 증가 하도록 하중을 준다

변경 변경 시방서는 인장응력도의 증가율은 매초 0.06±0.04(MPa)로 한다.

문제 3

지름 150mm, 높이 300mm인 공시체를 사용하여 콘크리트인장강도 시험을 하여 시험기에 나타난 최대하중이 147,890N이었다. 인장강도는 얼마인가? (단, 소숫점 아래 2자리에서 반올림)

가. 1.8(MPa) 나. 1.9(MPa)
다. 2.0(MPa) 라. 2.1(MPa)

해설 인장강도$(f_{sp}) = \dfrac{2P}{\pi dl} = \dfrac{2 \times 147,890}{3.14 \times 150 \times 300} = 2.1 \ (MPa)$

정답 1. 가 2. 라 3. 라

문제 4

콘크리트의 인장강도 시험용 공시체는 몇 ℃의 온도에서 어떤 함수상태로 양생하여야 하는가?

가. 15±2℃, 공기중 건조상태 나. 20±3℃, 공기중 건조상태
다. 15±2℃, 습윤상태 라. 20±3℃, 습윤상태

해설	인장강도, 압축강도, 휨강도의 시험체 양생은 20±3℃에서 습윤양생
변경	인장강도, 압축강도, 휨강도의 시험체 양생은 20±2℃에서 습윤양생

문제 5

콘크리트 인장강도 시험의 유의사항으로 틀린 것은?

가. 시험하기 전에 재료 온도를 20~25℃로 균일하게 유지 한다.
나. 공시체의 지름은 골재 최대 치수의 4배 이하로 한다.
다. 시험기의 위아래의 가압판은 평행이 되어야 한다.
라. 시험체는 양생이 끝난 뒤, 즉시 젖은 상태에서 시험하여야 한다.

해설	∴ 4배 이상, 10cm 이상

문제 6

콘크리트의 인장강도는 압축강도의 약 얼마 정도인가

가. 1/2 나. 1/4 다. 1/6 라. 1/10

해설	콘크리트 인장강도는 압축강도의 $\frac{1}{10} \sim \frac{1}{13}$ 정도

문제 7

인장강도 시험은 시험체에 인장강도가 매분 7~14kgf/cm²의 일정비율로 증가 하도록 한다. 이때 ∅ 15×30cm의 시험체일 때 하중 증가속도를 매분 얼마로 하는가?

가. 2~5tonf 나. 5~10tonf 다. 10~15tonf 라. 15~20tonf

해설	φ15×30cm의 시험체 일 때는 하중 증가 속도를 매분 5~10tonf

문제 8

다음 중 인장강도 시험에 필요한 시험 기구는?

가. 압축 강도 시험기 나. 로스엔젤레스 시험기
다. 관입 시험기 라. 비비 시험기

해설	① 압축강도 시험기 : 인장강도, 압축강도, 휨강도 시험기구 (만능재료시험기) ② 로스엔젤레스 시험기 : 골재 마모(닳음) 시험기 (LA시험기) ③ 비비시험기 : 굳지 않은 콘크리트 반죽질기 시험기구

정답 4. 라 5. 나 6. 라 7. 나 8. 가

문제 9

지름이 150mm, 길이가 300mm인 공시체를 사용하여 인장강도시험을 하였다. 파괴시의 강도가 180,000N이었다면 콘크리트의 인장강도는?

가. 2.55(MPa)
나. 1.02(MPa)
다. 3.34(MPa)
라. 1.85(MPa)

해설 인장강도$(f_{sp}) = \dfrac{2P}{\pi dl} = \dfrac{2 \times 180,000}{3.14 \times 150 \times 300} = 2.55 \ (MPa)$

문제 10

콘크리트 원주 시험체를 할렬시켜, 인장강도를 구하고자 할때 인장강도를 구하는 식이 바른 것은? (단, ℓ : 공시체평균길이, d : 공시체평균지름, P : 시험기에 나타난 최대하중, A : 파괴단면적)

가. $\dfrac{P}{A}$
나. $\dfrac{P}{\pi dl}$
다. $\dfrac{2P}{A}$
라. $\dfrac{2P}{\pi dl}$

해설 인장강도$(f_{sp}) = \dfrac{2P}{\pi dl} \ (MPa)$

문제 11

콘크리트 인장강도에 관한 설명 중 옳지 않은 것은?

가. 시험용 공시체의 지름은 골재 최대 치수의 4배 이상이어야 한다.
나. 시험용 공시체는 일반적으로 지름 15cm 높이가 30cm인 원주형을 사용한다.
다. 인장강도는 재료의 품질, 배합 및 취급법에 따라 달라진다.
라. 인장강도는 물-결합재비에 비례한다.

해설
① 시험용 공시체의 지름은 골재 최대 치수의 4배 이상, 10cm 이상
② 인장강도는 W/B비에 반비례 (W/B비가 증가하면 인장강도는 감소)
∴ 가장 옳지 않은 것은 "라"번

문제 12

콘크리트 인장강도 시험을 위한 공시체의 지름은 (㉠)군데에서 (㉡)mm의 정밀도를 측정하여 그 평균값을 사용한다. ( )에 알맞은 값을 순서대로 나열한 것은?

가. ㉠=2, ㉡=0.2
나. ㉠=2, ㉡=0.3
다. ㉠=3, ㉡=0.2
라. ㉠=3, ㉡=0.3

해설 시험체를 시험하기 직전에 양생실에서 꺼내어 세 곳을 재어서 지름을 0.2mm까지 측정하여 평균값

변경 시험체의 지름을 2개소 이상에서 0.1mm까지 측정하여 평균값을 구한다.

정답 9. 가   10. 라   11. 라   12. 다

문제 13

콘크리트 인장 강도 시험 방법 중 표준이 되고 있는 방법은 무엇인가?

가. 직접 인장 시험방법
나. 할렬 시험방법
다. 압축강도 시험방법
라. 반복 인장 시험방법

해설 쪼갬 인장강도 (할렬시험) 시험법을 표준

문제 14

지름이 150mm 길이가 300mm인 콘크리트 공시체로 인장강도시험을 실시한 결과 공시체 파괴시 시험기에 나타난 최대하중이 148,400N이었다 이 공시체의 인장강도는?

가. 1.9(MPa)   나. 2.1(MPa)
다. 2.3(MPa)   라. 2.5(MPa)

해설 인장강도$(f_{sp}) = \dfrac{2P}{\pi dl} = \dfrac{2 \times 148,400}{3.14 \times 150 \times 300} = 2.1\ (MPa)$

문제 15

콘크리트의 인장강도 시험용 공시체를 만들 때 다짐은 몇 층 몇 회를 하는가?

가. 2층 25회   나. 3층 25회
다. 4층 30회   라. 5층 30회

해설 압축강도 시험체 몰드 제작과 동일, ∴3층 25회

문제 16

간접 시험 방법으로 콘크리트의 인장강도를 측정하기 위한 시험법은?

가. 탄성종파시험   나. 비파괴시험
다. 직접전단시험   라. 할렬시험

해설 쪼갬 인장강도 (할렬시험) 시험법을 표준

정답 13. 나   14. 나   15. 나   16. 라

문제 17

지름이 150mm, 길이가 300mm인 공시체를 사용하여 쪼갬인장 시험을 실시하여 시험기에 나타난 최대 하중이 150kN일 때 인장강도는 약 얼마인가?

가. 1.06(MPa)
나. 2.12(MPa)
다. 3.33(MPa)
라. 4.07(MPa)

해설 인장강도(f_{sp}) $= \dfrac{2P}{\pi dl} = \dfrac{2 \times 150 \times 1000}{\pi \times 150 \times 300} = 2.12 \ (MPa)$

문제 18

지름 150mm, 높이 300mm인 공시체를 사용하여 콘크리트인장강도 시험을 하여 시험기에 나타난 최대하중이 147,890N이었다. 인장강도는 얼마인가? (단, 소숫점 아래 2자리에서 반올림)

가. 1.5(MPa)
나. 1.7(MPa)
다. 1.9(MPa)
라. 2.1(MPa)

해설 인장강도(f_{sp}) $= \dfrac{2P}{\pi dl} = \dfrac{2 \times 147,800}{3.14 \times 150 \times 300} = 2.1 \ (MPa)$

문제 19

콘크리트 인장 강도 시험시 시험체는 어떤 상태이어야 하는가?

가. 완전히 마른상태에서 실시하여야 한다.
나. 양생이 끝난 뒤 마른 상태에서 실시하여야 한다.
다. 양생이 끝난 뒤 즉시 젖은 상태에서 시험하여야 한다.
라. 양생이 끝난 후에는 아무 때나 실시하여도 상관없다.

해설 시험체는 양생이 끝난 뒤, 즉시 젖은 상태에서 시험

문제 20

콘크리트의 인장강도에 대한 설명 중 틀린 것은?

가. 인장강도는 압축강도에 비해 매우 작다.
나. 인장강도는 철근 콘크리트의 부재 설계에서는 일반적으로 무시해도 된다.
다. 인장강도는 도로포장이나 수조 등에선 중요하다.
라. 인장강도는 압축강도와 달리 물-결합재비에 비례한다.

해설 압축, 인장, 휨강도는 모두 물-결합재비에 반비례

정답 17. 나 18. 라 19. 다 20. 라

콘크리트 휨강도 시험

문제 1

다음 그림과 같은 콘크리트의 시험 방법은?

가. 압축강도시험　　나. 인장강도시험
다. 휨강도시험　　　라. 블리딩시험

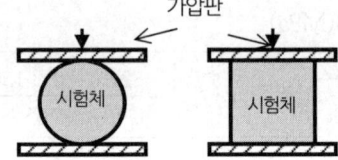

문제 2

콘크리트 휨강도 시험에서 최대 휨 압축응력의 증가가 매분 몇 kgf/cm²을 넘지 않도록 하중을 가하는가?

가. 3.5kgf/cm²　　　　　　나. 5.0kgf/cm²
다. 8~10kgf/cm²　　　　　라. 20kgf/cm²

해설	파괴 하중의 약 50%까지는 빠른 속도로 하중을 주고, 그 뒤에는 최대 압축응력의 증가가 매분 8~10kgf/cm²를 넘지 않도록 파괴
변경	하중을 가하는 속도는 가장자리 응력도의 증가율이 매초 0.06±0.04(Mpa)되도록 조정

문제 3

주로 도로 포장용 콘크리트의 품질 결정에 사용되는 콘크리트 강도는?

가. 압축강도　　나. 인장강도　　다. 휨강도　　라. 전단강도

해설	콘크리트 휨 강도는 도로 포장용 콘크리트 품질 결정에 사용

문제 4

콘크리트의 휨 강도는 압축 강도의 몇 % 정도인가?

가. 20 ~ 30%　　나. 5 ~ 10%　　다. 10 ~ 15%　　라. 15 ~ 20%

해설	콘크리트 휨 강도는 압축강도의 $\frac{1}{5} \sim \frac{1}{8}$ 또는 (15~20%)정도

문제 5

휨강도 시험용 공시체 규격으로 옳은 것은?

가. ∅10cm×20cm　　　　　　나. ∅15cm×30cm
다. 10cm×10cm×30cm　　　　라. 15cm×15cm×53cm

해설	휨 강도용 표준 공시체 : 15×15×53cm, 10×10×38cm

정답　1. 나　2. 다　3. 다　4. 라　5. 라

문제 6

지간길이 l인 3등분 하중장치를 이용한 콘크리트 휨강도시험에서 폭 b, 높이 d인 공시체가 지간의 3등분 중앙부에서 파괴 되었을 때 휨강도를 구하는 공식은? (단, P=파괴시 최대 하중임.)

가. $\dfrac{pl}{bd^2}$ 나. $\dfrac{pl}{2bd^2}$

다. $\dfrac{pl}{3bd^2}$ 라. $\dfrac{pl}{4bd^2}$

해설 시험체가 지간의 3등분 중앙에서 파괴 될 때
휨 강도(f_b) = $\dfrac{Pl}{bd^2}$

문제 7

콘크리트의 휨강도 시험용 공시체의 길이와 높이에 대한 설명으로 옳은 것은?

가. 길이는 높이의 2배 보다 10cm 이상 더 커야 한다.
나. 길이는 높이의 3배 보다 8cm 이상 더 커야 한다.
다. 길이는 높이의 4배 이상 이어야 한다.
라. 길이는 높이의 5배 이상 이어야 한다.

해설 공시체의 길이는 높이의 3배보다 8cm이상 더 커야 한다.
∴ 높이 15cm 이면, 공시체 길이 =(15×3)+8 =53cm

문제 8

규격 150mm×150mm×530mm인 콘크리트 공시체로 지간 길이가 450mm인 단순 보의 3등분 하중장치로 휨강도 시험을 실시한 결과 최대하중 33,750N일 때 공시체가 지간의 3등분 오른쪽 1cm 부분에서 파괴되었다. 이 공시체의 휨강도는?

가. 3.6(Mpa)　　나. 3.8(Mpa)　　다. 4.0(Mpa)　　라. 4.5(Mpa)

해설

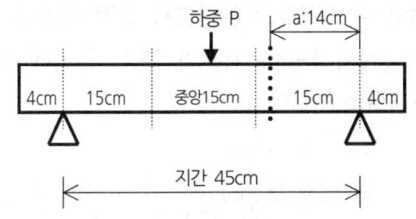

① 지간의 5% : 45×0.05 = 2.25cm이내
   이므로 1cm는 5% 범위 내
② a = 15cm-1cm = 14cm
③ 휨 강도 = $\dfrac{3pa}{bd^2}$

변경 공시체가 인장쪽 표면의 지간 방향 중심선의 3등분점의 바깥쪽에서 파괴된 경우는 그 시험 결과를 무효로 한다.

정답 6. 가 7. 나 8. 라

문제 9

콘크리트의 휨강도 시험용 공시체의 높이는 콘크리트에 사용될 골재의 최대치수의 몇 배 이상이어야 하는가?

가. 2 배   나. 3 배   다. 4 배   라. 5 배

해설 공시체의 높이는 골재 최대 치수의 4배 이상으로 한다.

문제 10

콘크리트의 휨 강도 시험에 대한 설명으로 틀린 것은?

가. 지간은 공시체 높이의 3배로 한다.
나. 재하장치의 접촉면과 공시체 면과의 사이에 틈새가 생기는 경우, 접촉부의 공시체 표면을 평평하게 갈아서 잘 접촉할 수 있도록 한다.
다. 공시체에 충격을 가하지 않도록 일정한 속도로 하중을 가한다.
라. 하중을 가하는 속도는 가장자리 응력도의 증가율이 매초 0.6±0.4MPa이 되도록 한다.

해설 하중을 가하는 속도는 가장자리 응력도의 증가율이 매초 0.06±0.04〔MPa〕이 되도록 조정하고, 최대하중이 될 때까지 그 증가율을 유지하도록 한다.

문제 11

콘크리트 휨 강도 시험에서 최대 휨 압축 응력의 증가는 매분 어느 정도를 넘지 않도록 하여 파괴 시키는가?

가. 3 ~ 5 kgf/cm²   나. 8 ~ 10 kgf/cm²
다. 10 ~ 15 kgf/cm²   라. 12 ~ 18 kgf/cm²

해설 파괴 하중의 약 50%까지는 빠른 속도로 하중을 주고, 그 뒤에는 최대 압축응력의 증가가 매분 8~10kgf/cm²를 넘지 않도록 파괴

변경 하중을 가하는 속도는 가장자리 응력도의 증가율이 매초 0.06±0.04(Mpa)되도록 조정

문제 12

휨강도 시험용 3등분점 하중 측정 장치를 사용하여 콘크리트의 휨강도를 측정 하였다. 공시체 150×150×530mm를 사용하였으며 콘크리트가 25,000N의 하중에 지간의 3등분 중앙에서 파괴되었을 때 휨강도는 얼마인가? (단, 공시체의 지간 길이는 450mm이다.)

가. 3.01(Mpa)   나. 3.33(Mpa)
다. 3.65(Mpa)   라. 3.97(Mpa)

해설 휨강도$(f_b) = \dfrac{Pl}{bd^2} = \dfrac{25,000 \times 450}{150 \times 150^2} = 3.33\,(Mpa)$

정답 9. 다   10. 라   11. 나   12. 나

문제 13

콘크리트의 휨 강도 시험시 굵은 골재의 최대 치수가 50mm 이하인 경우 시험체의 한 변의 길이는 얼마를 표준으로 하는가?

가. 10cm
나. 15cm
다. 20cm
라. 25cm

해설	변경 ks규격은 굵은골재 최대치수가40mm를 넘을 경우 40mm망체로 쳐서 넘는 입자는 제거하고 15cm×15cm 공시체를 사용

문제 14

콘크리트의 휨강도 시험용 공시체의 길이와 높이에 대한 설명으로 옳은 것은?

가. 길이는 높이의 2배 보다 10cm 이상 더 커야 한다.
나. 길이는 높이의 3배 보다 8cm 이상 더 커야 한다.
다. 길이는 높이의 4배 이상 이어야 한다.
라. 길이는 높이의 5배 이상 이어야 한다.

해설	공시체의 길이는 높이의 3배보다 8cm이상 더 커야 한다.

문제 15

콘크리트의 휨 강도시험에서 시험체를 만든 뒤 몇 시간 안에 몰드를 떼어 내는가?

가. 6~10시간
나. 10~16시간
다. 16~72시간
라. 72~96시간

해설	몰드 떼는 시기 : 16~72시간 안에 몰드를 뗀다. (압축, 인장도 동일)

문제 16

콘크리트 휨강도 시험체를 만들 때 150×150×530mm 일 때 몇 층으로 몇 회 다지는가?

가. 3층 30회
나. 3층 75회
다. 2층 60회
라. 2층 80회

해설	각 층을 다짐대로 10㎠당 1회 비율로 다지므로 1층 다짐횟수 = 시험체 면적 15cm×53cm÷10㎠ = 79.5 =80회 (여기서, 0.5회는 다짐을 할 수 없으므로 1회다짐으로 간주)

정답 13. 나 14. 나 15. 다 16. 라

문제 17

15cm×15cm×53cm 크기의 콘크리트 시험체를 45cm 지간이 되도록 고정한 후 3등분점 하중법으로 휨강도를 측정하였다. 3.5tonf의 최대하중에서 중앙부분이 파괴되었다면 휨강도는 얼마인가? (단, 소수점 3째자리에서 반올림)

가. 4.67(MPa)
나. 5.33(MPa)
다. 5.67(MPa)
라. 5.97(MPa)

해설 시험체가 지간의 3등분 중앙에서 파괴 될 때

$$휨강도(f_b) = \frac{Pl}{bd^2} = \frac{35,000 \times 450}{150 \times 150^2} = 4.67 \ (MPa)$$

문제 18

콘크리트의 휨강도에 대한 설명으로 잘못된 것은?

가. 도로포장용 콘크리트의 설계기준강도 및 품질결정 등에 이용된다.
나. 일반적으로 휨강도는 압축강도의 약 1/15~1/20 정도의 값을 가진다.
다. 휨강도 시험값은 시험방법 및 재하방법에 따라 달라진다.
라. 휨강도 시험시 재하속도가 빠르게 되면 얻어지는 휨강도는 큰 값을 나타낸다.

해설 콘크리트 휨 강도는 압축강도의 $\frac{1}{5} \sim \frac{1}{8}$ 정도

문제 19

콘크리트의 휨강도 시험에 관한 사항 중 옳지 않은 것은?

가. 휨강도 시험은 단순보의 3등분점 재하법을 주로 사용한다.
나. 휨강도 시험용 공시체를 제작할 때 콘크리트를 3층으로 나누어 채우고 각 층의 윗면을 다짐봉으로 다진다.
다. 휨강도 시험용 공시체는 몰드를 떼어낸 후, 습윤상태에서 강도시험을 할 때까지 양생하여야 한다.
라. 휨강도 시험시 공시체가 인장 쪽 표면의 지간 방향 중심선의 3등분점의 바깥 쪽에서 파괴된 경우는 그 시험 결과를 무효로 한다.

해설 휨강도 공시체 제작은 콘크리트를 2층으로 나누어 채운다.

정답 17. 가 18. 나 19. 나

■ 제3장 콘크리트 재료 시험   275

문제 20

휨강도시험용 공시체를 만들 때 150mm×150mm×530mm의 몰드를 사용하면 각층은 몇 번씩 다져야 하는가?

가. 60회
나. 70회
다. 80회
라. 90회

해설
각 층을 다짐대로 10㎠당 1회 비율로 다지므로
1층 다짐횟수 = 시험체 면적 15cm×53cm÷10㎠ = 79.5 =80회
(여기서, 0.5회는 다짐을 할 수 없으므로 1회다짐으로 간주)

문제 21

콘크리트 휨강도 시험에서 지간이 45cm이고 단면이 15cm×15cm인 사각형 단면의 보에 3등분 하중법으로 시험하여 3등분 가운데에서 파괴되었다. 이때 최대 하중은 4200kg이다. 휨강도는 얼마인가?

가. 5.6(MPa)
나. 4.85(MPa)
다. 12.0(MPa)
라. 6.24(MPa)

해설
휨강도$(f_b) = \dfrac{Pl}{bd^2} = \dfrac{42,000 \times 450}{150 \times 150^2} = 5.6\,(MPa)$

문제 22

공시체가 지간의 3등분 중앙에서 파괴되었을 때 휨강도는 약 얼마 인가?
(단, 지간 450mm, 파괴단면의 폭 150mm, 파괴단면 높이 150mm, 최대하중이 25,000N)

가. 2.73(MPa)
나. 3.03(MPa)
다. 3.33(MPa)
라. 4.73(MPa)

해설
휨강도$(f_b) = \dfrac{Pl}{bd^2} = \dfrac{25,000 \times 450}{150 \times 150^2} = 3.33\,(MPa)$

문제 23

콘크리트 휨강도 시험용 공시체 규격으로 옳은 것은?

가. ∅100mm×200mm
나. ∅150mm×300mm
다. 100mm×100mm×300mm
라. 150mm×150mm×530mm

해설 휨강도용 공시체 규격은 150mm×150mm×530mm

정답 20. 다   21. 가   22. 다   23. 라

콘크리트 공기량 시험

문제 1
워싱턴형 공기량 측정기를 사용하여 콘크리트의 공기량을 측정하고자 한다. 콘크리트의 공기량은 어떻게 표시 되는가?
가. 콘크리트 용적에 대한 백분율
나. 용기의 용적에 대한 백분율
다. 골재량에 대한 백분율
라. 공기실에 대한 백분율

해설 콘크리트 부피에 대한 비[%]

문제 2
콘크리트 공기량 시험에서 골재의 수정계수를 구하고자 할 때 잔골재를 넣을 때마다 다짐대로 다지는데 몇 회 다지는가? (단, 공기실 압력법)
가. 10회
나. 15회
다. 20회
라. 25회

해설 골재 수정계수 결정시 용기에 잔골재를 한 삽 놓고, 다짐대로 10번 정도 다진다.

문제 3
굳지 않은 콘크리트의 공기량 측정법이 아닌 것은?
가. 공기실 압력법
나. 부피법
다. 계산법
라. 무게법

해설 공기량 시험법은 무게법(질량법), 부피법, 공기실 압력법(워싱턴형 공기량 측정기)

문제 4
굳지 않은 콘크리트의 공기량을 구하는 식으로 옳은 것은?
(단, A: 콘크리트의 공기량(콘크리트 용적의 %)
 A1: 겉보기 공기량(콘크리트 부피의 %) G: 골재의 수정계수(콘크리트 부피의%))
가. A=G-A1
나. A=A1-G
다. A=2(A1-G)
라. A=2A+G

해설 콘크리트 공기량 $A(\%) = A_1 - G$
여기서, A : 콘크리트의 공기량 (콘크리트 부피에 대한 비[%])
　　　　A_1 : 겉보기 공기량 (콘크리트 부피에 대한 비[%])
　　　　G : 골재의 수정 계수 (콘크리트 부피에 대한 비[%])

정답 1. 가 2. 가 3. 다 4. 나

문제 5

콘크리트의 겉보기 공기량이 7%이고 골재의 수정계수가 1.2%일 때 콘크리트의 공기량은 얼마인가?

가. 4.6% 나. 5.8% 다. 8.2% 라. 9.4%

해설 콘크리트 공기량 A(%) = A1 - G=7-1.2=5.8 %

문제 6

블리딩은 콘크리트를 친 후 처음 몇 분 만에 대부분 생기는가?

가. 5~10분
나. 10~15분
다. 15~30분
라. 45 ~60분

해설 블리딩은 콘크리트를 친후 처음 15~30분에 대부분 생기며, 2~4시간에 거의 끝난다.

문제 7

다음 그림은 콘크리트의 무엇을 측정하기 위한 시험 장치인가?

가. 공기량 측정기
나. 단위용적 중량 시험기
다. 로스앤젤스 시험기
라. 블리딩 측정기

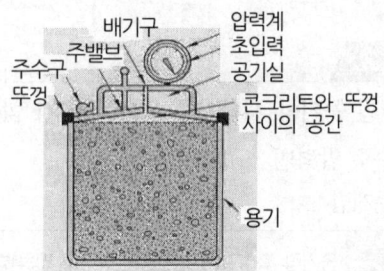

문제 8

콘크리트의 공기량을 구하는 식으로 옳은 것은?

가. (겉보기 공기량 - 골재의 수정계수)×100
나. 겉보기 공기량 + 골재의 수정계수
다. 겉보기 공기량 - 골재의 수정계수
라. (겉보기 공기량 + 골재의 수정계수)×100

해설 콘크리트 공기량 A(%) = A_1 - G

문제 9

굳지 않은 콘크리트의 압력법에 의한 공기량 측정 기구는?

가. 보일형
나. 워싱턴 형
다. 관입침
라. 슈미트 해머

정답 5. 나   6. 다   7. 가   8. 다   9. 나

문제 10

겉보기 공기량이 6.80%이고 골재의 수정계수가 1.20%일 때 콘크리트의 공기량은 얼마 인가?

가. 5.67%
나. 0.18%
다. 8%
라. 5.60%

해 설 콘크리트 공기량 $A(\%) = A_1 - G = 6.80 - 1.20 = 5.60\%$

문제 11

다음 중 공기량 측정법이 아닌 것은?

가. 공기실 압력법
나. 무게법
다. 길모아침법
라. 부피법

해 설 길모아침 법은 시멘트 응결시간 측정 방법이다.

문제 12

워싱턴형 공기량 시험기를 이용한 공기 함유량 시험은 다음 중 어느 것인가?

가. 수주 압력법
나. 공기실 압력법
다. 무게법
라. 부피법

해 설 공기량 측정기 워싱턴형은 공기실 압력법

문제 13

압력법에 의한 굳지 않은 콘크리트의 공기함유량 시험에 대한 설명으로 옳은 것은?

가. 측정용기의 용량은 4L를 사용한다.
나. 시료를 용기에 한 번에 채우고 다짐봉으로 55회 균등하게 다진다.
다. 용기의 뚜껑을 죌때는 반드시 시계침 방향에 따른 순서대로 죈다.
라. 콘크리트의 공기량은 겉보기 공기량에서 골재의 수정계수를 뺀 값으로 한다.

해 설 공기함유량 시험(워싱턴형)
① 시료의 양은 필요한 양보다 5L이상을 한다.
② 대표적인 시료를 용기에 3층으로 넣고, 각 층을 25회 다진다.
③ 용기의 뚜껑을 죌때는 반드시 대각선으로 죈다.

정답 10. 라 11. 다 12. 나 13. 라

콘크리트 기능사 실기편

제4장

필답형 문제 및 해설

4-1 콘크리트 시방배합

문제 1

굵은 골재 최대치수가 40mm, 단위수량 165kg, 물결합재비 50%, 슬럼프 값 7cm, 잔골재율 35%, 잔골재 밀도 2.50g/cm³, 굵은 골재의 밀도 2.60g/cm³, 시멘트 밀도 3.12g/cm³, 갇힌 공기 1.5%이며, 골재는 표면건조 포화상태일 때 콘크리트 1m³에 소요되는 시멘트량, 잔골재량, 굵은골재량을 구하시오.

계산

① 단위시멘트량(C)

$$\frac{W}{C} = 50\% = 0.5, \quad \therefore C = \frac{W}{0.5} = \frac{165}{0.5} = 330 \ (kgf/m^3)$$

② 단위 골재의 절대용적($S_V + G_V$)

$$S_V + G_V = 1 - \left(\frac{C(kg)}{1000 \times C_g} + \frac{W(kg)}{1000} + \frac{A(\%)}{100} + \frac{혼화재량(kg)}{1000 \times 혼화재비중} \right)$$

$$= 1 - \left(\frac{330\,kg}{1000 \times 3.12} + \frac{165\,kg}{1000} + \frac{1.5}{100} \right) = 0.714 \ (m^3)$$

③ 단위 잔골재 절대용적(S_V)

$$S_V = (S_V + G_V) \times S/a = 0.714 \times 0.35 = 0.250 \ (m^3)$$

④ 단위 잔골재량(S)

$$S = S_V \times S_g \times 1000 = 0.250 \times 2.50 \times 1000 = 625 \ (kgf/m^3)$$

⑤ 굵은 골재 절대용적(G_V)

$$G_V = (S_V + G_V) - S_V = 0.714 - 0.250 = 0.464 \ (m^3)$$

⑥ 굵은 골재량(G)

$$G = G_V \times G_g \times 1000 = 0.464 \times 2.60 \times 1000 = 1206 \ (kgf/m^3)$$

정답

가) 시멘트량 : 330 (kgf/m^3)

나) 잔골재량 : 625 (kgf/m^3)

다) 굵은골재량 : 1206 (kgf/m^3)

문제 2

콘크리트 배합설계에서 단위 잔골재 부피 0.279m³와 밀도 2.64g/cm³이고, 단위 굵은 골재의 부피 0.416m³와 밀도 2.85g/cm³이었다면 물음에 답하시오.
(소수 2자리에서 반올림)

계산

가) 잔골재율(S/a)을 구하시오

$$S/a = \frac{S_V}{S_V + G_V} \times 100 = \frac{0.279}{0.279 + 0.416} \times 100 = 40.1 \, (\%)$$

나) 단위 잔골재량을 구하시오.

$$S = S_V \times S_g \times 1000 = 0.279 \times 2.64 \times 1000 = 736.6 \, (kgf/m^3)$$

다) 단위 굵은 골재량을 구하시오.

$$G = G_V \times G_g \times 1000 = 0.416 \times 2.85 \times 1000 = 1185.6 \, (kgf/m^3)$$

라) 단위 절대 골재 부피를 구하시오. (소수 4자리에서 반올림)

$$S_V + G_V = 0.279 + 0.416 = 0.695 \, (m^3)$$

정답

가) $40.1 \, (\%)$ 나) $736.6 \, (kgf/m^3)$

다) $1185.6 \, (kgf/m^3)$ 라) $0.695 \, (m^3)$

문제 3

시방서에 규정된 시방배합의 표시방법에 의해 콘크리트의 배합표를 만들면 1m³이 필요한 물, 시멘트, 잔골재, 굵은 골재의 중량이 표시된다. 이것 이외에 표시되는 항목을 4가지만 쓰시오.

정답

① 굵은골재 최대치수   ② 슬럼프 범위

③ 물-결합재비   ④ 공기량

그 밖에 잔골재율, 혼화재량 등이 있다.

☞ 콘크리트 시방서가 변경되면서 물-시멘트비($\frac{W}{C}$)가 물-결합재비($\frac{W}{B}$)로 변경됨

☞ 결합재(B) : 물과 반응하여 콘크리트 강도 발현에 기여하는 물질을 생성하는 것의 총칭으로 시멘트, 고로슬래그 미분말, 플라이 애쉬, 실리카 퓸, 팽창재 등을 함유하는 것

문제 4

굵은 골재 최대 치수는 40mm 사용하고 물결합재비 50%, 잔골재의 조립률 3.0, 슬럼프 값 9cm일 때 잔골재율과 단위수량을 수정계산 하시오.

굵은 골재의 최대치수 (mm)	골재의 용적 (%)	갇힌 공기 (%)	잔골재율 S/a(%)	단위 수량 (kg)
25	66	1.5	41	175
40	72	1.2	36	165

※ 위 표의 값은 보통 입도를 가진 모래(조립률 2.80)와 자갈을 사용한 물-결합재비 0.55 정도 슬럼프 약 8cm의 콘크리트에 대한 것이다.

계산

구 분	잔골재율(S/a)의 보정	단위수량(W)의 보정
굵은 골재 최대치수(40mm)	36	165
FM 보정 (2.8 ⇒ 3.0)	$36 + (\frac{3.0 - 2.8}{0.1}) \times 0.5$ $= 37$	-
슬럼프 보정 (8 ⇒ 9cm)	-	$165 + (\frac{9-8}{1}) \times 165 \times 0.012$ $= 166.98$
물-결합재비 보정(0.55 ⇒ 0.5)	$37 - (\frac{0.55 - 0.5}{0.05}) \times 1$ $= 36$	-
보정 값	36	167

정답 가) 잔골재율 : 36 (%)   나) 단위수량 : 167 (kg)

문제 5

콘크리트 배합시 물 - 결합재비를 정하는 기준 3가지를 쓰시오.

정답
① 압축강도 기준
② 수밀성 기준
③ 내구성 기준

문제 6

다음 표를 참고하여 잔골재율과 단위수량을 계산 하시오.

굵은 골재의 최대치수 25mm,   잔골재의 조립율(F.M) 3.0
물-결합재비(W/B) 50%   슬럼프 값 9cm

콘크리트의 공기량, 단위수량, 잔골재율의 대략 값

굵은 골재의 최대치수(mm)	단위 굵은 골재의 용적(%)	갇힌공기 (%)	잔골재율 S/a(%)	단위수량 (kg)
25	66	1.5	41	175
40	72	1.2	36	165

※ 위 표의 값은 보통 입도를 가진 모래(조립률 2.80)와 자갈을 사용한 물-결합재 비 0.55 정도, 슬럼프 약 8cm의 콘크리트에 대한 것이다.

잔골재율(S/a)과 물 (W)의 보정법

구 분	잔골재율(S/a)의 보정	단위수량(W)의 보정
모래의 조립률이 0.1 만큼 클(작을)때마다	0.5만큼 크게(작게)한다	보정하지 않는다.
슬럼프 값이 1cm만큼 클(작을)때마다	보정하지 않는다.	1.2%만큼 크게(작게)한다.
물결합재비 0.05만큼 클(작을)때마다	1만큼 크게(작게)한다	보정하지 않는다.

계산

구 분	잔골재율(S/a)의 보정	단위수량(W)의 보정
굵은 골재 최대치수(25mm)	41	175
FM 보정 (2.8⇒3.0)	$41 + (\frac{3.0 - 2.8}{0.1}) \times 0.5 = 42$	-
슬럼프 보정 (8⇒9cm)	-	$175 + (\frac{9 - 8}{1}) \times 175 \times 0.012 = 177.1$
물-결합재비 보정(0.55⇒0.5)	$42 - (\frac{0.55 - 0.5}{0.05}) \times 1 = 41$	-
보정 값	41	177.1

정답

가) $S/a = 41\,(\%)$ 나) $W = 177.1\,(kgf)$

문제 7

콘크리트 배합설계에서 단위수량이 157kg, 물결합재비(W/B) 50%, 갇힌 공기 2%, 잔골재율 40% 잔골재 밀도 $2.50 g/cm^3$, 굵은 골재 밀도 $2.60 g/cm^3$, 시멘트밀도 $3.14 g/cm^3$ 일 때 다음 물음에 답하시오.

계산

가) 단위 시멘트량을 구하시오

$$\frac{W}{C} = 50\% = 0.5, \quad \therefore C = \frac{W}{0.5} = \frac{157}{0.5} = 314 \ (kgf/m^3)$$

나) 단위 골재의 절대부피를 구하시오.

$$S_V + G_V = 1 - \left(\frac{C(kg)}{1000 \times C_g} + \frac{W(kg)}{1000} + \frac{A(\%)}{100} + \frac{혼화재량(kg)}{1000 \times 혼화재비중} \right)$$

$$= 1 - \left(\frac{314 kg}{1000 \times 3.14} + \frac{157 kg}{1000} + \frac{2}{100} \right) = 0.723 \ (m^3)$$

다) 단위 잔골재 절대부피를 구하시오.

$$S_V = (S_V + G_V) \times S/a = 0.723 \times 0.4 = 0.289 \ (m^3)$$

라) 단위 굵은골재량을 구하시오.

① 굵은 골재 절대용적(G_V)

$$G_V = (S_V + G_V) - S_V = 0.723 - 0.289 = 0.434 \ (m^3)$$

② 굵은 골재량(G)

$$G = G_V \times G_g \times 1000 = 0.434 \times 2.60 \times 1000 = 1128.4 ≒ 1128 \ (kgf/m^3)$$

정답

가) $314 \ (kgf/m^3)$ 나) $0.723 \ (m^3)$
다) $0.289 \ (m^3)$ 라) $1128 \ (kgf/m^3)$

문제 8

콘크리트 배합시 각 재료의 계량 허용오차는 몇 % 이하로 하는지 아래의 재료에 대하여 답하시오.

정답

재료의 종류	측정 단위	1회 계량분량의 한계허용오차(%)
시멘트	질량	(−1, +2)
골재	질량 또는 부피	(±3)
물	질량	(−2, +1)
혼화재	질량	(±2)
혼화제	질량 또는 부피	(±3)

문제 9

굵은 골재 최대치수가 40mm, 단위수량 165kg, 물결합재비 50%, 슬럼프 값 7cm, 잔골재율 35% 잔골재 밀도 2.50g/cm³, 굵은 골재 밀도 2.60g/cm³, 시멘트 밀도 3.12g/cm³, 갇힌 공기 1.5%이며 골재는 표면건조 포화상태일 때 콘크리트 1m³에 소요되는 시멘트량, 잔골재량, 굵은 골재량을 구하시오.

계산

가) 단위 시멘트량(C)

$$\frac{W}{C} = 50\% = 0.5, \quad \therefore C = \frac{W}{0.5} = \frac{165}{0.5} = 330 \ (kgf/m^3)$$

나) 단위 잔골재량(S)

① 단위 골재량의 절대부피

$$S_V + G_V = 1 - \left(\frac{330}{1000 \times 3.12} + \frac{165}{1000} + \frac{1.5}{100}\right) = 0.714 \ (m^3)$$

② 단위 잔골재 절대부피

$$S_V = (S_V + G_V) \times S/a = 0.714 \times 0.35 = 0.250 \ (m^3)$$

③ 단위 잔골재량

$$S = S_V \times S_g \times 1000 = 0.250 \times 2.50 \times 1000 = 625 \ (kgf/m^3)$$

다) 단위 굵은골재량

① 굵은 골재 절대용적(G_V)

$$G_V = (S_V + G_V) - S_V = 0.714 - 0.250 = 0.464 \ (m^3)$$

② 굵은 골재량 (G)

$$G = G_V \times G_g \times 1000 = 0.464 \times 2.60 \times 1000 = 1206.4 \fallingdotseq 1206 \ (kgf/m^3)$$

정답

가) 단위 시멘트량(C) : 330 (kgf/m^3)

나) 단위 잔골재량(S) : 625 ($kgf/m3$)

다) 단위 굵은골재량(S) : 1206 (kgf/m^3)

문제 10

콘크리트 배합설계에서 단위 굵은골재가 0.448m³와 밀도가 2.65g/cm³이고, 잔골재 부피가 0.262m³와 밀도가 2.60g/cm³이었다면 다음 물음에 답하시오.

계산

가) 단위 절대골재 부피를 구하시오.

$$S_V + G_V = 0.262 + 0.448 = 0.710 \ (m^3)$$

나) 잔골재율(S/a)을 구하시오.

$$S/a = \frac{S_V}{S_V + G_V} \times 100 = \frac{0.262}{0.262 + 0.448} \times 100 = 36.90 \, (\%)$$

다) 단위 잔골재량을 구하시오.

$$S = S_V \times S_g \times 1000 = 0.262 \times 2.60 \times 1000 = 681.2 \fallingdotseq 681 \, (kgf/m^3)$$

라) 단위 굵은 골재량을 구하시오.

$$G = G_V \times G_g \times 1000 = 0.448 \times 2.65 \times 1000 = 1187.2 \fallingdotseq 1187 \, (kgf/m_3)$$

정답 가) 0.710 (m^3) 나) 36.90 (%)
다) 681 (kgf/m^3) 라) 1187 (kgf/m^3)

문제 11

다음 결과치가 표와 같을 때 다음 물음에 답하시오.

잔골재 부피(S_V)	0.279m³	잔골재 밀도(S_g)	2.64g/cm³
굵은 골재 부피(G_V)	0.416m³	굵은 골재 밀도(G_g)	2.85g/cm³

계산 가) 잔골재율은? (소수 2자리에서 반올림)

$$S/a = \frac{S_V}{S_V + G_V} \times 100 = \frac{0.279}{0.279 + 0.416} \times 100 = 40.1 \, (\%)$$

나) 단위 잔골재량은?

$$S = S_V \times S_g \times 1000 = 0.279 \times 2.64 \times 1000 = 736.56 \, (kgf/m^3)$$

다) 단위 굵은 골재량은?

$$G = G_V \times G_g \times 1000 = 0.416 \times 2.85 \times 1000 = 1185.60 \, (kgf/m^3)$$

라) 단위 절대 골재 부피는? (소수 4자리에서 반올림)

$$S_V + G_V = 0.279 + 0.416 = 0.695 \, (m^3)$$

정답 가) $S/a = 40.1 \, (\%)$ 나) $S = 736.56 \, (kgf/m^3)$
다) $G = 1185.60 \, (kgf/m^3)$ 라) $S_V + G_V = 0.695 \, (m^3)$

문제 12

콘크리트 배합설계에서 다음과 같은 결과를 얻었다.

굵은골재최대치수	시멘트밀도	시멘트량	슬럼프	S/a	갇힌공기량
25mm	3.15g/cm³	320kg	8cm	41%	1.5%
잔골재밀도	굵은골재밀도	혼화재밀도	혼화재량	단위수량	
2.65g/cm³	2.70g/cm³	2.55g/cm³	16kg	175kg	

계산

가) 물 – 시멘트비를 구하시오.

$$\frac{W}{C} = \frac{175}{320} \times 100 = 54.69 \ (\%)$$

나) 단위 골재량의 절대체적을 구하시오.

$$S_V + G_V = 1 - \left(\frac{320}{1000 \times 3.15} + \frac{175}{1000} + \frac{1.5}{100} + \frac{16}{1000 \times 2.55} \right) = 0.702 \ (m^3)$$

다) 단위 잔골재량의 절대체적을 구하시오.

$$S_V = (S_V + G_V) \times S/a = 0.702 \times 0.41 = 0.288 \ (m^3)$$

라) 단위 굵은 골재량의 절대체적을 구하시오.

$$G_V = (S_V + G_V) - S_V = 0.702 - 0.288 = 0.414 \ (m^3)$$

마) 단위 잔골재량을 구하시오.

$$S = S_V \times S_g \times 1000 = 0.288 \times 2.65 \times 1000 = 763.2 \ (kgf/m^3)$$

바) 단위 굵은 골재량을 구하시오.

$$G = G_V \times G_g \times 1000 = 0.414 \times 2.70 \times 1000 = 1117.8 \ (kgf/m^3)$$

정답

가) $\frac{W}{C} = 54.69 \ (\%)$ 나) $S_V + G_V = 0.702 \ (m^3)$

다) $S_V = 0.288 \ (m^3)$ 라) $G_V = 0.414 \ (m^3)$

마) $S = 763.2 \ (kgf/m^3)$ 바) $G = 1117.8 \ (kgf/m^3)$

문제 13

다음과 같은 배합 설계표를 보고 콘크리트 1m³에 소요되는 아래의 요구사항을 구하시오.

단위 시멘트량	잔골재율	잔골재 비중	굵은골재 비중	시멘트 비중	공기량	물시멘트비
320(g)	41(%)	2.55	2.65	3.15	1.5	50(%)

계산 가) 단위 수량은?

$$\frac{W}{C} = 50\% = 0.50, \quad \therefore W = 0.5 \times 320 = 160 \ (kgf/m^3)$$

나) 단위 골재량의 절대 부피는?

$$S_V + G_V = 1 - \left(\frac{320}{1000 \times 3.15} + \frac{160}{1000} + \frac{1.5}{100}\right) = 0.723 \ (m^3)$$

다) 단위 잔골재량은?

① $S_V = (S_V + G_V) \times S/a = 0.723 \times 0.41 = 0.297 \ (m^3)$

② $S = S_V \times S_g \times 1000 = 0.297 \times 2.55 \times 1000 = 756.3 \ (kgf/m^3)$

라) 단위 굵은 골재량은?

① $G_V = (S_V + G_V) - S_V = 0.723 - 0.297 = 0.426 \ (m^3)$

② $G = G_V \times G_g \times 1000 = 0.426 \times 2.65 \times 1000 = 1128.90 \ (kgf/m^3)$

정답 가) $W = 160 \ (kgf/m^3)$ 나) $S_V + G_V = 0.723 \ (m^3)$

다) $S = 756.3 \ (kgf/m^3)$ 라) $G = 1128.90 \ (kgf/m^3)$

문제 14

단위 골재량의 절대부피가 0.86m³인 콘크리트에서 잔골재율이 35%이고, 잔골재의 밀도가 2.60g/cm³, 굵은골재의 밀도가 2.70g/cm³일 때 단위 잔골재량과 단위 굵은골재량을 구하시오.

가) 단위 잔골재량을 구하시오.

계산 ① $S_V = (S_V + G_V) \times S/a = 0.86 \times 0.35 = 0.301 \ (m^3)$

② $S = 0.301 \times 1000 \times 2.6 = 782.6 \ (kgf/m^3)$

정답 $S = 782.6 \ (kgf/m^3)$

나) 단위 굵은골재량을 구하시오.

계산 ① $G_V = 0.86 - 0.301 = 0.559 \ m^3$

② $G = 0.559 \times 1000 \times 2.7 = 1509.3 \ (kgf/m^3)$

정답 $G = 1509.3 \ (kgf/m^3)$

문제 15

콘크리트 배합 설계에서 단위 굵은골재 부피가 0.448m³이고, 밀도는 2.70g/cm³이며, 단위 잔골재 부피가 0.252m³이고, 밀도가 2.60g/cm³이었다면 다음 물음에 답하시오.

계산 가) 단위 절대골재 부피를 구하시오.

$$S_V + G_V = 0.448 + 0.252 = 0.700 \ (m^3)$$

나) 잔골재율(S/a)을 구하시오.

$$S/a = \frac{S_V}{S_V + G_V} \times 100 = \frac{0.252}{0.252 + 0.448} \times 100 = 36 \ (\%)$$

다) 단위 잔골재량을 구하시오.

$$S = S_V \times S_g \times 1000 = 0.252 \times 2.60 \times 1000 = 655.2 \ (kgf/m^3)$$

라) 단위 굵은 골재량을 구하시오.

$$G = G_V \times G_g \times 1000 = 0.448 \times 2.70 \times 1000 = 1209.6 \ (kgf/m^3)$$

정답 가) $S_V + G_V = 0.700 \ (m^3)$ 나) $S/a = 36 \ (\%)$

다) $S = 655.2 \ (kgf/m^3)$ 라) $G = 1209.6 \ (kgf/m^3)$

4-2 콘크리트 현장배합

문제 1

현장배합표가 다음과 같을 때 가로, 세로 각 30cm, 높이 3m인 기둥 콘크리트의 소요 재료량을 구하시오. (단 철근의 부피는 무시함)

현장 배합 표 (kg/m³)			
물(W)	시멘트(C)	잔골재(S)	굵은 골재(G)
150	300	670	1330

계산

가) 콘크리트의 총 부피(m^3)를 구하시오. (소수 3자리에서 반올림)

$$V = 0.3 \times 0.3 \times 3 = 0.27 \ (m^3)$$

나) 물의 양(kg)을 구하시오.

$$W = 0.27 \times 150 = 40.5 \ (kgf/m^3)$$

다) 시멘트의 양(kg)을 구하시오.

$$C = 0.27 \times 300 = 81 \ (kgf/m^3)$$

라) 잔골재의 양(kg)을 구하시오.

$$S = 0.27 \times 670 = 180.9 \ (kgf/m^3)$$

마) 굵은 골재의 양(kg)을 구하시오.

$$G = 0.27 \times 1330 = 359.1 \ (kgf/m^3)$$

정답

가) $V = 0.27 \ (m^3)$

나) $W = 40.5 \ (kgf/m^3)$

다) $C = 81 \ (kgf/m^3)$

라) $S = 180.9 \ (kgf/m^3)$

마) $G = 359.1 \ (kgf/m^3)$

문제 2

콘크리트의 시방배합 결과와 현장골재 상태가 아래와 같을 때 시방배합을 현장배합으로 고치시오. (단, 소수1자리에서 반올림)

시 방 배 합 표 (kg/m³)

물	시멘트	잔골재	굵은 골재
170	360	740	1100

◈ 현장골재의 상태:
- ▶ 잔골재의 표면수량 2%
- ▶ 굵은 골재의 표면수량: 1%
- ▶ No.4체에 남은 잔골재량 : 5%
- ▶ No.4체에 통과하는 굵은골재량 : 2%

계산

가) 입도보정

$$S + G = 740 + 1100 = 1840 \quad \cdots\cdots\cdots ①$$

$$0.95S + 0.02G = 740 \quad \cdots\cdots\cdots ②$$

①식에 0.95를 곱하여 ②식과 연립하면

$$\begin{array}{r} 0.95S + 0.95G = 1748 \\ -)\ 0.95S + 0.02G = 740 \\ \hline 0\ +\ 0.93G = 1008 \end{array}$$

$$\therefore G = \frac{1008}{0.93} = 1083.87 \fallingdotseq 1084\ kgf \quad \cdots\cdots ③$$

③식을 ①식에 대입하면

$$\therefore S = 1840 - 1084 = 756\ kgf$$

나) 표면수 보정

① 잔골재 표면수 : $756 \times 0.02 = 15\ (kgf)$

② 굵은 골재 표면수 : $1084 \times 0.01 = 11\ (kg)$

다) 계량할 재료의 양

① 계량할 단위 잔골재량 : $756 + 15 = 771\ (kgf/m^3)$

② 계량할 단위 굵은 골재량 : $1084 + 11 = 1095\ (kgf/m^3)$

③ 계량할 단위 수량 : $170 - (15 + 11) = 144\ (kgf/m^3)$

라) 현장 배합표

현 장 배 합 표 (kgf/m^3)

물	잔골재	굵은골재
(144)	(771)	(1095)

문제 3

다음은 시방배합표이다.

단 위 수 량	시 멘 트	잔 골 재	굵 은 골 재
160kg	295kg	675kg	1300kg
현장 골재의 상태			
잔골재의 표면수량 3%		No.4체에 남는 잔골재량 4%	
굵은 골재의 표면수량 1.2%		No.4체를 통과하는 굵은 골재량 6%	

위 표를 이용하여 즉 시방배합을 현장배합으로 수정하면 잔골재와 굵은 골재의 단위중량은 얼마인가?

계산 가) 입도보정

$$S + G = 675 + 1300 = 1975 \cdots\cdots\cdots ①$$

$$0.96S + 0.06G = 675 \cdots\cdots\cdots ②$$

①식에 0.96를 곱하여 ②식과 연립하면

$$\begin{array}{r} 0.96S + 0.96G = 1896 \\ -)\ 0.96S + 0.06G = 675 \\ \hline 0 + 0.90G = 1221 \end{array}$$

$$\therefore G = \frac{1221}{0.90} = 1356.67 \fallingdotseq 1357\ kgf \cdots\cdots ③$$

③식을 ①식에 대입하면

$$\therefore S = 1975 - 1357 = 618\ kgf$$

나) 표면수 보정

① 잔골재 표면수 : $618 \times 0.03 \times = 18.54 \fallingdotseq 19\ (kgf)$

② 굵은 골재 표면수 : $1357 \times 0.012 = 16.28 \fallingdotseq 16\ (kgf)$

다) 계량할 재료의 양

① 단위 잔골재량 : $618 + 19 = 637\ (kgf/m^3)$

② 단위 굵은 골재량 : $1357 + 16 = 1373\ (kgf/m^3)$

계산 단위 잔골재량 : $637\ (kgf/m^3)$

단위 굵은골재량 : $1373\ (kgf/m^3)$

문제 4

시방배합으로 단위 시멘트량 320kg, 단위수량이 168kg, 단위 잔골재량 694kg, 단위 굵은 골재량 1195kg 일 때 현재의 골재상태의 시험결과가 다음과 같을 때 현장배합으로 고치시오.(단, 소수점 첫째자리에서 반올림)

현장의 골재상태

◎ 잔골재의 표면수량 4%	◎ 굵은 골재의 표면수량 2%
◎ 잔골재가 No.4체에 남는양 6%	◎ 굵은 골재가 No.4체를 통과하는 양 3%

계산

가) 입도보정

$$S + G = 694 + 1195 = 1889 \quad \cdots\cdots\cdots ①$$

$$0.94S + 0.03G = 694 \quad \cdots\cdots\cdots ②$$

①식에 0.94를 곱하여 ②식과 연립하면

$$\begin{array}{r} 0.94S + 0.94G = 1775.66 \\ -)\ 0.94S + 0.03G = 694 \\ \hline 0 + 0.91G = 1081.66 \end{array}$$

$$\therefore G = \frac{1081.66}{0.91} = 1188.64 ≒ 1189 \ kgf/m^3 \quad \cdots\cdots ③$$

③식을 ①식에 대입하면

$$\therefore S = 1889 - 1189 = 700 \ kgf/m^3$$

나) 표면수 보정

① 잔골재 표면수 : $700 \times 0.04 = 28 \ (kgf)$

② 굵은 골재 표면수 : $1189 \times 0.02 = 23.78 ≒ 24 \ (kgf)$

다) 계량할 재료의 양

① 계량할 단위 잔골재량 : $700 + 28 = 728 \ (kgf/m^3)$

② 계량할 단위 굵은 골재량 : $1189 + 24 = 1213 \ (kgf/m^3)$

③ 계량할 단위 수량 : $168 - (28 + 24) = 116 \ (kgf/m^3)$

라) 현장 배합표

현장배합표 (kgf/m^3)

단위 시멘트량	단위 수량	단위 잔골재량	단위 굵은 골재량
(320)	(116)	(728)	(1213)

문제 5

콘크리트 시방배합 결과와 현장골재 상태가 다음 표와 같을 때 현장배합으로 고치시오.

[표 1]

시 멘 트	물	잔 골 재	굵 은 골 재
320kg	168kg	660kg	1290kg

[표 2]

잔 골 재 표 면 수 율	3 %
잔골재 No.4체 잔유율	4 %
굵 은 골 재 표 면 수 율	1 %
굵 은 골 재 No.4체 통과율	4 %

가) $1m^3$의 콘크리트를 만드는데 현장에서 계량해야할 재료의 양을 구하시오

계산

1) 입도보정

$$S + G = 660 + 1290 = 1950 \quad \cdots\cdots\cdots\cdots ①$$

$$0.04S + 0.96G = 1290 (굵은골재 기준) \cdots\cdots ②$$

①식에 0.04를 곱하여 ②식과 연립하면

$$\begin{array}{r} 0.04S + 0.04G = 78 \\ -)\ 0.04S + 0.96G = 1290 \\ \hline 0 - 0.92G = -1212 \end{array}$$

$$\therefore G = \frac{1212}{0.92} = 1317.39 \fallingdotseq 1317 \ kg \quad \cdots\cdots ③$$

③식을 ①식에 대입하면

$$\therefore S = 1950 - 1317 = 633 \ kg$$

2) 표면수 보정

① 잔골재 표면수 : $633 \times 0.03 = 19 \ (kgf)$

② 굵은 골재 표면수 : $1317 \times 0.01 = 13 \ (kgf)$

3) 계량할 재료의 양

① 계량할 단위 잔골재량 : $633 + 19 = 652 \ (kgf/m^3)$

② 계량할 단위 굵은 골재량 : $1317 + 13 = 1330 \ (kgf/m^3)$

③ 계량할 단위 수량 : $168 - (19 + 13) = 136 \ (kgf/m^3)$

정답 단위 잔골재량 : $652 \ (kgf/m^3)$ 단위 굵은골재량 : $1330 \ (kgf/m^3)$
 단위 수량 : $136 \ (kgf/m^3)$

나) 1배치에 시멘트 3포를 사용한다면 1배치에 계량되는 재료의 양을 구하시오.
(단, 시멘트 1포의 무게는 40kg임)

① 1배치 시멘트량 : $3 \times 40 = 120 \ kg$

② 1배치 사용수량 : $\dfrac{120}{320} \times 136 = 51 \ kg$

③ 1배치 잔골재량 : $\dfrac{120}{320} \times 652 = 244.5 ≒ 245 \ kg$

④ 1배치 굵은골재량 : $\dfrac{120}{320} \times 1330 = 498.75 ≒ 499 \ kg$

정답

시멘트량 : $120 \ (kgf)$ 사용수량 : $51 \ (kg)$
잔골재량 : $245 \ (kgf)$ 굵은골재량 : $499 \ (kgf)$

문제 6

아래 시방 배합표 및 현장골재의 상태를 보고 물음에 답하시오

현장골재의 상태

잔 골 재 표 면 수 량	3 %
No.4체에 남은 잔골재량	4 %
굵은 골재 표면 수량	1 %
No.4체를 통과하는 굵은골재량	2 %

시방 배합 표 (kg/m³)

물	시 멘 트	잔 골 재	굵 은 골 재
175	340	700	1200

계산 ○ 입도 보정

$S + G = 700 + 1200 = 1900$ ·················· ①

$0.96S + 0.02G = 700$ ························ ②

①식에 0.96를 곱하여 ②식과 연립하면

$$\begin{array}{r} 0.96S + 0.96G = 1824 \\ -)\ 0.96S + 0.02G = 700 \\ \hline 0\ \ + 0.94G = 1124 \end{array}$$

$\therefore G = \dfrac{1124}{0.94} = 1195.74 \ kgf$ ········ ③

③식을 ①식에 대입하면

$\therefore S = 1900 - 1195.74 = 704.26 \ kgf$

가) 모래 속에 포함된 자갈의 양은 몇 kg인가?

　　자갈량 : $704.26 \times 0.04 = 28.17 \ (kgf)$

나) 자갈 속에 포함된 모래의 양은 몇 kg인가?

　　모래량 : $1195.74 \times 0.02 = 23.91 \ (kgf)$

다) 잔골재의 표면수량은 몇 kg인가?

　　잔골재 표면수량 : $704.26 \times 0.03 = 21.13 \ (kgf)$

라) 굵은 골재량, 잔골재량은 얼마인가?

　　(단, 소수 3자리에서 반올림)

　　① 잔골재량 : $704.26 + 21.13 = 725.39 \ (kgf/m^3)$

　　② 굵은골재량 : $1195.74 + 11.96 = 1207.7 \ (kgf/m^3)$

문제 7

콘크리트의 시방배합 결과와 현장 골재상태가 아래와 같을 때 시방배합을 현장배합으로 고치시오. (소수 1자리에서 반올림)

현장 골재의 상태	시방배합표(kg/㎥)			
	물	시멘트	잔골재	굵은 골재
잔골재의 표면수량 3%	160	295	675	1300
굵은 골재의 표면수량 1.2%				
No.4체 남는 잔골재량 4%				
No.4체를 통과하는 굵은 골재량 6%				

계산　가) 골재량의 조정

$$S + G = 675 + 1300 = 1975 \ \cdots\cdots\cdots ①$$

$$0.96S + 0.06G = 675 \ \cdots\cdots\cdots ②$$

①식에 0.96를 곱하여 ②식과 연립하면

$$\begin{array}{r} 0.96S + 0.96G = 1896 \\ -) \ 0.96S + 0.06G = 675 \\ \hline 0 \ + 0.90G = 1221 \end{array}$$

$$\therefore G = \frac{1221}{0.90} = 1356.67 \fallingdotseq 1357 \ kgf \ \cdots\cdots ③$$

③식을 ①식에 대입하면

$$\therefore S = 1975 - 1357 = 618 \ kgf$$

나) 표면수 조정

① 잔골재 표면수 : $618 \times 0.03 = 18.54 ≒ 19 \ (kgf)$

② 굵은 골재 표면수 : $1357 \times 0.012 = 16.28 ≒ 16 \ (kgf)$

다) 위 계산으로부터 1m3의 콘크리트를 만드는데 현장에서 계량해야 할양은?

① 물 : $160 - (19+16) = 125 \ (kgf/m^3)$

② 잔골재 : $618 + 19 = 637 \ (kgf/m^3)$

③ 굵은 골재 : $1357 + 16 = 1373 \ (kgf/m^3)$

정답   단위 수량 : $125 \ (kgf/m^3)$ 단위 잔골재량 : $637 \ (kgf/m^3)$

단위 굵은골재량 : $1373 \ (kgf/m^3)$

문제 8

콘크리트의 시방배합으로 각 재료의 단위량과 현장골재의 상태가 다음과 같을 때, 현장배합으로서의 각 재료량을 구하시오.

시방 배합표(kg/m³)

물	시멘트	잔골재	굵은골재
180	320	621	1339

현장 골재의 상태(%)

종류	No.4체에 남은양	No.4체에 통과량	표면수량
잔골재	10%	90%	3%
굵은골재	96%	4%	1%

계산   가) 입도조정

$$S + G = 621 + 1339 = 1960 \quad \cdots\cdots\cdots\cdots ①$$

$$0.90S + 0.04G = 621 \quad \cdots\cdots\cdots\cdots ②$$

①식에 0.90를 곱하여 ②식과 연립하면

$$\begin{array}{r} 0.90S + 0.90G = 1764 \\ -) \ 0.90S + 0.04G = 621 \\ \hline 0 \ + 0.86G = 1143 \end{array}$$

$$\therefore G = \frac{1143}{0.86} = 1329 \ kgf \quad \cdots\cdots\cdots\cdots ③$$

③식을 ①식에 대입하면

$$\therefore S = 1960 - 1329 = 631 \ kgf$$

나) 표면수 조정

① 잔골재 표면수 : $631 \times 0.03 = 19\ (kgf)$

② 굵은 골재 표면수 : $1329 \times 0.01 = 13\ (kgf)$

다) 현장배합의 위 계산으로부터 1m³의 콘크리트를 만드는데 현장에서 계량해야 할양은?

① 물 : $180 - (19 + 13) = 148\ (kgf/m^3)$

② 잔골재 : $631 + 19 = 650\ (kgf/m^3)$

③ 굵은 골재 : $1329 + 13 = 1342\ (kgf/m^3)$

정답 단위 시멘트량 : $320\ (kgf/m^3)$ 단위 수량 : $148\ (kgf/m^3)$
단위 잔골재량 : $650\ (kgf/m^3)$ 단위 굵은골재량 : $1342\ (kgf/m^3)$

문제 9

콘크리트 배합 1배치에 시멘트 5포를 믹서에 투입했을 때 현장 배합표를 보고 콘리트의 소요 재료 량을 구하시오.
(단, 소수 1자리에서 반올림)

현장 배합표 (kg/m³)

물	시 멘 트	잔 골 재	굵 은 골 재
145	300	650	1420

계산 가) 물의 양을 구하시오.

① 1배치 시멘트량 = $5포 \times 40\ kg = 200\ (kgf)$

② 물의 양 = $\dfrac{200}{300} \times 145 = 96.67\ (kgf)$

나) 잔골재의 양을 구하시오.

잔골재 량 = $\dfrac{200}{300} \times 650 = 433.33\ (kgf)$

다) 굵은 골재의 양을 구하시오.

굵은 골재량 = $\dfrac{200}{300} \times 1420 = 946.67\ (kgf)$

정답 가) 물의양 : $97\ (kgf)$ 나) 잔골재 량 : $433\ (kgf)$
다) 굵은골재량 : $947\ (kgf)$

문제 10

현장 배합표가 다음과 같을 때 가로 4m. 세로 2m, 높이 0.3m인 슬래브를 치기 위한 Concete의 소요 재료량을 구하시오.
(단, 슬래브 속에 들어가는 철근의 부피는 무시함)

현장 배합표(kg/m³)			
물	시멘트	잔골재(S)	굵은골재(G)
160	330	690	1240

계산

가) 콘크리트의 총 체적(m³) : $V = 4 \times 2 \times 0.3 = 2.4 \ (m^3)$

나) 물의 양 : $W = 160 \times 2.4 = 384 \ (kgf)$

다) 잔골재의 양 : $S = 690 \times 2.4 = 1656 \ (kgf)$

라) 굵은골재의 양 : $G = 1240 \times 2.4 = 2976 \ (kgf)$

마) 시멘트의 양 : $C = 330 \times 2.4 = 792 \ (kgf)$

정답

$V = 2.4 \ m^3$ $W = 384 \ (kgf)$ $S = 1656 \ (kgf)$

$G = 2976 \ (kgf)$ $C = 792 \ (kgf)$

문제 11

현장골재 상태가 다음과 같을 때 시방 배합표를 보고 현장 배합으로 고치시오.

현 장 골 재 상 태			
잔골재 표면수량	1 %	5mm 체에 남는 잔골재량	4 %
굵은 골재 표면수량	3 %	5mm 체에 통과하는 굵은 골재량	3 %

시 방 배 합 표 (kg/cm²)				현 장 배 합 표 (kg/cm³)			
W	C	S	G	W	C	S	G
185	330	690	1140	(143.76)	330	(689.73)	(1181.51)

계산 가) 잔골재량과 굵은 골재량을 구하시오

$$S + G = 690 + 1140 = 1830 \quad \cdots\cdots\cdots\cdots ①$$

$$0.96S + 0.03G = 690 \quad \cdots\cdots\cdots\cdots ②$$

①식에 0.96를 곱하여 ②식과 연립하면

$$\begin{array}{r} 0.96S + 0.96G = 1756.8 \\ -)\ 0.96S + 0.03G = 690 \\ \hline 0 + 0.93G = 1066.8 \end{array}$$

$$\therefore G = \frac{1066.8}{0.93} = 1147.10\ kgf \quad \cdots\cdots\cdots ③$$

③식을 ①식에 대입하면

$$\therefore S = 1830 - 1147.10 = 682.90\ kgf$$

나) 표면수량을 구하시오.

① 잔골재 표면수 : $682.90 \times 0.01 = 6.83\ (kgf)$

② 굵은 골재 표면수 : $1147.10 \times 0.03 = 34.41\ (kgf)$

다) 계량해야 할 골재량과 수량을 구하시오.

① 물 : $185 - (6.83 + 34.41) = 143.76\ (kgf/m^3)$

② 잔골재 : $682.90 + 6.83 = 689.73\ (kgf/m^3)$

③ 굵은 골재 : $1147.10 + 34.41 = 1181.51\ (kgf/m^3)$

정답 단위 시멘트량 : $330\ (kgf/m^3)$ 단위 수량 : $143.76\ (kgf/m^3)$

단위 잔골재량 : $689.73\ (kgf/m^3)$ 단위 굵은 골재량 : $1181.51\ (kgf/m^3)$

문제 12

콘크리트 시방배합 결과와 현장 골재 상태가 다음 표와 같을 때 현장배합으로 고치시오.

[표 1]

시멘트(C)	물(W)	잔골재(S)	굵은골재(G)
320 kgf	168 kgf	660 kgf	1290 kgf

[표 2]

잔골재 표면수율	3 %
잔골재가 No.4체 잔유율	4 %
굵은 골재 표면수율	1 %
굵은 골재가 No.4체 통과율	4 %

계산 가) 1m³의 콘크리트를 만드는데 현장에서 계량해야할 재료의 양을 구하여 표를 완성하시오.

재료	시방배합 (kgf)	입도에 의한 조정(kgf)	표면수에 의한 조정(kgf)	현장배합(kgf)
시멘트	320	–	–	(320)
물	168	–	(136)	(136)
잔골재	660	(633)	(19)	(652)
굵은골재	1290	(1317)	(13)	(1330)

1) 입도에 의한 조정

$$S + G = 660 + 1290 = 1950 \cdots\cdots\cdots ①$$

$$0.96S + 0.04G = 660 \cdots\cdots\cdots ②$$

①식에 0.96를 곱하여 ②식과 연립하면

$$\begin{array}{r} 0.96S + 0.96G = 1872 \\ -)\,0.96S + 0.04G = 660 \\ \hline 0 + 0.92G = 1212 \end{array}$$

$$\therefore G = \frac{1212}{0.92} = 1317.39 ≒ 1317 \ kgf \cdots\cdots\cdots ③$$

③식을 ①식에 대입하면

$$\therefore S = 1950 - 1317 = 633 \ kgf$$

2) 표면수에 의한 조정

① 잔골재 표면수 : $633 \times 0.03 = 18.99 ≒ 19 \ (kgf)$

② 굵은 골재 표면수 : $1317 \times 0.01 = 13.17 ≒ 13 \ (kgf)$

나) 1m³의 콘크리트를 만드는데 현장에서 계량해야할 재료의 양

① 시멘트 : $320 \ (kgf/m^3)$

② 물 : $168 - (19 + 13) = 136 \ (kgf/m^3)$

③ 단위 잔골재량 : $633 + 19 = 652 \ (kgf/m^3)$

④ 단위 굵은골재량 : $1317 + 13 = 1330 \ (kgf/m^3)$

정답 단위 시멘트량 : $320 \ (kgf/m^3)$ 단위수량 : $136 \ (kgf/m^3)$

단위 잔골재량 : $652 \ (kgf/m^3)$ 단위 굵은골재량 : $1330 \ (kgf/m^3)$

문제 13

아래 시방배합표 및 현장골재의 상태를 보고 현장배합으로 수정하여 단위 잔골재량, 단위굵은 골재량, 단위수량을 각각 구하시오.

시방배합표

단위수량	단위시멘트량	단위잔골재량	단위굵은골재량
180 kg/m³	310 kg/m³	710 kg/m³	1400 kg/m³

현장골재의 상태	
잔골재의 표면수량 4%	5mm 체에 남은 잔골재량 3%
굵은 골재의 표면수량 3%	5mm 체를 통과하여 굵은골재량 5%

[계산]

1) 입도에 의한 조정

$$S + G = 710 + 1400 = 2110 \cdots\cdots\cdots ①$$
$$0.97S + 0.05G = 710 \cdots\cdots\cdots ②$$

①식에 0.97를 곱하여 ②식과 연립하면

$$\begin{array}{r} 0.97S + 0.97G = 2046.7 \\ -)\,0.97S + 0.05G = 710 \\ \hline 0 + 0.92G = 1336.7 \end{array}$$

$$\therefore G = \frac{1336.7}{0.92} = 1452.93 \ kgf \cdots\cdots\cdots ③$$

③식을 ①식에 대입하면

$$\therefore S = 2110 - 1452.93 = 657.07 \ kgf$$

2) 표면수에 의한 조정

① 잔골재 표면수 : $657.07 \times 0.04 = 26.28 \ (kgf)$

② 굵은 골재 표면수 : $1452.93 \times 0.03 = 43.59 \ (kgf)$

3) 1m³의 콘크리트를 만드는데 현장에서 계량해야할 재료의 양

① 단위수량 : $180 - (26.28 + 43.59) = 110.13 \ (kgf/m^3)$

② 단위 잔골재량 : $657.07 + 26.28 = 683.35 \ (kgf/m^3)$

③ 단위 굵은골재량 : $1452.93 + 43.59 = 1496.52 \ (kgf/m^3)$

[정답] 단위 시멘트량 ; $310 \ (kgf/m^3)$ 단위 수량 : $110.13 \ (kgf/m^3)$
단위 잔골재량 : $683.35 \ (kgf/m^3)$ 단위 굵은골재량 : $1496.52 \ (kgf/m^3)$

문제 14

시방배합으로 각 재료의 단위량이 아래의 표와 같다. 현장의 골재 상태가 체분석 결과 모래 속에 5mm 체에 남는 것이 7%, 자갈 속에 5mm 체를 통과하는 것이 10%이며, 모래의 표면수가 3.2%, 자갈의 표면수가 0.8%일 때 현장배합의 각 재료량을 구하시오.

【시방배합표】

굵은골재의 최대치수 (mm)	슬럼프의 범위(cm)	공기량의 범위(%)	물-결합재비 (%)	잔골재율 (%)	단위량(kg/m³)				AE제 (g/m³)
					물(W)	시멘트(C)	잔골재(G)	굵은골재(G)	
25	10	4.5	47.6	35.4	161	338	632	1176	101.4

계산

1) 입도에 의한 조정

$$S + G = 632 + 1176 = 1808 \quad \cdots \cdots \cdots \textcircled{1}$$
$$0.93S + 0.1G = 632 \quad \cdots \cdots \cdots \textcircled{2}$$

①식에 0.93를 곱하여 ②식과 연립하면

$$\begin{array}{r} 0.93S + 0.93G = 1681.44 \\ -)\ 0.93S + 0.1G = 632 \\ \hline 0 + 0.83G = 1049.44 \end{array}$$

$$\therefore G = \frac{1049.44}{0.83} = 1264\ kgf \quad \cdots \cdots \cdots \textcircled{3}$$

③식을 ①식에 대입하면

$$\therefore S = 1808 - 1264 = 544\ kgf$$

2) 표면수에 의한 조정

① 잔골재 표면수 : $544 \times 0.032 = 17\ (kgf)$

② 굵은 골재 표면수 : $1264 \times 0.008 = 10\ (kgf)$

3) 1m³의 콘크리트를 만드는데 현장에서 계량해야할 재료의 양

① 단위수량 : $161 - (17 + 10) = 134\ (kgf/m^3)$

② 단위 잔골재량 : $544 + 17 = 561\ (kgf/m^3)$

③ 단위 굵은골재량 : $1264 + 10 = 1274\ (kgf/m^3)$

정답 단위 수량 : $134\ (kgf/m^3)$ 단위 잔골재량 : $561\ (kgf/m^3)$
단위 굵은골재량 : $1274\ (kgf/m^3)$

4-3 콘크리트 일반 및 재료

문제 1
철근 콘크리트에서 철근의 부식을 방지하기 위하여 단위 시멘트량을 몇 kg 이상으로 하고 있는가?

정답 $330\,(kgf)$

문제 2
콘크리트 혼화제인 응결 경화 촉진제로서 주요한 것은 염화칼슘과 무엇이 있는가?

정답   규산소다

문제 3
콘크리트에 일정한 하중을 계속해서 가하게 되면 시간이 흐름에 따라 하중의 증가됨이 없이도 변형이 계속 늘어나는 것을 무엇이라 하는가?

정답   크리프 (Creep)

문제 4
포장콘크리트에서 굵은 골재의 최대치수는 얼마 이하인가?

정답   40 mm

문제 5
블리딩 현상이 심할 때에 콘크리트는 그 표면이 다공질이 되고 (㉮) (㉯) 및 (㉰) 저하된다.

정답   ㉮ 강도   ㉯ 내구성   ㉰ 수밀성

문제 6

시멘트와 물을 혼합한 것을 무엇이라 하는가?

정답   시멘트 풀

문제 7

블리딩으로 인하여 콘크리트나 모르타르의 표면에 떠올라서 가라앉은 회백색의 물질을 무엇이라 하는가?

정답   레이턴스 (laitance)

문제 8

굵은 골재를 저장할 때 최대치수가 몇 mm 이상 되면 2종류 이상으로 체가름하여 분리저장하는가?

정답   65 mm

문제 9

1일 평균기온이 4℃ 이하의 한중 콘크리트 및 긴급 공사시 사용하는 것을 보기에서 골라 쓰시오. [보기 : AE 감수지연제, AE 감수촉진제, 공기 연행제]

정답   AE 감수촉진제

문제 10

인력에 의한 포장공사에 있어 총 콘크리트량이 3,000m³일 때 1인 1일 타설량이 3.0m³이고 하루에 10인이 콘크리트를 친다면 이 공사의 공정은 얼마인가?

계산
① 1일 콘크리트 타설량 = 3.0×10인 = 30 m^3
② 소요일수(공정일수) = $3000 \div 30 = 100$ 일

정답   100일

문제 11

콘크리트의 운반 또는 치기 도중에 재료분리가 일어났을 때에는 어떤 방법으로서 균등질의 콘크리트가 되도록 하여야 하는가?

정답 거듭 비비기

문제 12

거푸집 판 받침사이에 처짐의 제한은 얼마인가?

정답 5mm

문제 13

다음 물음에 답하시오.

가) 수화열을 적게 하기 위하여 만든 시멘트로 방사선 차폐용, 지하 구조물, 매스 콘크리트 등에 사용되는 시멘트는?

정답 중용열 포틀랜드 시멘트

나) 시멘트의 입자를 흐트러지게 하여, 콘크리트의 필요한 반죽질기를 얻는 데 사용하고 단위 수량을 줄이는 작용을 하는 혼화제는?

정답 감수제

다) 거푸집을 쉽게 다져 넣을 수 있고 거푸집을 떼어내면 천천히 모양이 변하기는 하지만 허물어지거나 재료의 분리가 일어나는 일이 없는 정도의 굳지 않는 콘크리트의 성질은?

정답 성형성

라) 모르타르 또는 콘크리트를 압축공기에 의해 뿜어 붙여서 만드는 콘크리트는?

정답 숏크리트(shotcrete)

마) 골재 알이 공기 중 건조 상태에서 표면 건조 포화 상태로 되기까지 흡수된 물의 양으로, 공기 중 건조 상태 골재의 무게비(%)로 나타내는 것은?

정답 유효흡수율

문제 14

다음 그림은 골재의 함수상태를 나타낸 그림이다 ( )안에 알맞은 말을 적어 넣으시오.

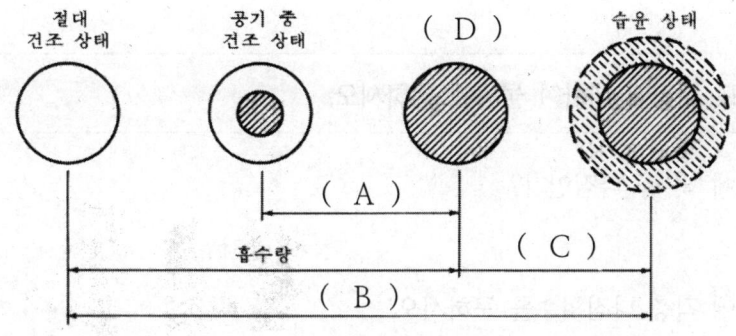

정답

A : 유효 흡수량   B : 함수량
C : 표면수량   D : 표면건조 포화 상태

문제 15

잔골재의 함수 상태를 계량한 값이 아래 표와 같을 때 이 골재의 표면수율을 구하시오.

- 노건조상태 : 1000g
- 공기중 건조상태 : 1026g
- 표면건조포화상태 : 1051g
- 습윤상태 : 1065g

계산

$$표면수율 = \frac{습윤상태 - 표면건조포화상태}{표면건조포화상태} \times 100$$

$$= \frac{1065 - 1051}{1051} \times 100 = 1.33\,(\%)$$

정답   1.33 (%)

4-4 콘크리트 강도시험

문제 1

콘크리트 휨강도 시험에 대하여 물음에 답하시오.

가) 몰드에 몇 층 다짐인가?

정답 2층

나) 몰드에 각층 다짐횟수를 구하시오.
(단, 150mm×150mm×530mm임)

계산 $(15cm \times 53cm) \div 10cm^2/회 = 79.5 ≒ 80회$

정답 80회

다) 공시체를 제작한 후 몰드를 보통 몇 시간 뒤에 제거하는가?

정답 16시간 ~ 3일

라) 공시체를 휨강도 시험 전까지는 보통 몇 도에서 어떤 상태로 저장하는가?

정답 20±2℃, 습윤상태

마) 공시체가 지간의 3등분 중앙에서 파괴 되었을 때 휨 강도를 구하시오.
(단, 지간은 450mm, 파괴단면높이 150mm, 파괴단면나비 150mm, 최대하중이 27,000N)

계산 휨 강도 $(f_b) = \dfrac{Pl}{bd^2} = \dfrac{27,000 \times 450}{150 \times 150^2} = 3.6 \ (MPa)$

정답 $f_b = 3.6 \ (MPa)$

문제 2

공시체의 지름 150mm, 공시체의 길이 300mm인 콘크리트 인장강도 시험을 한 결과 최대 파괴하중이 178,000N이었다. 인장강도를 구하시오.
(단, 소수 3자리에서 반올림 하시오.)

계산 인장강도$(f_{sp}) = \dfrac{2P}{\pi dl} = \dfrac{2 \times 178,000}{3.14 \times 150 \times 300} = 2.52 \ (MPa)$

정답 $f_{sp} = 2.52 \ MPa$

문제 3

모르타르 압축강도 시험시 모르타르 조제를 하는데 필요한 시멘트와 표준모래의 무게비는 얼마로 하는가?

정답 C : S = 1 : 3

문제 4

콘크리트의 압축강도 시험에서 150mm×300mm의 공시체에 지름 16mm의 다짐대를 사용하여 KSF 2403과 KSF 2404에 의하여 공시체의 제작순서를 완성시키고 압축강도를 계산하시오.

◎ 혼합이 끝난 콘크리트에서 바로 시료를 채취한다.
◎ 몰드의 이음매에 그리이스를 얇게 바르고 조립한다.
◎ 몰드에 콘크리트를 (㉮) 층으로 넣고 각층을 다짐대로 (㉯)번 정도 다진다.
◎ 맨 위층을 다진 다음, 흙손으로 표면을 고르고 유리판으로 덮는다.
◎ 콘크리트를 채운 후 (㉰)시간 지나서 된 반죽의 시멘트 풀로 공시체의 표면을 캐핑한다.
◎ 공시체를 성형한 후 (㉱)시간 내에 몰드를 뗀다.
◎ 공시체를 시험하기 전까지 20±2℃의 온도에서 습윤 상태로 저장하여 양생한다.
◎ 양생이 끝난 다음 하중을 공시체가 파괴될 때까지 가하고 이때 최대하중이 410,000N 이였다.
이때 콘크리트의 압축강도는 얼마인가? (㉲)

계산 (㉲)번 풀이

① $A = \dfrac{\pi d^2}{4} = \dfrac{3.14 \times 150^2}{4} = 17,663 \ (mm^2)$

② 압축강도$(f_c) = \dfrac{P}{A} = \dfrac{410,000}{17,663} = 23.21 \ (MPa)$

정답   ㉮ 3   ㉯ 25   ㉰ 2~6시간
　　　　㉱ 16시간~3일   ㉲ $f_c = 23.21\,(MPa)$

문제 5

콘크리트 압축강도 시험에서 어느 정도까지 정밀도로 공시체 길이를 재는가?

정답   1mm

문제 6

다음은 휨 강도 시험방법에 대한 설명이다. 답하시오.

가) 공시체를 제작할 때 양쪽 몇 cm이상 떨어져야 하는가?
나) 몇 cm^2에 1회 다지는가?
다) 콘크리트 휨강도 시험에서 지간 450mm, 폭150mm, 높이150mm 의 공시체를 최대하중이 50,000N이고 3등분 중앙에서 파괴 되었을 때 휨강도를 구하시오.

계산   다)번 풀이   휨강도$(f_b) = \dfrac{Pl}{bd^2} = \dfrac{50,000 \times 450}{150 \times 150^2} = 6.67\,(MPa)$

정답   가) $4cm$ 나) $10cm^2$
　　　　다) $f_b = 6.67\,(MPa)$

문제 7

콘크리트의 압축강도 시험에서 지름 150mm, 높이 300mm의 공시체에 최대하중이 389kN이 작용하였다. 이때 콘크리트의 압축강도는 얼마인가?

계산   압축강도$(f_c) = \dfrac{P}{A} = \dfrac{389 \times 1000}{\dfrac{3.14 \times 150^2}{4}} = 22.02\,(MPa)$

정답 $f_c = 22.02\,(MPa)$

문제 8

콘크리트의 인장강도를 간접적으로 측정하기 위해 쪼갬인장강도시험을 실시하여 원주형 공시체 (150×300mm)가 120kN의 하중에 의해 파괴되었다면 이 콘크리트의 인장강도는 얼마인가?

계산   인장강도 $(f_{sp}) = \dfrac{2 \times 120 \times 1000}{3.14 \times 150 \times 300} = 1.70 \ (MPa)$

정답 $f_{sp} = 1.70 \ (MPa)$

문제 9

콘크리트 압축강도 시험에 관한 다음 물음에 답하시오.

가) 지름 150mm, 높이 300mm인 원주형 시험체를 만들 때, 다짐대로 각 층마다 몇 회씩 다져주는가?
나) 압축강도 시험용 시험체를 만든 뒤 몰드에서 몇 시간 안에 떼어 내는가?
다) 몰드에서 떼어낸 시험체의 양생온도는?
라) 댐 콘크리트를 제외한 일반콘크리트의 압축강도는 재령 며칠을 설계기준강도로 하는가?

정답 가) 3층, 25회   나) 16시간 이상 3일 이내
      다) 20±2℃에서 습윤 양생   라) 28일

문제 10

다음은 콘크리트의 휨강도를 3등분점 재하법에 의하여 실시하여 3등분점 사이에서 공시체가 파괴된 결과이다. 이 콘크리트의 휨강도를 구하시오.

[시험결과]
휨강도 공시체의 크기(폭×두께×길이) : 150mm×150mm×530mm
지간(l) : 450mm   파괴시 하중(P) : 26.25kN

계산   휨강도 $(f_b) = \dfrac{Pl}{bd^2} = \dfrac{26.25 \times 1000 \times 450}{150 \times 150^2} = 3.5 \ (MPa)$

정답 $f_b = 3.5 \ (MPa)$

문제 11

콘크리트 휨강도를 구하기 위하여 3등분 하중 장치에 의해 시험한 결과가 다음과 같았다. 콘크리트가 30,000N의 하중에 지간의 3등분 중앙부에서 파괴가 되었을 때 휨강도를 구하시오.

공시체의 지간길이 450mm, 공시체의 평균나비 150mm, 파괴단면의 평균두께 150mm

계산

$$\text{휨 강도}(f_b) = \frac{Pl}{bd^2} = \frac{30{,}000 \times 450}{150 \times 150^2} = 4.0 \ (MPa)$$

정답

$f_b = 4.0 \ (MPa)$

문제 12

지름 150mm, 길이 300mm인 원주형 시험체를 가지고 콘크리트 압축강도 시험을 한 결과 최대 파괴하중이 468,000N 이였다. 압축강도를 구하시오.

계산

$$\text{압축강도}(f_c) = \frac{P}{A} = \frac{468{,}000}{\dfrac{3.14 \times 150^2}{4}} = 26.50 \ (MPa)$$

정답

$f_c = 26.50 \ (MPa)$

문제 13

규격 150mm×150mm×530mm인 콘크리트 휨강도시험용 공시체를 만들 때 시료를 2층으로 나누어 넣고 각 층은 약 몇 회 다지는가?
(단, 소수 첫 자리에서 반올림 하시오.)

계산

다짐횟수 = $(15cm \times 53cm) \div 10cm^2/\text{회} = 79.5 ≒ 80$회

정답

80 회

문제 14

콘크리트 휨 강도시험에서 지간 450mm, 폭 150mm, 높이 150mm의 공시체를 최대하중이 45kN이고, 3등분 중앙에서 파괴되었을 때 휨강도를 구하시오.

계산

$$\text{휨 강도}(f_b) = \frac{Pl}{bd^2} = \frac{45 \times 1000 \times 450}{150 \times 150^2} = 6.0 \ (MPa)$$

정답

$f_b = 6.0 \ (MPa)$

문제 15

콘크리트의 쪼갬인장강도 시험에서 공시체의 평균지름(d)=150.4mm, 평균길이(ℓ)=300.7mm, 최대하중(P)=184,000N일 때 인장강도(fsp)는 얼마인가?

계산

$$인장강도(f_{sp}) = \frac{2P}{\pi dl} = \frac{2 \times 184,000}{3.14 \times 150.4 \times 300.7} = 2.59 \ (MPa)$$

정답

$f_{sp} = 2.59 \ (MPa)$

문제 16

콘크리트 휨강도를 구하기 위하여 3등분 하중 장치에 의해 시험한 결과가 다음과 같았다. 콘크리트가 27kN의 하중에 지간의 3등분 중앙부에서 파괴가 되었을 때 휨강도를 구하시오.

> 공시체의 지간길이 450mm, 공시체의 평균나비 150mm, 파괴단면의 평균두께 150mm

계산

$$f_b = \frac{Pl}{bd^2} = \frac{27,000 \times 450}{150 \times 150^2} = 3.6 \ (N/mm^2) = 3.6 \ (MPa)$$

☞ $27 \ (kN) = 27 \times 1,000 = 27,000 \ (N)$ ∵ $1kN = 1,000 \ N$, $1 \ (cm) = 10 \ (mm)$
☞ 콘크리트 시방서 및 KS기준 변경으로 압력단위인 MPa 단위 체계로 변경 되었으며, 앞으로 출제도 압력 단위 체계로 출제될 것으로 예상됨

정답

$f_b = 3.6 \ (MPa)$

문제 17

콘크리트 강도 시험에 대한 다음 물음에 답을 쓰시오.

가) 인장강도 시험시 시험체 양생온도는 얼마인가?

정답

$20 \pm 2 \ ℃$

나) 압축강도 공시체 지름은 굵은골재 최대치수의 (①)배 이상이며, (②)cm 이상으로 하는지 쓰시오.

정답

① 3배   ② 10cm

다) 압축강도의 공시체 높이는 지름의 몇 배인지 쓰시오.

정답

2배

4-5 각종 콘크리트시험

문제 1

콘크리트의 재료분리 경향을 알기 위한 사항은 무슨 시험인가

정답 블리딩 시험

문제 2

굳지 않은 콘크리트의 균등성과 배합의 좋고 나쁨을 판단하는 데 이용되는 시험은?

정답 씻기 분석 시험

문제 3

용기 안지름 25cm, 안 높이 28cm이고 블리딩 물의 양이 490.625mℓ일 때 블리딩량을 구하시오.

계산
① 용기 원의 단면적 $(A) = \dfrac{\pi d^2}{4} = \dfrac{3.14 \times 25^2}{4} = 490.625 \; (cm^2)$

② 블리딩량 $(cm^3/cm^2) = \dfrac{V}{A} = \dfrac{490.625}{490.625} = 1 \; (cm^3/cm^2)$

정답 블리딩량 $= 1 \; (cm^3/cm^2)$

문제 4

시멘트 밀도시험에서 시멘트 64.1g로 시험한 결과 처음 광유표면 읽은 값이 0.49mℓ이고, 시료와 광유표면 읽은 값이 20.90mℓ일 때 밀도 값은 얼마인가? (단, 소수3자리에서 반올림)

계산 시멘트 밀도 $= \dfrac{64.1}{20.90 - 0.49} = 3.14$

정답 3.14

문제 5

시멘트 응결시간 측정법을 2가지만 쓰시오.

정답
① 비이카 침 ② 길모어 침

문제 6

콘크리트 시험 중 탄성계수를 구할 때 세로변형 측정에 사용하는 기구 이름은?

정답
콤프레소 미터

문제 7

굳지 않은 콘크리트의 공기함유량 시험에 대한 다음 물음에 답하시오

가) AE콘크리트에서 가장 알맞은 공기량은 어느 정도인가?
나) 공기량 측정방법의 종류를 3가지만 쓰시오
다) 콘크리트 부피에 대한 겉보기공기량이 6%이고 골재의 수정계수가 2.0일 때 콘크리트의 공기량을 구하시오

계산 다) 번 풀이)

$A(\%) = A_1 - G = 6 - 2 = 4\ \%$

정답
가) 4~7 % 나) 공기실 압력법, 질량법, 용적법
다) $A = 4\ (\%)$

문제 8

공기량 측정법 3가지를 쓰시오.

정답
①공기실 압력법 ②질량법 ③용적법(부피법)

문제 9

슬럼프에 대한 물음에 답을 쓰시오.

가) 슬럼프 콘에 밑면 안지름은?
나) 슬럼프 콘에 윗면 안지름은?
다) 슬럼프 콘에 높이는?

정답 가) 200mm   나) 100mm   다) 300mm

문제 10

콘크리트 슬럼프 시험을 할 때 사용하는 슬럼프 시험기구 4가지를 쓰시오.

정답 ① 슬럼프 콘   ② 다짐대   ③ 슬럼프 측정자   ④ 작은 삽

문제 11

콘크리트를 블리딩 시험한 결과 다음 표와 같다. 빈칸을 채우시오.

40분 동안의 블리딩 물의 양(V)ml	시료와 용기의 무게(g)	시료 (g)	용기 윗면의 단면적 A(cm²)	블리딩량 cm³/cm²
62	42520	28340	(490.63)	(0.126)

계산

① 용기 윗면의 단면적 $(A) = \dfrac{\pi d^2}{4} = \dfrac{3.14 \times 25^2}{4} = 490.63 \ (cm^2)$

② 블리딩량 $(cm^3/cm^2) = \dfrac{V}{A} = \dfrac{62}{490.63} = 0.126 \ (cm^3/cm^2)$

정답 $0.126 \ (cm^3/cm^2)$

문제 12

콘크리트의 워커빌리티를 판단하는 기준이 되는 반죽질기를 측정하는 방법을 3가지만 쓰시오.

정답 ① 슬럼프시험   ② 케리볼 관입시험   ③ 비비시험

문제 13

콘크리트 블리딩 시험에 대하여 답하시오.

가) 블리이딩 시험 결과이다. 블리딩량을 구하시오.

빨아낸 물의 누가량 V_1 (cc)	62
시료와 용기의 중량(kg)	42.520
시료의 중량 S(kg)	28.340
용기의 상면의 면적 A(cm^2)	487.2
블리이딩 량(cm^3/cm^2)	(0.127)

계산 블리딩량 $= \dfrac{V}{A} = \dfrac{62}{487.2} = 0.127 \ cm^3/cm^2$

나) 처음 60분 동안은 몇 분 간격으로 블리딩의 물을 빨아내야 하는가?

정답 가) 0.127 (cm^3/cm^2)   나) 10분

문제 14

콘크리트 슬럼프 시험에 대하여 다음 물음에 답하시오.

가) 콘크리트 슬럼프 시험 전체 작업시간은 얼마입니까?
나) 슬럼프 시험에서 다짐층수와 각 층에 대한 다짐횟수는?
다) 슬럼프 콘의 크기는? (윗지름×아래지름×높이)mm
라) 슬럼프 값 측정 시 슬럼프 콘 벗기는 작업은 몇 초 정도로 끝내야 하는가?

정답 가) 3분 이내   나) 3층 25회
다) $100 \times 200 \times 300 mm$ 라) 2~5초

문제 15

시멘트 밀도시험에서 시멘트 64g으로 시험한 결과 처음 광유표면 읽은 값이 0.48ml이고 시료와 광유 표면 읽은 값이 20.86ml 일 때 밀도 값은 얼마인가?

계산 시멘트의 밀도 $= \dfrac{\text{시멘트의 무게}}{\text{나중 비중병 읽음} - \text{처음 비중병 읽음}}$
$= \dfrac{64}{20.86 - 0.48} = 3.14$

정답 3.14

문제 16

슈미트 해머에 의한 콘크리트 표준공시체의 압축강도 시험결과 다음과 같다. 물음에 답하시오.

가) 표를 보고 반발경도의 평균을 구하시오.

굵은 골재의 최대치수(mm)	단위 굵은 골재의 부피(%)	갇힌 공기량 (%)	잔골재율 (%)	단위수량 W(kg)
25	68	1.5	41	175
40	72	1.2	36	165

반발경도 (R)	측정번호	1	2	3	4	5	6	7	8	9	10
	측정값	34	36	35	32	31	34	35	32	34	35
	측정번호	11	12	13	14	15	16	17	18	19	20
	측정값	38	36	34	33	31	35	34	33	32	36

계산

반발경도 평균 $(R) = \dfrac{\Sigma 측정값}{측정회수} = (34+36+35+32+31+34+35+32$

$+34+35+38+36+34+33+31+35+34+33+32+36) \div 20 = 34$

나) 압축강도를 구하시오.

계산

일본 재료학회 공식 $F_c = -184 + 13R_0 =$
$-184 + 13 \times 34 = 258 \ kgf/cm^2$

또는 $F_c = -18.0 + 1.27R_0 = -18.0 + 1.27 \times 34 = 25.18 \ (MPa)$

정답 가) 34 나) 258 (kgf/cm^2), 또는 25.18 (MPa)

문제 17

슈미트 해머(Schmidt hammer)에 의한 콘크리트 강도의 비파괴시험에 대하여 다음 물음에 답하시오.

가) 측정할 곳(측정 점)은 몇 cm의 간격으로 표시하는가?

나) 1개소의 측정은 몇 점 이상 측정하여 평균값을 그곳의 반발경도(R)로 하는가?

다) 슈미트 해머시험 결과 반발경도 24이고 보정값이(아래방향 45o) -1.5일 때 수정 반발경도는 얼마인가?

계산 $R_0 = R + \Delta R = 24 - 1.5 = 22.5$

라) 측정 반발경도(R)가 32, 보정값 (△R)이 0일 때 표준 원주 시험체의 압축강도(F)를

구하시오.

계산

$F = -184 + 13R_0 = -184 + 13 \times 32 = 232 \ (kgf/cm^2)$

또는, $F = -18.0 + 1.27R_0 = -18.0 + 1.27 \times 32 = 22.64 \ (MPa)$

정답

가) $3cm$
나) 20점
다) 22.5
라) $232 \ (kgf/cm^2)$, 또는 $22.64 \ (MPa)$

문제 18

다음 콘크리트의 용적배합이 1:2:4일 때 혼합골재의 조립률을 구하시오.
(단, 잔골재 조립률 2.80, 굵은 골재 조립률 7.38, 소수 3자리에서 반올림)

계산

$f_a = \dfrac{p}{p+q} \times f_s + \dfrac{q}{p+q} \times f_g = \dfrac{2}{2+4} \times 2.80 + \dfrac{4}{2+4} \times 7.38 = 5.85$

정답 5.85

문제 19

잔골재와 굵은 골재를 구분하는 체는?

정답 $5mm$ 체

문제 20

다음에 주어진 콘크리트용 굵은골재를 체가름 시험을 하여 얻은 아래 표를 이용하여 다음 물음에 답하시오.(단, 골재는 467번 골재임)

체의 크기	80mm	40mm	19mm	10mm	No.4	No.8	No.16	No.30	No.50	No.100	pan
잔유량 (g)	0	285	4301	3468	1536	410	0	0	0	0	0

가) 잔유율, 누적잔유율, 누적통과율을 구하시오
   (단, 소수점 이하는 반올림)

체크기	잔유량 (g)	잔유율 (%)	누적잔유율 (%)	누적통과율 (%)
80mm	0	(0)	(0)	(100)
40mm	285	(3)	(3)	(97)
19mm	4301	(43)	(46)	(54)
10mm	3468	(35)	(81)	(19)
5mm	1536	(15)	(96)	(4)
2.5mm	410	(4)	(100)	(0)
1.2mm	0	(0)	(100)	(0)
0.6mm	0	(0)	(100)	(0)
0.3mm	0	(0)	(100)	(0)
0.15mm	0	(0)	(100)	(0)
PAN	0	(0)	(100)	(0)
계	10,000	(100)		

계산

① 잔유율 $= \dfrac{각\ 체\ 잔유량(g)}{전\ 시료양(g)} \times 100\ (\%)$

예) $10mm$체 잔유율 $= \dfrac{3468}{10000} \times 100 = 34.68 ≒ 35$ (정수로 표시)

② 누적 잔유량 $= \Sigma$잔유율

예) $10mm$체 누적 잔유율 $= 0 + 3 + 43 + 35 = 81$

③ 누적 통과율 $= 100 -$ 누적 잔유량

예) $10mm$체 누적 통과율 $= 100 - 81 = 19$

나) 굵은 골재 최대치수를 쓰시오.

정답 40mm

☞ 굵은골재 최대치수: 중량으로 90% 이상 통과 시킨 체 중에서 가장 작은 체의 호칭 치수

다) 이 골재의 조립률(F.M)을 구하시오.

계산 조립률 $= \dfrac{0 + 3 + 46 + 81 + 96 + 5 \times 100}{100} = 7.26$

정답 7.26

라) 이 시험결과로 이 시료의 사용여부를 판정 하시오.

정답 굵은골재 조립률의 적정 범위는 6~8 으로 범위 내에 있으므로 사용해도 좋다.

문제 21

다음 골재의 체가름 시험에서 체에 남는 량은 표와 같다. 다음 물음에 답하시오.

체의 호칭	잔유량(gf)	잔유율(%)	누적잔유율(%)	누적통과율(%)
10mm	0	0.00	0.0	100
5mm	15	3.00	3.0	97.0
2.5mm	52	10.4	13.4	86.6
1.2mm	99	19.8	33.2	66.8
0.6mm	198	39.6	72.8	27.2
0.3mm	84	16.8	89.6	10.4
0.15mm	46	9.2	98.8	1.2
접시	6	1.2	100.0	0.0
계	500			

가) 조립률은?

계산 조립률 = $\dfrac{0+3+13.4+33.2+72.8+89.6+98.8}{100} = 3.1$

나) 시료의 사용여부를 판정하시오.

정답 잔골재 조립률의 적정범위는 2.3~3.1 으로 범위 내에 있으므로 사용해도 좋다.

문제 22

골재의 용적배합이 1:1.5 일 때 혼합골재의 조립률을 구하시오.
(단, 잔골재의 조립률 2.4 굵은 골재의 조립률 7.4)

계산 $f_a = \dfrac{p}{p+q} \times f_s + \dfrac{q}{p+q} \times f_g = \dfrac{1}{1+1.5} \times 2.4 + \dfrac{1.5}{1+1.5} \times 7.4 = 5.4$

정답 5.4

문제 23

콘크리트를 친 후 시멘트와 골재가 가라앉으면서 물이 올라와 콘크리트 표면에 떠오른다. 이러한 현상을 무엇이라 하는가?

정답 블리딩

문제 24

다음 주어진 굵은골재의 체가름 시험결과표를 이용하여 아래 물음에 답하시오.
(단, 소수 셋째 자리에서 반올림)

체번호 (mm)	80 mm	40 mm	20 mm	13 mm	10 mm	5 mm	2.5 mm	1.2 mm	0.6 mm	0.3 mm	0.15 mm	PAN	합계
남은양(g)	0	270	480	395	430	636	219	0	0	0	0	0	2430

가) 잔류율, 가적잔유율, 가적통과율을 쓰시오.

체번호	잔류량(g)	잔류율(%)	가적잔유율(%)	가적통과율(%)
80 mm	0	(0)	(0)	(100)
40 mm	270	(11.11)	(11.11)	(88.89)
20 mm	480	(19.75)	(30.86)	(69.14)
13 mm	395	(16.26)	(47.12)	(52.88)
10 mm	430	(17.70)	(64.82)	(35.18)
5 mm	636	(26.17)	(90.99)	(9.01)
2.5 mm	219	(9.01)	(100)	(0)
1.2 mm	0	(0)	(100)	(0)
0.6 mm	0	(0)	(100)	(0)
0.3 mm	0	(0)	(100)	(0)
0.15 mm	0	(0)	(100)	(0)
PAN	0	(0)	(100)	(0)
계	2,430			

나) 조립률을 구하시오.

계산
$$F.M = \frac{0 + 11.11 + 30.86 + 64.82 + 90.99 + 5 \times 100}{100} = 6.98$$

☞ 주의: 13mm체는 조립률 구하는 10개체에 포함되지 않으므로 계산에서 제외

정답 6.98

문제 25

시멘트 밀도시험에서 시멘트 64g으로 시험한 결과 처음 광유 표면 읽음 값이 0.5mL이고, 시료를 넣은 후 광유표면 읽음 값이 20.8mL일 때 시멘트의 밀도는 얼마인가?

계산	시멘트밀도 = $\dfrac{시멘트\ 무게}{비중병\ 눈금차}$ = $\dfrac{64}{20.8-0.5}$ = 3.15
정답	3.15

문제 26

다음은 잔골재의 체가름 시험 결과이다. 아래표의 빈칸을 채우고 다음 물음에 답하시오.

체의호칭 (mm)	각체에 남은 양 (g)	각체에 남은 양 (%)	각체에 남은 양의 누계 (g)	각체에 남은 양의 누계 (%)	통과량(%)
10mm	0	(0)	(0)	(0)	(100)
5.0mm	0	(0)	(0)	(0)	(100)
2.5mm	55	(11)	(55)	(11)	(89)
1.2mm	120	(24)	(175)	(35)	(65)
0.6mm	160	(32)	(335)	(67)	(33)
0.3mm	105	(21)	(440)	(88)	(12)
0.15mm	45	(9)	(485)	(97)	(3)
접시	15	(3)	(500)	(100)	(0)
계	500				

가) 조립률(F.M)을 구하시오.

계산	$F.M = \dfrac{0+0+11+35+67+88+97}{100} = 2.98$
정답	2.98

나) 이 골재를 콘크리트용으로 사용하려고 할 때의 사용가능여부를 판단하시오.
(단, 판단근거를 쓰시오.)

정답	잔골재 적정 조립률은 2.3~3.1범위 이므로 이 시료는 사용 적합

문제 27

용기의 안지름이 25cm, 안 높이 28cm인 블리딩 측정용기에 마지막까지 누계한 블리딩에 따른 물의 부피가 83.5cm³이었다면 블리딩량은 얼마인가?

계산	① 용기 단면적 = $\dfrac{\pi d^2}{4}$ = $\dfrac{3.14 \times 25^2}{4}$ = 490.63 (cm^2) ② 블리딩량 = $\dfrac{V}{A}$ = $\dfrac{83.5}{490.63}$ = 0.17 (cm^3/cm^2)
정답	0.17 (cm^3/cm^2)

문제 28

잔골재의 조립률(FM) = 2.67, 굵은 골재의 조립률(FM) = 7.29일 때 잔골재와 굵은 골재를 1:2의 무게비로 섞을 때 혼합골재의 조립률을 구하시오.

계산
$$fa = \frac{p}{p+q}fs + \frac{q}{p+q}fg = \frac{1}{1+2} \times 2.67 + \frac{2}{1+2} \times 7.29 = 5.75$$

정답 5.75

문제 29

잔골재의 체가름 시험에 대한 아래의 물음에 답하시오.

가) 아래 체가름 시험의 결과표를 완성하시오

체의호칭 (mm)	체에 남은 양(g)	잔유율(%)	가적잔유율(%)	가적통과율(%)
10mm	0	(0)	(0)	(100)
5.0mm	0	(0)	(0)	(100)
2.5mm	48	(9.6)	(9.6)	(90.4)
1.2mm	145	(29)	(38.6)	(61.4)
0.6mm	178	(35.6)	(74.2)	(25.8)
0.3mm	84	(16.8)	(91)	(9)
0.15mm	45	(9)	(100)	(0)
pan	0	(0)	(100)	(0)
계	500			

나) 조립률(F.M)을 구하시오.

계산
$$F.M = \frac{0+0+9.6+38.6+74.2+91+100}{100} = 3.13$$

다) 이 골재를 콘크리트용으로 사용하려고 할 때의 사용가능여부를 판단하시오. (단, 판단근거를 쓰시오.)

정답 잔골재 적정 조립율은 2.3~3.1범위 이므로 이 시료는 범위를 벗어나므로 부적합

문제 30

굳지 않은 콘크리트의 공기 함유량에 대한 다음 물음에 답하시오.

가) AE콘크리트에서 가장 알맞은 공기량은 콘크리트 부피의 얼마를 표준으로 하는가?

정답 4~7%

나) 대표적인 시료를 용기에 3층으로 넣고, 각 층을 몇 회 다지는가?

정답 25회

다) 공기량 측정방법 3가지를 쓰시오

정답
① 공기실 압력법   ② 질량법
③ 용적법

라) 콘크리트 부피에 대한 겉보기 공기량(A1)이 5.5% 이고, 골재의 수정계수(G)가 1.2%일 때 콘크리트 공기량을 구하시오.

계산 $A(\%) = 5.5 - 1.2 = 4.3\,(\%)$

정답 $A = 4.3\,(\%)$

문제 31

블리딩을 작게하는 방법 3가지를 쓰시오.

정답
① 물-결합재비를 작게 한다.
② 분말도가 높은 시멘트를 사용한다.
③ 응결촉진제등 혼화재료를 사용한다.

4-6 콘크리트 시공

문제 1

콘크리트 양생의 2대 요소는?

정답 온도, 습도

문제 2

버킷, 호퍼 등의 출구로부터 콘크리트 치는 면까지의 높이는 몇 m 이내로 해야 하는가?

정답 1.5m

문제 3

트럭믹서 또는 애지테이터 트럭으로 휘저어 섞어가면서 공사현장까지 걸리는 시간은 어느 정도가 이상적일까?

정답 1.5 시간

문제 4

콘크리트를 타설 한 후 부재측면 거푸집 존치기간은 15℃ 이상의 온도에서 며칠 후에 떼는 것이 좋은가?

정답 2~3일

문제 5

상압증기 양생에서 최고온도는 몇 ℃로 하는가?

정답 65℃

문제 6

비비는 시간은 믹서 내에 재료를 전부 넣은 후 가경식 믹서 일 때는 몇 분 이상을 표준으로 하는가?

정답 1분 30초

문제 7

기둥의 경우에는 관을 사용 하던가 혹은 적당한 방법으로 기둥 단면의 중앙부로 콘크리트를 치며 그 치는 속도는 30분에 높이 몇 m를 표준으로 하는가?

정답 1~1.5 m

문제 8

콘크리트 양생방법의 종류를 3가지만 쓰시오.

정답 ① 살수양생   ② 막 양생   ③ 증기양생

문제 9

콘크리트를 상압증기 양생한 전주, 말뚝, 관 등의 고강도를 필요로 하는 제품에 대해서 답을 하시오.

가) 혼합한 뒤 몇 시간 이상 지나서 증기양생 하는가?
나) 온도를 올리는 속도는 1시간에 대하여 몇 도 이하로 하는가?
다) 최고 온도는 몇 도로 하는가?

정답 가) 3시간   나) 20 ℃   다) 65 ℃

문제 10

콘크리트의 이음에 관한 다음의 물음에 답하시오.

가. 아래 문장의 (   )를 채우시오.

> 콘크리트는 구조물이 일체가 되도록 연속해서 쳐야 하지만, 시공상의 이유 등으로 치기를 멈추었다가 다시 시작해야 할 경우, 먼저 친 콘크리트와 나중에 친 콘크리트 사이에 이음이 생기게 된다. 이러한 이음을 (   )이라 한다.

정답 시공이음

나. "가"항과 같은 이음을 설치할 경우 일반적인 설치원칙을 2가지만 쓰시오.

정답
① 전단력이 작은 위치에 설치
② 부재 압축력의 작용 방향과 직각

4-7 특수 콘크리트

문제 1
미리 거푸집 안에 특정한 입도의 굵은 골재를 채우고, 그 틈에 특수 모르타르를 펌프로 압력을 가하여 주입한 것을 무슨 콘크리트라 하는가?

정답 프리플레이스트콘크리트

문제 2
한중콘크리트의 동결 온도를 낮추기 위해 사용하는 것은 무엇인가?

정답 염화칼슘($CaCl_2$)

문제 3
인장력을 주지 않은 시이드 속에 들어가 있는 PC 강재를 거푸집 안에 배치하여 콘크리트를 치는 방식은?

정답 포스트텐션공법

문제 4
서중 콘크리트는 기온이 몇 ℃이상일 때에 치는 콘크리트인가?

정답 하루 평균기온이 25℃ 또는 최고온도 30℃

문제 5
프리스트레스트 콘크리트에서 그라우트의 물결합재비는 몇 % 이하이어야 하는가?

정답 45% 이하

문제 6

일평균 기온이 몇 ℃를 넘는 경우에 일반적으로 서중콘크리트의 시공을 준비해야 되는가?

정답 25 ℃

문제 7

수중콘크리트에 대한 다음 물음에 답하시오.

  가) 수중콘크리트에 사용되는 타설 기구를 4가지만 쓰시오.
  나) 수중콘크리트의 물-결합재비는 얼마 이하인가?
  다) 수중콘크리트의 시멘트 단위 중량은 얼마인가?

정답
  가) ①트레미 ②밑열림상자 ③포대콘크리트 ④콘크리트펌프
  나) 50% 이하
  다) 370kg

문제 8

수중콘크리트에 대한 다음 물음에 답하시오.

  가) 수중 콘크리트의 물-결합재 비는 얼마 이하인가?
  나) 수중 콘크리트의 시멘트 단위 중량은 얼마인가?
  다) 굵은 골재의 최대 치수는 얼마인가?

정답
  가) 50% 이하   나) 370kg
  다) 40mm 이하

문제 9

수문 기초(수중 콘크리트) 구조물을 설계하려고 할 때 다음 물음에 답하시오.

  가) 표준 물 - 결합재비는 얼마인가?
  나) 단위 시멘트량은 얼마인가?
  다) 잔골재율은 얼마를 표준으로 하는가?

정답 가) 50% 이하 나) 370kg
 다) 40~45%

문제 10

특별구조물의 레디믹스트(Ready-Mixed concrete)를 발주할 경우에 원칙적으로 구입자와 생산자가 지정해야할 사항 중 5가지만 쓰시오.

정답
① 시멘트 종류 ② 골재의 종류
③ 굵은골재 최대치수 ④ 혼화재료 종류
⑤ 염화물 함유량

문제 11

다음은 한중 콘크리트에 대한 설명들이다 물음에 답하시오.

가) 한중 콘크리트를 칠 때 콘크리트 온도는 구조물의 단면치수, 기상조건 등을 고려하여 몇도 범위 내에서 타설 하는가?
나) 한중 콘크리트는 하루의 평균기온 몇 oC 이하에서 타설해야 하는가?
다) 한중 콘크리트 타설시 콘크리트 혼화제로 가장 많이 쓰는 것은?

정답 가) 5~20℃ 나) 4℃이하
 다) 염화칼슘($CaCl_2$), AE제, AE감수제

문제 12

특수 콘크리트 시공에 관한 다음 물음에 간단히 답하시오.

가) 하루 평균 기온이 몇°C 이하로 될 때 한중 콘크리트로 시공하여야 하는가?
나) 서중 콘크리트에서 콘크리트를 비벼서 쳐 넣을 때까지의 시간은 몇 분을 넘어서는 안 되는가?
다) 수중 콘크리트 타설시 시공 장비에 의한 치기 방법을 4가지만 쓰시오.

정답 가) 4℃ 이하 나) 90분 (1.5시간)
 다) 트레미, 콘크리트 펌프, 포대콘크리트, 밑열림상자

문제 13

한중 콘크리트 타설에 대한 다음 물음에 답하시오.

가) 하루 평균 기온이 얼마 이하일 때 한중 콘크리트로 시공 하는가?
나) 콘크리트를 쳐 넣었을 때의 콘크리트 온도는 몇 도의 범위를 원칙으로 하는가?
다) 한중콘크리트에 주로 쓰이는 혼화재료는?

정답 가) 4℃   나) 5~20℃
다) AE제

문제 14

수중콘크리트 타설시 다음 물음에 답하시오.

가) 콘크리트 펌프를 사용하는 경우 수중콘크리트의 슬럼프 범위를 쓰시오
나) 완전히 물막이를 할 수 없는 경우 유속은 1초에 얼마 정도 이하인지 쓰시오.
다) 수중콘크리트는 일반적으로 단위 시멘트량은 얼마 이상을 표준으로 하는지 쓰시오.

정답 가) $130-180\,mm$ 나) $50\,mm$ 이하
다) $370\,(kgf/m^3)$

4-8 콘크리트 일반 예상문제

문제 1

다음 물음에 답하시오.

1) 반죽질기에 따른 작업이 어렵고 쉬운 정도 및 재료분리 정도를 나타내는 굳지 않은 콘크리트 성질을 무엇이라 하는가?
2) 주로 물의 양이 많고 적음에 따른 반죽의 되고 진 정도를 나타내는 굳지 않은 콘크리트 성질을 무엇이라 하는가?
3) 굵은 골재 최대치수, 잔골재율, 잔골재의 입도, 반죽질기 등에 따른 마무리하기 쉬운 정도 나타내는 성질을 무엇이라 하는가?
4) 거푸집에 쉽게 다져 넣을 수 있고, 거푸집을 제거하면 천천히 형상이 변하기는 하지만 허물어지거나 재료분리하지 않는 성질을 무엇이라 하는가?
5) 시멘트 물 잔골재를 혼합하여 만들어진 것을 무엇이라 하는가?
6) 시멘트가 수화작용에 의해 유동성을 잃고 굳어지는 현상을 무엇이라 하는가?
7) 워커빌리티에 필요한 잉여수가 건조하면서 콘크리트가 수축하는 것을 무엇이라 하는가?
8) 시멘트가 공기 중의 수분과 이산화탄소와 반응하여 수화반응을 일으켜 탄산염을 만들어 시멘트 품질을 저하하는 현상을 무엇이라 하는가?
9) 사용량이 시멘트 중량의 5% 이상으로 콘크리트의 배합설계 계산에 고려해야 하는 혼화 재료를 무엇이라 하는가?
10) 사용량이 시멘트 중량의 1% 이하로 비교적 적어서 콘크리트의 배합계산에 무시되는 혼화 재료를 무엇이라 하는가?
11) 콘크리트 구조물이 오랫동안 외부작용에 저항하기 위한 성질을 무엇이라 하는가?
12) 굵고 작은 알갱이가 섞여 있는 정도를 무엇이라 하는가?
13) 시멘트 입자의 가는 정도를 무엇이라 하는가?
14) 계속하여 콘크리트를 칠 때, 먼저 친 콘크리트와 나중에 친 콘크리트 사이에 완전히 일체화가 되지 않은 시공불량에 의한 이음을 무엇이라 하는가?
15) 매스콘크리트의 시공에서 콘크리트를 친 후 콘크리트의 온도를 억제시키기 위해 미

리 콘크리트 속에 묻은 파이프 내부에 냉수 또는 찬공기를 보내 콘크리트를 냉각시키는 방법을 무엇이라 하는가?

16) 외력에 의하여 일어나는 응력을 소정의 한도까지 상쇄할 수 있도록 미리 인공적으로 그 응력의 분포와 크기를 정하여 내력을 준 콘크리트를 무엇이라 하는가?

정답
1) 워커빌리티(Workability)　　2) 반죽질기(Consistency)
3) 피니셔빌리티(Finishability)　　4) 성형성(Plasticity)
5) 모르타르　　　　　　　　　　6) 응결
7) 건조수축　　　　　　　　　　8) 풍화
9) 혼화재　　　　　　　　　　　10) 혼화제
11) 내구성　　　　　　　　　　　12) 입도
13) 분말도
14) 콜드조인트(cold joint)　　　15) 파이프쿨링(pipe-cooling)
16) 프리스트레스트콘크리트

문제 2

잔골재의 밀도(①) 와 굵은 골재의 밀도(②)는 얼마인가?

정답　① 2.50~2.65g/cm³　　② 2.55~2.70g/cm³

문제 3

다음은 골재의 함수상태를 설명한 것이다. 물음에 답 하시오

가) 골재속의 공극에 있는 물을 전부 제거된 상태를 무엇이라 하는가?
나) 공기 중에서 자연건조 시킨 상태로 골재속의 내부 일부는 물로 차 있는 상태를 무엇이라 하는가?
다) 골재 표면은 물기가 없고, 내부 빈틈은 물로 포화된 상태
라) 골재 표면에 물기가 있고, 내부 빈틈도 물로 차 있는 상태를 무엇이라 하는가?

정답
가) 절대건조 상태　　　나) 공기중 건조상태
다) 표면건조 포화상태　라) 습윤상태

문제 4

굵은 골재 함수율 시험을 실시한 결과 다음 표와 같은 결과를 얻었다. 물음에 답하시오.
(단, 소수 3자리에서 반올림)

골재 함수 상태	질 량 (g)
습윤상태 질량	6550
표면건조포화상태 질량	6495
공기 중 건조상태 질량	6420
절대건조상태 질량	6398

가) 유효 흡수율은 얼마인가?

계산
$$\text{유효흡수율} = \frac{\text{표면건조 포화 상태} - \text{공기중 건조 상태}}{\text{공기중 건조 상태}} \times 100\,(\%)$$
$$= \frac{6495 - 6420}{6420} \times 100 = 1.17\,(\%)$$

나) 흡수율은 얼마인가?

계산
$$\text{흡수율} = \frac{\text{표면건조 포화 상태} - \text{절대건조 상태}}{\text{절대건조 상태}} \times 100\,(\%)$$
$$= \frac{6495 - 6398}{6398} \times 100 = 1.52\,(\%)$$

다) 표면수율은 얼마인가?

계산
$$\text{표면수율} = \frac{\text{습윤 상태} - \text{표면건조 포화 상태}}{\text{표면건조 포화 상태}} \times 100\,(\%)$$
$$= \frac{6550 - 6495}{6495} \times 100 = 0.85\,(\%)$$

라) 전 함수율은 얼마인가?

계산
$$\text{함수율} = \frac{\text{습윤 상태} - \text{절대건조 상태}}{\text{절대건조 상태}} \times 100\,(\%)$$
$$= \frac{6550 - 6398}{6398} \times 100 = 2.38\,(\%)$$

문제 5

시멘트 응결지연제로 쓰이는 것은?

정답   석고

문제 6

일반적으로 시멘트 밀도의 범위는 얼마인가?

정답 3.14~3.20

문제 7

시멘트 중 에서 강도 발현이 가장 빠른 시멘트는?

정답 알루미나 시멘트

문제 8

시멘트 저장 방법 중 지면으로부터 (①)cm 이상, 쌓아 올리는 포대 수는 (②)포 이하, 저장기간이 길어질 경우 (③)포대 이상 쌓지 않는 것이 좋다. ( )안을 채우시오.

정답 ① 30   ② 13   ③ 7

문제 9

사용량이 시멘트 중량의 5% 이상으로 콘크리트의 배합설계 계산에 고려해야 하는 것을 혼화재라 하는데 대표적인 것 3가지만 쓰시오

정답 ① 플라이 애쉬   ② 규조토   ③ 고로슬래그 미분말

문제 10

사용량이 시멘트 중량의 1% 이하로 비교적 적어서 콘크리트의 배합계산에서 무시되는 혼화재료를 혼화제라 하는데 대표적인 것 3가지만 쓰시오

정답 ① AE제   ② 지연제   ③ 촉진제

4-9 콘크리트 강도시험 예상문제

문제 1

콘크리트 압축강도 시험에 관한 것으로 물음에 답하시오

가) 콘크리트 압축강도 시험하는 목적 2가지를 쓰시오.
나) 콘크리트 강도라 함은 어떤 강도를 말하는가?
다) 시험체의 지름은 굵은 골재 최대치수의 몇 배 이상, 몇 cm 이상인가?
라) 시험체의 가압면에는 몇 mm 이상의 흠이 있어서는 안 되는가?
마) 압축강도 시험체 표면을 캐핑하는 시기와 시멘트 풀의 물-결합재비는 얼마인가?
바) 압축강도 시험시 시험체의 지름과 높이(길이) 얼마까지 측정해야 하는가?
사) 시험체에 하중을 가할 때 초당 가하는 압력은 얼마인가?

정답
가) ① 경제적인 콘크리트 만듦 ② 휨강도, 쪼갬 인장강도 추정
나) 압축강도   다) 3배, 10cm
라) 0.05 mm   마) 2~6시간, 27~30%
바) 0.1mm, 1mm   사) 0.6±0.4 (MPa)

문제 2

콘크리트의 압축강도 시험에서 지름 150mm, 높이 300mm의 공시체의 파괴 최대하중이 52,000N이 작용하였다. 이때 콘크리트의 압축강도는 얼마인가? (단, 소수 2자리에서 반올림)

계산

① $A = \dfrac{\pi d^2}{4} = \dfrac{3.14 \times 150^2}{4} = 17662.5 \ (mm^2)$

② 압축강도$(f_c) = \dfrac{P}{A} = \dfrac{52000}{17662.5} = 2.9 \ (MPa)$

문제 3

콘크리트 인장강도 시험에 관한 것으로 물음에 답하시오

가) 쪼갬 인장강도시험에 적용하는 대표적인 구조물 2가지를 쓰시오.
나) 시험체의 지름은 굵은 골재 최대치수의 몇 배 이상, 몇 mm이상이어야 하나?
다) 하중을 가하는 속도는 인장응력도의 증가율이 매초 몇 MPa를 유지해야 하는가?
라) 공시체의 지름 150mm, 공시체의 길이 300mm인 콘크리트 쪼갬 인장강도 시험을 한 결과 최대 파괴하중이 180,000 N이었다. 쪼갬 인장강도를 구하시오. (단, 소수 2자리에서 반올림)

계산 라)번 풀이

$$인장강도(f_{sp}) = \frac{2P}{\pi dl} = \frac{2 \times 180000}{3.14 \times 150 \times 300} = 2.5 \ (MPa)$$

정답
가) ① 콘크리트 포장 슬래브   ② 물 탱크
나) 4배, 100mm   다) 0.06±0.04 (MPa)
라) 2.5 (MPa)

문제 4

콘크리트 휨강도에 관한 시험이다 물음에 답하시오.

가) 휨강도 시험을 요구로 하는 대표적인 구조물은?
나) 굵은 골재의 최대 치수가 50mm 이하인 경우 시험체 한 변의 길이는 몇 mm로 제한하는가?
다) 시험체 양생 후 파괴 시험을 실시 할 때 시험체의 함수 상태는?
라) 시험체를 파괴시험을 할 때 지간은 공시체 높이의 몇 배로 하는가?
마) 공시체가 인장 쪽 표면의 지간방향 중심선의 3등분점의 바깥쪽에서 파괴 된 경우는 어떻게 처리하는가?

정답
가) 콘크리트 포장   나) 150mm
다) 젖은 상태   라) 3배
마) 무효로 함

문제 5

콘크리트 휨강도 시험에서 지간 45cm, 폭 150mm, 높이 150mm 의 공시체를 최대하중이 55,000N 이고 3등분 중앙에서 파괴 되었을 때 휨강도를 구하시오.
(단, 소수 2자리에서 반올림)

계산

$$휨강도(f_b) = \frac{Pl}{bd^2} = \frac{55000 \times 450}{150 \times 150^2} = 7.3 \ (MPa)$$

문제 6

다음 압축, 쪼갬 인장, 휨 강도시험 방법에 대한 것이다. 괄호 안을 채우시오

정답 가) 시험체 제작

구 분	표준 시험 체 규격	시험 체 다짐 층수	시험 체 1층 당 다짐 횟수
압축강도	(150mm×300mm)	(3)층	(25)회
인장강도	(150mm×300mm)	(3)층	(25)회
휨 강 도	(150mm×150mm×530mm)	(2)층	(80)회

정답 나) 시험방법

구 분	파 괴 하 중 가하는 압력	시 험 체 양생온도	양생방법	몰드 떼는 시기
압축강도	매초(0.6±0.2) [MPa]			
인장강도	매초(0.06±0.04) [MPa]	(20±2)℃	(습윤양생)	(16시간~3일)
휨 강 도	매초(0.06±0.04) [MPa]			

4-10 각종 콘크리트 시험 예상문제

문제 1

시멘트 밀도시험 결과 처음 광유 눈금 읽음이 0.5ml이고, 시멘트 시료 64g을 비중병 넣은 후 시료와 광유의 눈금을 읽었더니, 20.8ml 였다. 이 시멘트의 밀도는 얼마인가?

계산

$$시멘트\ 밀도 = \frac{시멘트\ 무게(g)}{비중병\ 눈금차(ml)} = \frac{64}{20.8 - 0.5} = 3.15\ (g/cm^3)$$

문제 2

비이카 침에 의한 시멘트 응결시험을 할 때 초결 시간은 시멘트를 혼합한 후부터 30초 동안에 표준침이 시험체에 몇 mm 들어갔을 때 시간으로 하는가?

정답 25mm

문제 3

시멘트 모르타르 압축강도 공시체 제작시 시멘트 : 모래의 비를 얼마로 하는가?

정답 압축강도용 시멘트 : 모래 = 1 : 3

문제 4

콘크리트 슬럼프 시험에 관련된 사항이다. 물음에 답하시오.

가) 슬럼프 콘의 규격을 쓰시오.
나) 슬럼프 콘을 채우고 벗길 때 까지 전 작업시간은 몇 분 이내인가?
다) 슬럼프 콘을 들어 올리는 시간은 높이 300mm에서 몇 초로 하는가?
라) 슬럼프 값은 공시체 높이와 콘크리트 무너진 상단부와 차를 말한다. 이 때 슬럼프 값 측정 단위는?

정답   가) ① 밑지름 : 200mm   ② 윗지름 : 100mm   ③ 높이 : 300mm
       나) 3분 이내   다) 2~3 초
       라) 5mm

문제 5

시멘트 분말도 시험 기구와 표시방법을 쓰시오

정답   가) 시험기구 : 블레인 공기투과 장치
       나) 표시법 : 비표면적

문제 6

시멘트 팽창도 시험과 풍화 시험법을 쓰시오.

정답   ① 팽창도 시험 : 오토클레이브 팽창도 시험
       ② 풍화 시험   : 강열감량시험

문제 7

블리딩 시험을 할 때 처음 60분 동안 (①)분 간격으로, 그 후는 블리딩이 정지할 때까지 (②)분 간격으로 표면에 생긴 블리딩 물을 피펫으로 빨아낸다.

정답   ① 10분   ② 30분

문제 8

골재의 체가름 시험 결과가 아래의 표와 같다. 다음 물음에 답하시오

가) 아래 빈칸을 채우시오

정답

체호칭 치수 (mm)	잔 골 재				굵 은 골 재			
	남은 양 (g)	(%)	남은 양 누계 (g)	(%)	남은 양 (g)	(%)	남은 양 누계 (g)	(%)
80	0	(0)	0	(0)	0	(0)	0	(0)
40	0	(0)	0	(0)	450	(3)	450	(3)
20	0	(0)	0	(0)	7,200	(48)	7,650	(51)
10	0	(0)	0	(0)	3,900	(26)	11,550	(77)
5	20	(4)	20	(4)	3,000	(20)	14,550	(97)
2.5	40	(8)	60	(12)	450	(3)	15,000	(100)
1.2	105	(21)	165	(33)	0	(0)	15,000	(100)
0.6	175	(35)	340	(68)	0	(0)	15,000	(100)
0.3	95	(19)	435	(87)	0	(0)	15,000	(100)
0.15	55	(11)	490	(98)	0	(0)	15,000	(100)
접 시	10	(2)	500	(100)	0	(0)	15,000	(100)
조립률	(3.02)				(7.28)			
최대 치수					(40mm)			

나) 조립률을 구하시오

계산

① 잔골재 조립률 = $\dfrac{0+0+0+0+4+12+33+68+87+98}{100}$ = 3.02

② 굵은골재 조립률 = $\dfrac{0+3+51+77+97+5\times 100}{100}$ = 7.28

다) 시료의 사용여부를 판정하시오.(단, 구체적인 사유를 쓸 것)

정답

① 잔골재 조립률의 적정범위는 2.3~3.1내에 있으므로 사용해도 좋다
② 굵은 골재 조립률의 적정 범위는 6~8에 있으므로 사용해도 좋다

라) 굵은 골재 최대 치수는 얼마인가?

정답 40mm

문제 9

굵은 골재 밀도 및 흡수율 시험을 실시하였더니 표면건조 포화상태 질량이 4000g, 물속에서 시료의 질량이 2504g, 건조 후 시료질량이 3932g 이였다. 물음에 답하시오.
(단, 소수 3자리에서 반올림)

가) 표면건조 포화 상태 밀도는 얼마인가?

계산 $D_S = \dfrac{B}{B-C} \times \rho_w = \dfrac{4000}{4000-2504} \times 1 = 2.67 \ (g/cm^3)$

나) 절대건조상태의 밀도는 얼마인가?

계산 $D_d = \dfrac{A}{B-C} \times \rho_w = \dfrac{3932}{4000-2504} \times 1 = 2.63 \ (g/cm^3)$

다) 흡수율은 얼마인가?

계산 $Q = \dfrac{B-A}{A} \times 100 = \dfrac{4000-3932}{3932} \times 100 = 1.73 \ (\%)$

문제 10

잔골재 밀도 및 흡수율 시험 결과 다음 표와 같다. 물음에 답하시오.

빈 플라스크 질량(g)	199
(플라스크+물)의 질량(g)	698
표면건조포화상태의 질량(g)	500
(플라스크+물+시료)의 질량(g)	1005
시료의 노건조 질량(g)	492

가) 이 시료의 표면건조 포화상태 밀도는 얼마인가?

계산 $d_s = \dfrac{m}{B+m-c} \times \rho_w = \dfrac{500}{698+500-1005} = 2.59 \ (g/cm^3)$

나) 이 시료의 절대건조상태 밀도는 얼마인가?

계산 $d_d = \dfrac{A}{B+m-C} \times \rho_w = \dfrac{492}{698+500-1005} = 2.55 \ (g/cm^3)$

다) 이 시료의 흡수율은 얼마인가?

계산 $Q = \dfrac{m-A}{A} \times 100 = \dfrac{500-492}{492} \times 100 = 1.63 \ (\%)$

문제 11

콘크리트 재료 중 골재에 관한 시험이다. 물음에 답하시오

가) 굵은 골재 닳음에 대한 저항성 시험 기구는?
나) 골재의 단위 용적질량 및 실적률 시험방법 2가지를 쓰시오.

다) 잔골재 표면수 시험방법 2가지를 쓰시오.
라) 골재의 안정성 시험에서 사용하는 시험 용액은?

정답   가) 로스엔젤레스 마모시험기
  나) ① 봉다지기   ② 충격에 의한 방법
  다) ① 질량법   ② 무게법
  라) 황산나트륨

4-11 콘크리트 시공 예상문제

문제 1

콘크리트 플랜트에서 생산된 콘크리트를 칠 때까지 재료 분리가 일어나지 않도록 휘저어 섞으면서 운반하는 형식의 트럭은?

정답 애지테이터 트럭

문제 2

콘크리트 운반기계 중 대표적인 것 3가지를 쓰시오.

정답 ① 콘크리트 펌프   ② 슈트   ③ 버킷

문제 3

시공상 이유로 콘크리트 치기를 멈추었다가 다시 시작할 경우 먼저 친 콘크리트와 나중에 친 콘크리트 사이에 생기는 이음을 무엇이라 하는가?

정답 시공이음

문제 4

콘크리트 스프레더로 펴서 깐 콘크리트를 알맞은 두께로 만든 다음 진동기로 다지고, 다시 표면을 다듬질하는 기계는?

정답 콘크리트 피니셔

문제 5

레디믹스트 콘크리트의 운반 방식에 대하여 쓰고 그에 대한 것을 설명하시오.

정답

운반방식	설 명
① 센트럴 믹스트 콘크리트	플랜트에서 완전히 믹싱하여 트럭믹서에 싣고 운반 중에 교반하면서 공사현장까지 배달 공급하는 방식
② (쉬링크 믹스트 콘크리트)	(플랜트에서 어느 정도 콘크리트를 비빈 후 트럭믹서에 투입하여 운반시간 동안 혼합하여 배달 공급하는 방식)
③ (트랜싯 믹스트 콘크리트)	(플랜트에서 계량된 각각의 재료를 트럭믹서에 투입하여 운반 시간 동안에 혼합수를 가하여 교반 혼합하여 배달 공급하는 방식)

문제 6

콘크리트 양생 종류 3가지를 쓰시오

정답
① 습윤 양생
② 온도제어 양생
③ 유해 작용으로부터의 보호

4-12 특수콘크리트 예상문제

문제 1

다음은 서중 콘크리트에 관한 내용 이다. 물음에 답 하시오.

◎ 하루 평균기온이 (①)℃ 또는 최고온도 30℃를 넘으면 서중콘크리트로 시공 한다.
◎ (②)죠인트가 발생하기 쉽다.
◎ 서중콘크리트는 쳐 넣었을 때 온도는 (③)℃이내
◎ 콘크리트를 비벼 쳐 넣을 때까지의 시간은 (④)시간이내
◎ 배합은 필요한 강도 및 워커빌리티를 얻는 범위 내에서 단위 수량과 시멘량을 될 수 있는 대로 (⑤) 한다.
◎ (⑥)시멘트나 혼합시멘트를 사용
◎ 콘크리트 치기가 끝나면 곧바로 양생을 시작하고, 콘크리트 표면 건조를 막아야 한다.

정답
① 25   ② 콜드   ③ 35
④ 1.5   ⑤ 적게   ⑥ 중용열 포틀랜드

문제 2

넓이가 넓은 슬래브에서는 두께 80cm 이상, 하단이 구속된 벽에서는 두께 50cm 이상, 부재 또는 구조물의 치수가 커서 시멘트의 수화열에 의한 온도 상승을 고려하여 시공하는 콘크리트를 무엇이라 하는가?

정답 매스콘크리트 (mass concrete)

문제 3

매스콘크리트 (mass concrete)로 시공할 때 수화열에 의한 열응력으로 균열이 생기므로, 온도를 낮추는 방법 2가지를 쓰시오.

정답 가) 파이프쿨링(pipe-cooling)   나) 프리쿨링(pre-cooling)

문제 4

다음 레디믹스트 콘크리트에 대한 사항이다. 물음에 답하시오.

가) 콘크리트 펌프를 이용하여 콘크리트를 칠 때는 슬럼프 값은 몇 cm 이상 콘크리트를 사용해야 하는가?
나) 강도시험을 한 경우 1회의 시험결과는 구입자가 지정한 호칭강도의 몇 % 이상이어야 하는가?
다) 염화물함유량의 한도는 배출지점에서 염화물이온(CL^-)량이 몇 kg/m³ 이하이어야 하는가?
라) 강도시험 검사의 합격 여부는 몇 m³ 당 1회의 비율로 실시하여 합격 여부를 판정 하는가?
마) 설계기준강도 $f_{ck} = 25 MPa$이고, 강도시험 횟수가 15회 미만이거나, 기록이 없는 경우 소요 배합강도는 얼마인가?

계산 마) 번 풀이

설계기준강도 f_{ck}가 21~35(MPa)인 경우 배합강도는

$f_{ck} + 8.5 = 25 + 8.5 = 33.5\ (MPa)$

정답 가) 15 나) 85 다) 0.3
라) 150 마) 33.5 (MPa)

콘크리트 표준시방서 변경 및 KS 규격 변경에 따른 예상문제

1. 슬럼프 플로로 품질을 지정하는 경우 KS F 2594의 규정에 따라 시험하고 슬럼프 플로 값이 700mm 인 경우 슬럼프 플로 허용오차는 얼마인가?

    ± 100mm

    해설 슬럼프 플로의 허용차(mm)

슬럼프 플로	슬럼프 플로의 허용차
500	± 75
600	± 100
700	± 100

2. 잔골재의 물리적 품질 기준으로 절대건조밀도와 흡수율은 얼마인가?

    1) 잔골재의 절대건조밀도는 0.0025 g/mm^3 이상
    2) 잔골재의 흡수율은 3.0% 이하

3. 굵은골재 내구성 시험에 대한 내용이다. 물음에 답하시오.

    1) 내구성 시험 용액 : 황산나트륨
    2) 평가 횟수 : 5회
    3) 손실질량 표준 : 12% 이하

4. 잔골재의 유해물 함유량중 염화물(NaCl) 환산량은 질량 백분율로 얼마 이하이어야 하는가?

    0.04% 이하

    해설 잔골재의 유해물 함유량 한도(질량백분율)

종 류	최대값
점토 덩어리	1.0
0.08 mm체 통과량 콘크리트의 표면이 마모작용을 받는 경우 기타의 경우	3.0 5.0
석탄, 갈탄 등으로 밀도 2.0 g/cm^{3}의 액체에 뜨는 것 콘크리트의 외관이 중요한 경우 기타의 경우	0.5 1.0
염화물(NaCl 환산량)	0.04

5. 콘크리트 표준 시방서에 의한 다음 조건에서의 배합강도(MPa)는 얼마인가?
   (단, f_{ck} = 27 MPa, 30회 이상 압축강도 시험에 의한 표준편차 s = 2.7 MPa)

   풀이 $f_{ck} \leq 35$ MPa 인 경우이므로
   - $f_{cr} = f_{ck} + 1.34s \,(\text{Mpa}) = 27 + 1.34 \times 2.7 = 30.62 \fallingdotseq 31.0 \,\text{MPa}$
   - $f_{cr} = (f_{ck} - 3.5) + 2.33s \,(\text{MPa})$
     $= (27 - 3.5) + 2.33 \times 2.7 = 29.79 \fallingdotseq 30.0 \,\text{MPa}$
   - 두 값 중 큰 값을 배합강도로 한다. ∴ 31.0 (MPa)

6. 기존설계강도(f_{ck})가 40 MPa이고, 30회 이상의 충분한 압축강도 시험을 거쳐 4.0 MPa의 표준편차를 얻었다. 이 콘크리트의 배합강도(f_{cr})를 구하시오.

   풀이 $f_{ck} > 35$ MPa 인 경우이므로
   - $f_{cr} = f_{ck} + 1.34s = 40 + 1.34 \times 4 = 45.36 \,(\text{MPa})$
   - $f_{cr} = 0.9 f_{ck} + 2.33s = 0.9 \times 40 + 2.33 \times 4 = 45.32 \,(\text{MPa})$
   - 두 값 중 큰 값을 배합강도로 한다. ∴ 45.36 (MPa)

   해설 배합강도 결정

   배합강도는 설계기준압축강도 35MPa 이하의 경우와, 35MPa 초과의 경우로 나누어 계산하고 각 두 식에 의한 값 중 큰 값으로 정하여야 한다.

   □ $f_{ck} \leq 35$ MPa인 경우
   $$f_{cr} = f_{ck} + 1.34s \,(\text{MPa})$$
   $$f_{cr} = (f_{ck} - 3.5) + 2.33s \,(\text{MPa})$$

   □ $f_{ck} > 35$ (MPa)인 경우
   $$f_{cr} = f_{ck} + 1.34s \,(\text{MPa})$$
   $$f_{cr} = 0.9 f_{ck} + 2.33s \,(\text{MPa})$$
   여기서, s : 압축강도의 표준편차 (MPa)

7. 표준편차를 알지 못하거나 시험횟수가 14회 이하인 경우 배합강도에 대한 물음에 답하시오.

설계기준강도 f_{ck} (MPa)	배합강도 f_{cr} (MPa)
21 미만	$f_{ck} + (\ 7\ )$
21 이상 35 이하	$f_{ck} + (\ 8.5\ )$
35 초과	$f_{ck} + (\ 10\ )$

8. 콘크리트용 각 재료의 측정 단위로 계량 허용오차는 얼마인가?

(KS 규격)

재료의 종류	측정 단위	1회 계량분량의 한계허용오차(%)
시 멘 트	질량	(-1, +2)
골 재	질량 또는 부피	(±3)
물	질량	(-2, +1)
혼 화 재^{주1)}	질량	(±2)
혼 화 제	질량 또는 부피	(±3)

주) 고로슬래그 미분말의 계량오차의 최대치는 ±1%로 한다.

9. 콘크리트 다짐시 개소당 다짐시간은 얼마인가?

시멘트풀이 표면 상부로 약간 부상하기까지 한다.

구분	변경 전	변경 후
콘크리트 다짐	1개소당 진동시간은 5~15초로 한다.	1개소당 진동 시간은 다짐할 때 시멘트풀이 표면 상부로 약간 부상하기까지 한다.

10. 압축강도에 의한 콘크리트의 품질 검사시 구조물의 중요도와 공사의 규모에 따라 몇 m³ 마다 실시하는가?

100m³

해설 압축강도에 의한 콘크리트의 품질 검사

종류	항목	시험·검사 방법	시기 및 횟수¹⁾	판정기준	
				$f_{ck} \leq 35$ MPa	$f_{ck} > 35$ MPa
설계기준압축 강도로부터 배합을 정한 경우	압축강도 (일반적인 경우 재령 28일)	KS F 2405의 방법¹⁾	1회/일, 또는 구조물의 중요도와 공사의 규모에 따라 100 m³ 마다 1회, 배합이 변경될 때마다	① 연속 3회 시험값의 평균이 설계기준압축강도 이상 ② 1회 시험값이 (설계기준압축강도-3.5MPa) 이상	① 연속 3회 시험값의 평균이 설계기준압축강도 이상 ② 1회 시험값이 설계기준압축강도의 90 % 이상
그 밖의 경우				압축강도의 평균치가 소요의 물-결합재비에 대응하는 압축강도 이상일 것.	

주 1) 1회의 시험값은 공시체 3개의 압축강도 시험값의 평균값임

11. 보, 슬래브 및 트러스 등에서 그의 정상적 위치 또는 형상으로부터 처짐을 고려하여 상향으로 들어 올리는 것 또는 들어 올린 크기를 무엇이라 하는가?

솟음(camber)

12. 경량골재 콘크리트는 설계기준압축강도의 범위와 기건 단위질량은 얼마인가?
    1) 설계기준압축강도의 범위 : 15 MPa 이상, 24 MPa 이하
    2) 기건 단위질량의 범위 : 1,400~2,000 kg/m³

13. 수밀콘크리트의 연속 타설 시간 간격은 외기온도가 25 ℃를 넘었을 경우에는 (   )시간, 25 ℃ 이하일 경우에는 (   ) 시간을 넘어서는 안 된다. (   )안 값은 얼마인가?
    1.5 , 2

14. 해양콘크리트 구조물에 쓰이는 콘크리트의 설계기준강도는 몇 MPa 이상으로 하여야 하는가?
    30 MPa 이상

15. 모르타르 및 콘크리트의 길이변화 시험 방법(KS F 2424)에 규정되어 있는 길이 변화측정 방법을 3가지만 쓰시오
    ① 콤퍼레이터 방법   ② 콘택트게이지 방법   ③ 다이얼게이지 방법

16. 재령28일 모르타르 공시체(4×4×16cm)에 50kN의 하중이 재하 할 때 공시체가 파괴 되었다면 이 모르타르의 압축강도는 얼마인가?

    풀이 압축강도$(f_c) = \dfrac{P(N)}{A(mm^2)} = \dfrac{50 \times 1000}{40 \times 40} = 31.25 \ N/mm^2 = 31.25 \ MPa$

    ※ SI 단위 체계로 변경 $kgf/cm^2 \Rightarrow N/mm^2 (MPa)$

17. 지름이 15cm, 높이 30cm인 원주형 공시체의 인장강도를 측정하기 위하여 쪼갬인장강도 시험으로 콘크리트에 하중을 가하여 공시체가 100 kN에 파괴되었다면 이때 콘크리트의 인장강도는?

    풀이 인장강도$(f_{sp}) = \dfrac{2P}{\pi dl} = \dfrac{2 \times 100,000}{3.14 \times 150 \times 300} = 1.4 \ (MPa)$

    여기서, P : 시험기에 나타난 최대하중(N)
    l : 시험체의 길이(mm)
    d : 시험체의 지름(mm)

    ※ SI 단위 체계로 변경 $kgf/cm^2 \Rightarrow N/mm^2 (MPa)$

18. 콘크리트의 휨강도 시험에서 최대하중 34.2kN에서 공시체가 파괴되었다. 이 콘크리트 공시체의 휨강도는 얼마인가? (단, 150×150×530mm 공시체이고 지간은 450mm이고, 공시체가 인장쪽 표면 지간방향중심선의 3등분점 사이에서 파괴되었다.)

풀이 휨강도$(f_b) = \dfrac{Pl}{bd^2} = \dfrac{34.2 \times 1000 \times 450}{150 \times 150^2} = 4.56 \, \text{MPa}$

$(P : N, \quad l, b, d : mm, \quad f_b : MPa, \, 1kN : 1000N)$

※ SI 단위 체계로 변경 $kgf/cm^2 \Rightarrow N/mm^2 (MPa)$

19. 체가름 시험 결과 잔골재 조립률 2.65, 굵은 골재 조립률 7.38이며 잔골재 대 굵은 골재비를 1 : 1.6 으로 할 때 혼합골재의 조립률은?

풀이 $f_a = \dfrac{p}{p+q} \times f_s + \dfrac{q}{p+q} \times f_g = \dfrac{1}{1+1.6} \times 2.65 + \dfrac{1.6}{1+1.6} \times 7.38 = 5.56$

20. 시멘트 모르타르의 압축강도를 측정하기 위하여 표준 모르타르를 제작하고자 할 때 시멘트를 1500 g 사용할 경우 표준사의 소요량은?

풀이 모르타르 제작시 시멘트 : 모래의 비는 1 : 3

표준사의 소요량 = 1500 × 3 = 4500 g

> ※ KS 규격 변경
> 〈변경전〉 모래 : 시멘트 = 2.45 : 1, 인장강도는 2.7 : 1
> 〈변경후〉 압축강도 및 휨강도용 모르타르 제작 시 시멘트 : 모래의 비는 1 : 3비가 되게 한다.
> (인장강도에 대한 규정 없음)
> -. 압축강도$(MPa) = \dfrac{\text{최대하중(N)}}{\text{시험체의 단면적}(mm^2)}$
> -. 휨강도$(MPa) = \dfrac{1.5 F_f l}{b^3}$

21. 조립률 2.5, 표면건조포화상태 밀도 2.7 g/cm^3, 절대건조상태 밀도 2.6 g/cm^3, 단위 용적질량 1,600 kg/m^3인 잔골재의 실적률은?

풀이 골재의 실적률 : $G = \dfrac{T}{d_D} \times 100(\%)$

$G = \dfrac{T}{d_D \times 1000} \times 100(\%) = \dfrac{1600}{(2.6)(1000)} \times 100(\%) = 61.5\%$

22. 배합설계에서 잔골재의 절대용적이 320ℓ, 굵은골재의 절대용적이 560ℓ일 때, 잔골재율은 얼마인가?

풀이 잔골재율(S/a) = $\dfrac{S_V}{S_V + G_V} \times 100 = \dfrac{320}{320 + 560} \times 100 = 36.4\,\%$

23. 배합설계시 단위 수량이 166kg/m³이고, 물-결합재비가 50%라면 단위 시멘트량은 얼마인가? (단, 혼화재는 사용하지 않는다.)

풀이 물-결합재비 : $\dfrac{W}{B} = \dfrac{W}{C} = 50\%$ ∴ $C = \dfrac{W}{0.5} = \dfrac{166}{0.5} = 332\,kg/m^3$

※ 물-시멘트비(W/C) ⇒ 물-결합재비(W/B)로 변경

24. 설계기준강도(f_{ck})가 30MPa이고 표준편차를 알지 못한 경우 배합강도는 얼마인가?

풀이 $f_{ck} + 8.5 = 30 + 8.5 = 38.5\,MPa$

25. 수밀콘크리트의 물-결합재비의 표준은 몇 %이하로 하는가?

    수밀콘크리트 물-결합재비는 50%를 기준

콘크리트 기능사 실기편

제5장

콘크리트 작업형

콘크리트 작업형

1. **시험시간** : 1시간 30분
2. **요구사항**
   * 주어진 재료 및 시설을 이용하여 다음 작업을 하시오.
      1) 재료량 산출
      2) 손비빔으로 콘크리트 제작
      3) 콘크리트 슬럼프 시험
      4) 콘크리트 치기 및 다지기

예제 1

(1m³당 재료의 양을 주어지고, 거푸집, 슬럼프콘의 1배치 양을 계산)

※ 조건

1. 콘크리트의 단위(1m³당)재료는 시멘트 340kg, 모래 785kg, 자갈 1105kg으로 한다.
2. 물-결합재비는 50%로 한다.
3. 슬럼프시험 및 콘크리트 치기 작업에 소요되는 재료의 양을 단위 재료로부터 환산하고 계량하여 손 비빔 한다.
   (단, 슬럼프 시험용 재료양은 3회분, 그 밖의 것은 1회 측정용으로 계산)
4. 거푸집 도면 (아래 그림 참조)

   규격: 거푸집 안의 크기: 가로×세로×높이=51cm×36cm×10cm

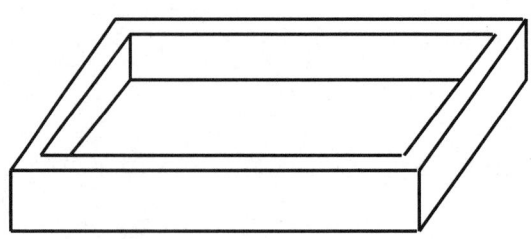

성 과 표

구분	시멘트 (kg)	모래 (kg)	자갈 (kg)	물 (kg)	비고
슬럼프	5.4	12.48	17.57	2.7	3회 측정용
거푸집	6.24	14.41	20.29	3.12	
계	11.64	26.89	37.86	5.82	

(산출근거)

1. 단위수량 계산($1m^3$)당

    $\dfrac{W}{C} = 0.5, \quad \therefore W = 0.5 \times C = 0.5 \times 340 = 170 \ kg$

2. 슬럼프 시험용 콘크리트 재료 양

    ① 슬럼프 콘 규격: 윗 안지름 10cm, 아래 지름 20cm, 높이 30cm

    ② 슬럼프 콘 부피 = $\dfrac{3.14 \times 15^2}{4} \times 30 \times 3회 = 15,896 cm^3 = 0.015896 \ m^3$

    ③ 재료 양

    시멘트 : 340 × 0.015896 = 5.4kg

    모 래 : 785 × 0.015896 = 12.48kg

    자 갈 : 1105 × 0.015896 = 17.57kg

    물   : 170 × 0.015896 = 2.70kg

3. 거푸집 콘크리트 재료 양

    ① 거푸집 부피 = 51cm×36cm×10cm = 18,360cm^3 = 0.01836m^3

    ② 재료 양

    시멘트 : 340 × 0.01836 = 6.24kg

    모 래 : 785 × 0.01836 = 14.41kg

    자 갈 : 1105 × 0.01836 = 20.29kg

    물   : 170 × 0.01836 = 3.12kg

예제 2

(거푸집에 사용할 1배치 양을 주어짐, 슬럼프 시험은 거푸집에 사용할 콘크리트로 사용함)

※ 조건

1. 콘크리트 1배치 재료는 시멘트 6.24kg, 모래 14.41kg, 자갈 20.29kg로 한다.
2. 물-결합재비는 50%로 한다.
3. 슬럼프시험 및 콘크리트 치기 작업에 소요되는 재료의 양을 단위 재료로부터 환산하고 계량하여 손 비빔 한다.
   (단, 슬럼프 시험용 재료양은 3회분, 그 밖의 것은 1회 측정용으로 계산)
4. 거푸집 도면 (아래 그림 참조)
   규격: 거푸집 안의 크기: 가로× 세로× 높이=51cm×36cm×10cm

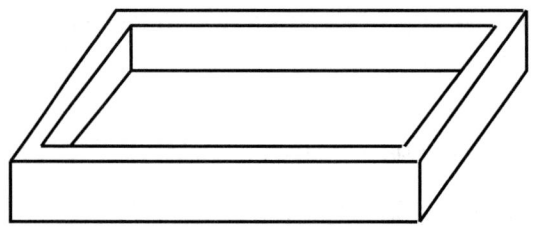

(산출근거)

(물-결합재비 로부터 물의 양 계산)

$$\frac{W}{C} = 0.5, \quad \therefore W = 0.5 \times C = 0.5 \times 6.24 = 3.12 \ kg$$

작업실시

1. 기계기구

① 슬럼프 콘
② 슬럼프 측정자
③ 다짐봉
④ 콘크리트 삽
⑤ 시료삽
⑥ 미장 흙손
⑦ 나무망치
⑧ 거푸집
⑨ 저울
⑩ 시료팬

2. 손 비빔

1) 재료 계량 정확도

① 모래, 자갈, 물, 시멘트 재료 계량의 오차가 3% 이내가 되도록 저울로 단다.

2) 재료의 혼합 순서

② 모래와 시멘트를 혼합한 후 자갈, 물 순으로 혼합한다.
③ 물의 유실이 전혀 없이 혼합한다.

3) 재료 혼합 상태, 혼합기구 사용 및 동작

④ 색깔이 고르게 될 때 까지 혼합한다.
⑤ 비빔삽을 사용하여 1분간에 60회 이상 빠르게 동작한다.

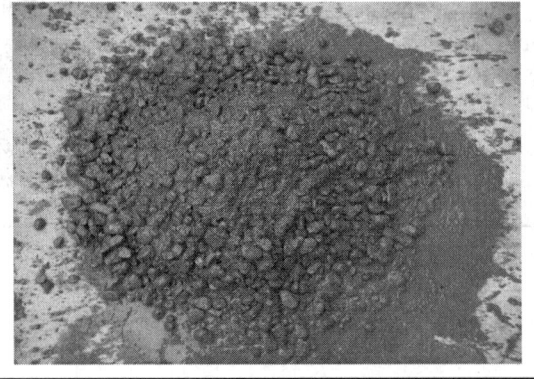

3. 슬럼프 시험

1) 시료의 채취

① 시료 채취는 4분법에 의하여 채취한다.
 (대표적인 시료를 A+C, B+D로 채취)

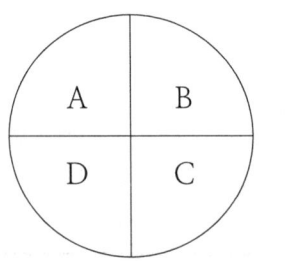

2) 슬럼프콘 청소

② 슬럼프 콘을 걸레로 깨끗이 닦아 낸다.

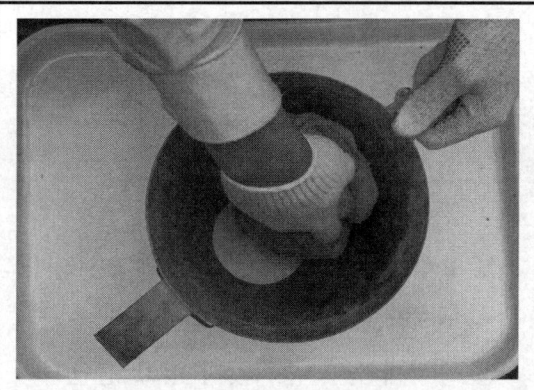

3) 슬럼프 콘에 시료 주입 및 다짐

③ 슬럼프콘 용적의 1/3씩 주입
④ 슬럼프콘에 1회 주입시마다 다짐봉을 수직으로 25회 다짐
⑤ 슬럼프콘에 채운 콘크리트의 윗면을 슬럼프콘의 상단에 맞춰 고르게 한다.

4) 슬럼프 콘 벗기기 및 소요 시간 정확도와 슬럼프 값 측정

⑥ 콘크리트 가로방향이나 비틀림 운동을 주지 않도록 수직 방향으로 슬럼프 콘을 들어 올리며 시간은 높이 30cm에서 2~5초로 한다.
⑦ 슬럼프 콘에 채우고 벗길 때까지 전 작업시간은 3분 이내로 함
⑧ 공시체가 다 주저앉지 않고 전단되지 않은 상태에서 길이를 측정하여 슬럼프 값을 측정
⑨ 슬럼프 측정값(5mm)을 주어진 양식에 기재하여 평균값 기록 (평균값은 5mm 단위 또는 산술평균값 기록)

4. 콘크리트 치기 및 다지기

1) 거푸집 처리

① 거푸집을 청소한다.
② 거푸집을 물에 적신다.
③ 거푸집 내면에 폐유를 칠한다.

2) 콘크리트 운반

① 콘크리트 운반은 삽으로 한다.
② 주입 시 삽을 뒤집어서 재료분리를 방지한다.

3) 콘크리트 다짐 및 마무리

① 진동기(다짐대) 수직으로 찔러 넣는다.
② 진동다짐(봉다짐)을 적절한 시간 동안 충분히 다진다.
③ 진동기를 콘크리트 속에서 빼 낼 때는 천천히 빼 낸다.

④ 목 햄머를 거푸집에 가볍게 두드려 구석구석까지 콘크리트가 채워지고 기포를 없앤다.
④ 콘크리트 마무리 작업을 할 때 흙손으로 표면을 매끈하게 마무리 한다.
⑤ 사용한 흙손등 사용한 장비는 청결상태를 유지한다.

예제 3

※ 시험시간 : 1시간 30분

1. 요구사항

    ※ 지급된 재료 및 시설을 사용하여 아래 작업을 완성하시오.

    가. 콘크리트 1m³을 제조하기 위한 시방배합표가 아래와 같을 때 콘크리트 1배치에 필요한 각 재료의 양을 구하여 답안지에 기록하시오.

    (단, 콘크리트 1배치는 시험위원이 지정하는 값으로 하며, 재료의 양은 소수 둘째자리까지 구하시오.)

    【시방배합표】

굵은 골재의 최대치수 (mm)	슬럼프 (mm)	공기량 (%)	물-결합 재비 W/B (%)	잔골재율 S/a (%)	단위량(kg/m³)			
					물	시멘트	잔골재	굵은 골재
25	100	5.5	50	40	189	378	761	1154

    나. 1배치에 필요한 각 재료를 계량하여 손비빔으로 콘크리트를 제작하시오.

    다. 주어진 강도시험용 공시체 몰드를 이용하여 콘크리트 강도 시험용 공시체를 제작하시오.

    (단, 시험체는 캐핑작업 전까지만 실시한다.)

    라. 몰드 제작 종료 후 콘크리트를 되비빔하여 제작한 콘크리트로 슬럼프시험을 1회 실시하여 답안지에 기록하시오.

2. 수험자 유의사항

   ※ 다음 유의사항을 고려하여 요구사항을 완성하시오.

   1) 수험자 인적사항 및 계산식을 포함한 답안작성은 흑색 필기구만 사용해야 하며, 그 외 연필류, 빨간색, 청색 등의 필기구를 사용해 작성한 답항은 0점 처리되오니 불이익을 당하지 않도록 유의해 주시기 바랍니다.
   2) 답안 정정 시에는 정정하고자 하는 단어에 두 줄(=)을 긋고 다시 작성하거나 수정테이프(수정액 제외)를 사용하여 정정하시기 바랍니다.
   3) 주어진 시방배합표를 이용하여 1배치에 사용되는 콘크리트 재료의 양을 정확히 계산하여 기록하고, 계량하여 손비빔 합니다.
      (1배치에 필요한 각 재료의 양을 구하지 못할 경우, 시험위원의 지시에 따라 답안지 재료량을 작성하고 배합하도록 하며, 비비기를 완료한 콘크리트 반죽질기의 상태가 실험하기 곤란한 경우 시험위원에게 각 재료를 추가 지급토록 요구하여 반죽을 다시 실시합니다.)
   4) 주어진 1회용 몰드를 이용하여 강도 시험용 공시체를 제작할 때 다짐봉을 사용하여 몰드에 콘크리트를 채우며, 바닥을 수평하게 하고 파손에 주의하여 제작합니다.
   5) 강도 시험용 공시체를 제작할 때 공시체의 캐핑, 몰드 떼어내기, 양생은 생략합니다.
   6) 슬럼프 시험 방법은 KS F 2402에 준하여 실시하고, 주어진 답안지에 기록하여야 합니다.
      (단, KS F 2402의 규정에 의한 재시험 사유에 해당하는 경우 재시험을 실시하여야 합니다.)
   7) 사용한 시험기구 등의 시험장 장비는 항상 청결이 유지되도록 합니다.
   8) 시험 중 수험자는 반드시 안전수칙을 준수해야하며, 작업 복장상태, 정리정돈상태, 안전사항 등이 채점대상이 됩니다. (작업에 적합한 복장과 장갑을 항시 착용하여야 합니다.)
   9) 다음 사항에 대해서는 채점대상에서 제외하니 특히 유의하시기 바랍니다.
      가) 기권
         (1) 수험자 본인이 수험 도중 시험에 대한 포기 의사를 표현하는 경우
      나) 실격
         (1) 전과정(필답형, 작업형)에 응시하지 아니한 경우
         (2) 시험의 요구사항(가~라) 중 하나라도 수행하지 아니한 경우

1배치 제작시 콘크리트의 각 재료량(kg)

1배치 용량(감독위원이 지정한 값) : _____ ℓ

구분	물(W)	시멘트(B)	모래(S)	자갈(G)
1배치				

슬럼프 측정값(단위 mm)

회 수	1회
슬럼프 값(mm)	

(콘크리트 재료량 산출 예)

1배치 용량 : 9.5ℓ 일 때

물   : $189 \times \dfrac{9.5}{1000} = 1.80 kg$

시멘트 : $378 \times \dfrac{9.5}{1000} = 3.59 kg$

모래   : $761 \times \dfrac{9.5}{1000} = 7.23 kg$

자갈   : $1154 \times \dfrac{9.5}{1000} = 10.96 kg$

채점기준표

주요 항목	세부항목	항목 번호	항목별 채점 방법	배점
재료량 산출 (12점)	재료량 산출	1	물의 양 계산 값이 맞으면 3점, 아니면 0점	3
		2	시멘트량 계산 값이 맞으면 3점, 아니면 0점	3
		3	모래량 계산 값이 맞으면 3점, 아니면 0점	3
		4	자갈량 계산 값이 맞으면 3점, 아니면 0점	3
손비빔 (10점)	계량 정확도	5	재료 계량 오차가 3% 이내면 2점, 아니면 0점	2
	재료 혼합순서	6	모래와 시멘트 혼합 후 자갈, 물의 순으로 혼합하면 2점 아니면 0점	2
		7	각 재료의 유실이 없이 혼합하면 2점, 아니면 0점	2
	재료 혼합상태	8	콘크리트의 색이 고르게 될 때까지 혼합하면 2점, 아니면 0점	2
		9	재료의 분리가 일어나지 않게 혼합하면 2점, 아니면 0점	2
몰드 제작 (10점)	몰드 준비	10	몰드의 안쪽을 마른 헝겊을 이용하여 그리스를 바르면 2점, 아니면 0점	2
	콘크리트 다짐	11	몰드에 콘크리트를 2층 이상으로 넣고 다짐봉을 이용하여 각 층을 수직으로 적어도 $1000mm^2$당 1회의 비율로 다지면 2점, 아니면 0점 ($\phi 100mm$의 몰드인 경우 8회, $\phi 150mm$는 18회)	2
		12	몰드에 콘크리트를 채울 때 골재가 분리되지 않으면 2점, 아니면 0점	2
	마무리	13	몰드 상면을 흙손으로 고르고 유리판을 덮으면 2점, 아니면 0점	2
		14	시험이 끝난 후 사용한 시험기구를 깨끗이 청소하고 정리하면 2점, 아니면 0점	2

주요 항목	세부항목	항목 번호	항목별 채점 방법	배점
슬럼프 시험 (18점)	시료채취	15	시료를 4분법으로 대표적인 것을 채취하면 2점 아니면 0점	2
	슬럼프콘 청소	16	슬럼프콘의 속을 젖은 걸레로 닦아 수밀한 평판위에 놓으면 2점, 아니면 0점	2
	슬럼프콘에 시료주입	17	슬럼프콘의 양쪽을 두발로 밟은 후, 슬럼프콘 부피의 약 1/3씩 되게 주입하면 2점, 아니면 0점	2
	시료다짐	18	슬럼프콘에 1회 주입시마다 다짐봉을 수직으로 25회 다지면 2점, 아니면 0점	2
		19	슬럼프콘에 채운 콘크리트의 윗면을 슬럼프콘의 상단에 맞춰 고르게 하면 2점, 아니면 0점	2
	슬럼프콘 들어올리기	20	콘크리트 가로방향이나 비틀림 운동을 주지 않도록 수직방향으로 2~5초간 벗기면 2점 아니면 0점	2
	소요시간	21	전작업을 중단없이 3분 이내로 끝마칠 경우 2점 아니면 0점	2
	슬럼프값 측정	22	공시체가 다 주저앉지 않고 전단되지 않은 상태에서 슬럼프 값을 측정하면 2점 아니면 0점(단, KS F 2402의 규정(콘크리트가 슬럼프콘의 중심축에 대하여 치우치거나 무너지거나 해서 모양이 불균형이 된 경우)의 재시험 사유에 해당됨에도 불구하고 슬럼프값을 측정하면 0점)	2
		23	슬럼프 측정값을 주어진 양식에 5mm 단위로 측정값을 정확히 기재하면 2점 아니면 0점	2
안전 사항	안전사항(감점)	24	작업 복장(작업복, 작업화, 장갑)을 한 가지라도 착용하지 않거나 정리정돈 상태가 미흡하면 3점 감점	−3

부 록

모의고사

필기핵심기출문제

모의고사(Ⅰ)

1. 콘크리트의 블리딩에 관한 설명 중 틀린 것은?
   ① 블리딩이 심하면 투수성과 투기성이 커져서 콘크리트의 중성화(탄산화)가 촉진된다.
   ② 블리딩이 심하면 철근과 부착력 감소로 강도 및 내구성의 감소가 현저해진다.
   ③ 시멘트의 분말도가 작을수록, 잔골재 중의 미립분이 작을수록 블리딩 현상이 적어진다.
   ④ 블리딩은 보통 2~4시간에 끝나며 그 연속 시간은 콘크리트 높이가 낮고 온도가 높으면 빨리 끝난다.

2. 혼화재의 계량오차는 몇 % 이내인가?
   ① ±1%　　② ±2%
   ③ ±3%　　④ ±4%

3. 골재의 표면 건조 포화 상태에 관한 설명 중 옳은 것은?
   ① 건조로(oven) 내에서 일정 중량이 될 때까지 완전히 건조시킨 상태
   ② 골재의 표면은 건조하고 골재 내부에는 포화하는 데 필요한 수량보다 적은 양의 물을 포화한 상태
   ③ 골재 내부는 물로 포화하고 표면이 건조된 상태
   ④ 골재 내부가 완전히 수분으로 포화되고 표면에 여분의 물을 포함하고 있는 상태

4. 다음 중 잔골재의 밀도는 얼마인가?
   ① 2.0~2.50g/cm³
   ② 2.50~2.65g/cm³
   ③ 2.55~2.70g/cm³
   ④ 2.0~3.0g/cm³

5. 콘크리트를 배합할 때 잔골재 275ℓ, 굵은 골재 480ℓ를 투입하여 혼합한다면 이때 잔골재율(S/a)은 얼마인가?
   ① 27%　　② 36.4%
   ③ 48.0%　　④ 63.5%

6. 시방 배합에서 사용되는 골재는 어떤 상태인가?
   ① 습윤 상태
   ② 공기 중 건조 상태
   ③ 표면 건조 포화 상태
   ④ 절대 건조 상태

7. 기상작용에 대한 골재의 내구성을 알기 위한 시험은 다음 중 어느 것인가?
   ① 골재의 밀도 시험
   ② 골재의 빈틈율 시험
   ③ 골재의 안전성 시험
   ④ 골재에 포함된 유기 불순물 시험

8. 혼화재와 혼화제의 분류에서 혼화재에 대한 설명으로 알맞은 것은?
   ① 사용량이 비교적 많으나 그 자체의 부피가 콘크리트 등의 비비기 용적에 계산되지 않는 것
   ② 사용량이 비교적 많아서 그 자체의 부피가 콘크리트 등의 비비기 용적에 계산되는 것
   ③ 사용량이 비교적 적으나 그 자체의 부피가 콘크리트 등의 비비기 용적에 계산되는 것
   ④ 사용량이 비교적 적어서 그 자체의 부피가 콘크리트 등의 비비기 용적에 계산되지 않는 것

정답　1. ③　2. ②　3. ③　4. ②　5. ②　6. ③　7. ③　8. ②

9. 시멘트가 응결할 때 화학적 반응에 의하여 수소 가스를 발생시켜 모르타르 또는 콘크리트 속에 아주 작은 기포를 생기게 하는 혼화제로 알루미늄가루 등을 사용하며 플리플레이스트 콘크리트용 그라우트나 PC용 그라우트에 사용하면 부착을 좋게 하는 것은?
① 발포제 ② 방수제
③ 촉진제 ④ 급결제

10. 다음 중 콘크리트 운반 기계에 포함되지 않는 것은?
① 버킷 ② 배처 플랜트
③ 슈트 ④ 트럭 애지테이터

11. 한중 콘크리트는 양생 중에 온도를 최소 얼마 이상으로 유지해야 하는가?
① 0℃ ② 5℃
③ 15℃ ④ 20℃

12. 수중 콘크리트를 타설할 때 사용되는 기계 및 기구와 관계가 먼 것은?
① 트레미 ② 슬립폼 페이버
③ 밑열림 상자 ④ 콘크리트 펌프

13. 콘크리트 압축강도 시험에 사용하는 시료의 양생 온도 범위로 가장 적합한 것은?
① 0~4℃ ② 6~10℃
③ 11~15℃ ④ 18~22℃

14. 콘크리트 압축강도 시험체의 지름은 골재 최대 치수의 몇 배 이상이어야 하는가?
① 3배 ② 4배
③ 5배 ④ 6배

15. 일반 수중 콘크리트에서 물-결합재비는 얼마 이하이어야 하는가?
① 50% ② 55%
③ 60% ④ 65%

16. 잔골재의 유해물 중 시방서에 규정된 점토 덩어리의 함유량의 한도(중량 백분율)은 얼마인가?
① 0.5% ② 1%
③ 3% ④ 5%

17. 시멘트가 매우 빨리 응결하도록 하기 위해 사용하는 혼화제로서, 콘크리트 뿜어 올리기 공법, 그라우트에 의한 지수 공법 등에 사용하는 혼화재료는?
① 경화촉진제 ② 급결제
③ 지연제 ④ 발포제

18. 콘크리트의 인장강도 시험에 사용할 공시체는 시험 직전에 공시체의 지름을 몇 mm까지 2개소 이상을 측정하여 평균값을 구하는가?
① 0.1mm ② 0.5mm
③ 1mm ④ 2mm

19. 시멘트 분류할 때 혼합 시멘트에 해당하지 않는 것은?
① 고로 슬래그 시멘트
② 플라이 애시 시멘트
③ 포졸란 시멘트
④ 내화물용 알루미나 시멘트

20. 굵은 골재의 밀도가 2.65g/cm³이고 단위 질량이 1.80t/m³일 때 이 골재의 공극률은?
① 30.02% ② 31.04%
③ 31.96% ④ 32.08%

21. 콘크리트의 압축강도 시험을 한 결과 파괴하중이 350kN이었다. 이때 압축강도는 얼마인가? (단, 공시체의 지름: 150mm, 높이: 300mm)
① 18.6MPa ② 19.8MPa
③ 20.6MPa ④ 21.8MPa

정답 9. ① 10. ② 11. ② 12. ② 13. ④ 14. ① 15. ① 16. ① 17. ② 18. ① 19. ④ 20. ④ 21. ②

22. 조립률 3.0의 모래와 7.0의 자갈을 중량비 1:3 비율로 혼합할 때의 조립률을 구한 것 중 옳은 것은?
   ① 4.0
   ② 5.0
   ③ 6.0
   ④ 7.0

23. 뿜어 붙이기 콘크리트에 관한 다음 내용 중 잘못된 것은?
   ① 시멘트 건(gum)에 의해 압축공기로 모르타르를 뿜어 붙이는 것이다.
   ② 수축균열이 생기기 쉽다.
   ③ 공사 기간이 길어진다.
   ④ 시공중 분진이 많이 발생한다.

24. 중량 골재에 속하지 않는 것은?
   ① 중정석
   ② 화산암
   ③ 자철광
   ④ 갈철광

25. 콘크리트 인장강도 시험을 할 때 인장강도가 어느 정도의 일정한 비율로 증가하도록 하중을 가하여야 하는가?
   ① 매초 0.06 ± 0.04 MPa
   ② 매초 0.07 ± 0.14 MPa
   ③ 매초 0.15 ± 0.35 MPa
   ④ 매초 1.5 ± 3.5 MPa

26. 골재의 안전성 시험에 대한 설명 중 옳지 않은 것은?
   ① 시료를 금속제 망태에 넣고 시험용 용액을 24시간 담가둔다.
   ② 무게비가 5% 이상인 무더기에 대해서만 시험을 한다.
   ③ 용액은 자주 휘저으면서 $21 \pm 1.0\,°\mathrm{C}$의 온도로 48시간 이상 보존 후 시험에 사용한다.
   ④ 황산나트륨 포화 용액으로 인한 골재의 부서짐 작용에 대한 저항성을 시험한다.

27. 콘크리트에서 부순 돌을 굵은 골재로 사용했을 때의 설명이다. 잘못된 것은?
   ① 단위 수량이 많아진다.
   ② 잔골재율이 작아진다.
   ③ 부착력이 좋아서 압축강도가 커진다.
   ④ 포장 콘크리트에 사용하면 된다.

28. 공기연행(AE) 콘크리트의 성질에 관한 설명으로 틀린 것은?
   ① 워커빌리티가 좋다.
   ② 소요 단위 수량이 적어진다.
   ③ 블리딩이 적어진다.
   ④ 철근과의 부착강도가 커진다.

29. 콘크리트가 굳기 시작한 후에 다시 비비는 작업을 무엇이라고 하는가?
   ① 되비비기
   ② 거듭비비기
   ③ 믹서
   ④ 슈트(chute)

30. 높은 곳에서 콘크리트를 내리는 경우, 버킷을 사용할 수 없을 때 사용하며 콘크리트 치기의 높이에 따라 길이를 조절할 수 있도록 깔때기 등을 이어서 만든 운반 기구는?
   ① 콘크리트 펌프
   ② 연직 슈트
   ③ 콘크리트 플레이서
   ④ 벨트 컨베이어

31. 콘크리트를 타설한 다음 일정 기간 동안 콘크리트에 충분한 온도와 습도를 유지시켜 주는 것을 무엇이라 하는가?
   ① 콘크리트 진동
   ② 콘크리트 다짐
   ③ 콘크리트 양생
   ④ 콘크리트 시공

32. 골재의 마모 시험에서 시료를 시험기에서 꺼내 몇 mm 체로 체가름을 하는가?
   ① 1.7mm
   ② 3.4mm
   ③ 1.25mm
   ④ 2.5mm

정답 22. ③ 23. ③ 24. ② 25. ① 26. ① 27. ② 28. ④ 29. ① 30. ② 31. ③ 32. ①

33. 시멘트의 분말도에 대한 설명으로 틀린 것은?
   ① 시멘트의 분말도가 높으면 조기 강도가 작아진다.
   ② 시멘트의 입자가 가늘수록 분말도가 높다.
   ③ 분말도란 시멘트 입자의 고운 정도를 나타낸다.
   ④ 분말도가 높으면 시멘트의 표면적이 커서 수화작용이 빠르다.

34. 운반 거리가 먼 레미콘이나 무더운 여름철 콘크리트의 시공에 사용하는 혼화제는?
   ① 기포제   ② 지연제
   ③ 방수제   ④ 경화 촉진제

35. 물-시멘트비가 50%이고 단위 수량이 180kg/m³일 때 단위 시멘트량은 얼마인가?
   ① 90kg/m³   ② 180kg/m³
   ③ 270kg/m³   ④ 360kg/m³

36. 콘크리트의 표면에 아스팔트 유제나 비닐유제 등으로 불투수층을 만들어 수분의 증발을 막는 양생 방법을 무엇이라 하는가?
   ① 증기양생   ② 전기양생
   ③ 습윤양생   ④ 피복양생

37. 콘크리트 공사에서 거푸집 떼어내기에 관한 설명으로 틀린 것은?
   ① 거푸집은 콘크리트가 자중 및 시공 중에 가해지는 하중에 충분히 견딜 만한 강도를 가질 때까지 해체해서는 안된다.
   ② 거푸집을 떼어내는 순서는 비교적 하중을 받지 않는 부분을 먼저 떼어낸다.
   ③ 연직 부재의 거푸집은 수평 부재의 거푸집보다 먼저 떼어낸다.
   ④ 보의 밑판의 거푸집은 보의 양 측면의 거푸집보다 먼저 떼어낸다.

38. 골재의 함수상태 네 가지 중 습기가 없는 실내에서 자연 건조시킨 것으로서 골재 알 속의 빈틈 일부가 물로 차 있는 상태는?
   ① 습윤 상태
   ② 절대 건조 상태
   ③ 표면 건조 포화 상태
   ④ 공기 중 건조 상태

39. 콘크리트 타설에 대한 설명으로 틀린 것은?
   ① 콘크리트 치기 도중 발생한 블리딩수가 있을 경우 표면에 도랑을 만들어 물을 흐르게 한다.
   ② 거푸집의 높이가 높을 경우 거푸집에 투입구를 설치하거나 연직 슈트를 타설면 가까이 내려서 타설한다.
   ③ 콘크리트를 2층 이상으로 나누어 타설할 경우, 상층의 콘크리트가 굳기 전에 타설해야 한다.
   ④ 콘크리트는 그 표면이 한 구획 내에서는 거의 수평이 되도록 타설하는 것을 원칙으로 한다.

40. 프리플레이스트 콘크리트에 있어서 연직 주입관의 수평 간격은 얼마 정도를 표준으로 하는가?
   ① 1m   ② 2m
   ③ 3m   ④ 4m

41. 비빔통 속에 달린 날개를 회전시켜 콘크리트를 비비는 것이며 주로 콘크리트 플랜트에 사용되는 믹서는?
   ① 중력식 믹서   ② 강제식 믹서
   ③ 가경식 믹서   ④ 연속식 믹서

42. 내부 진동기의 사용 방법으로 옳지 않은 것은?
   ① 진동기는 연직으로 찔러 넣는다.
   ② 진동기 삽입 간격은 0.5m 이하로 한다.
   ③ 진동기를 빨리 빼내어 구멍이 남지 않도

정답 33. ① 34. ② 35. ④ 36. ④ 37. ④ 38. ④ 39. ① 40. ② 41. ② 42. ③

록 한다.
④ 진동기를 하층의 콘크리트 속으로 0.1m 정도 찔러 넣는다.

43. 수화열이 적어 댐과 같은 단면이 큰 콘크리트 공사에 적합한 시멘트는?
① 보통 포틀랜드 시멘트
② 중용열 포틀랜드 시멘트
③ 조강 포틀랜드 시멘트
④ 알루미나 시멘트

44. 서중 콘크리트 비빈 후 얼마 이내에 타설해야 하는가?
① 1시간   ② 1.5시간
③ 2시간   ④ 2.5시간

45. 굳지 않는 콘크리트의 슬럼프 시험에 대한 설명 중 틀린 것은?
① 콘크리트가 슬럼프 콘의 중심축에 대하여 치우친 경우라도 재시험은 하지 않는다.
② 굵은 골재 최대 치수가 40mm를 넘는 콘크리트의 경우에는 40mm를 넘는 굵은 골재를 제거한다.
③ 슬럼프 콘에 시료를 3층으로 채운 후 각 층을 25회 다짐봉으로 다지고 위로 가만히 빼어 올린다.
④ 시험은 3분 이내로 한다.

46. 잔골재의 표면수 시험에 대한 설명 중 틀린 것은?
① 시험 방법에는 질량에 의한 측정법과 부피에 의한 측정법이 있다.
② 시험은 같은 시료에 대하여 계속 두 번 시험을 한다.
③ 시험은 잔골재의 표면 건조 포화 상태의 밀도와 관계가 있다.
④ 두 번 시험을 하였을 때 평균값과 각 시험 차가 0.1% 이하이어야 한다.

47. 시멘트 비중 시험에 사용되는 것이 아닌 것은?
① 가는 철사   ② 광유
③ 원뿔형 몰드 ④ 르샤틀리에 병

48. 콘크리트를 제조할 때 각 재료의 계량에 대한 허용오차 중 골재의 허용오차로 옳은 것은?
① ±1%   ② ±2%
③ ±3%   ④ ±4%

49. 거푸집의 높이가 높을 경우, 재료분리를 막기 위해 거푸집에 투입구를 설치하거나 연직 슈트 또는 펌프 배관의 배출구를 타설면 가까운 곳까지 내려서 콘크리트를 타설하여야 한다. 이 경우 슈트, 펌프 배관, 버킷 등의 배출구와 타설면까지의 높이로 가장 적합한 것은?
① 1.5m 이하   ② 2.0m 이하
③ 2.5m 이하   ④ 3.0m 이하

50. 콘크리트 재료의 계량에 대한 설명으로 틀린 것은?
① 골재의 계량오차는 ±3%이다.
② 혼화제를 묽게 하는 데 사용하는 물은 단위 수량으로 포함하여서는 안 된다.
③ 혼화재의 계량오차는 ±2%이다.
④ 각 재료는 1배치씩 질량으로 계량하여야 하며, 물과 혼화제 용액은 용적으로 계량해도 좋다.

51. 콘크리트용 모래에 포함되어 있는 유기 불순물 시험에 대한 설명으로 옳은 것은?
① 사용하는 수산화나트륨 용액은 물 50에 수산화나트륨 50의 질량비로 용해시킨 것이다.
② 시료는 대표적인 것을 취하고 절대 건조 상태로 건조시켜 4분법을 사용하여 약 5kg을 준비한다.
③ 시험에 사용할 유리병은 노란색으로 된

정답 43. ② 44. ② 45. ① 46. ④ 47. ③ 48. ③ 49. ① 50. ② 51. ④

유리병을 사용하여야 한다.
④ 시험의 결과 24시간 정치한 잔골재 상부의 용액색이 표준 용액보다 연할 경우 이 모래는 콘크리트용으로 사용할 수 있다.

52. 겉보기 공기량이 6.80%이고 골재의 수정계수가 1.20%일 때 콘크리트의 공기량은 얼마인가?
① 5.60%
② 4.40%
③ 3.20%
④ 2.0%

53. 시멘트의 강도시험(KS L ISO 679)에서 모르타르를 제조할 때 시멘트와 표준 모래의 질량에 의한 비율로 옳은 것은?
① 1 : 2
② 1 : 2.5
③ 1 : 3
④ 1 : 3.5

54. 포졸란을 사용한 콘크리트의 특징으로 틀린 것은?
① 워커빌리티가 좋아진다.
② 조기 강도는 크나, 장기 강도가 작아진다.
③ 블리딩이 감소한다.
④ 수밀성 및 화학 저항성이 크다.

55. 콘크리트 플레이서를 사용할 경우 다음의 설명 중 틀린 것은?
① 콘크리트를 압축공기로서 압송하는 것으로 터널 등의 좁은 곳에 운반하는 데는 불편하다.
② 수송관의 배치는 굴곡을 적게 하고 수평 또는 상향으로 설치한다.
③ 수송관의 배치는 하향 경사로 설치하여 사용해서는 안 된다.
④ 잔골재율을 크게 한 콘크리트를 사용하는 것이 좋다.

56. 골재의 단위 용적 질량 시험 방법 중 충격에 의한 경우는 용기에 시료를 3층으로 나누어 채우고 각 층마다 용기의 한쪽을 몇 cm 정도 들어 올려서 낙하시켜야 하는가?
① 5cm
② 10cm
③ 15cm
④ 20cm

57. 다음의 혼화 재료 중에 사용량이 비교적 많은 혼화재로 짝지어진 것은?
① 플라이 애시, 고로 슬래그 미분말
② 플라이 애시, AE제
③ 염화칼슘, AE제
④ AE제, 고로 슬래그 미분말

58. 다음의 혼화재 중 용광로에서 나온 슬래그를 냉각시켜 생성된 것은?
① AE제
② 포졸라나
③ 플라이 애시
④ 고로 슬래그 미분말

59. 다음 중 콘크리트 시방배합을 현장배합으로 수정할 경우 필요한 사항이 아닌 것은?
① 굵은 골재 및 잔골재의 표면수량
② 잔골재의 5mm 체 잔류율
③ 시멘트의 비율
④ 굵은 골재의 5mm 체 통과율

60. 다음 중 골재의 입도, 조립률, 굵은 골재의 최대 치수 등을 알기 위해 실시하는 시험은?
① 골재의 밀도 시험
② 골재의 체가름 시험
③ 골재의 안정성 시험
④ 골재의 유기 불순물 시험

정답 52. ③ 53. ③ 54. ② 55. ① 56. ① 57. ① 58. ④ 59. ③ 60. ②

모의고사(Ⅱ)

1. 건축물의 미장, 장식용, 인조대리석 제조용으로 사용되는 시멘트는?
   ① 보통 포틀랜드 시멘트
   ② 중용열 포틀랜드 시멘트
   ③ 조강 포틀랜드 시멘트
   ④ 백색 포틀랜드 시멘트

2. 수밀 콘크리트에 대한 설명 중 옳지 않은 것은?
   ① 일반적인 경우보다 잔골재율을 적게 하는 좋다.
   ② 물-결합재비의 50% 이하가 표준이다.
   ③ 경화 후의 콘크리트는 될 수 있는 대로 장기간 습윤 상태로 유지한다.
   ④ 혼화 재료는 공기연행 감수제, 고성능 감수제 또는 포졸란을 사용한다.

3. 콘크리트의 인장강도 시험에서 하중을 가하는 속도로서 옳은 것은?
   ① 인장 응력도의 증가율이 매초(0.06±0.04)MPa이 되도록 한다.
   ② 인장 응력도의 증가율이 매초(0.6±0.4)MPa이 되도록 한다.
   ③ 인장 응력도의 증가율이 매초(6±0.4)MPa이 되도록 한다.
   ④ 인장 응력도의 증가율이 매초(6±4)MPa이 되도록 한다.

4. 콘크리트의 설계기준 압축강도가 18MPa이고, 압축강도 시험의 기록이 없는 경우 콘크리트의 배합 강도는?
   ① 18MPa   ② 25MPa
   ③ 26.5MPa ④ 28MPa

5. 시멘트의 분말도에 대한 설명으로 틀린 것은?
   ① 시멘트의 분말도가 높으면 조기 강도가 작아진다.
   ② 시멘트의 입자가 가늘수록 분말도가 높다.
   ③ 분말도란 시멘트 입자의 고운 정도를 나타낸다.
   ④ 분말도가 높으면 시멘트의 표면적이 커서 수화작용이 빠르다.

6. 시멘트의 응결 시간에 대한 설명으로 옳은 것은?
   ① 일반적으로 물-시멘트비가 클수록 응결 시간이 빨라진다.
   ② 풍화되었을 때에는 응결 시간이 늦어진다.
   ③ 온도가 높으면 응결 시간이 늦어진다.
   ④ 분말도가 크면 응결 시간이 늦어진다.

7. 콘크리트 타설에 대한 설명으로 틀린 것은?
   ① 한 구획 내의 콘크리트는 타설이 완료될 때까지 연속해서 타설해야 한다.
   ② 콘크리트는 그 표면이 한 구획 내에서는 거의 수평이 되도록 타설하는 것을 원칙으로 한다.
   ③ 콘크리트 타설의 1층 높이는 다짐능력을 고려하여 이를 결정하여야 한다.
   ④ 타설한 콘크리트는 그 수평을 맞추기 위하여 거푸집 안에서 횡방향으로 이동시키면서 작업하여야 한다.

8. 혼화재료인 플라이애시의 특성에 대한 설명 중 틀린 것은?
   ① 가루 석탄재로서 실리카질 혼화재이다.
   ② 입자가 둥글고 매끄럽다.
   ③ 콘크리트에 넣으면 워커빌리티가 좋아진다.

정답 1. ④ 2. ① 3. ① 4. ② 5. ① 6. ② 7. ④ 8. ④

④ 플라이애시를 사용한 콘크리트는 반죽시에 사용 수량을 증가시켜야 한다.

9. 콘크리트 압축강도 시험을 위한 공기체를 제작할 때 콘크리트를 채우고 나서 캐핑을 실시하는 시기로서 가장 적합한 것은?
① 1~2시간 이후
② 2~6시간 이후
③ 6~12시간 이후
④ 12~24시간 이후

10. 콘크리트의 슬럼프 시험에 대한 설명으로 틀린 것은?
① 콘크리트 슬럼프 시험은 반죽질기를 측정하는 것이다.
② 콘크리트 슬럼프 워커빌리티를 판단하는 수단으로 사용된다.
③ 슬럼프 콘에 시료를 채우고 벗길 때까지의 전 작업은 3분 이내로 한다.
④ 시료를 슬럼프 콘에 놓고 다짐대로 3층으로 15회씩 다진다.

11. AE제를 사용한 콘크리트의 특성에 대한 설명으로 옳지 않은 것은?
① 워커빌리티가 증가한다.
② 단위 수량이 증가한다.
③ 블리딩이 감소된다.
④ 동결융해 저항성이 커진다.

12. 골재의 함수상태 네 가지 중 습기가 없는 실내에서 자연 건조시킨 것으로 골재 알 속의 빈틈 일부가 물로 차 있는 상태는?
① 습윤 상태
② 절대 건조 상태
③ 표면 건조 포화 상태
④ 공기 중 건조 상태

13. 용량(g)이 0.75m³인 믹서기, 4대로 구성된 콘크리트 플랜트의 단위 시간당 생산량(Q)는 몇 m³/h인가? (단, 작업효율(E)=0.8, 사이클 시간(Cm)=4분이다.)
① 9m³/h
② 18m³/h
③ 36m³/h
④ 72m³/h

14. 콘크리트 재료를 계량할 때 혼화재의 계량 허용 오차로 옳은 것은?
① ±1%
② ±2%
③ ±3%
④ ±4%

15. 압력법에 의한 공기량 시험에서 겉보기 공기량이 6.75%이고, 골재의 수정계수가 1.23%인 경우 이 콘크리트의 공기량은?
① 4.25%
② 5.52%
③ 8.0%
④ 9.25%

16. 안지름 25cm, 높이 28cm의 용기를 사용하여 블리딩 시험을 한 결과 피펫으로 빨아낸 물의 양이 508cm³였다. 블리딩량(cm³/cm²)를 구하면?
① 0.009
② 9.58
③ 1.03
④ 5.08

17. 로스앤젤레스 시험기를 사용하는 골재의 시험법은 무엇인가?
① 마모 시험
② 안정성 시험
③ 밀도 시험
④ 단위 용적 질량 시험

18. 굵은 골재의 정의로 옳은 것은?
① 10mm 체에 거의 다 남는 골재
② 5mm 체에 거의 다 남는 골재
③ 2.5mm 체에 거의 다 남는 골재
④ 1.2mm 체에 거의 다 남는 골재

정답 9. ② 10. ④ 11. ② 12. ④ 13. ③ 14. ② 15. ② 16. ③ 17. ① 18. ②

19. 배치 믹서(batch mixer)에 대한 설명으로 옳은 것은?
   ① 콘크리트 1m³씩 혼합하는 믹서
   ② 콘크리트 재료를 1회분씩 운반하는 장치
   ③ 콘크리트 재료를 1회분씩 혼합하는 믹서
   ④ 콘크리트 1m³씩 운반하는 장치

20. 내부 진동기를 사용하여 콘크리트를 다지기 할 때 주의해야 할 사항으로 잘못된 것은?
   ① 진동다지기를 할 때에는 내부 진동기를 하층의 콘크리트 속으로 0.1m 정도 찔러 넣는다.
   ② 내부 진동기는 콘크리트로부터 천천히 빼내어 구멍이 남지 않도록 한다.
   ③ 내부 진동기의 삽입 간격은 1.5m 이하로 하여야 한다.
   ④ 내부 진동기는 연직으로 찔러 넣어야 한다.

21. 한중 콘크리트에 있어서 양생 중 콘크리트의 온도는 최저 몇 ℃ 이상으로 유지하는 것을 표준으로 하는가?
   ① 5℃   ② 10℃
   ③ 15℃   ④ 20℃

22. 휨강도 시험을 위한 공시체의 길이에 대한 설명으로 옳은 것은?
   ① 단면의 한 변의 길이의 2배보다 50mm 이상 긴 것으로 한다.
   ② 단면의 한 변의 길이의 2배보다 80mm 이상 긴 것으로 한다.
   ③ 단면의 한 변의 길이의 3배보다 50mm 이상 긴 것으로 한다.
   ④ 단면의 한 변의 길이의 3배보다 80mm 이상 긴 것으로 한다.

23. 콘크리트용 굵은 골재의 안정성은 황산나트륨으로 5회 시험을 하여 평가한다. 이때 손실 질량은 몇 % 이하를 표준으로 하는가?
   ① 12%   ② 10%
   ③ 5%   ④ 3%

24. 시멘트 입자를 분산시킴으로써 콘크리트의 소요의 워커빌리티를 얻는 데 필요한 단위 수량을 줄이기 위해 사용되는 혼화제는?
   ① 감수제
   ② AE제(공기 연행제)
   ③ 촉진제
   ④ 급결제

25. 잔골재의 밀도 시험은 두 번 실시하여 밀도 측정값의 평균값과 차가 얼마 이하이어야 하는가?
   ① 0.01g/cm³   ② 0.1g/cm³
   ③ 0.02g/cm³   ④ 0.5g/cm³

26. 잔골재의 밀도 및 흡수율 시험을 하면서 사료와 물이 들어 있는 플라스크를 평편한 면에 굴리는 이유 중 가장 옳은 것은?
   ① 먼지를 제거하기 위하여
   ② 온도차에 의한 물의 단위 질량을 고려하기 위하여
   ③ 공기를 제거하기 위하여
   ④ 플라스크 용량 검정을 위하여

27. 프리플레이스트 콘크리트에서 굵은 골재의 최소 치수는 몇 mm 이상이어야 하는가?
   ① 15mm   ② 25mm
   ③ 40mm   ④ 60mm

28. 잔골재 체가름 시험에 필요한 시료를 준비할 때 1.2mm 체를 95%(질량비) 이상 통과하는 시료의 최소 건조 질량은?
   ① 100g   ② 300g

정답 19. ③ 20. ③ 21. ① 22. ④ 23. ① 24. ① 25. ① 26. ③ 27. ① 28. ①

③ 500g ④ 1,000g

③ 7일 ④ 14일

29. 미리 거푸집 안에 굵은 골재를 채우고, 그 틈에 특수 모르타르를 펌프로 주입한 콘크리트는?
   ① 프리플레이스트 콘크리트
   ② 중량 콘크리트
   ③ PC콘크리트
   ④ 진공 콘크리트

30. 일반 콘크리트에서 수밀성을 기준으로 물-결합재비를 정할 경우 그 값은 얼마를 기준으로 하는가?
   ① 30% 이하   ② 45% 이하
   ③ 50% 이하   ④ 60% 이하

31. 콘크리트에 사용하는 촉진제에 대한 설명으로 옳지 않은 것은?
   ① 프리플레이스트 콘크리트용 그라우트에 사용하여 부착을 좋게 한다.
   ② 시멘트의 수화작용을 빠르게 하여 응결이 빠르므로 숏코리트에 사용한다.
   ③ 일반적으로 시멘트 무게의 1~2%의 염화칼슘을 사용하여 조기 강도가 커지게 한다.
   ④ 염화칼슘을 시멘트 무게의 4% 이상 사용하면 급속히 굳어질 염려가 있어 장기 강도가 작아진다.

32. 콘크리트를 2층 이상으로 나누어 타설할 경우 외기온도 25℃ 이하에서 어어치기 허용 시간의 표준으로 옳은 것은?
   ① 1.0시간   ② 1.5시간
   ③ 2.0시간   ④ 2.5시간

33. 일 평균기온이 15℃ 이상일 때, 보통 포틀랜드 시멘트를 사용한 콘크리트의 습윤 양생 기간의 표준은?
   ① 3일   ② 5일

34. 레디믹스트 콘크리트를 제조와 운반 방법에 따라 분류할 때 아래 표의 설명이 해당하는 것은?

   > 콘크리트 플랜트에서 재료를 계량하여 트럭믹스에 싣고 운반 중에 물을 넣어 비비는 방법이다.

   ① 센트럴 믹스트 콘크리트
   ② 슈링크 믹스트 콘크리트
   ③ 가경식 믹스트 콘크리트
   ④ 트랜싯 믹스트 콘크리트

35. 지름 100mm, 높이 200mm인 콘크리트 공시체로 압축강도 시험을 실시한 결과 공시체 파괴 시 최대하중이 231kN이었다. 이 공시체의 압축강도는?
   ① 29.4MPa   ② 27.4MPa
   ③ 25.4MPa   ④ 23.4MPa

36. 슬럼프 콘의 규격으로 옳은 것은?
   ① 윗면의 안지름이 150mm, 밑면의 안지름이 300mm, 높이 300mm
   ② 윗면의 안지름이 150mm, 밑면의 안지름이 200mm, 높이 300mm
   ③ 윗면의 안지름이 100mm, 밑면의 안지름이 300mm, 높이 300mm
   ④ 윗면의 안지름이 100mm, 밑면의 안지름이 200mm, 높이 300mm

37. 일반 수중 콘크리트에 대한 설명으로 틀린 것은?
   ① 트레미, 콘크리트 펌프 등에 의해 타설한다.
   ② 물-결합재비는 50% 이하여야 한다.
   ③ 단위 시멘트량은 300kg/m³ 이상으로 한다.
   ④ 콘크리트는 수중에 낙하시키지 않아야 한다.

정답 29. ① 30. ③ 31. ① 32. ④ 33. ② 34. ④ 35. ① 36. ④ 37. ③

38. 다음의 포졸란 종류 중 인공산에 해당하는 것은?
   ① 화산재 ② 플라이 애시
   ③ 규조토 ④ 규산 백토

39. 콘크리트를 비비는 시간은 시험에 의해 정하는 것을 원칙으로 하나 시험을 실시하지 않는 경우 가경식 믹서에서 비비기 시간은 최소 얼마 이상을 표준으로 하는가?
   ① 1분 30초 ② 2분
   ③ 3분 ④ 3분 30초

40. 서중 콘크리트에 대한 설명을 틀린 것은?
   ① 하루 평균기온이 15℃를 초과하는 것이 예상되는 경우 서중 콘크리트로 시공하여야 한다.
   ② 서중 콘크리트의 배합 온도는 낮게 관리하여야 한다.
   ③ 콘크리트를 타설할 때의 콘크리트 온도는 35℃ 이하이어야 한다.
   ④ 타설하기 전에 지반, 거푸집 등 콘크리트로부터 물을 흡수할 우려가 있는 부분을 습윤 상태로 유지하여야 한다.

41. 단위 골재량의 절대 부피가 $0.7m^3$이고 잔골재율이 35%일 때 단위 굵은 골재량은? (단, 굵은 골재의 밀도는 $2.6g/cm^3$임)
   ① 1183kg ② 1198kg
   ③ 1213kg ④ 1228kg

42. 시방배합에서 규정된 배합의 표시법에 포함되지 않는 것은?
   ① 슬럼프의 범위
   ② 잔골재의 최대 치수
   ③ 물-결합재비
   ④ 시멘트의 단위량

43. 골재의 안정성 시험에 사용되는 시험용 용액은?
   ① 황산나트륨 ② 가성소다
   ③ 염화칼슘 ④ 탄닌산

44. 단위용적 질량이 $1,690kg/m^3$, 밀도가 $2.60g/cm^3$인 굵은 골재의 공극률은 얼마인가?
   ① 25% ② 30%
   ③ 35% ④ 40%

45. 벽이나 기둥과 같이 높이가 높은 콘크리트를 연속해서 타설할 경우 콘크리트의 쳐 올라가는 속도는 일반적으로 30분에 얼마 정도로 하는가?
   ① 1m 이하 ② 1~1.5m
   ③ 2~3m ④ 3~4m

46. 지름 150mm, 높이가 300mm인 공시체를 사용한 콘크리트 쪼갬 인장강도 시험을 하여 시험기에 나타난 최대하중이 147.9kN이었다. 인장강도는 얼마인가?
   ① 1.5MPa ② 1.7MPa
   ③ 1.9MPa ④ 2.1MPa

47. 분말도가 큰 시멘트에 대한 설명으로 틀린 것은?
   ① 수밀한 콘크리트를 얻을 수 있으며 균열이 발생이 없다.
   ② 풍화되기 쉽고 수화열이 많이 발생한다.
   ③ 수화반응이 빨라지고 조기강도가 크다.
   ④ 블리딩량이 적고 워커블한 콘크리트를 얻을 수 있다.

48. 골재의 안정성 시험에서 골재에 시약용 용액의 잔류 유무를 판단하기 위해 사용되는 염화바륨 용액의 농도로 적합한 것은?
   ① 1~5% ② 5~10%
   ③ 10~15% ④ 15~20%

정답 38. ② 39. ① 40. ① 41. ① 42. ② 43. ① 44. ③ 45. ② 46. ④ 47. ① 48. ②

49. 거푸집널의 일반적인 설명으로 옳지 않은 것은?
   ① 목재 및 금속재 거푸집널은 절대 재사용해서는 안 된다.
   ② 형상이 찌그러지거나 비틀림 등 변형이 있는 것은 교정한 다음 사용해야 한다.
   ③ 흠집 및 옹이가 많은 거푸집과 합판의 접착부분이 떨어져 구조적으로 약한 것을 사용해서는 안 된다.
   ④ 거푸집의 띠장은 부러지거나 균열이 있는 것을 사용해서는 안 된다.

50. 골재의 체가름 시험의 목적으로 옳은 것은?
   ① 골재의 입도 분포 및 골재의 최대 치수를 구하기 위해서 한다.
   ② 기상작용에 대한 내구성을 판단한다.
   ③ 골재의 부피와 빈틈률을 계산한다.
   ④ 골재의 닳음 저항성을 알기 위해서 한다.

51. 시멘트의 수화작용에 영향을 미치는 주요 화합물 중 조기강도를 높이는 특성을 갖고 있으며 시멘트 중 함유 비율이 가장 높은 것은?
   ① 아루민산 삼석회(C_3A)
   ② 규산 삼석회(C_3S)
   ③ 규산 이석회(C_2S)
   ④ 알루민산철 사석회(C_4AF)

52. 다음 중 포틀랜드 시멘트의 종류에 해당되지 않은 것은?
   ① 보통 포틀랜드 시멘트
   ② 중용열 포틀랜드 시멘트
   ③ 조강 포틀랜드 시멘트
   ④ 포틀랜드 포졸란 시멘트

53. 콘크리트의 압축강도 시험의 목적으로 옳지 않은 것은?
   ① 배합한 콘크리트의 압축강도를 구한다.
   ② 압축강도 시험값으로 휨강도, 인장강도, 탄성계수 값을 정확하게 구할 수 있다.
   ③ 콘크리트의 품질관리에 이용한다.
   ④ 콘크리트를 가장 경제적으로 만들기 위해 재료를 선정을 한다.

54. 시멘트의 응결 시간을 늦추기 위하여 사용하는 혼화제로서 서중 콘크리트나 레디믹스트 콘크리트에서 운반 거리가 먼 경우, 또는 연속적으로 콘크리트를 칠 때 콜드 조인트가 생기지 않도록 할 경우 등에 사용되는 혼화제는?
   ① 감수제   ② 촉진제
   ③ 급결제   ④ 지연제

55. 거푸집과 동바리에 관한 설명 중 옳지 않은 것은?
   ① 연직부재의 거푸집은 수평부재의 거푸집보다 빨리 떼어낸다.
   ② 보에서는 밑면 거푸집을 양측면의 거푸집보다 먼저 떼어낸다.
   ③ 거푸집을 시공할 때 거푸집 판의 안쪽에 박리제를 발라서 콘크리트가 거푸집에 붙는 것을 방지하도록 한다.
   ④ 거푸집 및 동바리는 콘크리트가 자중 및 시공 중에 가해지는 하중에 충분히 견딜 만한 강도를 가질 때까지 해체해서는 안 된다.

56. 콘크리트의 배합에서 시방서 또는 책임 기술자가 지시한 배합을 무엇이라고 하는가?
   ① 현장배합   ② 시방배합
   ③ 표면배합   ④ 책임배합

57. 표면 건조 포화 상태의 잔골재 500g을 노건조시켰더니 480이었다면 흡수율은 얼마인가?
   ① 4.00%   ② 4.17%
   ③ 4.76%   ④ 5.00%

정답 49.① 50.① 51.② 52.④ 53.② 54.④ 55.② 56.② 57.②

58. 다음 혼화재료 중 그 사용량이 시멘트 무게의 5% 정도 이상이 되어 그 자체의 양이 콘크리트 배합 계산에 관계되는 혼화재는?
① 고로 슬래그 ② 공기 연행제
③ 염화칼슘 ④ 기포제

59. 시멘트의 성질에 대한 설명으로 틀린 것은?
① 시멘트 풀이 물과 화학반응을 일으켜 시간이 경과함에 따라 유동성과 점성을 상실하고 고화하는 현상을 수화라고 한다.
② 수화반응은 시멘트의 분말도, 수량, 온도, 혼화 재료의 사용 유무 등 많은 요인들의 영향을 받는다.
③ 수량이 많고 시멘트가 풍화되어 있을 때에는 응결이 늦어진다.
④ 온도가 높고 분말도가 높으면 응결이 빨라진다.

60. 송수관내의 콘크리트를 압축공기의 압력으로 보내는 것으로서, 주로 터널의 둘레 콘크리트에 사용되는 것은?
① 벨트 컨베이어
② 운반차
③ 버킷
④ 콘크리트 플레이서

정답 58. ① 59. ① 60. ④

모의고사(Ⅲ)

1. 중용열 포틀랜드 시멘트에 대한 설명으로 틀린 것은?
   가. 규산이석회가 비교적 많다.
   나. 한중콘크리트 시공에 적합하다.
   다. 수화열이 낮아 댐, 터널공사에 적합하다.
   라. 조기 강도는 작고 장기 강도가 크다.

2. 체가름 시험결과 잔골재 조립률이 2.68, 굵은 골재의 조립률이 7.39이고, 그 비율이 1:1.9라면 혼합골재 조립률은 얼마인가?
   가. 3.76   나. 4.77
   다. 5.77   라. 6.76

3. 재료에 일정하중이 작용하면 시간의 경과와 함께 변형이 증가하는데 이러한 현상을 무엇이라 하는가?
   가. 포와송비   나. 크리프
   다. 연성   라. 취성

4. 천연산의 것과 인공산의 것이 있으며 콘크리트의 워커빌리티를 좋게 하고 수밀성과 내구성 등을 크게할 목적으로 사용되는 혼화재료는?
   가. 완결제   나. 포졸란
   다. 촉진제   라. 증량제

5. 콘크리트에 AE제를 혼합하는 주된 목적으로 옳은 것은?
   가. 콘크리트의 강도를 높인다.
   나. 콘크리트의 단위 중량을 높인다.
   다. 시멘트를 절약한다.
   라. 동결융해에 대한 저항성을 높인다.

6. 보크사이트와 석회석을 혼합하여 만든 것으로 재령 1일에서 보통 포틀랜드 시멘트의 재령 28일의 강도를 내는 시멘트는?
   가. 알루미나 시멘트
   나. 플라이애시 시멘트
   다. 고로 슬래그 시멘트
   라. 포틀랜드 포졸란 시멘트

7. 시멘트 분말도는 무엇으로 나타내는가?
   가. 단위 무게   나. 비표면적
   다. 단위 부피   라. 표건비중

8. 분말도가 높은 시멘트에 관한 설명으로 옳은 것은?
   가. 콘크리트에 균열이 생기기 쉽다.
   나. 수화열 발생이 적다.
   다. 시멘트 풍화속도가 느리다.
   라. 콘크리트의 수화작용 속도가 느리다.

9. 굵은 골재의 연한 석편 함유량의 한도는 최대값을 몇 %(질량백분율)로 규정하고 있는가?
   가. 3%   나. 5%
   다. 10%   라. 13%

10. 실적률이 큰 값을 갖는 골재를 사용한 콘크리트에 대한 설명으로 틀린 것은?
    가. 콘크리트의 밀도가 증대된다.
    나. 콘크리트의 수밀성이 증대된다.
    다. 콘크리트의 내구성이 증대된다.
    라. 건조수축이 크고 균열발생의 위험이 증대된다.

정답   1. 나   2. 다   3. 나   4. 나   5. 라   6. 가   7. 나   8. 가   9. 나   10. 라

11. 혼화재 중 용광로에서 나오는 슬래그를 급냉시켜 만든 가루는?
    가. 포졸라나(pozzolana)
    나. 플라이애시(fly ash)
    다. 고로 슬래그 미분말
    라. AE제

12. 콘크리트의 강도 중에서 가장 큰 값을 갖는 것은?
    가. 인장강도   나. 압축강도
    다. 휨강도   라. 비틀림강도

13. 잔골재의 유해물 함유량의 한도중 점토덩어리 함유량의 최대치는 질량백분율로 얼마인가?
    가. 0.2%   나. 0.6%
    다. 0.8%   라. 1.0%

14. 다음 설명 중 시멘트의 저장방법으로 부적당한 것은?
    가. 시멘트 포대가 넘어지지 않도록 벽에 붙여서 쌓아야 한다.
    나. 지상에서 30cm 이상 되는 마루에 저장하여야 한다.
    다. 저장기간이 길어질 우려가 있는 경우에는 7포 이상 쌓아 올리지 않도록 하여야 한다.
    라. 방습적인 구조로 된 사일로 또는 창고에 품종별로 구분하여 저장하여야 한다.

15. 골재가 갖추어야 할 성질 중 틀린 것은?
    가. 단단하고 내구적일 것
    나. 마모에 대한 저항성이 클 것
    다. 모양이 얇고, 가늘고 긴 조각일 것
    라. 알맞은 입도를 가질 것

16. 운반거리가 먼 레미콘이나 무더운 여름철 콘크리트의 시공에 사용하는 혼화제는 어느 것인가?
    가. 감수제   나. 지연제
    다. 방수제   라. 경화 촉진제

17. 혼화재료 중 사용량이 비교적 많아서 콘크리트의 배합 계산에 관계되는 것은?
    가. 포졸리스   나. 플라이애시
    다. 염화칼슘   라. 경화촉진제

18. 표면건조 포화상태의 잔골재 500g을 노건조 시켰더니 480g이었다면 흡수율은 얼마인가?
    가. 4.00%   나. 4.17%
    다. 4.76%   라. 5.00%

19. 중용열 포틀랜드 시멘트보다 더 수화열을 적게 한 시멘트는?
    가. 고로 슬래그 시멘트
    나. 백색 포틀랜드 시멘트
    다. 내황산염 포틀랜드 시멘트
    라. 저열 포틀랜드 시멘트

20. 시멘트의 종류 중 혼합 시멘트는?
    가. 조강 포틀랜드 시멘트
    나. 알루미나 시멘트
    다. 고로 슬래그 시멘트
    라. 팽창 시멘트

21. 콘크리트 공사에서 거푸집 떼어내기에 관한 설명으로 틀린 것은?
    가. 거푸집은 콘크리트가 자중 및 시공 중에 가해지는 하중에 충분히 견딜만한 강도를 가질 때까지 해체해서는 안 된다.
    나. 거푸집을 떼어내는 순서는 비교적 하중을 받지 않는 부분을 먼저 떼어낸다.
    다. 연직 부재의 거푸집은 수평부재의 거푸집보다 먼저 떼어낸다.

정답 11. 다 12. 나 13. 라 14. 가 15. 다 16. 나 17. 나 18. 나 19. 라 20. 다 21. 라

라. 보의 밑판의 거푸집은 보의 양측면의 거푸집보다 먼저 떼어낸다.

22. 다음 중 배치믹서(batch mixer)에 대한 설명으로 가장 적합한 것은?
    가. 콘크리트 재료를 1회분씩 혼합하는 기계
    나. 콘크리트 재료를 1회분씩 계량하는 기계
    다. 콘크리트를 혼합하면서 운반하는 트럭
    라. 콘크리트를 $1m^3$씩 혼합하는 기계

23. 다음 중 콘크리트 다짐기계가 아닌 것은?
    가. 내부진동기   나. 싱커
    다. 표면진동기   라. 거푸집진동기

24. 뿜어 붙이기 콘크리트에 관한 다음 내용 중 잘못된 것은?
    가. 시멘트 건(gun)에 의해 압축공기로 모르타르를 뿜어 붙이는 것이다.
    나. 수축균열이 생기기 쉽다.
    다. 공사기간이 길어진다.
    라. 건식공법의 경우 시공 중 분진이 많이 발생한다.

25. 레디믹스트 콘크리트의 장점이 아닌 것은?
    가. 균질의 콘크리트를 얻을 수 있다.
    나. 공사능률이 향상 되고 공기를 단축할 수 있다.
    다. 콘크리트의 워커빌리티를 현장에서 즉시 조절할 수 있다.
    라. 콘크리트 치기와 양생에만 전념할 수 있다.

26. 단위 잔골재량의 절대부피 $0.266m^3$ 잔골재의 비중 2.60일 때 단위 잔골재량은 약 몇 kg/m^3인가?
    가. 692   나. 962
    다. 296   라. 726

27. 다음 중 배합 설계에서 고려하여야 하는 사항으로 거리가 먼 것은?
    가. 물-결합재비의 결정
    나. 배합 강도의 결정
    다. 굵은 골재의 최대치수
    라. 항복 강도의 결정

28. 콘크리트 운반시 주의 사항으로 잘못된 것은?
    가. 운반도중 재료 분리가 일어나지 않아야 한다.
    나. 운반도중 슬럼프가 줄어들지 않도록 해야 한다.
    다. 콘크리트 운반시에는 공사의 종류, 규모, 기간 등을 고려하여 운반 방법을 선정한다.
    라. 콘크리트 운반로를 결정할 때 경제성을 고려하지 않아도 된다.

29. 다음 중 콘크리트용 잔골재와 굵은 골재로 분류할 때 기준이 되는 체는?
    가. 1.2mm   나. 2.5mm
    다. 5mm   라. 10mm

30. 시방배합에서 규정된 배합의 표시법에 포함되지 않은 것은?
    가. 물-결합재비
    나. 잔골재의 최대치수
    다. 물, 시멘트, 골재의 단위량
    라. 슬럼프의 범위

31. 콘크리트의 습윤양생 방법이 아닌 것은?
    가. 수중양생   나. 습포양생
    다. 습사양생   라. 촉진양생

32. 콘크리트 비비기는 미리 정해 둔 비비기 시간의 최소 몇 배 이상 계속해서는 안되는가?
    가. 2배   나. 3배
    다. 4배   라. 5배

정답 22. 가 23. 나 24. 다 25. 다 26. 가 27. 라 28. 라 29. 다 30. 나 31. 라 32. 나

33. 비빈 콘크리트를 수송관을 통해 압력으로 치기할 장소까지 연속적으로 보내는 기계는?
   가. 콘크리트 펌프
   나. 콘크리트 믹서
   다. 트럭믹서
   라. 콘크리트 플랜트

34. 굳지 않은 콘크리트 또는 모르타르에서 물이 분리되어 상승하는 현상을 무엇이라 하는가?
   가. 워커빌리티(Workability)
   나. 연경도(Consistency)
   다. 레이턴스(Laitance)
   라. 블리딩(Bleeding)

35. 콘크리트 시방배합설계의 기준으로서 골재는 어느 상태의 골재를 사용하는가?
   가. 절대 건조 상태
   나. 습윤상태
   다. 공기중 건조 상태
   라. 표면 건조 포화 상태

36. 일반적인 경량골재 콘크리트란 콘크리트의 기건 단위 무게가 얼마 정도인 것을 말하는가?
   가. 0.5~1.0t/m³
   나. 1.4~2.0t/m³
   다. 2.1~2.7t/m³
   라. 2.8~3.5t/m³

37. 일반적으로 하루의 평균기온이 최대 몇 ℃ 이하가 되는 기상조건에서 한중콘크리트로서 시공하는가?
   가. 10℃ 이하
   나. 8℃ 이하
   다. 4℃ 이하
   라. 0℃ 이하

38. 수중 콘크리트에서 물-결합재비는 50%이하 단위 시멘트량은 370kg/m³ 이상, 잔골재율은 얼마를 표준으로 하는가?
   가. 10~25%
   나. 20~35%
   다. 40~45%
   라. 50~55%

39. 기온 30℃ 이상의 온도에서 콘크리트를 타설할 때 나타나는 현상으로 옳지 않은 것은?
   가. 소요수량의 증가
   나. 수송중 슬럼프(Slump)증대
   다. 타설 후 빠른응결
   라. 수화열에 의한 온도상승 증가

40. 콘크리트를 친 후 일정 기간까지 굳기에 필요한 온도, 습도를 주고, 해로운 작용을 받지 않도록 해야 한다. 이러한 작업을 무엇이라 하는가?
   가. 치기
   나. 양생
   다. 다지기
   라. 시공 이음

41. 압축강도시험용 공시체의 양생 온도로 가장 적당한 것은?
   가. 13±2℃
   나. 15±2℃
   다. 20±2℃
   라. 25±2℃

42. 슬럼프 시험에 대한 설명으로 옳은 것은?
   가. 콘크리트의 물-시멘트의 비를 측정하는 시험이다.
   나. 굳지 않은 콘크리트의 반죽질기 정도를 측정하는 시험이다.
   다. 굳지 않은 콘크리트속의 공기량을 측정하는 시험이다.
   라. 재료의 혼합 정도를 측정하는 시험이다.

43. 시방배합표에서 단위수량이 167kg/m³, 단위시멘트량이 314kg/m³, 갇힌공기량이 1.3% 일 때 단위 골재량의 절대 부피는 얼마인가? (단, 시멘트의 밀도는 3.14임)
   가. 0.66m³
   나. 0.69m³
   다. 0.72m³
   라. 0.75m³

44. 콘크리트 압축강도를 추정하기 위한 비파괴시험기는 다음 중 어느 것인가?
   가. 슈미트해머

정답 33. 가 34. 라 35. 라 36. 나 37. 다 38. 다 39. 나 40. 나 41. 다 42. 나 43. 다 44. 가

나. 비카침
다. 블레인 공기투과장치
라. 길모어침

45. 지간길이 ℓ 인 3등분 하중장치를 이용한 콘크리트 휨강도 시험에서 폭 b, 높이 d인 공시체가 지간의 3등분 중앙부에서 파괴 되었을 때 휨강도를 구하는 공식은? (단, P=파괴시 최대 하중임)
    가. Pℓ/bd²
    나. Pℓ/2bd²
    다. 2Pℓ/3bd²
    라. 3Pℓ/2bd²

46. 콘크리트를 친 후 밀도 차이로 시멘트와 골재알이 가라앉으며 물이 올라와 콘크리트의 표면에 가라앉은 작은 물질을 무엇이라 하는가?
    가. 슬럼프
    나. 레이턴스
    다. 워커빌리티
    라. 반죽질기

47. 콘크리트 원주 시험체를 할렬시켜 인장강도를 구하고자 할때 시험공시체의 지름은 굵은골재 최대 치수의 최소 몇 배 이상이어야 하는가?
    가. 4/3배
    나. 3배
    다. 4배
    라. 5배

48. 콘크리트 블리딩 시험(KS F 2414)를 적용할 수 있는 굵은 골재 최대치수는?
    가. 50mm
    나. 60mm
    다. 70mm
    라. 80mm

49. 골재의 조립률 측정을 위해 사용되는 체가 아닌 것은?
    가. 40mm
    나. 30mm
    다. 20mm
    라. 10mm

50. 콘크리트 슬럼프(slump)시험에 있어서 각층 마다 다짐봉으로 몇 회 다짐을 원칙으로 하는가?
    가. 15회
    나. 20회
    다. 25회
    라. 30회

51. 콘크리트의 인장강도는 압축강도의 얼마 정도인가?
    가. 1/2
    나. 1/4
    다. 1/6
    라. 1/10

52. 다음 표에서 설명하고 있는 배합을 무슨 배합이라고 하는가?

    소정의 품질을 갖는 콘크리트가 얻어지도록 된 배합으로서 시방서 또는 책임기술자가 지시한 배합

    가. 현장배합
    나. 강도배합
    다. 골재배합
    라. 시방배합

53. 단위수량이 154kg/m³일때 물-시멘트(W/B) 50%의 콘크리트 1m³ 을 만드는데 필요한 단위 시멘트량은 얼마인가?
    가. 308kg/m³
    나. 154kg/m³
    다. 77kg/m³
    라. 462kg/m³

54. 잔골재의 밀도시험에 사용하지 않는 기계 기구는?
    가. 르샤틀리에 비중병
    나. 시료분취기
    다. 저울
    라. 원뿔형 몰드

55. 골재의 체가름 시험을 하여 알 수 있는 것은?
    가. 마모량
    나. 풍화도
    다. 골재의 모양
    라. 조립률

56. 콘크리트의 휨강도 시험에 관한 사항 중 옳지 않은 것은?
    가. 휨강도 시험은 단순보의 3등분점 재하법을 주로 사용한다.
    나. 휨강도 시험용 공시체를 제작할 때 콘크리트를 3층으로 나누어 채우고 각 층의 윗면을 다짐봉으로 다진다.
    다. 휨강도 시험용 공시체는 몰드를 떼어낸

정답 45. 가 46. 나 47. 다 48. 가 49. 나 50. 다 51. 라 52. 라 53. 가 54. 가 55. 라 56. 나

후, 습윤상태에서 강도시험을 할 때까지 양생하여야 한다.
라. 휨강도 시험시 공시체가 인장쪽 표면의 지간 방향 중심선의 3등분점의 바깥쪽에서 파괴된 경우는 그 시험 결과를 무효로 한다.

57. 굳지 않은 콘크리트의 공기량 시험법과 거리가 먼 것은?
    가. 밀도법
    나. 공기실 압력법
    다. 무게법
    라. 부피법

58. 콘크리트 공기량 시험에서 겉보기 공기량이 5.4%이고 골재의 수정 계수가 2.3%일 때 공기량은 약 얼마인가?
    가. 2.3%
    나. 2.7%
    다. 3.1%
    라. 7.7%

59. 콘크리트 압축강도 시험에서 몰드 지름 15cm인 공시체의 파괴 강도가 52.3t 일 때 압축강도는 약 얼마인가?
    가. 296kg/cm^2
    나. 272kg/cm^2
    다. 258kg/cm^2
    라. 236kg/cm^2

60. 다음은 콘크리트 배합 설계에 대한 내용이다. 잘못 나타낸 것은?
    가. 물-결합재비는 물과 시멘트의 질량비를 말한다.
    나. 콘크리트 1m^{3}을 만드는데 쓰이는 각 재료량을 단위량이라고 한다.
    다. 배합강도는 콘크리트 배합을 정하는 경우에 목표로 하는 압축강도이다.
    라. 잔골재율은 잔골재량의 전체 골재에 대한 질량비를 말한다.

정답 57. 가 58. 다 59. 가 60. 라

모의고사(IV)

1. 콘크리트용 잔골재로 적합한 조립률의 범위는?
   가. 1.1~1.7   나. 1.7~2.2
   다. 2.3~3.1   라. 3.7~4.6

2. 해수, 산, 염류 등의 작용에 대한 저항성이 커서 해수공사에 알맞고 수화열이 많아서 한중 콘크리트에 알맞은 특수 시멘트는?
   가. 팽창성 시멘트
   나. 알루미나 시멘트
   다. 초조강 시멘트
   라. 석면 단열 시멘트

3. 콘크리트를 친 후 시멘트와 골재알이 가라앉으면서 물이 올라와 콘크리트의 표면에 떠오른다. 이러한 현상을 무엇이라 하는가?
   가. 응결 현상
   나. 블리딩(bleeding)현상
   다. 레이턴스(laitance)
   라. 유동성

4. 가루 석탄을 연소 시킬 때 굴뚝에서 집진기로 모은 아주 작은 입자의 재이며, 실리카질 혼화재로 입자가 둥글고 매끄럽기 때문에 콘크리트의 워커빌리티를 좋게 하고 수화열이 적으며, 장기 강도를 크게 하는 것은?
   가. 실리카 품   나. 플라이 애쉬
   다. 고로 슬래그 미분말   라. AE제

5. 콘크리트가 경화되는 중에 부피를 늘어나게 하여 콘크리트의 건조수축에 의한 균열을 억제하는데 사용하는 혼화재료는?
   가. 포졸란   나. 팽창재
   다. AE제   라. 경화촉진제

6. 고로 슬래그 시멘트에 대한 설명으로 틀린 것은?
   가. 내화학성이 좋으므로 해수, 하수, 공장폐수와 닿는 콘크리트 공사에 적합하다.
   나. 수화열이 적어서 매스 콘크리트에 사용된다.
   다. 응결시간이 빠르고 장기강도가 작으나 조기강도가 크다.
   라. 제철소의 용광로에서 선철을 만들 때 부산물로 얻는 슬래그를 이용한다.

7. 기상작용에 대한 골재의 내구성을 알기 위한 시험은 다음 중 어느 것인가?
   가. 골재의 밀도 시험
   나. 골재의 빈틈율 시험
   다. 골재의 안정성 시험
   라. 골재에 포함된 유기불순물 시험

8. 다음 표준체 중에서 골재의 조립률을 구할 때 사용하는 체가 아닌 것은?
   가. 65mm   나. 40mm
   다. 2.5mm   라. 0.6mm

9. 혼화재와 혼화제의 분류에서 혼화재에 대한 설명으로 알맞은 것은?
   가. 사용량이 비교적 많으나 그 자체의 부피가 콘크리트 등의 비비기 용적에 계산되지 않은 것
   나. 사용량이 비교적 많아서 그 자체의 부피가 콘크리트 등의 비비기 용적에 계산되는 것
   다. 사용량이 비교적 적으나 그자체의 부피가 콘크리트 등의 비비기 용적에 계산되는 것

정답 1. 다 2. 나 3. 나 4. 나 5. 나 6. 다 7. 다 8. 가 9. 나

라. 사용량이 비교적 적어서 그자체의 부피가 콘크리트 등의 비비기 용적에 계산되지 않는 것

10. 잔골재의 정의에 대한 아래 표의 ( )에 알맞은 것은?

> 10mm체를 통과하고, 5mm체를 거의 다 통과하며, ( )mm체에 거의 다 남는 골재

가. 2.5　　　　　나. 1.2
다. 0.5　　　　　라. 0.08

11. 다음 중 천연 골재에 속하지 않는 것은?
　가. 강모래, 강자갈
　나. 산모래, 산자갈
　다. 바닷모래, 바닷자갈
　라. 부순모래, 슬래그

12. 조강 포틀랜트 시멘트의 며칠 강도가 보통 포틀랜드 시멘트의 28일 강도와 비슷한가?
　가. 3일　　　　　나. 7일
　다. 14일　　　　라. 28일

13. 시멘트와 물을 반죽한 것을 무엇이라 하는가?
　가. 모르타르
　나. 시멘트 풀
　다. 콘크리트
　라. 반죽질기

14. 일반적으로 콘크리트를 구성하는 재료 중에서 부피가 가장 큰 것부터 작은 순으로 나열한 것은?
　가. 골재 > 공기 > 물 > 시멘트
　나. 골재 > 물 > 시멘트 > 공기
　다. 물 > 시멘트 > 골재 > 공기
　라. 물 > 골재 > 시멘트 > 공기

15. 다음 중 시멘트의 제조 과정에서 응결 지연제로 석고를 클링커 질량의 약 몇 % 정도 넣고 분쇄하는가?
　가. 3%　　　　　나. 6%
　다. 10%　　　　라. 16%

16. 굵은 골재의 밀도 시험에서 5mm 체를 통과하는 시료는 어떻게 처리해야 하는가?
　가. 모두 버린다.
　나. 다시 체가름 한다.
　다. 전부 포함시킨다.
　라. 5mm 체를 통과하는 시료만 별도로 시험한다.

17. 시멘트 모르타르의 압축 강도 시험에서 표준 모래를 사용하는 이유로 가장 타당한 것은?
　가. 가격이 저렴하여
　나. 구하기가 쉬우니까
　다. 건설현장에서도 표준 모래를 사용하므로
　라. 시험조건을 일정하게 하기 위해

18. 잔골재 체가름 시험에서 조립률의 기호는?
　가. AM　　　　　나. AF
　다. FM　　　　　라. OMC

19. 잔골재의 절대 건조 상태의 무게가 100g, 표면 건조 포화상태의 무게가 110g, 습윤상태의 무게가 120g이었다면 이 잔골재의 흡수율은?
　가. 5%　　　　　나. 10%
　다. 15%　　　　라. 20%

20. 시멘트가 응결할 때 화학적 반응에 의하여 수소가스를 발생시켜 모르타르 또는 콘크리트 속에 아주 작은 기포를 생기게 하는 혼화제로 알루미늄가루 등을 사용하며 프리플레이스트 콘크리트용 그라우트나 PC용 그라우트에 사용하면 부착을 좋게 하는 것은?

정답 10. 라　11. 라　12. 나　13. 나　14. 나　15. 가　16. 가　17. 라　18. 다　19. 나　20. 가

가. 발포제 　　　　 나. 방수제
다. 촉진제 　　　　 라. 급결제

21. 가경식 믹서를 사용하여 콘크리트 비비기를 할 경우 비비기 시간은 믹서 안에 재료를 투입한 후 얼마 이상을 표준으로 하는가?
    가. 1분 　　　　 나. 30초
    다. 1분 30초 　　 라. 2분

22. 수중 콘크리트의 타설에 대한 설명으로 옳지 않은 것은?
    가. 콘크리트를 수중에 낙하 시키지 말아야 한다.
    나. 수중의 물의 속도가 30cm/sec 이내 일 때에 한하여 시공한다.
    다. 콘크리트 면을 가능한 수평하게 유지하면서 소정의 높이 또는 수면상에 이를 때까지 연속해서 타설해야 한다.
    라. 한 구획의 콘크리트 타설을 완료한 후 레이턴스를 모두 제거하고 다시 타설하여야 한다.

23. 콘크리트 배합에 있어서 단위수량 160kg/m³, 단위 시멘트량 310kg/m³, 공기량 3%로 할 때 단위골재량의 절대 부피는?
    (단, 시멘트의 밀도는 3.15이다.)
    가. 0.71m³ 　　　 나. 0.74m³
    다. 0.61m³ 　　　 라. 0.64m³

24. 콘크리트 배합설계에서 물-결합재비가 48%, 잔골재율이 35%, 단위수량이 170kg/m³을 얻었다면 단위 시멘트량은 약 얼마인가?
    가. 485kg/m³ 　　 나. 413kg/m³
    다. 354kg/m³ 　　 라. 327kg/m³

25. 콘크리트의 다지기에 있어서 내부진동기를 사용할 경우 아래층의 콘크리트 속에 몇 cm 정도 찔러 넣어야 하는가?
    가. 5cm 　　　　 나. 10cm
    다. 15cm 　　　　 라. 20cm

26. 콘크리트 치기에 앞서 거푸집에 충분히 물을 뿌려야 하는 이유로 가장 중요한 것은?
    가. 거푸집의 먼지를 청소한다.
    나. 콘크리트 치기의 작업이 용이하다.
    다. 거푸집을 재사용함이 편리하다.
    라. 거푸집이 시멘트의 경화에 필요한 수분을 흡수하는 것을 방지한다.

27. 공장에 있는 고정 믹서에서 어느 정도 콘크리트를 비빈 다음, 트럭믹서에 싣고 비비면서 현장에 운반하는 레디믹스트 콘크리트는?
    가. 벌크 믹스트 콘크리트
    나. 센트럴 믹스트 콘크리트
    다. 트랜싯 믹스트 콘크리트
    라. 슈링크 믹스트 콘크리트

28. 다음 중 콘크리트 운반기계에 포함되지 않는 것은?
    가. 버킷 　　　　 나. 배처 플랜트
    다. 슈트 　　　　 라. 트럭에지데이터

29. 콘크리트를 타설한 후 다지기를 할 때 내부 진동기를 찔러 넣는 간격은 어느 정도가 적당한가?
    가. 25cm 이하 　　 나. 50cm 이하
    다. 75cm 이하 　　 라. 100cm 이하

30. 콘크리트 배합에 대한 설명 중 옳은 것은?
    가. 시방배합에서 골재량은 공기중 건조상태에 있는 것을 기준으로 한다.
    나. 설계기준강도는 배합 강도보다 충분히 크게 정하여야 한다.

정답 21. 다　22. 나　23. 가　24. 다　25. 나　26. 라　27. 라　28. 나　29. 나　30. 라

다. 무근 콘크리트의 굵은 골재 최대치수는 150mm 이하가 표준이다.
라. 단위 시멘트량은 원칙적으로 단위수량과 물-결합재비로부터 정한다.

31. 한중 콘크리트는 양생 중에 온도를 최소 얼마 이상으로 유지해야 하는가?
   가. 0℃　　　　　　　나. 5℃
   다. 15℃　　　　　　라. 20℃

32. 수중콘크리트를 타설할 때 사용되는 기계 및 기구와 관계가 먼 것은?
   가. 트레미　　　　　나. 슬립폼페이버
   다. 밑열림상자　　　라. 콘크리트펌프

33. 콘크리트 양생에 관한 다음 설명 중 틀린 것은?
   가. 타설 후 건조 및 급격한 온도변화를 주어서는 안 된다.
   나. 경화중에 진동, 충격 및 하중을 가해서는 안 된다.
   다. 콘크리트 표면은 물로 적신 가마니 포대 등으로 덮어 놓는다.
   라. 조강 포틀랜드 시멘트를 사용할 경우 적어도 1일간 습윤 양생한다.

34. 시방서 또는 책임기술자가 지시한 배합을 무엇이라 하는가?
   가. 현장배합　　　　나. 시방배합
   다. 복합배합　　　　라. 용적배합

35. 콘크리트의 배합을 정하는 경우에 목표를 하는 강도를 배합강도라고 한다. 배합강도는 일반적인 경우 재령 며칠의 압축강도를 기준으로 하는가?
   가. 14일　　　　　　나. 18일
   다. 28일　　　　　　라. 32일

36. 수송관 속의 콘크리트를 압축공기로써 압송하며 터널 등의 좁은 곳에 콘크리트를 운반하는데 편리한 콘크리트 운반 장비는?
   가. 운반차
   나. 콘크리트 플레이서
   다. 슈트
   라. 버킷

37. 모르타르 또는 콘크리트를 압축 공기에 의해 뿜어 붙여서 만든 콘크리트로 비탈면의 보호, 교량의 보수 등에 쓰이는 콘크리트는?
   가. 진공 콘크리트
   나. 프리플레이스트 콘크리트
   다. 숏크리트
   라. 수밀 콘크리트

38. 콘크리트의 경화나 강도발현을 촉진하기 위해 실시하는 촉진양생의 종류에 속하지 않는 것은?
   가. 습윤양생　　　　나. 증기양생
   다. 오토크레이브양생　라. 전기양생

39. 잔골재의 절대부피가 $0.324m^3$이고 전체골재의 절대부피는 $0.684m^3$일 때 잔골재율을 구하면?
   가. 16%　　　　　　나. 17.1%
   다. 24.5%　　　　　라. 47.4%

40. 콘크리트의 압축 강도 f_{ck}와 물-결합재비에 관한 설명으로 옳지 않은 것은?
   가. 시멘트 사용량이 일정한 때 물의 사용량이 적을수록 압축강도 f_{ck}는 크다.
   나. 물-결합재비가 작을수록 압축강도 f_{ck}는 작아진다.
   다. 물의 양이 일정하면 시멘트 양이 클수록 압축강도 f_{ck}는 커진다.
   라. 압축강도 f_{ck}는 물-시멘트와 밀접한 관계가 있다.

정답　31. 나　32. 나　33. 라　34. 나　35. 다　36. 나　37. 다　38. 가　39. 라　40. 나

41. 콘크리트 슬럼프 시험은 굵은 골재 최대치수가 몇 mm 이상인 경우에는 적용할 수 없는가?
   가. 40mm
   나. 30mm
   다. 25mm
   라. 20mm

42. 콘크리트 인장강도 시험을 실시하였다. 공시체의 크기는 Ø15×30cm이며, 시험 최대 하중은 10600kg 이었다. 이 때 인장강도는 얼마인가?
   가. $10kg/cm^2$
   나. $15kg/cm^2$
   다. $20kg/cm^2$
   라. $25kg/cm^2$

43. 굳지 않은 콘크리트의 압력법에 의한 공기 함유량 시험에서 골재의 수정계수 결정시 필요하지 않는 것은?
   가. 시료 중의 잔골재의 무게
   나. 시료 중의 굵은골재의 무게
   다. 용기의 1/3까지의 채운 물의 무게
   라. 콘크리트 시료의 부피

44. 콘크리트의 휨강도 시험용 공시체의 길이와 높이에 대한 설명으로 옳은 것은?
   가. 길이는 높이의 2배보다 10cm 이상 더 커야 한다.
   나. 길이는 높이의 3배보다 8cm 이상 더 커야 한다.
   다. 길이는 높이의 4배 이상 이어야 한다.
   라. 길이는 높이의 5배 이상 이어야 한다.

45. 굵은 골재의 최대치수가 40mm 이하인 콘크리트의 압축강도 시험용 원주형 공시체의 직경과 높이로 가장 적합한 것은?
   가. Ø5×10cm
   나. Ø10×10cm
   다. Ø15×20cm
   라. Ø15×30cm

46. 콘크리트 압축강도 시험에 사용하는 시료의 양생 온도 범위로 가장 적합한 것은?
   가. 0~4℃
   나. 6~10℃
   다. 11~15℃
   라. 18~22℃

47. 콘크리트 배합설계 순서 중 가장 마지막에 하는 작업은?
   가. 굵은골재의 최대치수 결정
   나. 물-결합재비 결정
   다. 골재량 선정
   라. 시방배합을 현장배합으로 수정

48. 잔골재의 밀도 및 흡수율 시험을 1회 수행하기 위한 표면 건조 포화 상태의 시료량은 최소 몇 g 이상이 필요한가?
   가. 100g
   나. 500g
   다. 1500g
   라. 5000g

49. 콘크리트 압축강도 시험체의 지름은 골재 최대 치수의 몇 배 이상이어야 하는가?
   가. 3배
   나. 4배
   다. 5배
   라. 6배

50. 콘크리트의 휨강도 시험에서 공시체가 지간의 3등분 중앙부에서 파괴 되었을 때의 휨강도를 구하는 공식으로 옳은 것은? (단, P:시험기에 나타난 최대하중(kg), l:지간 길이(cm), b:파괴단면의 나비(cm), h:파괴 단면의 높이(cm))
   가. $\dfrac{Pl}{bh^2}$
   나. $\dfrac{Pl}{b^2h}$
   다. $\dfrac{P}{bh^2l}$
   라. $\dfrac{P}{b^2hl}$

51. 빈틈이 적은 골재를 사용한 콘크리트에 나타나는 현상으로 잘못된 것은?
   가. 강도가 큰 콘크리트를 만들 수 있다.
   나. 경제적인 콘크리트를 만들 수 있다.
   다. 건조 수축이 큰 콘크리트를 만들 수 있다.
   라. 마멸 저항이 큰 콘크리트를 만들 수 있다.

정답 41. 가 42. 나 43. 다 44. 나 45. 라 46. 라 47. 라 48. 나 49. 가 50. 가 51. 다

52. 콘크리트의 슬럼프 시험에 대한 설명으로 옳은 것은?
   - 가. 콘크리트가 내려앉은 길이를 5mm의 정밀도로 측정한다.
   - 나. 시료는 슬럼프 콘의 높이를 3등분하여 3층으로 나누어 넣고 가운데 층만 25회 다진다.
   - 다. 슬럼프 콘에 시료를 채우고 벗길때 까지의 전작업 시간은 3분 30초 이내로 한다.
   - 라. 슬럼프 콘 벗기는 작업은 10초 정도로 천천히 해야 한다.

53. 콘크리트 압축강도 시험용 공시체의 표면을 캐핑하기 위한 시멘트 풀의 물-시멘트비(W/B)는 어느 정도가 적당한가?
   - 가. 30~35%
   - 나. 37~40%
   - 다. 17~20%
   - 라. 27~30%

54. 다음 중 워커빌리티(workability)를 판정하는 시험방법은?
   - 가. 압축강도시험
   - 나. 슬럼프 시험
   - 다. 블리딩시험
   - 라. 단위무게시험

55. 골재알이 공기중 건조상태에서 표면건조 포화상태로 되기까지 흡수된 물의 양을 나타내는 것은?
   - 가. 함수량
   - 나. 흡수량
   - 다. 유효흡수량
   - 라. 표면수량

56. 굳지 않은 콘크리트의 공기 함유량 시험방법 중에서 보일(Boyle)의 법칙을 이용하여 공기량을 구하는 것은?
   - 가. 수주압력법
   - 나. 공기실 압력법
   - 다. 무게법
   - 라. 체적법

57. 실내에서 건조시킨 상태로 골재의 알 속의 일부에만 물기가 있는 상태를 무엇이라 하는가?
   - 가. 절대건조상태
   - 나. 표면건조 포화상태
   - 다. 습윤상태
   - 라. 공기중 건조상태

58. 표면 건조 포화 상태 시료의 질량이 4000g 이고, 물속에서 철망태와 시료의 질량이 3070g이며 물속에서 철망태의 질량이 580g, 절대건조상태 시료의 질량이3930g일 때 이 굵은 골재의 절대 건조 상태의 밀도를 구하면? (단, 시험온도에서의 물의 밀도는 1g/cm^{3}이다.)
   - 가. 2.30
   - 나. 2.40
   - 다. 2.50
   - 라. 2.60

59. 다음 중 콘크리트의 블리딩 시험에서 필요한 시험기구는?
   - 가. 슬럼프 콘
   - 나. 메스실린더
   - 다. 강도 시험기
   - 라. 데시케이터

60. 콘크리트의 블리딩량을 계산하는 식으로 옳은 것은?
   - 가. $\dfrac{블리딩\ 물의\ 양(cm^3)}{콘크리트의\ 윗\ 면적(cm^2)}$
   - 나. $\dfrac{시료에\ 들어있는\ 물의\ 총무게(kg)}{콘크리트\ 1m^3에\ 사용된\ 재료의\ 총무게(kg)}$
   - 다. $\dfrac{시료의\ 무게(kg)}{콘크리트\ 1m^3에\ 사용된\ 재료의\ 총무게(kg)}$
   - 라. $\dfrac{콘크리트\ 1m^3에\ 사용된\ 물의\ 총무게(kg)}{콘크리트\ 1m^3에\ 사용된\ 재료의\ 총무게(kg)}$

정답 52. 가 53. 라 54. 나 55. 다 56. 나 57. 라 58. 나 60. 가

모의고사(Ⅴ)

1. 시멘트가 풍화하면 나타나는 현상에 대한 설명으로 틀린 것은?
   가. 밀도가 작아진다.
   나. 응결이 늦어진다.
   다. 강도가 늦게 나타난다.
   라. 강열감량이 작아진다.

2. 부순 골재에 대한 설명 중 옳은 것은?
   가. 부순 잔골재의 석분은 콘크리트 경화 및 내구성에 도움이 된다.
   나. 부순 굵은 골재는 시멘트 풀과의 부착이 좋다.
   다. 부순 굵은 골재는 콘크리트 비빌 때 소요 단위수량이 적어진다.
   라. 부순 굵은 골재를 사용한 콘크리트는 수밀성은 향상되나 휨강도는 감소된다.

3. 포졸란의 종류에 해당하지 않는 것은?
   가. 규조토
   나. 규산백토
   다. 고로슬래그
   라. 포졸리스

4. 콘크리트용으로 적합한 잔골재의 조립률은?
   가. 1.3~2.1
   나. 2.3~3.1
   다. 3.3~4.1
   라. 4.3~5.1

5. 빈틈률이 작은 골재를 사용할 때의 콘크리트 성질에 대한 설명으로 틀린 것은?
   가. 시멘트 풀의 양이 적게 든다.
   나. 건조수축이 커진다.
   다. 콘크리트의 강도가 커진다.
   라. 콘크리트의 내구성이 커진다.

6. 콘크리트에 유해물이 들어 있으면 콘크리트의 강도, 내구성, 안정성 등이 나빠지는데 특히, 철근 콘크리트나 프리스트레스트 콘크리트 속의 강재를 녹슬게 하는 유해물은?
   가. 실트
   나. 점토
   다. 연한 석편
   라. 염화물

7. 조립률 3.0의 모래와 7.0의 자갈을 중량비 1:4로 혼합할 때의 조립률을 구하면?
   가. 3.2
   나. 4.2
   다. 5.2
   라. 6.2

8. 프리플레이스트 콘크리트에 사용하는 굵은 골재의 최소 치수는 얼마 이상으로 하는가?
   가. 5mm
   나. 8mm
   다. 10mm
   라. 15mm

9. 다음 혼화재료 중 콘크리트의 워커빌리티를 개선하는 효과가 없는 것은?
   가. 응결경화촉진제
   나. AE제
   다. 플라이애시
   라. 유동화제

10. 골재알이 절대 건조 상태에서 표면 건조 포화 상태로 되기까지 흡수한 물의 양은?
    가. 흡수량
    나. 유효 흡수량
    다. 표면수량
    라. 함수량

11. 콘크리트용 골재로서 요구되는 성질이 아닌 것은?
    가. 골재의 낱알의 크기가 균등하게 분포할 것
    나. 필요한 무게를 가질 것
    다. 단단하고 치밀할 것
    라. 알의 모양은 둥글거나 입방체에 가까울 것

정답   1. 라   2. 나   3. 라   4. 나   5. 나   6. 라   7. 라   8. 라   9. 가   10. 가   11. 가

12. AE제에 대한 설명으로 옳은 것은?
    가. 콘크리트의 워커빌리티가 개선되고 단위 수량을 줄일 수 있다.
    나. AE제에 의한 연행 공기는 지름이 0.5mm 이상이 대부분이며 골고루 분산된다.
    다. 동결융해의 기상작용에 대한 저항성이 적어진다.
    라. 기포분산의 효과로 인해 불리딩을 증가시키는 단점이 있다.

13. 시멘트의 종류 중 특수 시멘트에 속하는 것은?
    가. 저열 포틀랜드 시멘트
    나. 백색 포틀랜드 시멘트
    다. 알루미나 시멘트
    라. 플라이애시 시멘트

14. 시멘트의 입자를 분산시켜 콘크리트의 단위 수량을 감소시키는 혼화제는?
    가. AE제   나. 지연제
    다. 촉진제   라. 감수제

15. 다음의 혼화재료 중에서 사용량이 소량으로서 배합계산에서 그 양을 무시할 수 있는 것은?
    가. AE제
    나. 팽창재
    다. 플라이애시
    라. 고로 슬래그 미분말

16. 굵은골재의 유해물 함유량의 한도 중 점토덩어리는 질량백분율로 얼마 이하인가?
    가. 0.25%   나. 0.5%
    다. 1.0%   라. 5.0%

17. 시멘트의 응결에 관한 설명 중 옳지 않은 것은?
    가. 습도가 낮으면 응결이 빨라진다.
    나. 풍화되었을 경우 응결이 빨라진다.
    다. 온도가 높을수록 응결이 빨라진다.
    라. 분말도가 높으면 응결이 빨라진다.

18. 플라이애시 시멘트에 관한 설명 중 옳지 않은 것은?
    가. 플라이애시를 시멘트 클링커에 혼합하여 분쇄한 것이다.
    나. 수화열이 적고 장기 강도는 낮으나 조기 강도는 커진다.
    다. 워커빌리티가 좋고 수밀성이 크다.
    라. 단위수량을 감소시킬 수 있어 댐 공사에 많이 이용된다.

19. 골재의 저장 방법에 대한 설명으로 틀린 것은?
    가. 잔골재, 굵은골재 및 종류와 입도가 다른 골재는 서로 섞어 균질한 골재가 되도록 하여 저장한다.
    나. 먼지나 잡물 등이 섞이지 않도록 한다.
    다. 골재의 저장 설비에는 알맞은 배수시설을 한다.
    라. 골재는 햇빛을 바로 쬐지 않도록 알맞은 시설을 갖추어야 한다.

20. 다음 중 댐, 하천, 항만 등의 구조물에 사용하는 시멘트로 가장 적합한 것은?
    가. 조강포틀랜드 시멘트
    나. 알루미나 시멘트
    다. 초속경 시멘트
    라. 고로슬래그 시멘트

21. 레디믹스트 콘크리트의 종류 중 센트럴믹스트 콘크리트의 설명으로 옳은 것은?
    가. 공장에 있는 고정 믹서에서 완전히 비빈 콘크리트를 애지데이터 트럭 등으로 운반하는 방법이다.
    나. 콘크리트 플랜트에서 재료를 계량하여 트럭믹서에 싣고, 운반 중에 물을 넣어 비비는 방법이다.

정답 12. 가 13. 다 14. 라 15. 가 16. 가 17. 나 18. 나 19. 가 20. 라 21. 가

다. 운반거리가 장거리 이거나, 운반 시간이 긴 경우에 사용한다.
라. 공장에 있는 고정 믹서에서 어느 정도 콘크리트를 비빈 다음, 현장으로 가면서 완전히 비비는 방법이다.

22. 거푸집과 동바리에 관한 설명 중 옳지 않은 것은?
가. 연직부재의 거푸집은 수평부재의 거푸집보다 빨리 떼어낸다.
나. 보에서는 밑면 거푸집을 양측면의 거푸집보다 먼저 떼어낸다.
다. 거푸집을 시공할 때 거푸집 판의 안쪽에 박리제를 발라서 콘크리트가 거푸집에 붙는 것을 방지하도록 한다.
라. 거푸집 및 동바리는 콘크리트가 자중 및 시공중에 가해지는 하중에 충분히 견딜만한 강도를 가질 때까지 해체해서는 안 된다.

23. 콘크리트의 배합에서 시방서 또는 책임기술자가 지시한 배합을 무엇이라 하는가?
가. 현장배합 나. 시방배합
다. 표면배합 라. 책임배합

24. 보통 포틀랜드 시멘트를 사용한 콘크리트의 습윤양생 기간은 최소 몇일 이상인가?
(단, 일평균기온이 15℃ 이상인 경우)
가. 5일 이상 나. 10일 이상
다. 15일 이상 라. 20일 이상

25. 일반 수중 콘크리트 타설에 대한 설명으로 잘못된 것은?
가. 콘크리트는 흐르지 않는 물속에 쳐야 한다. 정수 중에 칠 수 없을 경우에도 유속은 1초에 50mm이하로 하여야 한다.
나. 콘크리트는 수중에 낙하시켜서는 안 된다.
다. 수중 콘크리트의 타설에서 중요한 구조물의 경우는 밑열림 상자나 밑열림 포대를 사용하여 연속해서 타설하는 것을 원칙으로 한다.
라. 한 구획의 콘크리트 타설을 완료한 후 레이턴스를 모두 제거하고 다시 타설하여야 한다.

26. 무더운 여름철 콘크리트 시공이나 운반거리가 먼 레디믹스트 콘크리트에 적합한 혼화제는?
가. 경화촉진제 나. 방수제
다. 지연제 라. 급결제

27. 수송관 속의 콘크리트를 압축 공기에 의해 압송하는 것으로서 콘크리트 펌프와 같이 터널 등의 좁은 곳에 콘크리트를 운반하는 데에 편한 콘크리트 운반기계는?
가. 벨트 컨베이어 나. 버킷
다. 콘크리트 플레이서 라. 슈트

28. 콘크리트의 시방배합을 현장배합으로 수정할 때 필요한 사항이 아닌 것은?
가. 시멘트 밀도
나. 골재의 표면수량
다. 잔골재의 5mm체 잔류율
라. 굵은골재의 5mm체 통과율

29. 일반 콘크리트를 펌프로 압송 할 경우, 슬럼프 값은 어느 범위가 가장 적당한가?
가. 50~80mm
나. 80~100mm
다. 100~180mm
라. 200~250mm

30. 수밀 콘크리트의 물-결합재비는 얼마 이하를 표준으로 하는가?
가. 50% 나. 55%
다. 60% 라. 65%

정답 22. 나 23. 나 24. 가 25. 다 26. 다 27. 다 28. 가 29. 다 30. 가

31. 콘크리트 비비기는 미리 정해 둔 비비기 시간의 최소 몇 배 이상 계속해서는 안 되는가?
   가. 2배
   나. 3배
   다. 4배
   라. 5배

32. 외기온도가 25℃ 미만일 때 일반 콘크리트의 비비기부터 치기가 끝날 때까지의 시간은 최대 얼마 이내로 해야 하는가?
   가. 1시간
   나. 1시간 30분
   다. 2시간
   라. 2시간 30분

33. 콘크리트 타설시 버킷, 호퍼 등의 배출구로부터 콘크리트의 타설면까지의 높이는 얼마 이내를 원칙으로 하는가?
   가. 1.0m 이내
   나. 1.5m 이내
   다. 2.0m 이내
   라. 2.5m 이내

34. 콘크리트의 비비기에서 가경식 믹서를 사용할 경우 비비기 시간은 믹서 안에 재료를 투입한 후 몇 초 이상을 표준으로 하는가?
   가. 30초
   나. 60초
   다. 90초
   라. 120초

35. 콘크리트 플랜트에서 콘크리트를 공급받아 비비면서 주행하는 레디믹스트콘크리트 운반용 트럭은?
   가. 슈트
   나. 트럭 믹서
   다. 콘크리트 펌프
   라. 콘크리트 플레이서

36. 콘크리트 각 재료의 1회분에 대한 계량오차 중 골재의 허용오차로 옳은 것은?
   가. 1%
   나. 2%
   다. 3%
   라. 4%

37. 콘크리트 블리딩(bleeding)에 대한 설명 중 틀린 것은?
   가. 콘크리트 슬럼프가 크면 콘크리트 작업은 어려우나 블리딩은 감소된다.
   나. 일반적으로 단위수량을 줄이고 AE제를 사용하면 블리딩은 감소된다.
   다. 분말도가 높은 시멘트를 사용하면 블리딩은 감소된다.
   라. 블리딩이 현저하면 상부의 콘크리트가 다공질로 되며 강도, 수밀성, 내구성 등이 감소된다.

38. 서중 콘크리트 시공 시 유의 사항 중 틀린 것은?
   가. 콘크리트를 타설하기 전에는 지반, 거푸집 등 콘크리트로부터 물을 흡수할 우려가 있는 부분을 습윤 상태로 유지해야 한다.
   나. 거푸집, 철근 등이 직사광선을 받아서 고온이 될 우려가 있는 경우에는 살수, 덮개 등의 적절한 조치를 해야 한다.
   다. 서중 콘크리트는 재료를 비빈 후 1.5시간 이내에 타설 하여야 한다.
   라. 서중 콘크리트를 타설할 때의 온도는 40℃ 이하여야 한다.

39. 미리 거푸집안에 굵은 골재를 채우고 그 틈 사이에 특수 모르타르를 주입하는 콘크리트는?
   가. 진공 콘크리트
   나. 프리플레이스트 콘크리트
   다. 레디믹스트 콘크리트
   라. 프리스트레스트 콘크리트

40. 한중 콘크리트 시공 시 콘크리트의 동결 온도를 낮추기 위해 사용하는 방법으로 가장 적합하지 않은 것은?
   가. 물을 가열하고 사용
   나. 잔골재를 가열하고 사용
   다. 시멘트를 가열하고 사용

정답 31. 나 32. 다 33. 나 34. 다 35. 나 36. 다 37. 가 38. 라 39. 나 40. 다

라. 굵은 골재를 가열하고 사용

41. 워커빌리티(workability)판정기준이 되는 반죽질기 측정시험 방법이 아닌 것은?
　가. 켈리볼 관입시험
　나. 슬럼프 시험
　다. 리몰딩 시험
　라. 슈미트 해머 시험

42. 휨강도 시험용 3등분점 하중 측정 장치를 사용하여 콘크리트의 휨강도를 측정하였다. 공시체 15×15×53cm를 사용하였으며 콘크리트가 2.5ton의 하중에 지간의 3등분 중앙에서 파괴되었을 때 휨강도는 얼마인가?
　가. 30.1kg/cm^2　　나. 33.3kg/cm^2
　다. 36.5kg/cm^2　　라. 39.7kg/cm^2

43. 콘크리트 배합설계에서 잔골재의 부피 290L, 굵은 골재의 부피 510L를 얻었다면 잔골재율은 약 얼마인가?
　가. 29%　　나. 36%
　다. 57%　　라. 64%

44. 콘크리트 인장강도에 대한 설명 중 틀린 것은?
　가. 인장강도는 압축강도의1/30정도이다.
　나. 인장강도는 보통 쪼갬 인장강도시험 방법을 표준으로 하고 있다.
　다. 인장강도는 콘크리트 포장에서 중요하다.
　라. 인장강도는 물탱크 같은 구조물에서 중요하다.

45. 콘크리트 휨 강도시험에서 15×15×55cm인 시험체에 콘크리트를 1/2 정도 채운 후 다짐봉으로 몇 번 다지는가?
　가. 83번　　나. 75번
　다. 58번　　라. 43번

46. 콘크리트의 인장강도 시험에서 시험체의 평균지름 D=15cm, 평균 길이 L=30cm, 최대 하중 P=17600kg 일때 인장강도의 값을 구하면?
　가. 24.5kg/cm^2　　나. 24.9kg/cm^2
　다. 25.3kg/cm^2　　라. 25.7kg/cm^2

47. 굳지 않은 콘크리트의 공기 함유량 시험방법으로 사용되지 않는 것은?
　가. 질량법　　나. 건조법
　다. 공기실 압력법　　라. 부피법

48. 콘크리트의 블리딩 시험에 사용하는 용기의 안지름과 안높이는 각각 몇 cm 인가?
　가. 안지름 20cm, 안높이 25.5cm
　나. 안지름 25cm, 안높이 28.5cm
　다. 안지름 30cm, 안높이 35.5cm
　라. 안지름 25cm, 안높이 38.5cm

49. 콘크리트 압축강도 시험용 공시체 제작시 몰드 내부에 그리스를 발라주는 가장 주된 이유는?
　가. 탈형을 쉽게 하고 이음새로 콘크리트가 새는 것을 방지하기 위해
　나. 편심하중을 방지하고 경제적인 공시체 제작을 위해
　다. 공시체 속의 공기를 제거하고 강도를 높이기 위해
　라. 몰드에 콘크리트를 채울 때 골재 분리를 막기 위해

50. 배합설계에서 물-결합재비가 45%이고 단위수량이 153 kg/cm^3 일 때 단위 시멘트량은 얼마인가?
　가. 254kg/cm^3　　나. 340kg/cm^3
　다. 369kg/cm^3　　라. 392kg/cm^3

정답 41. 라　42. 나　43. 나　44. 가　45. 가　46. 나　47. 나　48. 나　49. 가　50. 나

51. 겉보기 공기량이 6.80%이고 골재의 수정계수가 1.20% 일 때 콘크리트의 공기량은 얼마인가?
    가. 5.60%   나. 4.40%
    다. 3.20%   라. 2.0%

52. 콘크리트 표면에 떠올라서 가라앉은 미세한 물질을 무엇이라 하는가?
    가. 블리딩   나. 레이턴스
    다. 성형성   라. 워커빌리티

53. 슬럼프 시험에서 매 층당 다지는 횟수는?
    가. 10회로 한다.   나. 15회로 한다.
    다. 20회로 한다.   라. 25회로 한다.

54. 콘크리트 압축강도 시험 공시체 제작을 할 때 시멘트풀로 캐핑을 하고자 한다. 이때 사용하는 시멘트 풀의 물-결합재비로 가장 적합한 것은?
    가. 20~23 %   나. 27~30 %
    다. 33~36 %   라. 40~43 %

55. 단위 용적질량이 1.69 t/m^3, 밀도가 2.60 g/cm^3 인 굵은 골재의 공극률은 얼마인가?
    가. 25%   나. 30%
    다. 35%   라. 40%

56. 골재의 안정성 시험을 실시하는 목적으로 가장 적합한 것은?
    가. 골재의 단위중량을 구하기 위하여
    나. 골재의 입도를 구하기 위하여
    다. 기상작용에 대한 내구성을 판단하기 위한 자료를 얻기 위하여
    라. 염화물 함유량에 대한 자료를 얻기 위하여

57. 최대하중이 23000kg이고 직경이 15cm인 콘크리트 시험체의 압축강도는 얼마인가?
    가. 100kg/cm^2 나. 116kg/cm^2
    다. 130kg/cm^2 라. 158kg/cm^2

58. 단위 골재량의 절대부피가 0.7m^3이고 잔골재율이 35%일 때 단위 굵은 골재량은?
    (단, 굵은 골재의 밀도는 2.6g/cm^3 임)
    가. 1183kg   나. 1198kg
    다. 1213kg   라. 1228kg

59. 로스앤젤레스 시험기를 사용하는 골재의 시험법은 무엇인가?
    가. 마모 시험   나. 안정성 시험
    다. 밀도 시험   라. 단위 무게 시험

60. 다음은 콘크리트 배합 설계에 대한 내용이다. 잘못 나타낸 것은?
    가. 물-결합재비는 물과 시멘트의 질량비를 말한다.
    나. 콘트리트 1㎥을 만드는데 쓰이는 각 재료량을 단위량이라고 한다.
    다. 배합강도는 콘크리트 배합을 정하는 경우에 목표로 하는 압축강도이다.
    라. 잔골재율은 잔골재량의 전체 골재에 대한 질량비를 말한다.

정답 51. 가 52. 가 53. 라 54. 나 55. 다 56. 다 57. 다 58. 가 59. 가 60. 라

핵심기출문제해설 (1)

문제 1 골재의 저장방법에 대한 설명으로 틀리는 것은?
가. 잔골재, 굵은 골재 및 종류와 입도가 다른 골재는 서로 섞어 균질한 골재가 되도록 한다.
나. 먼지나 잡물 등이 섞이지 않도록 한다.
다. 골재의 저장 설비에는 알맞은 배수시설을 한다.
라. 골재는 직사광선을 막을 수 있는 적당한 시설을 갖추어야 한다.

해설 ○ 잔골재, 굵은 골재 및 종류와 입도가 다른 골재는 서로 섞이지 않도록 보관하여야 한다.

문제 2 콘크리트가 경화되는 중에 부피를 늘어나게 하여 콘크리트의 건조수축에 의한 균열을 억제하는데 사용하는 혼화재료는?
가. 포졸란
나. 팽창재
다. AE제
라. 경화촉진제

해설 ○ 팽창재 : 콘크리트가 굳을 때 부피를 팽창시켜 건조수축에 의한 균열을 막아주기 위한 것

문제 3 풍화된 시멘트에 대한 설명으로 틀리는 것은?
가. 경화가 늦어진다.
나. 강도가 감소된다.
다. 응결이 늦어진다.
라. 밀도가 커진다.

해설 ○ 풍화된 시멘트는
 • 밀도가 작아지고   • 응결이 늦어지며   • 강도가 늦게 나타난다.

문제 4 시멘트의 응결속도에 영향을 주는 요소에 대한 설명으로 틀리는 것은?
가. 분말도가 크면 응결은 빨라진다.
나. 석고의 첨가량이 많을수록 응결은 지연된다.
다. 온도가 낮을수록 응결은 빨라진다.
라. 풍화된 시멘트는 일반적으로 응결이 지연된다.

해설 ○ 시멘트 응결에 영향을 주는 요소

응결이 빨라지는 경우	응결이 늦어지는 경우
• 분말도가 클수록 • C_3A가 많을수록 • 온도가 높을수록 • 습도가 낮을수록	• 석고첨가량이 많을수록 • 물-결합재비가 클수록 • 시멘트가 풍화될수록

정답 1. 가   2. 나   3. 라   4. 다

문제 5 주로 원자로에서 방사선 차폐 콘크리트를 만드는데 사용되는 골재는?

가. 중량골재 나. 경량골재 다. 보통골재 라. 부순골재

해설 ○ 중량 골재는 밀도가 큰 철광석을 사용하며, 주로 원자로 등 방사선 차폐 콘크리트에 사용

문제 6 골재의 함수상태 네 가지 중 습기가 없는 실내에서 자연 건조시킨 것으로 골재알속의 빈틈 일부가 물로 차있는 상태는?

가. 습윤상태 나. 절대건조상태
다. 표면건조 포화상태 라. 공기 중 건조상태

해설 ○ 골재의 함수 상태
- 절대 건조 상태 : 골재속의 공극에 있는 물을 전부 제거된 상태
- 공기 중 건조 상태 : 공기 중에서 자연건조 시킨 상태로 골재속의 내부 일부는 물로 차 있는 상태
- 표면 건조 포화 상태 : 골재 표면은 물기가 없고, 내부 빈틈은 물로 포화된 상태
- 습윤상태: 골재 표면에 물기가 있고, 내부 빈틈도 물로 차 있는 상태

문제 7 다음은 혼화재를 사용목적에 따라 분류한 것이다. 옳게 짝지어진 것은?

가. 팽창을 일으키는 것-착색제
나. 포졸란 작용이 있는 것-폴리머
다. 오토클레이브 양생으로 고강도를 내는 것-규산질 미분말
라. 주로 잠재수경성이 있는 것-증량제

해설 ○ 혼화재를 사용목적에 따라 분류
- 포졸란 작용이 있는 것 : 플라이애쉬, 규조토, 화산회, 규산 백토
- 주로 잠재수경성이 있는 것 : 고로슬래그 미분말
- 경화과정에서 팽창을 일으키는 것 : 팽창재
- 오토클레이브 양생에 의하여 고강도를 나타내게 하는 것 : 규산질 미분말
- 착색시키는 것 : 착색재

문제 8 굵은골재의 최대치수는 질량비로 몇 %이상 통과시킨 체 중에서 체눈의 크기가 가장 작은 체눈의 호칭 값인가?

가. 80% 나. 85% 다. 90% 라. 95%

해설 ○ 굵은 골재 최대 치수
① 질량(무게)으로 90% 이상 통과 하는 체 중 체 눈금이 최소인 것의 호칭 치수로 나타내는 굵은 골재의 크기
② 골재의 최대치수가 크면
- 시멘트 풀의 양이 적어져 경제적 • 재료분리가 일어나기 쉽다

정답 5. 가 6. 라 7. 다 8. 다

문제 9 콘크리트용 잔골재의 유해물 함유량의 한도(질량백분율)중 점토덩어리 함유량의 최대값은 몇 % 이하이어야 하는가?

가. 0.5% 나. 1% 다. 3% 라. 5%

해설
○ 잔골재의 유해물 함유량 한도(질량백분율)

종 류	최대값
점토 덩어리	1.0
0.08 mm체 통과량 콘크리트의 표면이 마모작용을 받는 경우	3.0
기타의 경우	5.0
석탄, 갈탄 등으로 밀도 $2.0\,g/cm^3$의 액체에 뜨는 것 콘크리트의 외관이 중요한 경우	0.5
기타의 경우	1.0
염화물(NaCl 환산량)	0.04

문제 10 서중콘크리트의 시공이나 레디믹스트 콘크리트에서 운반 거리가 먼 경우, 또는 연속 콘크리트를 칠 때 작업 이음이 생기지 않도록 할 경우에 사용하면 효과가 있는 혼화제는?

가. 분산제 나. 지연제
다. 증진제 라. 응결경화 촉진제

해설
○ 지연제 : 콘크리트의 응결이나 초기경화를 지연시키기 위해 사용
  • 레디믹스트 콘크리트의 운반거리가 먼 경우에 사용
  • 콘크리트를 연속적으로 칠 때 콜드죠인트가 생기지 않도록 할 경우 사용
  • 서중콘크리트에 적당

문제 11 시멘트는 저장 중에 공기와 접촉하면 공기 중의 수분 및 이산화탄소를 흡수하여 가벼운 수화반응을 일으키는데 이러한 반응을 무엇이라 하는가?

가. 응결 나. 경화 다. 풍화 라. 균열

해설
○ 풍화 : 시멘트가 공기 중의 수분과 이산화탄소와 반응하여 수화반응을 일으켜 탄산염을 만들어 시멘트 품질을 저하하는 현상.

문제 12 골재의 빈틈이 적을 경우 콘크리트에 미치는 영향을 옳게 설명한 것은?

가. 혼합수량이 증가한다.
나. 투수성 및 흡수성이 증가한다.
다. 내구성이 큰 콘크리트를 얻을 수 있다.
라. 콘크리트의 강도가 커진다.

해설
○ 골재 빈틈이 작으면 (실적률이 크면)
  • 건조 수축이 적고 균열이 적음   • 밀도, 마멸성, 수밀성, 내구성 증대
  • 골재 입도가 알맞다.   • 시멘트풀이 줄어들어 경제적 콘크리트를 만들 수 있음

정답 9. 나 10. 나 11. 다 12. 다

문제 13 플라이애쉬를 혼합한 콘크리트의 특징으로 틀린 것은?
  가. 콘크리트의 워커빌리티가 좋아진다.
  나. 콘크리트의 조기강도가 증가한다.
  다. 콘크리트의 수밀성이 좋아진다.
  라. 콘크리트의 건조수축이 작아진다.

해설 ○ 플라이애쉬 시멘트 : 화력발전소에서 미분탄 연소할 때 굴뚝을 통해 대기 중으로 확산되는 미립자를 집진기로 포집한 것을 플라이애쉬 라고 하며, 포졸란 반응을 지닌다. 플라이애시는 구형의 형태로 볼 베어링 효과가 있어 워커빌리티개선
  • 유동성이 좋다.(워커빌리티가 좋다)   • 수화열이 적고, 장기 강도가 크다.
  • 해수 등 화학적 저항성이 크다   • 수밀성이 좋다.
  • 알카리 골재반응을 억제 한다   • 건조수축을 감소

문제 14 다음 중 혼합시멘트에 속하는 것은?
  가. 중용열 포틀랜드 시멘트   나. 알루미나 시멘트
  다. 초속경 시멘트   라. 고로슬래그 시멘트

해설 ○ 혼합시멘트는 고로슬래그 시멘트, 플라이 애시 시멘트, 포틀랜드포졸란시멘트

문제 15 시멘트 분말도가 높을 때 나타나는 효과가 아닌 것은?
  가. 풍화가 늦다.   나. 발열량이 높다.
  다. 조기강도가 크다.   라. 수화작용이 빠르다.

해설 ○ 시멘트 분말도가 높으면
  • 수화작용이 빠르고   • 조기강도가 커진다.
  • 풍화하기 쉽고   • 수화열이 많아 콘크리트에 균열 발생
  • 건조수축이 커진다.

문제 16 혼화재에 속하지 않는 것은?
  가. 플라이애쉬   나. 팽창재
  다. 고로슬래그미분말   라. AE감수제

해설 ○ 혼화재
  ① 정의 : 사용량이 시멘트 중량의 5% 이상으로 콘크리트의 배합설계 계산에 고려
  ② 종류 : 플라이애쉬, 규조토, 화산회, 규산백토, 고로슬래그 미분말 등

정답 13. 나   14. 라   15. 가   16. 라

문제 17 골재 흡수량의 계산식으로 옳은 것은?

> ○ 절대건조상태 무게 : A　　○ 공기 중 건조상태의 무게 : B
> ○ 표면건조포화상태의 무게 : C　　○ 습윤상태의 무게 : D

가. A-B　　나. D-A　　다. C-A　　라. B-A

해설　○ 골재 흡수량은 = 표면건조포화상태(C)-노건상태(A)

문제 18 골재의 단위용적 질량이 1.6t/m³ 이고, 밀도가 2.6g/cm³ 일 때 이 골재의 실적률은?

가. 61.5%　　나. 53.9%　　다. 38.5%　　라. 16.3%

해설　○ 실적률(%) = 100 - 공극률(%) = $\dfrac{\text{단위용적 질량}}{\text{밀도}} \times 100 = \dfrac{1.6}{2.6} \times 100 = 61.54\,(\%)$

문제 19 AE제를 사용한 콘크리트의 특성에 대한 설명으로 옳지 않은 것은?

가. 워커빌리티가 증가한다.　　나. 단위수량이 증가한다.
다. 블리딩이 감소된다.　　라. 동결융해 저항성이 커진다.

해설　○ AE제 : 연행 공기제라고도 하며, 발포성이 현저한 계면활성제로서, 콘크리트 중에 미소한 독립된 기포를 고르게 발생시켜 워커빌리티 증가, 내 동결융해성, 내식성 등 내구성을 개선

문제 20 골재의 습윤상태에서 표면건조상태의 수분을 뺀 물의 양은?

가. 함수량　　나. 흡수량　　다. 표면수량　　라. 유효흡수량

해설　○ 골재의 함수 상태

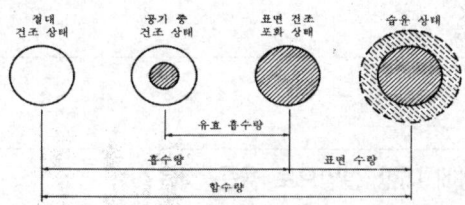

문제 21 벽이나 기둥과 같이 높이가 높은 콘크리트를 연속해서 칠 경우 치는 속도가 너무 빠르면 재료분리가 일어나기 쉬우므로 일반적으로 30분에 어느 정도가 적당한가?

가. 4~5m　　나. 3~4m　　다. 2~3m　　라. 1~1.5m

해설　○ 벽 또는 기둥과 같이 높이가 높은 콘크리트를 연속해서 칠 경우에 치기속도는 일반적으로 30분에 1~1.5m 정도로 한다.

정답　17. 다　18. 가　19. 나　20. 다　21. 라

문제 22 콘크리트 재료를 계량할 때 혼화재의 계량 허용오차로 옳은 것은?

가. ±1%   나. ±2%
다. ±3%   라. ±4%

해설
○ 재료의 계량오차

재료의 종류	측정단위	허용오차 (%)
물	질량	-2, +1
시 멘 트	질량	-1, +2
혼 화 재	질량	± 2
골 재	질량 또는 부피	± 3
혼 화 제	질량 또는 부피	± 3

문제 23 해양콘크리트 구조물에 쓰이는 콘크리트의 설계기준강도는 몇 MPa 이상으로 하여야 하는가?

가. 10MPa   나. 20MPa
다. 30MPa   라. 40MPa

해설
○ 해양콘크리트의 설계기준강도는 30MPa 이상으로 한다.

문제 24 한중 콘크리트 시공 시 콘크리트의 동결 온도를 낮추기 위해 사용하는 방법으로 가장 적합하지 않은 것은?

가. 물을 가열하고 사용
나. 잔골재를 가열하고 사용
다. 시멘트를 가열하고 사용
라. 굵은골재를 가열하고 사용

해설
○ 시멘트는 절대로 직접 가열해서는 안 된다.

문제 25 콘크리트의 양생법 중 막양생에 대한 설명으로 옳은 것은?

가. 거푸집판에 물을 뿌리는 방법
나. 가마니 또는 포대 등에 물을 적셔서 덮는 방법
다. 비닐로 덮는 방법
라. 양생제를 뿌려 물의 증발을 막는 방법

해설
○ 피막양생 : 습윤 양생방법이 곤란할 때는 표면에 막을 형성하는 양생제를 살포하여 물의 증발을 막는 양생방법

정답 22. 나 23. 다 24. 다 25. 라

문제 26 숏크리트 작업에서 주의할 사항으로 옳지 않은 것은?

가. 리바운드된 재료가 다시 혼입되지 않게 한다.
나. 숏크리트는 빠르게 운반하고, 급결제를 첨가한 후에 바로 뿜어붙이기 작업을 실시하여야 한다.
다. 노즐은 항상 뿜어붙일 면에 45° 경사지게 유지한다.
라. 뿜어붙이는 거리와 뿜는 압력을 일정하게 유지한다.

해설 ○ 노즐은 항상 뿜어붙일 면에 90° 경사지게 유지한다.

문제 27 비빔통 속에 달린 날개를 회전시켜 콘크리트를 비비는 것이며, 주로 콘크리트 플랜트에 사용되는 믹서는?

가. 중력식 믹서 나. 강제식 믹서 다. 가경식 믹서 라. 연속식 믹서

해설 ○ 중력식믹서
비빔재료를 동체내에 넣고 내면날개 구조형에 회전하면서 혼합과 비빔이 되게한 기계로 많이 사용되는 믹서로 비교적 슬럼프가 큰 생콘크리트 생산에 사용하며 배출방식에 따라 가경식, 불경식
○ 강제식믹서
강제로 각반하는 믹서로서 믹싱통은 고정, 그 내부에 비빔구동장치가 되어 있으며 재료를 강제로 동력에 의해 비빔. 주로 콘크리트 플랜트에 많이 사용

문제 28 콘크리트 비비기에 대한 설명으로 옳은 것은?

가. 비비기를 시작하기 전에 미리 믹서 내부를 모르타르로 부착시켜야 한다.
나. 비비기 최소시간은 가경식 믹서일 경우 3분 이상으로 한다.
다. 비비기는 오래 할수록 콘크리트 강도가 좋아진다.
라. 콘크리트 비비기가 잘되면 워커빌리티가 좋아지고 강도는 작아진다.

해설 ○ 콘크리트 비비기
• 비비기 시간은 가경식 믹서는 1분 30초 이상, 강제혼합식믹서는 1분 이상
• 비비기는 미리 정해 둔 비비기 시간의 3배 이상 계속해서는 안 된다.

문제 29 벨트컨베이어를 사용하여 콘크리트를 운반할 때 벨트컨베이어의 끝 부분에 조절판 및 깔때기를 설치하는 이유로 가장 적당한 것은?

가. 콘크리트의 건조를 방지하기 위하여
나. 콘크리트의 운반거리를 단축하기 위하여
다. 콘크리트의 반죽질기 변화를 위하여
라. 콘크리트의 재료분리를 방지하기 위하여

해설 ○ 벨트컨베이어의 끝부분에는 조절판 및 깔때기를 설치해서 재료분리를 방지해야 한다.

정답 26. 다 27. 나 28. 가 29. 라

문제 30 외기 온도가 25℃ 이상일 경우 콘크리트의 비비기로부터 치기가 끝날 때까지의 시간은 얼마 넘지 않아야 하는가?

가. 50분   나. 90분   다. 120분   라. 150분

해설 ○ 외기 온도에 따른 비비기 시간 및 허용 이어치기

외기온도	비비기 ~ 타설	허용 이어치기
25℃ 이상	1.5시간 이내	2.0 시간
25℃ 이하	2시간 이내	2.5 시간

문제 31 콘크리트 타설에 대한 설명으로 틀린 것은?

가. 콘크리트치기 도중 발생한 블리딩수가 있을 경우 표면에 도랑을 만들어 물을 흐르게 한다.
나. 거푸집의 높이가 높을 경우 거푸집에 투입구를 설치하거나 연직슈트를 타설면 가까이 내려서 타설한다.
다. 콘크리트를 2층 이상으로 나누어 타설할 경우 상층의 콘크리트는 하층의 콘크리트가 굳기 전에 타설 해야 한다.
라. 콘크리트는 그 표면이 한 구역내에서는 거의 수평이 되도록 타설하는 것을 원칙으로 한다.

해설 콘크리트 치기 도중 표면에 떠올라 고인 블리딩 수가 있을 경우에는 적당한 방법으로 이물을 제거한 후가 아니면 그 위에 콘크리트를 쳐서는 안 된다. 고인 물을 제거하기 위하여 콘크리트 표면에 도랑을 만들어 흐르게 해서는 안 된다.

문제 32 내부 진동기의 사용방법으로 옳지 않은 것은?

가. 진동기는 연직으로 찔러 넣는다.
나. 진동기 삽입간격은 0.5m 이하로 한다.
다. 진동기를 빨리 빼내어 구멍이 남지 않게 한다.
라. 진동기를 하층의 콘크리트 속으로 0.1m 정도 찔러 넣는다.

해설 ○ 내부진동기 사용 표준은
- 내부진동기를 하층의 콘크리트 속으로 0.1m 정도 찔러 넣는다.
- 내부진동기는 연직으로 찔러 넣는다.
- 삽입 간격은 0.5m 이하
- 1개소 당 진동시간은 다짐할 때 시멘트풀이 표면 상부로 약간 부상하기까지 한다.
- 내부진동기로 콘크리트를 횡 방향 이동목적으로 사용해서는 안 된다.
- 진동기는 콘크리트로부터 천천히 빼내어 구멍이 남지 않도록 해야 한다.

정답 30. 나   31. 가   32. 다

문제 33 한중 콘크리트로 양생중인 콘크리트는 온도를 최소 몇 ℃ 이상으로 유지하는 것을 표준으로 하는가?

가. 0℃   나. 4℃   다. 5℃   라. 20℃

해설 ○ 한중콘크리트 및 서중콘크리트 온도

구분	한중콘크리트	서중콘크리트
일평균기온	4℃ 이하	25℃ 이상
쳐 넣을 때 온도	5~20℃	35℃ 이내
양생시 콘크리트 온도	5℃ 이상	

문제 34 조강포틀랜드 시멘트의 경우 습윤상태의 보호기간은 며칠 이상을 표준으로 하는가? (단, 일평균 기온이 15℃ 이상일 때)

가. 3일   나. 4일   다. 5일   라. 7일

해설 ○ 습윤상태의 보호 기간은 보통포틀랜드시멘트를 사용할 경우 5일간 이상, 조강포틀랜드시멘트를 사용한 경우 3일간 이상을 표준으로 한다.

문제 35 수중콘크리트의 타설은 물을 정지시킨 정수 중에서 타설하는 것을 원칙으로 하나, 완전히 물막이를 할 수 없는 경우 물의 속도가 얼마 이내에서 시공해야 하는가?

가. 50mm/sec   나. 100mm/sec   다. 150mm/sec   라. 200mm/sec

해설 ○ 수중콘크리트

타설시 유속		5cm/sec 이하	
물-결합재비		50% 이하	
단위시멘트량		370kg/m³ 이상	
슬럼프 표준값	시공방법	일반 수중 콘크리트	현장타설말뚝 및 지하연속벽에 사용하는 수중콘크리트
	트레미	130~180	180~210
	콘크리펌프	130~180	-
	밑열림상자, 밑열림포대	100~150	-

문제 36 콘크리트를 높은 곳에서 낮은 곳으로 미끄러져 내려 갈 수 있게 만든 홈통이나 관모양의 것으로 만들어진 것은?

가. 슈트   나. 콘크리트 플레이셔
다. 버킷   라. 벨트 컨베이어

해설 ○ 슈트 : 높은 곳으로부터 콘크리트를 내리는 경우 운반기구

정답 33. 다   34. 가   35. 가   36. 가

문제 37 플리플레이스트 콘크리트에 있어서 연직 주입관의 수평간격은 얼마 정도를 표준으로 하는가?

가. 1m 나. 2m
다. 3m 라. 4m

해설
○ 플리플레이스트 콘크리트 ; 특정한 입도를 가진 굵은 골재를 거푸집에 채워 넣고 그 공극 속에 특수한 모르타르를 적당한 압력으로 주입하여 만든 콘크리트이다.
○ 연직주입관의 수평간격의 표준 : 2m
○ 수평주입관   • 수평간격의 표준 : 2m,   • 연직 간격 : 1.5m

문제 38 수송관 속의 콘크리트를 압축공기로써 압송하며 터널 등의 좁은 곳에 콘크리트를 운반하는 데 편리한 콘크리트 운반 장비는?

가. 운반차 나. 콘크리트 플레이셔
다. 슈트   라. 버킷

해설
○ 콘크리트 플레이서
 • 수송관내의 콘크리트를 압축공기를 이용하여 압송하는 것으로서 콘크리트펌프와 같이 터널 등 좁은 곳에서 운반이 편리
 • 수송관의 배치는 굴곡을 적게 하고 수평 또는 상향으로 설치하며 하향경사로 설치 운용해서는 안 된다.

문제 39 다음 콘크리트 다짐기계 중에서 비교적 두께가 얇고, 넓은 콘크리트의 표면을 고르게 다듬질할 때 사용되며, 주로 도로포장, 활주로포장 등의 다짐에 쓰이는 것은?

가. 거푸집진동기 나. 내부진동기
다. 롤러진동기   라. 표면진동기

해설
○ 콘크리트 다짐기계
 • 내부진동기: 막대모양의 진동부를 콘크리트 속에 넣어 진동을 주어 다지는 기계
 • 표면진동기: 비교적 두께가 얇고, 넓은 콘크리트의 표면에 진동을 주어 고르게 다지는 기계
 • 거푸집진동기 : 거푸집의 외부에 진동을 주어 내부 콘크리트를 다지는 기계

문제 40 용량(q)이 0.75m³인 믹서기 4대로 구성된 콘크리트 플랜트의 단위시간당 생산량(Q)은 몇 m³/h인가? (단, 작업효율(E)=0.8, 싸이클 시간(Cm)=4분)

가. 9m³/h   나. 18m³/h
다. 36m³/h 라. 72m³/h

해설
○ $Q = \dfrac{0.8 \times 0.75 \times 4 \times 60}{4} = 36 m^3/h$

정답 37. 나 38. 나 39. 라 40. 다

문제 41 콘크리트의 슬럼프 시험에 대한 설명으로 틀린 것은?
가. 슬럼프 콘을 벗기는 작업은 높이 300mm에서 2~5초 정도로 끝내야 한다.
나. 슬럼프 콘에 콘크리트를 채우기 시작하고 나서 슬럼프 콘의 들어올리기를 종료 할 때까지의 시간은 3분 이내로 한다.
다. 3층으로 나누어 각 층을 25회씩 다지고 난 후에는 콘크리트가 슬럼프 콘보다 낮아졌어도 다시 콘크리트를 추가하여 넣어서는 안 된다.
라. 콘크리트가 내려앉은 길이를 5mm 단위로 측정한다.

해설 ○ 슬럼프콘에 채운 콘크리트의 윗면을 슬럼프콘의 상단에 맞춰 고르게 한 후 즉시 슬럼프콘을 가만히 연직으로 들어올리고 콘크리트의 중앙부에서 공시체 높이와의 차를 5mm단위로 측정한다.

문제 42 안지름 25cm, 높이 28cm,의 용기를 사용하여 블리딩 시험을 한 결과 피펫으로 빨아낸 물의 양이 508cm³였다. 블리딩량(cm³/cm²)을 구하면?
가. 0.009 나. 9.58 다. 1.03 라. 5.08

해설 ○ 블리딩량 $= \dfrac{V}{A} = \dfrac{508}{\dfrac{\pi \times 25^2}{4}} = 1.03 cm^3/cm^2$

문제 43 지름 150mm, 높이 300mm인 공시체를 사용하여 콘크리트 쪼갬인장강도시험을 하니 시험기에 나타난 최대하중이 150kN이었다. 이 공시체의 인장강도는?
가. 1.5MPa 나. 1.7MPa 다. 1.9MPa 라. 2.1MPa

해설 ○ $f_{sp} = \dfrac{2P}{\pi dl} = \dfrac{2 \times 150 \times 1000}{3.14 \times 150 \times 300} = 2.1\,(MPa)$

문제 44 블레인 공기투과장치에 의한 비표면적 시험은 무엇을 알기 위한 시험인가?
가. 시멘트의 분말도   나. 시멘트의 팽창도
다. 시멘트의 인장강도 라. 시멘트의 표준주도

해설 ○ 시멘트 분말도 시험방법은 블레인(Blaine)공기투과장치에 의한다.

문제 45 콘크리트 압축강도시험 기록이 없는 현장에서 설계기준압축강도가 22MPa인 경우 배합강도는?
가. 29MPa 나. 30.5MPa 다. 32MPa 라. 33.5MPa

해설 ○ $f_{cr} = f_{ck} + 8.5 = 22 + 8.5 = 30.5\,(MPa)$

정답 41. 다 42. 다 43. 라 44. 가 45. 나

○ 표준편차를 알지 못하거나 시험회수가 14회 이하인 경우 배합강도

설계기준강도 f_{ck} (Mpa)	배합강도 f_{cr} (Mpa)
21 미만	$f_{ck}+7$
21 이상 35 이하	$f_{ck}+8.5$
35 초과	$f_{ck}+10$

문제 46 잔골재의 조립률이 2.5 이고 굵은골재의 조립률이 7.5일 때 잔골재와 굵은골재를 질량비 2:3으로 혼합한 골재의 조립률은?

가. 3.5 나. 4.5 다. 5.5 라. 6.5

해설 ○ $f_a = \dfrac{p}{p+q} \times f_s + \dfrac{q}{p+q} \times f_g = \left(\dfrac{2}{2+3} \times 2.5\right) + \left(\dfrac{3}{2+3} \times 7.5\right) = 5.5$

문제 47 단위 용적질량이 1690kg/m³, 밀도가 2.60g/cm³인 굵은골재의 공극률은?

가. 25% 나. 30% 다. 35% 라. 40%

해설 ○ 실적률(%) = 100 − 공극률(%) = $\dfrac{단위용적 질량}{밀도} \times 100 = \dfrac{1.69}{2.6} \times 100 = 65$ (%)

∴ 공극률 = 100 − 실적률 = 100 − 65 = 35%

문제 48 콘크리트용 모래에 포함된 있는 유기불순물시험에 대한 설명으로 옳은 것은?

가. 사용하는 수산화나트륨 용액은 물 50에 수산화나트륨 50의 질량비로 용해
나. 시료는 대표적인 것을 취하고 절대건조상태로 건조시켜 4분법을 사용하여 약 5kg을 준비한다.
다. 시험에 사용할 유리병은 노란색으로 된 유리병을 사용하여야 한다.
라. 시험 결과 24시간 정치한 잔골재 상부의 용액색이 표준용액보다 연할 경우 이 모래는 콘크리트용으로 사용할 수 있다.

해설
- 수산화나트륨 용액(3%) : 물 97에 수산화나트륨 3의 질량비로 용해
- 시료 : 대표적인 것을 취하고 공기중건조상태로 건조 시켜서 4분법 또는 시료 분취기를 사용하여 약 450g을 취한다.
- 시험용 유리병 : 무색투명 유리병

문제 49 150mm×150mm×530mm인 콘크리트 공시체로 지간길이가 450mm인 단순보의 3등분점 하중장치로 휨강도 시험을 실시한 결과 시험기에 나타난 최대하중이 34.5kN 일 때 공시체가 지간의 중앙에서 파괴되었다. 이 공시체의 휨강도는?

가. 4.6MPa 나. 4.2MPa 다. 3.8MPa 라. 3.4MPa

해설 ○ $f_b = \dfrac{Pl}{bh^2} = \dfrac{34.5 \times 1000 \times 450}{150 \times 150^2} = 4.6\,(MPa)$

정답 46. 다 47. 다 48. 라 49. 가

문제 50 압력법에 의한 공기량시험에서 겉보기 공기량이 6.75%이고, 골재의 수정계수가 1.25인 경우 이 콘크리트의 공기량은?

　　가. 4.25%　　나. 5.5%　　다. 8.0%　　라. 9.25%

해설 ○ $A = A_1 - G = 6.75 - 1.25 = 5.5\%$

문제 51 콘크리트 휨강도 시험에서 100×100×380mm의 몰드를 사용하여 공시체를 제작할 때 콘크리트 채우기에서 각 층 다짐 횟수는?

　　가. 38회　　나. 58회　　다. 76회　　라. 96회

해설 ○ 다짐횟수 $= \dfrac{100 \times 380}{1000} = 38$회　(∵ 다짐 비율 $= 1$회/$1000 mm^2$)

문제 52 갇힌 공기량 2%, 단위수량 180kg, 단위시멘트량 315kg, 콘크리트의 단위 골재량의 절대 부피는 얼마인가? (단, 시멘트 밀도는 3.15g/cm³)

　　가. 650*l*　　나. 680*l*　　다. 700*l*　　라. 730*l*

해설 ○ $S_V + G_V = 1 - \left(\dfrac{C}{1000 \times C_g} + \dfrac{W}{1000} + \dfrac{A}{100} \right) = 1 - \left(\dfrac{315}{1000 \times 3.15} + \dfrac{180}{1000} + \dfrac{2}{100} \right) = 0.700 m^3 = 700 l$

문제 53 골재의 조립률을 구하기 위한 체의 호칭치수로 적당하지 않은 것은?

　　가. 40mm　　나. 25mm　　다. 5mm　　라. 2.5mm

해설 ○ 조립률을 구하기 위한 10개 체 : 80, 40, 20, 10, 5, 2.5, 1.2, 0.6, 0.3, 0.15mm

---

문제 54 골재의 단위용적질량시험 방법 중 충격을 이용하는 방법에서 용기를 떨어뜨리는 높이로 가장 적당한 것은?

　　가. 20cm　　나. 15cm　　다. 10cm　　라. 5cm

해설 ○ 단위용적질량시험 방법 중 충격을 이용하는 방법

문제 55 로스엔젤레스 시험기를 사용하는 골재의 시험법은 무엇인가?

　　가. 마모시험　　　　　　나. 안정성시험
　　다. 밀도시험　　　　　　라. 단위용적질량시험

해설 ○ 로스엔젤레스 마모(마멸)시험기

정답　50. 나　51. 가　52. 다　53. 나　54. 라　55. 가

문제 56 콘크리트의 압축강도 시험을 위한 공시체에 대한 설명으로 옳지 않은 것은?

가. 공시체는 지름의 2배 높이를 가진 원기둥형으로 한다.
나. 몰드에 콘크리트를 채울 때 콘크리트는 2층 이상의 거의 동일한 두께로 나누어서 채운다.
다. 캐핑 층의 두께는 공시체 지름의 2%를 넘어서는 안 된다.
라. 공시체의 지름은 골재의 최대치수의 4배 이하로 한다.

해설
- 시험체 지름은 굵은 골재 최대치수의 3배 이상, 또 100mm이상
- 굵은 골재 최대 치수가 40mm를 넘을 경우 40mm 망체로 쳐서 40mm를 넘는 입자를 제거한 시료를 사용하여 지름이 15cm의 공시체를 사용
- 공시체 치수는 공시체 지름의 2배의 높이를 가진 원기둥으로 한다. 그 지름은 굵은골재 최대치수의 3배 이상 100mm 이상
- 콘크리트 몰드에 3층 25회 다진다.
- 콘크리트를 채울 때 1층 두께는 160mm를 넘어서는 안 되며, 다짐은 $10cm^2$ 당 1회 비율로 다짐
- 콘크리트를 채운 후 된 반죽콘크리트는 2~6시간, 묽은 반죽콘크리트는 6~24시간 지나서 물-결합재비(W/B) 27~30%로 공시체를 캐핑 한다.
- 시험체에 콘크리트를 다 채운 후 16시간 이상 3일 이내에 몰드를 뗀다.
- 시험체를 20±2℃에서 습윤 양생
- 공시체에 일정한 속도로 하중을 가한다, 하중, 속도, 압축응력도의 증가율은 매초 0.6±0.4(MPa)로 한다.

문제 57 아래 그림 및 표의 설명은 어떤 시험에 대한 내용인가?

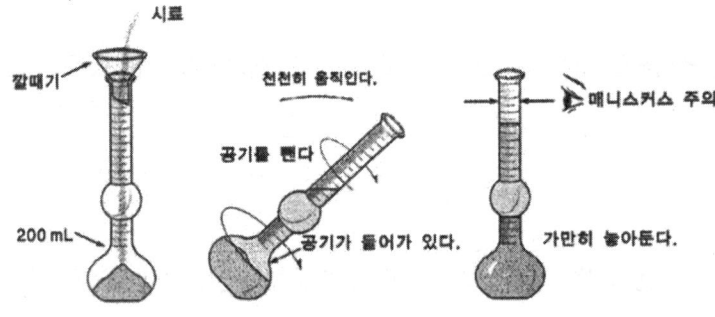

① 시료의 질량은 0.1g까지 측정한다.
② 플라스크의 표시선까지 물을 채우고 질량을 측정한다.
③ 물을 일정량 비우고 시료를 넣고 흔들어서 공기를 제거한다.
④ 플라스크 표시선까지 물을 채운상태에서 질량을 측정한다.

가. 잔골재의 밀도시험
나. 잔골재의 표면수시험
다. 콘크리트 슬럼프시험
라. 콘크리트 인장강도시험

해설
○ 잔골재 표면수 시험법 : 질량법, 용적법

정답 56. 라 57. 나

문제 58 굳지않은 콘크리트의 워커빌리티를 측정하는 시험법이 아닌 것은?
가. 슬럼프시험　　　　　　　　나. 플로(flow)시험
다. 공기함유량시험　　　　　　라. 구관입시험

해설　○ 워커빌리티 측정 시험 : 슬럼프 시험, 구관입 시험, 흐름(플로) 시험, 비비 시험, 리몰딩 시험

문제 59 골재의 안정성시험에 사용되는 시험용 용액은?
가. 황산나트륨　　나. 가성소다　　다. 염화칼슘　　라. 타닌산

해설　○ 골재의 안정성시험 시험 용액 : 황산나트륨

문제 60 콘크리트 블리딩시험에서 시험 중 온도로 적합한 것은?
가. 17±3℃　　나. 20±3℃　　다. 23±3℃　　라. 25±3℃

해설　○ 콘크리트 블리딩시험
　　콘크리트 시료의 온도 : 20±2℃,　시험을 하는 실온 : 20±3℃

정답　58. 다　59. 가　60. 나

핵심기출문제해설 (2)

문제 1 시멘트가 풍화되면 나타나는 현상으로 옳은 것은?
가. 밀도가 커지고 응결이 빨라진다.
나. 강도가 늦게 나타나고 응결이 빨라진다.
다. 밀도가 작아지고 조기강도가 커진다.
라. 응결이 늦어지며 밀도가 작아진다.

해설 ○ 풍화된 시멘트는 • 밀도가 작아지고 • 응결이 늦어지며 • 강도가 늦게 나타난다.

문제 2 품질이 좋은 콘크리트를 만들기 위해 일반적으로 사용되는 잔골재의 조립률 범위로 옳은 것은?
가. 2.3~3.1   나. 3.4~4.1   다. 4.5~5.7   라. 6~8

해설 ○ 잔골재 조립률의 적정범위는 2.3~3.1, 굵은 골재 조립률의 적정 범위는 6~8

문제 3 다음 시멘트의 종류 중 혼합시멘트가 아닌 것은?
가. 고로 슬래그 시멘트   나. 포틀랜드 포졸란 시멘트
다. 플라이 애시 시멘트   라. 알루미나 시멘트

해설 ○ 혼합시멘트는 고로슬래그 시멘트, 플라이 애시 시멘트, 포틀랜드 포졸란시멘트(실리카시멘트)

문제 4 시멘트의 입자를 분산시켜 콘크리트의 단위 수량을 감소시키는 혼화제는?
가. AE제   나. 지연제   다. 촉진제   라. 감수제

해설 ○ 감수제, AE 감수제
감수제는 시멘트 입자를 분산시켜 분산효과를 나타내고, 감수제에 AE 공기도 함께 생기도록 한 것을 AE 감수제라 한다.

문제 5 일반적인 구조물의 콘크리트에 사용되는 굵은 골재의 최대 치수는 다음 중 어느 것을 표준으로 하는가?
가. 25mm   나. 50mm   다. 75mm   라. 100mm

해설 ○ 굵은골재 최대치수(Gmax) 결정

콘크리트 종류		굵은 골재의 최대치수(mm)
무근콘크리트		40 또는, 부재최소치수의 1/4 이하
철근콘크리트	일반적인경우	20 또는 25 / 부재최소치수의 1/5 이하
	단면이 큰 경우	40 / 피복 두께, 철근간격의 3/4 이하

정답 1. 라 2. 가 3. 라 4. 라 5. 가

문제 6 골재의 조립률을 구할 때 사용되지 않는 체의 크기는?
　　가. 40mm　　　나. 15mm　　　다. 10mm　　　라. 0.15mm

해설
○ 조립률을 구하기 위한 10개 체 : 80, 40, 20, 10, 5, 2.5, 1.2, 0.6, 0.3, 0.15mm

문제 7 숏크리트에 대한 설명으로 틀린 것은?
　　가. 시멘트는 보통 포틀랜트시멘트를 사용하는 것을 표준으로 한다.
　　나. 혼화제로는 급결제를 사용한다.
　　다. 굵은 골재는 최대치수가 40~50mm의 부순돌 또는 강자갈을 사용한다.
　　라. 시공방법으로는 건식 공법과 습식공법이 있다.

해설
○ 시멘트 : 보통 포틀랜트시멘트를 사용하는 것을 표준
　• 혼화제 : 급결제를 사용.
　• 굵은 골재최대치수 : 8~20mm의 부순돌, 강자갈 사용
　• 시공법 : 건식법, 습식법

문제 8 조기 강도가 작고 장기 강도가 큰 시멘트로 체적 변화가 적고 균열 발생이 적어 댐 공사, 단면이 큰 구조물공사에 적합한 것은?
　　가. 보통 포틀랜드 시멘트　　　나. 조강 포틀랜드 시멘트
　　다. 백색 포틀랜드 시멘트　　　라. 중용열 포틀랜드 시멘트

해설
○ 중용열 포틀랜드 시멘트 특성
　• 수화열을 적게 만듦
　• 수화열이 적어 건조수축이 작으며, 장기 강도가 크다.
　• 계절적으로는 수화열이 작아 여름(서중콘크리트)에 사용.
　• 화학성분은 C_2S, C_4AF가 비교적 많고 C_3S와 C_3A는 적다.
　• 수화열과 건조수축이 작아 댐이나 매스콘크리트(Mass Concrete) 사용

문제 9 플라이 애시를 사용한 콘크리트에 대한 설명으로 틀린 것은?
　　가. 콘크리트의 워커빌리티를 좋게 하고 사용 수량을 감소시켜 준다.
　　나. 초기재령의 강도는 다소 작으나 장기재령의 강도는 증가 한다.
　　다. AE제를 조금만 사용해도 공기량이 상당히 많아진다.
　　라. 콘크리트의 수밀성이 좋아진다.

해설
○ 플라이애쉬 시멘트 특성
화력발전소에서 미분탄 연소할 때 굴뚝을 통해 대기 중으로 확산되는 미립자를 집진기로 포집한 것을 플라이애쉬라고 하며, 포졸란 반응을 지닌다. 플라이애시는 구형의 형태로 볼 베어링 효과가 있어 워커빌리티개선
　• 유동성이 좋다.(워커빌리티가 좋다)　　• 수화열이 적고, 장기 강도가 크다.
　• 해수 등 화학적 저항성이 크다.　　　• 수밀성이 좋다.
　• 알카리 골재반응을 억제 한다.　　　• 건조수축을 감소

정답　6. 나　7. 다　8. 라　9. 다

문제 10 시멘트의 응결을 빠르게 하기 위하여 사용하는 혼화제는?

　　가. 지연제　　나. 발포제　　다. 급결제　　라. 기포제

해설
○ 촉진제, 급결제 특성
시멘트 수화작용을 촉진시키기 위한 것으로 순간적인 응결과 경화가 요구되는 경우에 사용하며 염화칼슘($CaCl_2$)을 사용
- 급속공사, 숏크리트(뿜어 붙이기 콘크리트)에 사용
- 발열량이 많아 한중콘크리트에 알맞다.

문제 11 보통 잔골재의 일반적인 밀도로 옳은 것은?

　　가. 2.40~2.55g/cm³　　나. 2.50~2.65g/cm³
　　다. 2.60~2.85g/cm³　　라. 2.80~2.95g/cm³

해설
○ 잔골재 밀도 : 2.50~2.65g/cm³　　굵은골재 밀도 : 2.55~2.70g/cm³

문제 12 포틀랜드 시멘트 제조방법 중 옳지 않은 것은?

　　가. 건식법　　나. 반건식법　　다. 습식법　　라. 수중법

해설
○ 포틀랜드 시멘트 제조법 : 건식법, 습식법, 반건식법이 있다.

문제 13 콘크리트용 골재로서 요구되는 성질로 틀린 것은?

　　가. 골재의 낱알의 크기가 균등하게 분포할 것
　　나. 필요한 무게를 가질 것
　　다. 단단하고 치밀할 것
　　라. 알의 모양은 둥글거나 입방체에 가까울 것

해설
○ 골재가 갖추어야 할 성질
- 골재는 강하며, 물리 화학적으로 안정되어 내구적일 것　• 알맞은 입도를 가질 것
- 연한석편, 가느다란 석편을 함유하지 않고 둥글거나 정육면체에 가까울 것
- 유해량 이상의 염분을 포함하지 말아야 하며, 진흙이나 유기불순물 등의 유해물이 포함되어 있지 않아야 한다.
- 마멸에 대한 저항성이 크고, 필요한 무게를 가질 것

문제 14 건조 수축에 의한 균열을 막기 위하여 콘크리트에 팽창재를 넣거나 팽창 시멘트를 사용하여 만든 콘크리트를 무엇이라 하는가?

　　가. AE콘크리트　　　　　나. 유동화 콘크리트
　　다. 팽창 콘크리트　　　　라. 철근 콘크리트

해설
○ 팽창콘크리트의 특성
- 팽창콘크리트는 수축보상용 콘크리트, 화학적 프리스트레스용 콘크리트 및 충전용 모르타르와 콘크리트로 한다.

정답　10. 다　11. 나　12. 라　13. 가　14. 다

문제 15 골재알의 모양을 판정하는 척도인 실적률을 구하는 식으로 옳은 것은?

가. 실적률(%)=공극률(%)-100 나. 실적률(%)=100-공극률(%)
다. 실적률(%)=조립률(%)-100 라. 실적률(%)=100-조립률(%)

해설 ○ 실적률(%)=100-공극률(%)

문제 16 시멘트 밀도에 영향을 미치는 요소에 대한 설명으로 옳지 않은 것은?

가. 저장기간이 길어지면 밀도가 작아진다.
나. 혼합물이 섞이면 밀도가 작아진다.
다. SiO_2, Fe_2O_3가 많으면 밀도가 커진다.
라. 소성과정(Burning)이 불충분하면 밀도가 커진다.

해설 ○ 소성과정(Burning)이 불충분하면 밀도가 작아진다.

문제 17 철근 콘크리트를 만드는데 필요한 배합수로 적합하지 않은 것은?

가. 지하수   나. 바닷물   다. 수돗물   라. 하천수

해설 ○ 혼합수 : 상수도 이외의 물(하천수, 호숫물, 저수지수, 지하수)
바닷물은 철근을 부식시키므로 혼합수로 적합하지 않음

문제 18 주로 잠재 수경성이 있는 혼화재는?

가. 고로 슬래그 미분말   나. 플라이 애시
다. 규산질 미분말   라. 팽창재

해설 ○ 잠재수경성
고로슬래그가 시멘트수화물 중 수산화칼슘과 반응, 경화하여 장기강도를 발휘하는 성질

문제 19 콘크리트용 굵은 골재의 안정성은 황산나트륨으로 5회 시험을 하여 평가한다. 이때 손실질량은 몇 %이하를 표준으로 하는가?

가. 12%   나. 10%   다. 5%   라. 3%

해설 ○ 안정성 시험에서 골재 손실 무게 비는 잔골재는 10% 이하, 굵은 골재는 12% 이하로 규정하고 있다.

문제 20 콘크리트용 굵은 골재와 잔골재를 구분하는 체의 호칭크기로 옳은 것은?

가. 2.5mm체   나. 5mm체   다. 10mm체   라. 13mm체

해설 ○ 골재 크기에 따른 분류
- 잔골재 : 5mm 체를 다 통과하고 0.08mm 체에 다 남은 골재
- 굵은 골재 : 5mm 체에 다 남은 골재

정답 15. 나   16. 라   17. 나   18. 가   19. 가   20. 나

문제 21 콘크리트의 배합에서 단위 잔골재량이 600kg/m³, 단위굵은 골재량이 1400kg/m³일 때 절대 잔골재율(S/a)은? (단, 잔골재와 굵은골재 밀도는 같다.)

가. 30%   나. 35%   다. 40%   라. 45%

해설
○ 잔골재율$(S/a) = \dfrac{S_V}{S_V + G_V} \times 100 = \dfrac{600}{600 + 1400} \times 100 = 30\,(\%)$

문제 22 완전히 물막이를 할 수 없는 현장에서 수중콘크리트를 타설하고자 할 때 유속을 얼마 이하로 하여야 수중콘크리트를 타설할 수 있는가?

가. 50mm/s   나. 100mm/s   다. 250mm/s   라. 500mm/s

해설
○ 수중콘크리트는 정수 중에 치는 것을 원칙으로 하며 완전히 물막이를 할 수 없는 경우에도 유속은 1초간 5cm 이하로 되는 것이 좋다.

문제 23 콘크리트를 2층 이상으로 나누어 타설할 경우 외기온도 20℃ 이하에서 이어치기허용 시간의 표준으로 옳은 것은?

가. 1.0시간   나. 1.5시간   다. 2.0시간   라. 2.5시간

해설
○ 외기온도에 따른 비비기 시간 및 허용 이어치기

외기온도	비비기 ~ 타설	허용 이어치기
25℃ 이상	1.5시간 이내	2.0 시간
25℃ 이하	2시간 이내	2.5 시간

문제 24 수송관 속의 콘크리트를 압축 공기에 의해 압송하는 것으로서 콘크리트 펌프와 같이 터널 등의 좁은 곳에 콘크리트를 운반하는 데에 편리한 콘크리트 운반기계는?

가. 벨트 컨베이어   나. 버킷
다. 콘크리트 플레이서   라. 슈트

해설
○ 콘크리트 플레이서
  • 수송관내의 콘크리트를 압축공기를 이용하여 압송하는 것으로서 콘크리트펌프와 같이 터널 등 좁은 곳에서 운반이 편리

문제 25 콘크리트의 재료를 비버서 굳지 않은 상태의 콘크리트를 만드는 것으로서 재료 저장부, 계량장치, 비비기장치, 배출장치가 있어 콘크리트를 일관 작업으로 대량 생산하는 기계는?

가. 콘크리트 플랜트   나. 콘크리트 믹서
다. 트럭 믹서   라. 콘크리트 펌프

해설
○ 콘크리트펌프
  콘크리트의 운반기구 중 재료의 분리가 적고 연속적으로 타설 할 수 있어 터널, 댐, 항만 등의 공사에 널리 쓰임.

정답 21. 가   22. 가   23. 라   24. 다   25. 가

문제 26 부재 혹은 구조물의 치수가 커서 시멘트의 수화열에 의한 온도 상승 및 강하를 고려하여 설계·시공해야 하는 콘크리트는?

가. 뿜어붙이기 콘크리트 나. 진공 콘크리트
다. 매스 콘크리트 라. 롤러 다짐 콘크리트

해설
o 매스콘크리트(mass concrete)
  매스콘크리트는 부재 또는 구조물의 치수가 커서 시멘트의 수화열에 의한 온도 상승을 고려하여 시공하는 콘크리트

문제 27 콘크리트 재료 중 혼화재의 1회 계량분에 대한 계량오차(허용오차)로 옳은 것은?

가. ±1%   나. ±2%   다. ±3%   라. ±4%

해설
o 재료의 계량오차

재료의 종류	측정단위	허용오차 (%)
물	질량	-2, +1
시 멘 트	질량	-1, +2
혼 화 재	질량	± 2
골 재	질량 또는 부피	± 3
혼 화 제	질량 또는 부피	± 3

문제 28 콘크리트 타설에 대한 설명으로 옳지 않은 것은?

가. 콘크리트의 타설은 원칙적으로 시공계획서에 따라야한다.
나. 타설한 콘크리트를 거푸집 안에서 횡 방향으로 이동시켜서는 안 된다.
다. 한 구획 내의 콘크리트는 타설이 완료될 때까지 연속해서 타설하여야 한다.
라. 벽 또는 기둥과 같이 높이가 높은 콘크리트의 치기속도는 1시간에 1~1.5m 정도로 한다.

해설
o 콘크리트 치기
  • 콘크리트의 치기는 원칙적으로 시공계획서에 따라 쳐야 한다.
  • 친 콘크리트를 거푸집 안에서 횡 방향으로 이동시켜서는 안 된다.
  • 한 구획내의 콘크리트는 치기가 완료될 때까지 연속해서 쳐야 한다.
  • 콘크리트를 2층 이상으로 나누어 칠 경우, 상층의 콘크리트 치기는 원칙적으로 하층의 콘크리트가 굳기 시작하기 전에 쳐야 하며, 상층과 하층이 일체가 되도록 시공
  • 슈트, 펌프배관, 버킷, 호퍼 등의 배출구와 치기 면까지의 높이는 1.5m 이하를 원칙
  • 콘크리트 치기 도중 표면에 떠올라 고인 블리딩 수가 있을 경우에는 적당한 방법으로 이 물을 제거한 후가 아니면 그 위에 콘크리트를 쳐서는 안 된다. 고인 물을 제거하기 위하여 콘크리트 표면에 도랑을 만들어 흐르게 해서는 안 된다.
  • 치기속도는 일반적으로 30분에 1~1.5m 정도로 한다.

정답 26. 다   27. 나   28. 라

문제 29 거푸집과 동바리에 관한 설명 중 옳지 않은 것은?

가. 연직부재의 거푸집은 수평부재의 거푸집보다 빨리 떼어낸다.
나. 보에서는 밑면 거푸집을 양측면의 거푸집보다 먼저 떼어낸다.
다. 거푸집을 시공할 때 거푸집 판의 안쪽에 박리제를 발라서 콘크리트가 거푸집에 붙는 것을 방지하도록 한다.
라. 거푸집 및 동바리는 콘크리트가 자중 및 시공 중에 가해지는 하중에 충분히 견딜만한 강도를 가질 때까지 해체해서는 안 된다.

해설 ○ 해체순서는 하중을 받지 않는 부분부터 해체한다. 즉 연직부재는 수평부재의 거푸집 보다 먼저 해체한다.

문제 30 레디믹스트(Ready Mixed) 콘크리트에 관한 설명으로 틀린 것은?

가. 콘크리트를 치기가 쉬워 능률적이다.
나. 공사비용과 공사기간이 늘어나는 단점이 있다.
다. 콘크리트의 품질을 염려할 필요가 없이 시공에만 전념할 수 있다.
라. 좋은 품질의 콘크리트를 얻기가 쉽다.

해설 ○ 레미콘의 장점
- 현장에 설비가 없어도 콘크리트를 구입할 수 있다.
- 콘크리트를 치기가 쉬워 능률적이다.
- 공사 진행에 차질이 없다.
- 품질이 보증된다.

문제 31 골재의 절대 부피가 0.691m³인 콘크리트에서 잔골재율이 41%이고 잔골재의 밀도가 2.6g/cm³, 굵은 골재의 밀도가 2.65g/cm³라면 단위 굵은골재량은 약 얼마인가?

가. 410kg/m³   나. 740kg/m³   다. 820kg/m³   라. 1080kg/m³

해설 ○ 1) $G_V = 0.691 - (0.691 \times 0.41) = 0.40769 m^3$
2) $G = G_V \times G_g \times 1000 = 0.40769 \times 2.65 \times 1000 = 1080 kg$

문제 32 콘크리트 다짐기계 중 비교적 두께가 얇고 면적이 넓은 도로 포장 등의 다지기에 사용되는 것은?

가. 래머(rammer)   나. 내부진동기
다. 표면진동기   라. 거푸집진동기

해설 ○ 콘크리트 다짐기계
- 내부진동기 : 막대모양의 진동부를 콘크리트 속에 넣어 진동을 주어 다지는 기계
- 표면진동기 : 두께가 얇고, 넓은 콘크리트의 표면에 진동을 주어 고르게 다지는 기계
- 거푸집진동기 : 거푸집의 외부에 진동을 주어 내부 콘크리트를 다지는 기계

정답 29. 나 30. 나 31. 라 32. 다

문제 33 일반콘크리트의 경우 AE 공기량이 어느 정도일 때 워커빌리티(Workability)와 내구성이 가장 좋은 콘크리트가 되는가?

　　가. 1~3%　　나. 4~7%　　다. 8~10%　　라. 11~14%

해설 ○ 일반적인 콘크리트의 공기량은 4~7% 정도가 표준

문제 34 서중콘크리트를 타설할 때의 콘크리트 온도는 최대 몇 ℃ 이하이어야 하는가?

　　가. 20℃　　나. 25℃　　다. 30℃　　라. 35℃

해설 ○ 한중콘크리트 및 서중콘크리트 온도

구분	한중콘크리트	서중콘크리트
일평균기온	4℃ 이하	25℃ 이상
쳐 넣을 때 온도	5~20℃	35℃ 이내
양생시 콘크리트 온도	5℃ 이상	

문제 35 보통 포틀랜드 시멘트를 사용한 콘크리트를 습윤양생 하고자 할 때 습윤 상태로 보호하는 기간의 표준으로 옳은 것은? (단, 일평균기온이 15℃ 이상인 경우)

　　가. 2일　　나. 3일　　다. 4일　　라. 5일

해설 ○ 습윤상태의 보호 기간은 보통포틀랜드시멘트를 사용할 경우 5일간 이상, 조강포틀랜드시멘트를 사용한 경우 3일간 이상을 표준으로 한다.

문제 36 거푸집의 높이가 높을 경우 재료의 분리를 방지하기 위하여 슈트, 펌프배관 등의 배출구와 타설 면까지의 높이는 원칙적으로 얼마로 하여야 하는가?

　　가. 1.0m 이하　　나. 1.0m 이상
　　다. 1.5m 이하　　라. 1.5m 이상

해설 ○ 연직슈트 또는 펌프배관의 배출구를 치기면 가까운 곳까지 내려서 콘크리트 치기를 해야 한다. 이 경우 슈트, 펌프배관, 버킷, 호퍼 등의 배출구와 치기 면까지의 높이는 1.5m이하를 원칙으로 한다.

문제 37 일반 수중 콘크리트의 물-결합재비의 표준은 몇 % 이하인가?

　　가. 20%　　나. 30%　　다. 40%　　라. 50%

해설 ○ 물-결합재비는 50% 이하를 표준

정답 33. 나　34. 라　35. 라　36. 다　37. 라

문제 38 비빈 콘크리트의 운반에 대한 설명으로 적당하지 않은 것은?
가. 재료의 손실이 생기지 않아야 한다.
나. 재료의 분리가 생기지 않아야 한다.
다. 슬럼프의 감소가 생기지 않아야 한다.
라. 블리딩이 많이 발생하도록 운반해야 한다.

해설
○ 콘크리트 운반 일반사항
- 콘크리트는 신속하게 운반하여 즉시 치고, 충분히 다져야 한다.
- 비비기로부터 치기가 끝날 때까지의 시간은 원칙적으로 외기온도가 25℃를 넘었을 때는 1.5시간, 25℃ 이하일 때에는 2시간을 넘어서는 안 된다.
- 운반 및 치기는 재료분리가 될 수 있는 대로 적게 일어나도록 해야 한다.
- 운반 중 재료의 손실이 생기지 않아야 한다.
- 운반 중 슬럼프의 감소가 생기지 않아야 한다.

문제 39 슬래브 및 보의 밑면 거푸집은 콘크리트 압축강도가 최소 얼마 이상일 때 해체할 수 있는가? (단, 콘크리트의 압축강도를 시험하여 거푸집널의 해체시기를 정하는 경우)
가. 5MPa
나. 10MPa
다. 14MPa
라. 28MPa

해설
○ 거푸집 및 동바리의 해체
- 거푸집 및 동바리 해체 가능한 콘크리트의 압축강도 시험결과

부재	콘크리트 압축강도
확대기초, 보 옆, 기둥, 벽 등의 측벽	5MPa 이상
슬래브 및 보의 밑면, 아치 내면	설계기준강도의 2/3 (14MPa 이상)

- 특히 내구성을 고려할 경우의 기초, 보의 측면, 기둥, 벽의 거푸집널은 콘크리트의 압축강도가 10MPa 이상 도달한 경우 해체하는 것이 좋다.
- 거푸집널의 존치기간 중 평균 기온이 10℃ 이상인 경우 압축강도 시험을 하지 않고 기초, 보 옆, 기둥 및 벽의 측벽의 경우 다음 표에 주어진 재령 이상을 경과하면 해체

시멘트의 종류 평균기온	조강 포틀랜드 시멘트	• 보통 포틀랜드 시멘트 • 고로슬래그 시멘트(특급) • 포틀랜드 포졸란 시멘트 (A종) • 플라이애쉬시멘트 (A종)	• 고로슬래그 시멘트 (1급) • 포틀랜드 포졸란 시멘트 (B종) • 플라이애쉬 시멘트 (B종)
20℃ 이상	2일	4일	5일
20℃ 미만 10℃ 미만	3일	6일	8일

정답 38. 라 39. 다

문제 40 공장에 있는 고정믹서에서 어느 정도 비빈 콘크리트를 믹서에 싣고, 비비면서 현장에 운반하는 방법은?
가. 슈링크 믹스트 콘크리트
나. 트랜싯 믹스트 콘크리트
다. 센트럴 믹스트 콘크리트
라. 콘크리트 플레이서

해설
○ 레디믹스트 콘크리트(레미콘)의 제조 및 운반방법
- 센트럴 믹스트 콘크리트(central mixed concrete) : 플랜트에서 완전히 믹싱하여 트럭믹서 또는 트럭 애지테이터(truck agitator)로 운반 중에 교반(agitate)하면서 공사현장까지 배달 공급하는 방식. 일반적으로 많이 쓰인다.
- 쉬링크 믹스트 콘크리트(shrink mixed concrete) : 플랜트에서 어느 정도 콘크리트를 비빈 후 트럭믹서 또는 트럭애지테이터에 투입하여 운반시간 동안 혼합하여 배달 공급하는 방식.
- 트랜싯 믹스트 콘크리트(transit mixed concrete) : 플랜트에서 계량된 각각의 재료를 트럭믹서에 운반 시간 동안에 혼합수를 가하여 교반 혼합하여 배달 공급하는 방식.

문제 41 잔골재의 밀도 및 흡수율시험에 사용되는 시험기구로 옳지 않은 것은?
가. 저울   나. 플라스크   다. 원심분리기   라. 원뿔형 몰드

해설
○ 저울, 플라스크, 시료팬, 원뿔형 몰드, 다짐대

문제 42 30회 이상의 시험실적으로부터 구한 압축강도의 표준편차가 2MPa이고 설계 기준압축강도가 30MPa 인 경우 배합강도는?
가. 30MPa   나. 31.2MPa   다. 32.7MPa   라. 33.9MPa

해설
○ $f_{ck} \leq 35$ MPa인 경우
$f_{cr} = f_{ck} + 1.34s = 30 + 1.34 \times 2 = 32.7(MPa)$
$f_{cr} = (f_{ck} - 3.5) + 2.33s = (30 - 3.5) + (2.33 \times 2) = 31.2(MPa)$
∴ $f_{ck} = 32.7(MPa)$

문제 43 압력법에 의한 굳지 않은 콘크리트의 공기함유량 시험에 대한 설명으로 옳은 것은?
가. 측정용기의 용량은 4L를 사용한다.
나. 시료를 용기에 한 번에 채우고 다짐봉으로 55회 균등하게 다진다.
다. 용기의 뚜껑을 죌때는 반드시 시계침 방향에 따른 순서대로 죈다.
라. 콘크리트의 공기량은 겉보기 공기량에서 골재의 수정계수를 뺀 값으로 한다.

해설
○ 공기함유량 시험
- 양은 필요한 양보다 5L이상을 한다.
- 대표적인 시료를 용기에 3층으로 넣고, 각 층을 25회 다진다.
- 용기의 뚜껑을 죌 때는 반드시 대각선으로 죈다.

정답 40. 가   41. 다   42. 다   43. 라

문제 44 잔골재의 밀도 및 흡수율(KS F 2504) 시험에서 밀도시험의 정밀도는 2회 실시하여 각각 구한 값과 평균값의 차이가 몇 g/cm³이하이어야 하는가?
  가. 0.01g/cm³   나. 0.05g/cm³   다. 0.1g/cm³   라. 0.5g/cm³

해설 ○ 시험값은 평균과의 차이가 밀도인 경우 0.01g/cm³, 흡수율인 경우 0.05% 이하

문제 45 콘크리트 압축강도 시험용 공시체의 양생온도로 적당한 것은?
  가. 10±2℃   나. 15±2℃   다. 20±2℃   라. 25±2℃

해설 ○ 시험체를 20±2℃에서 습윤 양생

문제 46 표면 건조 포화 상태 시료의 질량이 4000g 이고 물속에서 철망태와 시료의 질량이 3070g 이며 물속에서 철망태의 질량이 580g, 절대건조 상태 시료의 질량이 3930g일 때 이 굵은 골재의 절대 건조 상태의 밀도는? (단, 시험온도에서의 물의 밀도는 1g/cm³이다.)
  가. 2.30g/cm³   나. 2.40g/cm³   다. 2.50g/cm³   라. 2.60g/cm³

해설 ○ $D_d = \dfrac{A}{B-C} \times \rho_w = \dfrac{3930}{4000-(3070-580)} \times 1 = 2.60\,(g/cm^3)$

문제 47 시방배합 결과 단위 잔골재량이 700kg/m³이고, 단위 굵은골재량이 1000kg/m³, 단위 수량이 180kg/m³이었다. 현장에서 골재의 상태가 잔골재의 표면수량은 5%, 굵은 골재의 표면수량이 1%인 경우 현장배합으로 보정한 단위수량은?
  (단, 입도에 대한 보정은 필요 없는 경우)
  가. 120kg/m³   나. 135kg/m³   다. 210kg/m³   라. 225kg

해설
- 잔골재 표면수 = $700 \times 0.05 = 35\,kg$
- 굵은 골재 표면수 = $1000 \times 0.01 = 10\,kg$
  ∴ 보정한 단위수량 = 180-(35+10)=135kg

문제 48 슬럼프 시험에서 슬럼프 콘을 벗기는 작업은 몇 초 이내로 하여야 하는가?
  가. 2~5초   나. 4~5초   다. 10~20초   라. 15~25초

해설
- 슬럼프 콘을 들어 올리는 시간은 높이 30cm에서 2~5 초로 한다.
- 슬럼프 콘에 채우고 벗길 때 까지 전 작업시간은 3분 이내

정답 44. 가   45. 다   46. 라   47. 나   48. 가

문제 49 콘크리트의 휨 강도 시험에 대한 설명으로 틀린 것은?

가. 지간은 공시체 높이의 3배로 한다.
나. 재하장치의 접촉면과 공시체 면과의 사이에 틈새가 생기는 경우, 접촉부의 공시체 표면을 평평하게 갈아서 잘 접촉할 수 있도록 한다.
다. 공시체에 충격을 가하지 않도록 일정한 속도로 하중을 가한다.
라. 하중을 가하는 속도는 가장자리 응력도의 증가율이 매초 0.6±0.4MPa이 되도록 한다.

해설
○ 하중을 가하는 속도는 가장자리 응력도의 증가율이 매초 0.06±0.04MPa이 되도록 조정하고, 최대하중이 될 때까지 그 증가율을 유지하도록 한다.

문제 50 시방배합에서 규정된 배합의 표시법에 포함되지 않는 것은?

가. 슬럼프의 범위 나. 잔골재의 최대치수
다. 물-결합재비 라. 시멘트의 단위량

해설
○ 배합의 표시법

굵은 골재의 최대 치수 (mm)	슬럼프 범위 (mm)	공기량 범위 (%)	물-결합재비$^{1)}$ W/B (%)	잔골재율 S/a (%)	단위질량(kg/m³)				
									혼화재료	
					물	시멘트	잔골재	굵은 골재	혼화재$^{1)}$	혼화제$^{2)}$

문제 51 물-시멘트비가 50%이고 단위수량이 180kg/m³일 때 단위 시멘트량은 얼마인가?

가. 90kg/m³ 나. 180kg/m³
다. 270kg/m³ 라. 360kg/m³

해설
○ $\frac{W}{C} = 0.5$, ∴ $C = \frac{W}{0.5} = \frac{180}{0.5} = 360 kg/m^3$

문제 52 강도시험용 콘크리트 공시체의 제작에서 몰드를 떼는 시기는 콘크리트 채우기가 끝나고 나서 얼마 이내에 실시하여야 하는가?

가. 4시간 이상 16시간 이내 나. 16시간 이상 3일 이내
다. 3일 이상 6일 이내 라. 6일 이상 28일 이내

해설
○ 시험체에 콘크리트를 다 채운 후 16시간 이상 3일 이내에 몰드를 뗀다.

정답 49. 라 50. 나 51. 라 52. 나

문제 53 콘크리트의 슬럼프시험에 대한 설명으로 틀린 것은?
가. 콘크리트의 내려앉은 길이를 1cm의 정밀도로 측정한다.
나. 슬럼프 콘에 시료를 채울 때 각 층은 25회씩 다진다.
다. 슬럼프 콘에 시료를 채울 때 슬럼프 콘 부피의 1/3씩 3층으로 나눠서 채운다.
라. 슬럼프 콘에 콘크리트를 채우기 시작하고 나서 슬럼프콘의 들어올리기를 종료 할 때까지의 시간은 3분 이내로 한다.

해설 ○ 슬럼프 콘을 채운 콘크리트 윗면을 고르게 하고 즉시 슬럼프 콘을 연직으로 들어 올려 공시체 높이와 콘크리트가 무너진 상단부와 차를 5mm 단위로 측정하여 슬럼프 값으로 한다.

문제 54 콘크리트 공시체로 압축강도 시험을 한 결과 공시체가 파괴될 때의 최대하중이 600kN 이었고, 공시체의 지름은 150mm, 높이가 300mm이었다면 콘크리트의 압축강도는?
가. 28MPa 나. 31MPa 다. 34MPa 다. 38MPa

해설 ○ $f_c = \dfrac{P}{A} = \dfrac{600 \times 1000}{\dfrac{\pi \times 150^2}{4}} = 34(MPa)$

문제 55 굳지 않은 콘크리트의 압력법에 의한 공기량 측정기구는?
가. 진동대식 공기량 측정기 나. 워싱턴형 공기량 측정기
다. 관입침 라. 슈미트 해머

해설 ○ 슈미트 해머는 비파괴 시험기

문제 56 시멘트 밀도 시험의 목적이 아닌 것은?
가. 시멘트의 종류를 어느 정도 추정할 수 있다.
나. 시멘트의 품질을 판정할 수 있다.
다. 시멘트 입자 사이의 공기량을 알 수 있다.
라. 콘크리트 배합 설계를 할 때 시멘트의 절대 용적을 구할 수 있다.

해설 ○ 시멘트 밀도를 알면
• 시멘트 종류, 품질 판정
• 콘크리트 배합설계 때 시멘트 질량를 구할 수 있음

문제 57 잔골재 체가름 시험에 필요한 시료를 준비할 때 1.2mm 체를 95%(질량비)이상 통과하는 시료의 최소 건조질량은?
가. 100g 나. 300g 다. 500g 라. 1000g

해설 ○ 잔골재 1.2mm 체를 95% 이상 통과한 것 100g

정답 53. 가 54. 다 55. 나 56. 다 57. 가

문제 58 골재안정성 시험은 황산나트륨을 용해시켜 황산나트륨용액을 만들어 사용한다. 이 때 시험용 용액의 비중은?

가. 1.151~1.174	나. 1.251~1.274
다. 1.351~1.374	라. 1.451~1.474

해설 ○ 용액 시약에 사용하는 경우의 용액 비중은 1.151~1.174이어야 한다.

문제 59 콘크리트용 모래에 포함되어 있는 유기불순물 시험에 사용하는 유리병에 대한 설명으로 옳은 것은?

가. 병은 고무마개를 가지고 눈금이 없는 용량 800mL의 무색투명 유리병이 1개 있어야 한다.
나. 병은 고무마개를 가지고 눈금이 있는 용량 400mL의 무색투명 유리병이 2개 있어야 한다.
다. 병은 고무마개를 가지고 눈금이 없는 용량 800mL의 파랑색 투명 유리병이 2개 있어야 한다.
라. 병은 고무마개를 가지고 눈금이 없는 용량 400mL의 파랑색 투명 유리병이 1개 있어야 한다.

해설 ○ 병은 고무마개를 가지고 눈금이 있는 용량 400mL의 무색투명 유리병이 2개 있어야 하며, 그 중 1개는 130mL와 200mL의 눈금이 있어야 한다.

문제 60 골재 마모시험 방법 중 로스엔젤레스 마모시험기에 의해 마모시험을 할 경우 잔량 및 통과량을 결정하는 체는?

가. 5mm체	나. 2.5mm체	다. 1.7mm체	라. 1.2mm체

해설 ○ 시료를 시험기에서 꺼내어 1.7mm의 망체로 친다. 이 때 습식으로 쳐도 좋다

정답 58. 가 59. 나 60. 다

핵심기출문제해설 (3)

문제 1 프리플레이스트 콘크리트에서 굵은 골재의 최소 치수는 몇 mm 이상이어야 하는가?
가. 15mm 나. 25mm 다. 40mm 라. 60mm

해설 ○ 프리플레이스트콘크리트 재료

잔골재 조립율	1.4~2.2
굵은 골재 최소치수	15mm이상,
굵은 골재 최대치수	부재단면 최소 치수의 1/4 이하
	철근 순간격 2/3 이하
팽창율	블리딩의 2배

문제 2 응결지연제(retarder)를 혼입해서 사용해야 할 콘크리트는?
가. 한중콘크리트 나. 서중콘크리트
다. 수중콘크리트 라. 진공콘크리트

해설 ○ 지연제 : 콘크리트의 응결이나 초기경화를 지연시키기 위해 사용
- 레디믹스트 콘크리트의 운반거리가 멀 경우에 사용
- 콘크리트를 연속적으로 칠 때 콜드죠인트가 생기지 않도록 할 경우 사용
- 서중콘크리트에 적당

문제 3 우리나라에서 일반적으로 가장 많이 사용되는 시멘트는?
가. 고로 시멘트 나. 조강 포틀랜드 시멘트
다. 보통 포틀랜드 시멘트 라. 중용열 포틀랜드 시멘트

해설 ○ 보통포틀랜드 시멘트
- 가장 보편적으로 사용되는 시멘트
- $3.15g/cm^3$ 정도, 중용열과 조강포틀랜드시멘트의 중간적 성질을 나타냄.

문제 4 굵은 골재의 최대치수는 질량비로 몇 % 이상을 통과시키는 체 중에서 최소치수인 체의 호칭치수로 나타낸 것인가?
가. 60% 이상 나. 70% 이상
다. 80% 이상 라. 90% 이상

해설 ○ 굵은 골재 최대 치수
- 질량(무게)으로 90% 이상 통과 하는 체 중 체 눈금이 최소인 것의 호칭 치수로 나타내는 굵은 골재의 크기

정답 1. 가 2. 나 3. 다 4. 라

문제 5 혼화제를 사용 목적에 따라 분류할 때 다음 중 사용 목적이 다른 혼화제는?

가. AE제　　나. 감수제　　다. 기포제　　라. AE감수제

해설
- 혼화재 : 사용량이 시멘트 중량의 5% 이상으로 콘크리트의 배합설계 계산에 고려해야 하는 혼화 재료를 말함 (플라이애쉬, 규조토, 화산회, 규산백토, 고로슬래그 미분말 등)
- 혼화제 : 사용량이 시멘트 중량의 1% 이하로 비교적 적어서 콘크리트의 배합계산에 무시되는 혼화 재료 (AE제, AE 감수제, 유동화제, 고성능 감수제, 촉진제, 지연제, 방청제, 고성능 AE 감수제)

문제 6 입자가 둥글고 표면이 매끄러워 콘크리트의 워커빌리티를 증대시키며, 가루 석탄을 연소시킬 때 굴뚝에서 전기 집전기로 채취하는 실리카질의 혼화재는?

가. AE제　　나. 포졸란　　다. 플라이애시　　라. 리그널

해설
- 플라이 애쉬(fly ash)
분탄을 연소시킬 때 얻어지는 석탄재로 입자가 구형이고, 그 자체는 수경성이 없지만 실리카 성분이 수산화칼슘과 반응하여 경화하는 포졸란 반응을 한다.

문제 7 콘크리트에 사용하는 촉진제에 대한 설명으로 옳지 않은 것은?

가. 프리플레이스트 콘크리트용 그라우트에 사용하여 부착을 좋게 한다.
나. 시멘트의 수화작용을 빠르게 하여 응결이 빠르므로 숏크리트에 사용한다.
다. 일반적으로 시멘트 무게의 1~2%의 염화칼슘을 사용하여 조기강도가 커지게 한다.
라. 염화칼슘을 시멘트 무게의 4% 이상 사용하면 급속히 굳어질 염려가 있고 장기강도가 작아진다.

문제 8 콘크리트 시공에서 시멘트 사용량에 가장 큰 영향을 주는 골재의 성질은?

가. 골재의 밀도　　나. 골재의 입도
다. 골재의 내구성　　라. 골재의 흡수량

해설
- 입도분포가 좋은 골재는 빈틈이 적어 시멘트 사용량이 작아져 경제적인 콘크리트를 만들 수 있다.

문제 9 굵은 골재의 최대 치수에 대한 설명으로 틀린 것은?

가. 거푸집 양 측면 사이의 최소 거리의 1/5을 초과하지 않아야 한다.
나. 슬래브 두께의 2/3를 초과하지 않아야 한다.
다. 일반적인 구조물인 경우 20mm, 또는 25mm를 표준으로 한다.
라. 단면이 큰 구조물인 경우 40mm 표준으로 한다.

정답 5. 다　6. 다　7. 가　8. 나　9. 나

해설

○ 굵은골재 최대치수(G_{max}) 결정

콘크리트 종류		굵은 골재의 최대치수(mm)	
무근콘크리트		40, 또는 부재최소치수의 1/4 이하	
철근콘크리트	일반적인경우	20또는25	부재최소치수의 1/5 이하
	단면이 큰 경우	40	피복 두께, 철근간격의 3/4 이하

문제 10 혼화재료를 분류할 때 혼화재는 사용량이 시멘트 무게의 몇 % 정도 이상이 되는 것을 혼화재라고 하는가?

가. 1% 이상 나. 2% 이상
다. 3% 이상 라. 5% 이상

해설

○ 혼화재 : 사용량이 시멘트 중량의 5% 이상으로 콘크리트의 배합설계 계산에 고려해야 하는 혼화 재료를 말함

문제 11 감수제를 사용하면 여러 가지 효과가 나타난다. 그 효과에 대한 설명으로 틀린 것은?

가. 콘크리트의 워커빌리티가 좋아진다.
나. 단위 시멘트의 사용량이 늘어난다.
다. 내구성이 좋아진다.
라. 강도가 커진다.

해설

○ 감수제, AE 감수제
감수제는 시멘트 입자를 분산 시켜 분산효과를 나타내고, 감수제에 AE 공기도 함께 생기도록 한 것을 AE 감수제라 한다.
- 시멘트 분산작용을 이용 워커빌리티를 개선하고
- 소요의 슬럼프 및 강도를 확보하기 위해 단위수량 및 단위시멘트를 감소시킬 목적으로 사용
- 재료분리가 적어진다.
- 동결융해에 대한 저항성을 향상

문제 12 아래의 표에서 설명하는 시멘트의 성질은?

> 시멘트가 굳는 도중에 체적팽창을 일으켜 균열이 생기거나 뒤틀림 등의 변형을 일으키지 않는 성질

가. 응결 나. 풍화
다. 비표면적 라. 안정성

해설

○ 안정성 : 시멘트가 굳어 가는 도중에 부피가 팽창하는 정도

정답 10. 라 11. 나 12. 라

문제 13 아래의 표에서 설명하는 시멘트는?

> 시멘트 콘크리트의 큰 결점 중의 하나인 수축은 균열을 일으키는 원인이 되므로 이를 개선하기 위해서 수화 시에 의도적으로 팽창시키는 작용을 지니도록 제조한 시멘트

가. 초속경 시멘트 나. 팽창시멘트
다. 알루미나 시멘트 라. 포틀랜드 포졸란 시멘트

해설 ○ 팽창시멘트 : 굳어지는 과정에 콘크리트를 팽창시켜 건조수축에 대해 보상하는 시멘트

문제 14 일반적으로 잔골재의 표건밀도는 어느 정도의 범위를 가지는가?

가. $2.0 g/cm^3$ 나. $2.50 \sim 2.65 g/cm^3$
다. $2.75 \sim 2.90 g/cm^3$ 라. $3.10 \sim 3.15 g/cm^3$

해설 ○ 잔골재 밀도 : $2.50 \sim 2.65 g/cm^3$ 굵은골재 밀도 : $2.55 \sim 2.70 g/cm^3$

문제 15 콘크리트에 사용되는 굵은 골재 및 잔골재를 구분하는데 기준이 되는 체의 호칭 치수는?

가. 5mm 나. 10mm
다. 2.5mm 라. 1.2mm

해설 ○ 5mm 체를 기준으로 남은 것은 굵은 골재, 통과한 것은 잔골재로 구분

문제 16 보통 포틀랜드의 시멘트 분말도 규격에서 비표면적은 얼마 이상이어야 하는가?

가. $2800 cm^2/g$ 이상 나. $3100 cm^2/g$ 이상
다. $3300 cm^2/g$ 이상 라. $3500 cm^2/g$ 이상

해설 ○ 분말도는 비표면적으로 나타내며, 비표면적(cm^2/g)은 1g의 시멘트가 가지고 있는 전체 입자의 총 표면적(cm^2), 비표면적은 조강포틀랜드 시멘트는 $3300 cm^2/g$, 그 밖의 시멘트는 $2800 cm^2/g$

문제 17 다음 중 특수 시멘트에 속하는 것은?

가. 보통 포틀랜드 시멘트 나. 중용열 포틀랜드 시멘트
다. 알루미나 시멘트 라. 고로시멘트

해설 ○ 특수시멘트 : 내화물용 알루미나 시멘트, 석면 단열 시멘트, 마그네시아 단열 시멘트, 팽창 질석을 사용한 단열 시멘트, 팽창성 수경 시멘트, 메이슨리 시멘트

정답 13. 나 14. 나 15. 가 16. 가 17. 다

문제 18 실적률이 큰 값을 갖는 골재를 사용한 콘크리트의 특징으로 틀린 것은?

가. 콘크리트의 밀도가 감소하여 자중이 작은 구조물의 제작에 적합하다.
나. 시멘트 페이스트의 양이 적어도 경제적으로 소요의 강도를 얻을 수 있다.
다. 콘크리트의 수밀성이 증대한다.
라. 단위 시멘트량이 적어지므로 건조수축이 작은 콘크리트를 얻을 수 있다.

해설
○ 골재 공극률이 작으면 (실적률이 크면)
- 시멘트풀이 줄어들어 경제적 콘크리트를 만들 수 있음
- 콘크리트 밀도, 마멸성, 수밀성, 내구성 증대
- 건조 수축이 적고 균열이 적음
- 골재 알의 모양이 좋고, 입도가 알맞다.
- 일반적으로 공극률은 잔골재는 30~40%, 굵은 골재는 35~40%, 잔골재와 굵은 골재가 섞여 있는 경우는 25% 이하

문제 19 골재의 절대건조상태에 대한 정의로 옳은 것은?

가. 골재를 80~90℃의 온도에서 3시간 이상 건조하여 골재 알의 내부에 포함되어 있는 자유수가 완전히 제거된 상태
나. 골재를 90~100℃의 온도에서 6시간 이상 건조하여 골재 알의 내부에 포함되어 있는 자유수가 완전히 제거된 상태
다. 골재를 110~120℃의 온도에서 6시간 이상 건조하여 골재 알의 내부에 포함되어 있는 자유수가 완전히 제거된 상태
라. 골재를 100~110℃의 온도에서 6시간 이상 건조하여 골재 알의 내부에 포함되어 있는 자유수가 완전히 제거된 상태

해설
○ 절대건조상태 건조로 온도 : 100~110℃

문제 20 시멘트의 제조시 응결시간을 조절하기 위해 첨가하는 것은?

가. 석고   나. 점토
다. 철분   라. 광재

해설
○ 응결지연제로 3%의 석고($CaSO_4 \cdot 2H_2O$)가 첨가된다.

정답 18. 가   19. 라   20. 가

문제 21 다음 중 콘크리트 펌프에 관한 설명으로 틀린 것은?

가. 일반적으로 지름 100~150mm의 수송관을 사용한다.
나. 일반 콘크리트를 펌프로 압송할 경우, 굵은 골재의 최대 치수 40mm이하를 표준으로 한다.
다. 일반 콘크리트를 펌프로 압송할 경우. 슬럼프는 100~180mm의 범위가 적절하다.
라. 수송관의 배치는 굴곡을 많이 하고, 하향으로 해서 압송 중에 콘크리트가 막히지 않도록 해야 한다.

해설
○ 콘크리트펌프
수송관의 배치는 될 수 있는 대로 굴곡을 적게 하고, 또 될 수 있는 대로 수평 또는 상향으로 해서 압송 중에 콘크리트가 막히지 않도록 조치

문제 22 콘크리트의 조기 강도를 얻기 위한 양생으로 한중 콘크리트 등에 사용되는 양생법은?

가. 수중 양생 나. 습사 양생
다. 피막 양생 라. 증기 양생

해설
○ 한중콘크리트 양생법

	매스콘크리트	파이프 쿨링, 연속살수
온도제어 양생	한중콘크리트	단열, 급열, 증기, 전열
	서중콘크리트	살수, 햇볕덮개
	촉진양생	증기, 급열

문제 23 수밀 콘크리트의 물-결합재비는 얼마 이하를 표준으로 하는가?

가. 40% 나. 45% 다. 50% 라. 60%

해설
○ 물-결합재비는 50% 이하를 표준, 혼화제를 사용하여도 공기량은 4% 이하

문제 24 숏크리트에 대한 설명으로 틀린 것은?

가. 시멘트 건(gun)에 의해 압축공기로 모르타르를 뿜어 붙이는 것이다.
나. 수축균열이 생기기 쉽다.
다. 공사기간이 길어진다.
라. 건식공법의 경우 시공 중 분진이 많이 발생한다.

해설
○ 공사기간이 짧아진다.

정답 21. 라 22. 라 23. 다 24. 다

문제 25 콘크리트 비비기 시간에 대한 시험을 실시하지 않은 경우 비비기 최소시간의 표준은? (단, 강제식 믹서를 사용하는 경우)
　가. 2분 30초 이상　　나. 2분 이상
　다. 1분 30초 이상　　라. 1분 이상

해설 ○ 비비기 시간은 가경식 믹서는 1분 30초, 강제식 혼합믹서는 1분 이상

문제 26 다음 중 콘크리트의 시공기계와 가장 거리가 먼 것은?
　가. 콘크리트 펌프　　나. 콘크리트 믹서.
　다. 레이크 도저　　라. 콘크리트 플랜트

해설 ○ 레이크 도져는 토공사 용

문제 27 일평균기온이 15℃ 이상이고 조강포틀랜드 시멘트를 사용한 콘크리트에 대한 습윤양생기간의 표준은?
　가. 1일　　나. 3일
　다. 5일　　라. 7일

해설 ○ 습윤상태의 보호 기간은 보통포틀랜드시멘트를 사용할 경우 5일간 이상, 조강포틀랜드시멘트를 사용한 경우 3일간 이상을 표준으로 한다.

문제 28 일반수중 콘크리트 타설에 대한 설명으로 잘못된 것은?
　가. 콘크리트는 흐르지 않는 물속에 쳐야 한다. 정수중에 칠 수 없을 경우에도 유속은 1초에 50mm이하로 하여야 한다.
　나. 콘크리트는 수중에 낙하시켜서는 안 된다.
　다. 수중 콘크리트의 타설에서 중요한 구조물의 경우는 밑열림 상자나 밑열림포대를 사용하여 연속해서 타설하는 것을 원칙으로 한다.
　라. 한 구획의 콘크리트 타설을 완료한 후 레이턴스를 모두 제거하고 다시 타설하여야 한다.

해설 ○ 수중콘크리트를 시공할 때 시멘트가 물에 씻겨서 흘러나오지 않도록 트레미나 콘크리트 펌프를 사용해서 타설 해야 한다. 부득이한 경우 및 소규모 공사의 경우는 밑열림 상자나 밑열림 포대를 사용할 수 있다.

문제 29 콘크리트 재료가 고르게 섞이도록 콘크리트를 비비는 장치는?
　가. 콘크리트 믹서　　나. 트럭
　다. 콘크리트 펌프　　라. 콘크리트 플레이서

해설 ○ 콘크리트 믹서 : 콘크리트 재료 혼합 기계

정답 25. 라　26. 다　27. 나　28. 다　29. 가

문제 30 콘크리트 각 재료의 양을 계량할 때 반죽질기, 워커빌리티, 강도 등에 직접 영향을 끼치므로 특히 정확하게 계량해야 하는 재료는?

가. 혼화재 나. 물 다. 잔골재 라. 굵은골재

해설 ○ 재료의 계량오차

재료의 종류	측정단위	허용오차 (%)
물	질량	-2, +1
시 멘 트	질량	-1, +2
혼 화 재	질량	± 2
골 재	질량 또는 부피	± 3
혼 화 제	질량 또는 부피	± 3

문제 31 콘크리트를 타설할 때 슈트 배출구에서 타설 면까지의 높이는 몇 m이하를 원칙으로 하는가?

가. 0.8m 나. 1.0m 다. 1.5m 라. 1.8m

해설 ○ 슈트, 펌프배관, 버킷, 호퍼 등의 배출구와 치기 면까지의 높이는 1.5m 이하를 원칙

문제 32 한중콘크리트의 시공에서 타설할 때의 콘크리트 온도는 어느 정도의 범위로 하여야 하는가?

가. 0~5℃ 나. 5~20℃ 다. 20~30℃ 라. 30~35℃

해설 ○ 한중콘크리트 및 서중콘크리트 온도

구분	한중콘크리트	서중콘크리트
일평균기온	4℃ 이하	25℃ 이상
쳐 넣을 때 온도	5~20℃	35℃ 이내
양생시 콘크리트 온도	5℃ 이상	

문제 33 콘크리트 재료의 계량에 대한 설명으로 틀린 것은?

가. 골재의 계량오차는 ±3%
나. 혼화제를 묽게 하는 데 사용하는 물은 단위 수량으로 포함하여서는 안 된다.
다. 혼화재의 계량오차는 ±2%이다.
라. 각 재료는 1배치씩 질량으로 계량하여야 하며 물과 혼화제 용액은 용적으로 계량해도 좋다.

해설 ○ 재료는 1배치씩 질량으로 계량해야 한다. 다만, 물과 혼화제 용액은 용적으로 계량해도 좋다. 혼화제를 녹이는데 사용하는 물이나 혼화제를 묽게 하는데 사용하는 물은 단위수량의 일부로 보아야 한다.

정답 30. 나 31. 다 32. 나 33. 나

문제 34 콘크리트의 압축강도를 시험할 경우 기둥의 측면 거푸집널의 해체시기로 옳은 것은?
가. 콘크리트의 압축강도가 5MPa 이상
나. 콘크리트의 압축강도가 4MPa 이상
다. 콘크리트의 압축강도가 3MPa 이상
라. 콘크리트의 압축강도가 2MPa 이상

해설 ○ 거푸집 및 동바리 해체 가능한 콘크리트의 압축강도 시험결과

부재	콘크리트 압축강도
확대기초, 보 옆, 기둥, 벽 등의 측벽	5MPa 이상
슬래브 및 보의 밑면, 아치 내면	설계기준강도의 2/3 (14MPa 이상)

문제 35 콘크리트의 시방배합을 현장배합으로 수정할 때 일반적으로 재료 계량의 양이 달라지지 않는 것은?
가. 물   나. 시멘트   다. 잔골재   라. 굵은 골재

해설 ○ 입도 조정 및 단위수량 조정만 하므로 시멘트는 변하지 않는다.

문제 36 콘크리트 블리딩(Bleeding)에 대한 설명 중 틀린 것은?
가. 콘크리트 슬럼프가 크면 콘크리트 작업은 어려우나 블리딩은 감소된다.
나. 일반적으로 단위수량을 줄이고 AE제를 사용하면 블리딩은 감소된다.
다. 분말도가 높은 시멘트를 사용하면 블리딩은 감소된다.
라. 블리딩이 현저하면 상부의 콘크리트가 다공질로 되며 강도, 수밀성, 내구성등이 감소된다.

해설 ○ 슬럼프값이 크다는 것은 물을 많이 사용한 것으로 작업은 쉬우나 블리딩이 커진다.

문제 37 수송관내의 콘크리트를 압축공기의 압력으로 보내는 것으로서, 주로 터널의 둘레 콘크리트에 사용되는 것은?
가. 벨트 컨베이어   나. 운반차
다. 버킷   라. 콘크리트 플레이서

해설 ○ 콘크리트 플레이서
• 수송관내의 콘크리트를 압축공기를 이용하여 압송하는 것으로서 콘크리트펌프와 같이 터널 등 좁은 곳에서 운반이 편리

정답 34. 가   35. 나   36. 가   37. 라

문제 38 콘크리트 치기의 진동 다지기에 있어서 내부 진동기로 똑바로 찔러 넣어 진동기의 끝이 아래층 콘크리트 속으로 어느 정도 들어가야 하는가?

　가. 0.1m　　　나. 0.2m　　　다. 0.3m　　　라. 0.4m

해설
○ 내부진동기 사용 표준은
- 내부진동기를 하층의 콘크리트 속으로 0.1m 정도 찔러 넣는다.
- 내부진동기는 연직으로 찔러 넣는다.
- 삽입 간격은 0.5m 이하
- 1개소 당 진동시간은 다짐할 때 시멘트풀이 표면 상부로 약간 부상하기까지 한다.
- 내부진동기로 콘크리트를 횡 방향 이동목적으로 사용해서는 안 된다.
- 진동기는 콘크리트로부터 천천히 빼내어 구멍이 남지 않도록 해야 한다.

문제 39 매우 된 반죽의 빈배합 콘크리트를 불도저로 깔고 진동롤러로 다져서 시공하는 콘크리트는?

　가. 매스 콘크리트　　　나. 프리플레이스트 콘크리트
　다. 강섬유 콘크리트　　라. 진동 롤러 다짐 콘크리트

해설
○ 진동롤러다짐 콘크리트
매우 된반죽 콘크리트를 얇게 층으로 깔고, 진동 롤러로 다지기를 한 콘크리트를 진동롤러 다짐 콘크리트(RCC)라 함.

문제 40 콘크리트는 신속하게 운반하여 즉시 타설하고, 충분히 다져야 한다. 비비기로부터 타설이 끝날 때까지의 시간은 원칙적으로 얼마 이하로 하여야 하는가?
(단, 외기온도가 25℃이상인 경우)

　가. 30분 이내　　　　나. 1시간 30분 이내
　다. 2시간 이내　　　　라. 2시간 30분 이내

해설
○ 외기온도에 따른 비비기 시간 및 허용 이어치기

외기온도	비비기 ~ 타설	허용 이어치기
25℃ 이상	1.5시간 이내	2.0 시간
25℃ 이하	2시간 이내	2.5 시간

문제 41 골재안정성 시험을 할 때 황산나트륨을 융해시켜 황산 나트륨용액을 만들었다. 용액의 밀도는 얼마이어야 하는가?

　가. 1.151~1.174　　　나. 1.251~1.274
　다. 1.151~1.284　　　라. 1.251~1.284

해설
○ 용액의 밀도 ; 1.151~1.174

정답 38. 가　39. 라　40. 나　41. 가

문제 42 지름 100mm, 높이 200mm인 콘크리트 공시체로 압축강도 시험을 실시한 결과 공시체 파괴시 최대하중이 231kN이었다. 이 공시체의 압축강도는?

가. 29.4MPa 나. 27.4MPa 다. 25.4MPa 라. 23.44MPa

해설 ○ $f_c = \dfrac{P}{A} = \dfrac{231 \times 1000}{\dfrac{\pi \times 100^2}{4}} = 29.4(MPa)$

문제 43 잔골재 밀도시험에 표면 건조포화상태 시료 500g를 사용하여 아래 표와 같은 결과를 얻었다, 표면건조포화상태의 밀도는?

* 검정선까지 물을 채운 플라스크의 질량 : 760g
* 시료를 넣고 검정선까지 물을 채운 플라스크의 질량 : 1060g
* 시험온도에서의 물의 밀도 : 1g/cm³

가. 2.50g/cm³ 나. 2.55g/cm³ 다. 2.60g/cm³ 라. 2.65g/cm³

해설 ○ $d_s = \dfrac{m}{B+m-c} \times \rho_w = \dfrac{500}{760+500-1060} \times 1 = 2.50\,(g/cm^3)$

문제 44 다음 중 콘크리트의 블리딩 시험에 필요한 시험기구는?

가. 슬럼프 콘 나. 메스실린더 다. 강도 시험기 라. 데시케이터

해설 ○ 슬럼프 콘은 슬럼프 시험기구

문제 45 로스앤젤레스 시험기에 의한 굵은 골재의 마모시험을 실시한 결과가 아래의 표와 같을 때 마모감량은?

* 시험 전의 시료의 질량 : 5000g
* 시험 후 1.7mm의 망체 남은 시료의 질량 : 4525g

가. 8.5% 나. 9.5% 다. 10.5% 라. 11.5%

해설 ○ 마모율(%) = $\dfrac{\text{시험 전 시료 질량} - \text{시험 후 } 1.7mm \text{체에 남은 시료 질량}}{\text{시험 전 시료 질량}} \times 100(\%)$
= $\dfrac{5000-4525}{5000} \times 100 = 9.5\%$

문제 46 포장 콘크리트와 같은 된 반죽 콘크리트의 반죽 질기를 측정하기 위한 시험 방법은?

가. 슬럼프(slump)시험 나. 비비(Vee-Bee) 시험
다. 압축강도 시험 라. 공기량 시험

해설 ○ 비비시험
- 슬럼프 시험으로 구별하기 어려운 비교적 된반죽 시험

정답 42. 가 43. 가 44. 나 45. 나 46. 나

문제 47 규격 150mm×150mm×530mm인 콘크리트 공시체에 지간 길이 450mm인 3등분 하중 장치로 휨강도 시험을 실시한 결과, 공시체가 지간의 중앙에서 파괴되면서 시험기에 나타난 최대하중은 36kN 이었다. 이 공시체의 휨강도는?

가. 4.8MPa 나. 4.2MPa 다. 3.6MPa 라. 3.0MPa

해설 ○ $f_b = \dfrac{Pl}{bh^2} = \dfrac{36 \times 1000 \times 450}{150 \times 150^2} = 4.8 (MPa)$

문제 48 콘크리트의 슬럼프 시험(KS F 2402)의 규정에 관한 아래표의 내용에서 ( ) 안에 공통으로 들어갈 숫자는?

> 굵은 골재의 최대 치수가 ( )mm를 넘는 콘크리트의 경우에는 ( )mm를 넘는 굵은 골재를 제거한다.

가. 10 나. 20 다. 30 라. 40

해설 ○ 굵은 골재 최대치수가 40mm를 넘을 경우 40mm를 넘는 골재는 제거한다.

문제 49 1.2mm 체를 95%(질량비) 이상 통과하는 잔골재 시료로 골재의 체가름 시험을 하고자 할 때 준비하여야 할 시료의 최소 건조 질량은?

가. 100g 나. 500g 다. 1000g 라. 2000g

해설 ○ 잔골재 1.2mm 체를 95% 이상 통과한 것 100g

문제 50 $\phi 150 \times 300mm$인 시험체를 쪼갬 인장강도시험을 실시하여 150kN에서 파괴되었다. 이 콘크리트 쪼갬 인장강도는 약 얼마인가?

가. 6.7MPa 나. 3.3MPa 다. 2.1MPa 라. 1.1MPa

해설 ○ $f_{sp} = \dfrac{2P}{\pi dl} = \dfrac{2 \times 150 \times 1000}{3.14 \times 150 \times 300} = 2.1 (MPa)$

문제 51 콘크리트의 슬럼프시험에 대한 설명으로 틀린 것은?

가. 슬럼프 콘에 시료를 채울 때 슬럼프 콘 높이의 1/3씩 3층으로 나눠서 채운다.
나. 슬럼프 콘에 시료를 채울 때 각 층은 25회씩 다진다.
다. 콘크리트가 슬럼프 콘의 중심축에 대하여 치우치거나 무너지거나 해서 모양이 불균형이 된 경우는 다른 시료에 의해 재시험 한다.
라. 슬럼프 콘에 콘크리트를 채우기 시작하고 나서 슬럼프콘의 들어올리기를 종료 할 때까지의 시간은 3분 이내로 한다.

해설 ○ 슬럼프 콘에 시료를 채울 때 시료를 거의 같은 양을 3층으로 나누어 채운다.

정답 47. 가 48. 라 49. 가 50. 다 51. 가

문제 52 슬럼프 시험에서 콘을 연직으로 들어 올린 후 콘크리트가 내려앉은 길이를 몇 mm의 정밀도로 측정하여야 하는가?

　　가. 1mm　　나. 5mm　　다. 10mm　　라. 20mm

해설 ○ 공시체 높이와 콘크리트가 무너진 상단부와 차를 5mm 단위로 측정하여 슬럼프 값으로 한다.

문제 53 콘크리트의 블리딩 시험에 있어서 표면에 올라온 물의 수집을 처음 60분간은 10분 간격으로 하고 그 후 블리딩이 정지할 때 까지는 몇 분 간격으로 하는가?

　　가. 15분　　나. 20분　　다. 30분　　라. 60분

해설 ○ 처음 60분 동안은 10분 간격으로, 그 후는 블리딩이 정지할 때까지 30분 간격으로 표면에 생긴 블리딩 물을 피펫으로 빨아낸다.

문제 54 콘크리트 압축강도 시험의 목적으로 틀린 것은?

　　가. 필요한 성질을 가진 콘크리트를 가장 경제적으로 만들기 위한 재료를 선정한다.
　　나. 재료 및 배합한 콘크리트의 압축강도를 구한다.
　　다. 콘크리트의 품질 관리에 이용한다.
　　라. 압축강도 시험 값으로부터 휨강도, 인장강도 및 탄성계수의 값을 정확히 구할 수 있다.

해설 ○ 압축강도 시험 값으로부터 휨강도, 인장강도 및 탄성계수의 값을 대략 추정할 수 있다.

　　인장강도 : 압축강도의 $\frac{1}{10} \sim \frac{1}{13}$, 휨강도 : 압축강도의 $\frac{1}{5} \sim \frac{1}{8}$

문제 55 콘크리트의 슬럼프 시험에서 슬럼프 콘을 벗기는 시간으로 적당한 것은?

　　가. 1초　　나. 2~3초　　다. 3~5초　　라. 5~10초

해설 ○ 슬럼프 콘을 들어 올리는 시간은 높이 30cm에서 2~3 초로 한다.

문제 56 콘크리트의 인장강도에 대한 설명 중 틀린 것은?

　　가. 인장강도는 압축강도에 비해 매우 작다.
　　나. 인장강도는 철근 콘크리트의 부재 설계에서 일반적으로 무시해도 된다.
　　다. 인장강도는 도로포장이나 수조 등에선 중요하다.
　　라. 인장강도는 압축강도와 달리 물-시멘트에 비례한다.

해설 ○ 콘크리트의 강도는 물-시멘트비에 반비례

정답　52. 나　53. 다　54. 라　55. 나　56. 라

문제 57 잔골재의 조립률이 2.8이고 굵은 골재의 조립률이 7.24일 때 무게비 1:1.5로 섞으면 혼합 골재의 조립률은?

　　가. 5.02　　　　나. 5.46　　　　다. 5.64　　　　라. 10.14

해설 ○ $f_a = \dfrac{p}{p+q} \times f_s + \dfrac{q}{p+q} \times f_g = \left(\dfrac{1}{1+1.5} \times 2.8\right) + \left(\dfrac{1.5}{1+1.5} \times 7.24\right) = 5.46$

문제 58 콘크리트 압축강도 시험에 필요한 공시체의 지름은 굵은 골재 최대치수의 몇 배 이상이어야 하는가?

　　가. 1.5배　　　나. 2배　　　　다. 2.5배　　　라. 3배

해설 ○ 시험체 지름은 굵은 골재 최대치수의 3배 이상, 또 100mm이상이어야 한다.

문제 59 콘크리트 배합 설계시 사용 시멘트량이 280kg/m³이고 물-시멘트비가 46% 일때 사용수량은 약 얼마인가?

　　가. 89kg/m³　　나. 129kg/m³　　다. 151kg/m³　　라. 609kg/m³

해설 ○ $\dfrac{W}{C} = 0.46$ ∴ $W = 0.46 \times 280 = 129 kg/m^3$

문제 60 골재의 단위용적 질량시험 방법 중 충격에 의한 경우는 용기의 시료를 3층으로 나누어 채우고 각 층 마다 용기의 한 쪽을 몇 cm 정도 들어 올려서 낙하시켜야 하는가?

　　가. 20cm　　　나. 15cm　　　다. 10cm　　　라. 5cm

정답 57. 나　58. 라　59. 나　60. 라

핵심기출문제해설 (4)

문제 1 시멘트의 분말도에 관한 설명 중 틀린 것은?
　가. 시멘트의 입자가 가늘수록 분말도가 높다.
　나. 시멘트 입자의 가는 정도를 나타내는 것을 분말도라 한다.
　다. 시멘트의 분말도가 높으면 조기강도가 커진다.
　라. 시멘트의 분말도가 높으면 균열이 없고 풍화가 생기지 않는다.

해설 ○ 분말도가 높으면 수화작용이 빠르며, 조기강도가 크고 풍화되기가 쉽다.

문제 2 중용열포틀랜드시멘트에 대한 설명으로 틀린 것은?
　가. 건조수축이 작다.
　나. 조기강도는 보통 시멘트에 비해 작다.
　다. 댐 콘크리트, 방사선차폐용 콘크리트 등 단면이 큰 콘크리트용으로 적합하다.
　라. 수화속도가 빠르고, 수화열이 커서 동절기 공사에 유리하다.

해설 ○ 중용열 포틀랜드 시멘트는 수화작용이 느리며, 수화열이 작아 건조수축이 작고 댐 등 매스콘크리트에 적합하며, 계절적으로 여름인 서중콘크리트에 적합하다.

문제 3 시멘트의 응결을 빠르게하기 위하여 사용하는 혼화제는?
　가. 지연제　　나. 발포제　　다. 급결제　　라. 기포제

해설 ○ 응결 빠르게 하는 혼화제 : 급결제, 촉진제

문제 4 골재의 공극률에 대한 설명으로 틀린 것은?
　가. 골재의 단위용적 중의 공극의 비율을 백분율로 나타낸 것을 공극률이라 한다.
　나. 골재의 공극률이 작으면 시멘트풀의 양이 적게 든다.
　다. 골재의 공극률이 작으면 콘크리트의 건조수축이 늘어나 균열발생의 위험성이 증대한다.
　라. 골재의 공극률이 작으면 콘크리트의 밀도, 내구성이 증대된다.

해설 ○ 골재 공극률이 작으면 (실적률이 크면)
　　• 시멘트풀이 줄어들어 경제적 콘크리트를 만들 수 있음
　　• 콘크리트 밀도, 마멸성, 수밀성, 내구성 증대
　　• 건조 수축이 적고 균열이 적음
　　• 골재 알의 모양이 좋고, 입도가 알맞다.

정답　1. 라　2. 라　3. 다　4. 다

문제 5 시멘트의 밀도에 대한 일반적인 설명으로 틀린 것은?

가. 클링커의 소성이 불충분한 경우 밀도가 작아진다.
나. 혼합물이 섞여 있는 경우 밀도가 작아진다.
다. 저장기간이 짧을수록 밀도가 작아진다.
라. 시멘트가 풍화되면 밀도가 작아진다.

해설 ○ 저장기간이 길어지면 풍화 등으로 인하여 시멘트의 특성이 점점 잃게 되어 밀도도 작아진다.

문제 6 콘크리트 속에 녹아 있는 수산화칼슘과 상온에서 천천히 화합하여 불용성물질을 만드는 것을 포졸란 반응이라 한다. 이러한 포졸란 작용이 있는 대표적인 혼화재료는?

가. 팽창재
나. AE제
다. 플라이애시
라. 고성능 감수제

해설 ○ 포졸란 반응 : 시멘트의 수화에 의하여 생성되는 수산화칼슘($Ca(OH)_2$)과 서서히 반응하여 불용성의 규산칼슘을 생성하여 강도를 증진하는 것으로 플라이애시, 실리카 등이 있다.

문제 7 일반 콘크리트에 사용할 굵은골재의 절대건조 상태의 밀도는 얼마 이상의 값을 표준으로 하는가?

가. 2.20
나. 2.50
다. 3.20
라. 4.00

해설 ○ 잔골재 밀도 : 2.50~2.65g/cm, 굵은골재 밀도 : 2.55~2.70g/cm^3

문제 8 잔골재 체가름 시험에 필요한 시료의 최소량은?
(단, 1.2mm 체를 95%(질량비)이상 통과하는 시료)

가. 100g
나. 500g
다. 1000g
라. 2500g

해설 ○ 체가름 시험 잔골재 시료의 표준량
  • 1.2mm 체를 95%(질량비)이상 통과한 것 : 100g
  • 1.2mm 체에 5%(질량비)이상 남은 것 : 500g

문제 9 공극률이 25%인 골재의 실적률은?

가. 12.5%
나. 25%
다. 50%
라. 75%

해설 ○ 실적률(%) $= 100 - $ 공극률(%) $= \dfrac{\text{단위 용적 질량}}{\text{밀도}} \times 100(\%) = 100 - 25 = 75\%$

정답 5. 다 6. 다 7. 나 8. 가 9. 라

문제 10 작업의 어렵고 쉬운 정도를 나타내는 굳지 않은 콘크리트의 성질을 무엇이라 하는가?
가. 반죽 질기
나. 워커빌리티
다. 성형성
라. 피니셔빌리티

해설
○ 굳지 않은 콘크리트의 성질
- 워커빌리티(workability) : 반죽질기에 따른 작업이 어렵고 쉬운 정도 및 재료분리에 저항하는 정도
- 반죽질기(consistency) : 주로 물의 양이 많고 적음에 따른 반죽의 되고 진정도
- 성형성(plasticity) : 거푸집에 쉽게 다져 넣을 수 있고, 거푸집을 제거하면 천천히 형상이 변기기는 하지만 허물어지거나 재료분리하지 않는 성질.
- 피니셔빌리티(finishability) : 마무리하기 쉬운 정도를 나타내는 성질.

문제 11 시멘트 분말도는 무엇으로 나타내는가?
가. 단위 무게
나. 비표면적
다. 단위 부피
라. 표건밀도

해설
○ 분말도는 비표면적으로 나타내며, 비표면적(cm^2/g)은 1g의 시멘트가 가지고 있는 전체 입자의 총 표면적(cm^2)

문제 12 콘크리트의 혼화제에 대한 설명으로 가장 적합한 것은?
가. 사용량이 시멘트 질량의 5% 정도 이상이 되어 그 자체의 부피가 콘크리트의 배합계산에 관계된다.
나. 사용량이 콘크리트 질량의 1% 정도 이상이 되어 그 자체의 부피가 콘크리트의 배합계산에 관계된다.
다. 사용량이 콘크리트 질량이 5% 정도 이하의 것으로서 그 자체의 부피는 콘크리트의 배합계산에서 무시된다.
라. 사용량이 시멘트 질량의 1% 정도 이하의 것으로서 그 자체의 부피는 콘크리트의 배합계산에서 무시된다.

해설
○ 혼화재
- 정의 : 사용량이 시멘트 중량의 5% 이상으로 콘크리트의 배합설계 계산에 고려해야 하는 혼화 재료로 플라이애쉬, 규조토, 화산회, 규산백토, 고로슬래그 미분말 등
○ 혼화제
- 정의 : 사용량이 시멘트 중량의 1% 이하로 비교적 적어서 콘크리트의 배합계산에 무시되는 혼화 재료로 AE제, AE 감수제, 유동화제, 고성능 감수제, 촉진제, 지연제, 방청제

정답 10. 나   11. 나   12. 라

문제 13 골재를 함수상태에 따라 분류할 때 골재입자의 내부에 물이 채워져 있고, 표면에도 물이 부착되어 있는 상태는?
　　가. 습윤상태　　　　　　　　　　나. 표면건조 포화상태
　　다. 공기중 건조상태　　　　　　라. 절대 건조 상태

해설
- 골재의 함수 상태
  - 절대 건조 상태 : 골재속의 공극에 있는 물을 전부 제거된 상태
  - 공기 중 건조 상태 : 공기 중에서 자연건조 시킨 상태로 골재속의 내부 일부는 물로 차 있는 상태
  - 표면 건조 포화 상태 : 골재 표면은 물기가 없고, 내부 빈틈은 물로 포화된 상태
  - 습윤상태 : 골재 표면에 물기가 있고, 내부 빈틈도 물로 차 있는 상태

문제 14 다음 시멘트 중 특수시멘트에 속하는 것은?
　　가. 백색포틀랜드시멘트　　　　나. 팽창시멘트
　　다. 실리카시멘트　　　　　　　라. 플라이애시시멘트

해설
- 플라이애시 시멘트는 혼합시멘트

문제 15 굵은골재의 최대 치수의 정의에 대한 아래 표의 ( )안에 적합한 것은?

> 질량비로 (　)이상을 통과시키는 체 중에서 최소 치수인 체의 호칭치수로 나타낸 굵은 골재의 치수

　　가. 95%　　　나. 90%　　　다. 85%　　　라. 80%

문제 16 일반적인 구조물의 콘크리트에 사용되는 굵은 골재의 최대 치수는 다음 중 어느 것을 표준으로 하는가?
　　가. 25mm　　　나. 40mm　　　다. 60mm　　　라. 100mm

해설
- 굵은골재 최대치수(G_{max}) 결정
  - 일반적인 경우 : 20mm 또는 25mm, 부재최소치수의 1/5 이하

문제 17 시멘트 응결에 대한 설명 중 옳지 않은 것은?
　　가. 시멘트가 풍화하면 응결이 빠르다
　　나. 온도가 높고 습도가 낮으면 응결이 빠르다.
　　다. 분말도가 높으면 응결이 빠르다.
　　라. 응결시간 측정법에는 비이카침(Vicat needle)과 길모어침(Gilmore needle)법이 있다.

해설
- 시멘트가 풍화하면 응결이 느리다.

정답 13. 가　14. 나　15. 나　16. 가　17. 가

문제 18 시멘트 제조에 석고를 첨가하는 이유는 무엇인가?
가. 수화작용 촉진 나. 균열방지
다. 수밀성 증대 라. 응결시간 조절

해설 ○ 응결지연제로 석고를 사용

문제 19 감수제의 사용효과 중 옳지 않은 것은?
가. 시멘트 풀의 유동성을 감소시킬 수 있다.
나. 워커빌리티를 좋게 할 수 있다.
다. 단위수량을 감소시킬 수 있다.
라. 압축강도를 증가시킬 수 있다.

해설 ○ 감수제는 시멘트 입자를 분산시켜 워커빌리티 개선, 단위수량 및 단위 시멘트량 감소, 재료분리 방지, 동결융해에 대한 저항성이 크다.

문제 20 콘크리트용 골재가 갖추어야 할 성질에 대한 설명으로 틀린 것은?
가. 마멸에 대한 저항성이 클 것
나. 물리적으로 안정되고 내구성이 클 것
다. 골재모양이 길고 입경이 클 것
라. 화학적으로 안정할 것

해설 ○ 골재 모양은 둥글고 정육면체에 가까워야 한다.

문제 21 다음 중 손수레를 사용하여 굳지 않은 콘크리트를 운반할 수 있는 경우에 대한 설명으로 옳은 것은?
가. 운반거리가 1km 이하가 되는 평탄한 운반로를 만들어 재료분리가 방지할 수 있는 경우
나. 운반거리가 500m 이하가 되는 10% 이내의 하향 경사의 운반로를 만들어 운반을 인력으로 할 수 있는 경우
다. 운반거리가 100m 이하가 되는 평탄한 운반로를 만들어 재료 분리를 방지할 수 있는 경우
라. 운반거리가 500m 이하가 되는 10% 이내의 상향 경사의 운반로를 만들어 운반을 인력으로 할 수 있는 경우

해설 ○ 손수레는 운반거리가 100m 이하가 되는 평탄한 운반로를 만들어 재료 분리를 방지할 수 있는 경우

정답 18. 라 19. 가 20. 다 21. 다

문제 22 일명 고온 고압양생이라고 하며. 증기압 7~15기압, 온도 180℃ 정도의 고온, 고압의 증기솥 속에서 양생하는 방법은?
  가. 오토클레이브양생 나. 상압증기양생
  다. 전기양생 라. 가압양생

문제 23 한중 콘크리트에 관한 설명으로 틀린 것은?
  가. 하루의 평균기온이 4℃ 이하가 예상되는 조건일 때는 한중 콘크리트로 시공하여야 한다.
  나. 한중 콘크리트는 공기연행 콘크리트를 사용하는 것을 원칙으로 한다.
  다. 콘크리트를 타설할 때에는 철근이나 거푸집 등에 빙설이 부착되어 있지 않아야 한다.
  라. 초기동해를 적게 하기 위하여 단위수량은 크게 하는 것이 좋다.

해설 ○ 사용 수량이 많아지면 동해 되기가 쉽다

문제 24 한중 콘크리트에 있어서 양생 중 콘크리트의 온도는 최저 몇 ℃이상으로 유지하는 것을 표준으로 하는가?
  가. 5℃ 나. 10℃ 다. 15℃ 라. 20℃

해설 ○ 한중콘크리트 양생시 온도는 5 ℃를 유지

문제 25 서중 콘크리트에 관한 다음 설명 중 잘못된 것은?
  가. 고온의 시멘트는 사용하면 안 된다.
  나. 고온의 물은 서중 콘크리트에 매우 효과적이다.
  다. 장기간 직사일광에 노출된 골재는 사용하면 안 된다.
  라. 콘크리트를 친 후 즉시 표면을 보호해야 한다.

해설 ○ 서중콘크리트는 계절적으로 여름으로 콘크리트의 온도가 올라가 균열 등을 유발함으로 냉각수 등을 사용하는 것이 효과적

문제 26 콘크리트를 제조할 대 각 재료의 계량 오차 중 혼화제의 허용오차는?
  가. ±1% 나. ±2% 다. ±3% 라 ±4%

해설 ○ 재료의 계량오차

재료의 종류	측정단위	허용오차 (%)
혼 화 제	질량 또는 부피	± 3

정답 22. 가 23. 라 24. 가 25. 나 26. 다

문제 27 외기온도가 25℃ 이상일 때 일반 콘크리트에서 비비기로부터 타설이 끝날 때까지의 시간에 대한 기준으로 옳은 것은?

  가. 10분 이내 나. 30분 이내
  다. 60분 이내 라. 90분 이내

해설 ○ 콘크리트는 신속하게 운반하며, 외기온도가 25℃를 넘었을 때는 1.5시간, 25℃ 이하일 때에는 2시간을 넘어서는 안 된다.

문제 28 비교적 두께가 얇고, 넓은 콘크리트의 표면에 진동을 주어 고르게 다지는 기계로서, 주로 도로포장, 활주로포장 등의 표면 다지기에 사용되는 기계는?

  가. 표면 진동기 나. 거푸집 진동기
  다. 내부 진동기 라. 콘크리트 플레이서

해설 ○ 콘크리트 플레이서는 압송 운반하는 기계로 좁은 곳, 터널 등에 적합

문제 29 레디믹스트(Ready Mixed)콘크리트에 관한 설명으로 틀린 것은?

  가. 콘크리트를 치기가 쉬워 능률적이다.
  나. 공사비용과 공사기간이 늘어나는 단점이 있다.
  다. 콘크리트 품질을 염려할 필요가 없이 시공에만 전념 할 수 있다.
  라. 좋은 품질의 콘크리트를 얻기가 쉽다.

해설 ○ 콘크리트 운반 치기가 쉬워 공사비용과 공사 기간이 짧다.

문제 30 콘크리트 배합에서 물-결합재비를 결정할 때 고려해야 할 사항으로 가장 거리가 먼 것은?

  가. 소요의 강도 나. 내구성
  다. 수밀성 라. 외관성

해설 ○ 물-결합재비를 결정할 때 고려해야 할 사항 : 강도, 수밀성, 내구성

문제 31 콘크리트 치기의 시공 이음에 대한 설명이 잘못된 것은?

  가. 먼저 친 콘크리트와 새로 친 콘크리트 사이의 이음을 시공 이음이라 한다.
  나. 시공 이음은 될 수 있는 대로 전단력이 큰 곳에 만든다.
  다. 부재의 압축력이 작용하는 방향과 직각이 되도록 하는 것이 원칙이다.
  라. 이음부의 시공에 있어서는 설계에 정해져 있는 이음의 위치와 구조는 지켜져야 한다.

해설 ○ 시공이음은 될 수 있는 대로 전단력이 작은 곳에 두어야 한다.

정답 27. 라 28. 가 29. 나 30. 라 31. 나

문제 32 벨트컨베이어를 사용하여 콘크리트를 운반할 때 벨트컨베이어의 끝 부분에 조절판 및 깔때기를 설치하는 이유로 가장 적당한 것은?

가. 콘크리트의 건조를 방지하기 위하여
나. 콘크리트의 재료분리를 방지하기 위하여
다. 콘크리트의 반죽질기 변화를 방지하기 위하여
라. 운반거리를 단축하기 위하여

해설 ○ 벨트컨베이어의 끝부분에는 조절판 및 깔때기를 설치해서 재료분리를 방지해야 한다.

문제 33 습윤양생을 할 때 보통 포틀랜드 시멘트를 사용한 경우 콘크리트를 치고 나서 습윤상태로 보호해야 할 최소 일수는? (단, 일평균 기온이 15℃ 이상인 경우)

가. 2시간
나. 1일간
다. 3일간
라. 5일간

해설 ○ 습윤상태의 보호 기간은 보통포틀랜드시멘트를 사용할 경우 5일간 이상, 조강포틀랜드시멘트를 사용한 경우 3일간 이상을 표준으로 한다.

문제 34 콘크리트 시공장비에 대한 설명으로 틀린 것은?

가. 콘크리트 펌프의 형식은 피스톤식 또는 스퀴즈식을 표준
나. 콘크리트 플레이서 수송관의 배치는 굴곡을 적게 하고 수평 또는 상향으로 설치
다. 슈트를 사용하는 경우에는 원칙적으로 경사슈트를 사용
라. 벨트 컨베이어의 경사는 콘크리트의 운반도중 재료 분리가 발생하지 않도록 결정

해설 ○ 슈트를 사용하는 경우에는 원칙적으로 연직슈트를 사용해야 한다.

문제 35 타설한 콘크리트의 수분 증발을 막기 위해서 콘크리트의 표면에 양생용 매트, 가마니 등을 물에 적셔서 덮거나 살수하는 등의 조치를 하는 양생방법은?

가. 습윤 양생
나. 온도 제어 양생
다. 촉진 양생
라. 증기 양생

해설 ○ 습윤양생
- 콘크리트의 표면을 해치지 않고 작업이 될 수 있을 정도로 경화하면 콘크리트의 노출면은 양생용 매트, 가마니 등을 적셔서 덮거나 또는 살수를 하여 습윤상태로 보호
- 습윤상태의 보호 기간은 보통포틀랜드시멘트를 사용할 경우 5일간 이상, 조강포틀랜드시멘트를 사용한 경우 3일간 이상을 표준으로 한다.
- 막양생을 할 경우에는 충분한 양의 막양생제를 적절한 시기에 균일하게 살포

정답 32. 나   33. 라   34. 다   35. 가

문제 36 일반 콘크리트의 수밀성을 기준으로 물-결합재비를 정할 경우 그 값의 기준으로 옳은 것은?
   가. 40 % 이하   나. 50 %이하   다. 65 % 이하   라. 75 % 이하

해설 ○ 콘크리트의 수밀성을 기준으로 물-결합재비를 정할 경우에는 50% 이하를 표준

문제 37 내부진동기를 사용한 콘크리트 다짐작업에서 내부진동기의 삽입간격으로 가장 적당한 것은?
   가. 0.1 m 이하   나. 0.5 m 이하   다. 1 m 이하   라. 2 m 이하

해설 ○ 내부진동기 사용 표준은
- 내부진동기를 하층의 콘크리트 속으로 0.1m 정도 찔러 넣는다.
- 내부진동기는 연직으로 찔러 넣는다.
- 삽입 간격은 0.5m 이하
- 1개소 당 진동시간은 다짐할 때 시멘트풀이 표면 상부로 약간 부상하기까지 한다.
- 내부진동기로 콘크리트를 횡 방향 이동목적으로 사용해서는 안 된다.

문제 38 콘크리트 시방배합의 기준으로서 골재는 어느 상태의 골재를 사용하는가?
   가. 절대 건조 상태   나. 습윤상태
   다. 공기중 건조 상태   라. 표면 건조 포화 상태

해설 ○ 시방배합
- 시방서 또는 책임 감리원이 지시한 배합, 이 때 골재는 표면건조포화상태에 있고, 잔골재는 5mm 체를 다 통과하고, 굵은 골재는 5mm 체에 다 남는 것으로 한다.

문제 39 콘크리트의 비비기에 대한 설명으로 옳은 것은?
   가. 콘크리트의 비비기 시간은 시험에 의해 정하는 것을 원칙
   나. 가경식 믹서를 사용하는 경우 비비기 시간의 최소시간은 2분 30초 이상을 표준으로 한다.
   다. 강제식 믹서를 사용하는 경우 비비기 시간의 최소시간은 3분 이상을 표준으로 한다.
   라. 비비기는 미리 정해둔 비비기 시간이상 계속하지 않아야 한다.

해설 ○ 콘크리트 비비기
- 콘크리트의 재료는 반죽된 콘크리트가 균등질이 될 때까지 충분히 비빈다.
- 재료를 믹서에 투입하는 순서는 미리 적절하게 정해야 된다.
- 비비기 시간은 가경식 믹서는 1분 30초 이상, 강제혼합식믹서는 1분 이상
- 비비기는 미리 정해 둔 비비기 시간의 3배 이상 계속해서는 안 된다.
- 비비기를 시작하기 전에 미리 믹서내부를 모르터로 부착시켜야 한다.

정답 36. 나   37. 나   38. 라   39. 가

문제 40 콘크리트를 수송관을 통하여 압력으로 비빈 콘크리트를 치기 장소까지 연속적으로 보내는 기계는?
  가. 로울러
  나. 덤프트럭
  다. 콘크리트 펌프
  라. 트럭믹서

  해설 ○ 운반기구 중 재료의 분리가 적고 연속적으로 타설 할 수 있어 터널, 댐, 항만 등에 사용

문제 41 콘크리트의 강도시험용 공시체의 양생온도는 어느 정도이어야 하는가?
  가. 4±1℃   나. 15±2℃   다. 20±2℃   라. 30±2℃

  해설 ○ 시험체 양생은 20±2℃에서 습윤양생

문제 42 콘크리트 블리딩 시험방법에 대한 아래의 표에서 ( )안에 적합한 숫자는?

> 기록한 처음 시각에서 60분 동안 ( )분 마다. 콘크리트 표면에 스며나온 물을 빨아낸다. 그 후는 블리딩이 정지할 때까지 30분마다 물을 빨아낸다.

  가. 1   나. 5   다. 10   라. 15

문제 43 굳지않은 콘크리트의 압력법에 의한 공기량 측정기구는?
  가. 보일형 공기량 측정기
  나. 워싱턴형 공기량 측정기
  다. 관입침
  라. 슈미트 해머

  해설 ○ 공기량 측정기 워싱턴형은 공기실 압력법

문제 44 골재의 안정성 시험에서 시험용 용액으로 사용되는 것은?
  가. 황산나트륨 포화 용액
  나. 광유
  다. 수산화나트륨 용액
  라. 탄닌산

  해설 ○ 황산나트륨 표준용액 제조방법
  • 25~30℃의 깨끗한 물 1l에 황산나트륨(Na_2SO_4) 약 250g을 넣는다.
  • 황산나트륨이 잘 녹을 수 있도록 저으면서 섞는다.
  • 황산나트륨 용액을 20℃가 될 때까지 식히고 48시간 이상 유지한 후 사용한다.

문제 45 ∅150mm×300mm의 원기둥형 시험체를 압축강도 시험한 결과 371kN의 하중에서 파괴가 발생 하였다. 이 시험체의 압축강도는?
  가. 18MPa   나. 21Mpa   다. 25MPa   라. 28MPa

  해설 ○ 압축강도 $= \dfrac{P}{A} = \dfrac{371 \times 1000}{\dfrac{3.14 \times 150^2}{4}} = 21 MPa$

정답 40. 다   41. 다   42. 다   43. 나   44. 가   45. 나

문제 46 콘크리트 인장 강도 시험을 할 때 시험체의 상태에 대한 설명으로 옳은 것은?
  가. 완전히 마른상태에서 실시하여야 한다.
  나. 양생이 끝난 뒤 마른상태에서 실시하여야 한다.
  다. 양생이 끝난 직후의 습윤 상태에서 시험하여야 한다.
  라. 양생이 끝난 후에는 아무 때나 실시하여도 상관없다.

해설 ○ 시험체 양생은 20±2℃에서 습윤 상태로 시험

문제 47 콘크리트 배합설계에서 잔골재 300l, 굵은골재 550l를 산정하였다. 이 때 잔골재율은 약 얼마인가?
  가. 30%   나. 35%   다. 55%   라. 65%

해설 ○ $S/a = \dfrac{S_V}{S_V + S_G} \times 100 = \dfrac{300}{300+550} \times 100 = 35.29\% \fallingdotseq 35\%$

문제 48 된 반죽 콘크리트의 압축강도 시험용 공시체는 몰드에 콘크리트를 채운 후 몇 시간 지나서 시멘트풀로 공시체의 표면을 캐핑 해야 하는가?
  가. 2~6시간   나. 7~11시간   다. 12~16시간   라. 17~21시간

해설
○ • 캐핑(capping): 콘크리트 공시체 윗면을 시멘트 풀로 씌우는 것
  • 콘크리트를 채운 후 2~6시간 지나서 된 반죽의 시멘트 풀(W/B: 27~30%)로 공시체를 캐핑, 시험체에 콘크리트를 다 채운 후 16시간 이상 3일 이내에 몰드를 뗀다.

문제 49 콘크리트의 휨강도 시험에서 공시체가 지간의 3등분 중앙부에서 파괴 되었을 때의 휨강도를 구하는 공식으로 옳은 것은? (단, P : 시험기에 나타난 최대하중(N) : 지간길이(mm) b : 파괴단면의 나비(mm) h : 파괴 단면의 높이(mm))

  가. $\dfrac{Pl}{bh^2}$ 나. $\dfrac{Pl}{b^2h}$ 다. $\dfrac{P}{bh^2l}$ 라. $\dfrac{P}{b^2hl}$

문제 50 콘크리트 공기량 시험에서 겉보기공기량이 5.4%이고, 골재의 수정계수가 2.3% 일 때, 콘크리트 공기량은?
  가. 2.3%   나. 12.4%   다. 3.1%   라. 7.7%

해설 ○ 공기량 = 5.4 − 2.3 = 3.1%

정답 46. 다   47. 나   48. 가   49. 가   50. 다

문제 51 콘크리트의 슬럼프 시험에서 슬럼프 콘을 들어 올리는 작업은 몇 초 이내로 끝내야 하는가?
가. 2~3초　　나. 9~10초　　다. 14~15초　　라. 19~20초

해설　○ 슬럼프 콘을 들어 올리는 시간은 높이 30cm에서 2~3 초로 한다.

문제 52 다음 체 중 골재의 조립률을 구하는데 사용하는 체가 아닌 것은?
가. 0.075mm체　　나. 0.15mm체　　다. 0.3mm체　　라. 40mm체

해설　○ 조립율 구하는 10개 체 : 80, 40, 20, 10, 5, 2.5, 1.2, 0.6, 0.3, 0.15mm

---

문제 53 굵은 골재의 마모시험에 사용되는 기계·기구로 옳은 것은?
가. 비카트 침　　　　　　　　나. 로스앤젤레스 시험기
다. 침입도계　　　　　　　　라. 비비 미터

문제 54 배합설계에서 단위 골재량의 절대 부피를 구하는데 관계없는 것은?
가. 블리딩의 양　　　　　　　나. 시멘트의 밀도
다. 단위 혼화재량　　　　　　라. 단위 시멘트량

해설　○ 골재량의 절대부피 = $1 - \left(\dfrac{C(kg)}{1000 \times C_g} + \dfrac{W(kg)}{1000} + \dfrac{A(\%)}{100} + \dfrac{혼화재량(kg)}{1000 \times 혼화재비중} \right) (m^3)$

문제 55 콘크리트 휨강도 시험용 공시체의 제작에 대한 설명으로 틀린 것은?
가. 공시체는 단면이 정사각형인 각기둥체로 한다.
나. 공시체의 길이는 단면의 한 변의 길이의 3배보다 8cm 이상 긴 것으로 한다.
다. 공시체 단면의 한변의 길이는 굵은 골재의 최대치수의 3배 이상이며 15cm 이상으로 한다.
라. 다짐봉을 이용하여 콘크리트를 채울 경우 각 층은 적어도 10cm² 에 1회의 비율로 다지도록 한다.

해설　○ 휨강도 공시체 제작
- 공시체의 길이는 높이의 3배보다 80mm 이상 더 커야 한다.
- 공시체의 높이는 골재 최대 치수의 4배 이상이며, 100mm 이상으로 한다.
- 굵은 골재 최대 치수가 40mm 망체를 쳐서 40mm를 넘는 입자를 제거한 시료를 사용하여 150mm×150mm의 공시체를 사용

정답　51. 가　52. 가　53. 나　54. 가　55. 다

문제 56 일반 콘크리트의 슬럼프 시험에서 대한 설명으로 틀린 것은?

가. 굵은 골재의 최대치수가 40mm를 넘는 콘크리트의 경우에는 40mm를 넘는 굵은 골재를 제거한다.
나. 슬럼프 콘을 벗길 때는 좌우로 가볍게 흔들어 주어 콘이 잘 벗겨지도록 한다.
다. 콘에 시료를 채울 때 시료를 거의 같은 양의 3층으로 나눠서 채우며, 그 각층은 다짐봉으로 고르게 한 후 25회 똑같이 다진다.
라. 콘크리트가 슬럼프콘의 중심축에 대하여 치우치거나 무너지거나 해서 모양이불균형이 된 경우는 다른 시료에 의해 재시험을 한다.

해설 ○ 슬럼프 콘을 채운 콘크리트 위 면을 고르게 하고 즉시 슬럼프 콘을 연직으로 들어 올린다.

문제 57 지름이 100mm, 길이가 200mm인 콘크리트 공시체로 쪼갬인장강도 시험을 실시한 결과, 공시체 파괴시 시험기에 나타난 최대하중이 72.3kN 이었다. 이 공시체의 인장강도는?

가. 2.1Mpa
나. 2.3MPa
다. 2.5Mpa
라. 2.7MPa

해설 ○ 인장강도 $= \dfrac{2P}{\pi dl} = \dfrac{2 \times 72.3 \times 1000}{3.14 \times 100 \times 200} = 2.3 MPa$

문제 58 단위 골재량의 절대 부피가 0.75m³ 이고 잔골재율이 30% 일 때의 단위 잔골재량은 얼마인가? (단, 잔골재의 밀도는 2.6임)

가. 585kg/m³
나. 595kg/m³
다. 605kg/m³
라. 615kg/m³

해설 ○ 잔골재량 $= (S_V + G_V) \times S/a \times C_g \times 1000 = 0.75 \times 0.3 \times 2.6 \times 1000 = 585 kg/m^3$

문제 59 잔골재의 밀도 및 흡수율 시험을 하면서 시료와 물이 들어있는 플라스크를 편평한 면에 굴리는 이유로 가장 적합한 것은?

가. 먼지를 제거하기 위하여
나. 온도차에 의한 물의 단위무게를 고려하기 위하여
다. 공기를 제거하기 위하여
라. 플라스크 용량 검정을 위하여

해설 ○ 플라스크에 넣은 시료 입자들 사이의 공기를 제거하기 위하여 굴린다.

정답 56. 나 57. 나 58. 가 59. 다

문제 60 설계기준 압축강도가 40MPa이고, 콘크리트압축강도의 시험기록이 없는 경우 콘크리트의 배합강도는?

가. 47MPa
나. 48.5MPa
다. 50MPa
라. 52.5MPa

해설

○ 표준편차를 알지 못하거나 시험횟수가 14회 이하인 경우 배합강도

설계기준강도 f_{ck} (MPa)	배합강도 f_{cr} (MPa)
21 미만	$f_{ck}+7$
21 이상 35 이하	$f_{ck}+8.5$
35 초과	$f_{ck}+10$

∴ 배합강도 $= f_{ck}+10 = 40+10 = 50 MPa$

정답 60. 다

핵심기출문제해설 (5)

문제 1 포졸란을 사용한 콘크리트의 특징으로 틀린 것은?
① 조기강도는 크나, 장기강도가 작아진다.
② 워커빌리티가 좋아진다.
③ 블리딩이 감소한다.
④ 수밀성 및 화학저항성이 크다.

해설 ㅇ 포졸란을 사용한 콘크리트 특징
- 수밀성이 크다.
- 해수 등에 대한 화학적 저항성(내구성)이 크다.
- 재료분리를 막고 워커빌리티, 피니셔빌리티가 좋아진다.
- 발열량이 적다.
- 강도 증진은 느리나 장기강도가 크다.

문제 2 골재의 내구성을 알기 위해 실시하는 안정성 시험에 대한 설명으로 옳은 것은?
① 로스앤젤레스 마모시험기로 골재의 마모정도를 측정한다.
② 골재 단위부피 중 골재 사이의 빈틈 비율을 측정한다.
③ 황산나트륨 용액에 대한 골재의 저항성을 측정한다.
④ 골재의 입도를 수치적으로 나타내는 조립률을 측정한다.

해설 ㅇ 내구성
- 화학적인 작용, 기후에 의한 작용, 주변 환경에 의해 골재가 견딜 수 있는 성질
- 내구성을 알기 위해서는 안정성 시험을 실시
- 안정성 시험은 황산나트륨용액에 대한 저항성 측정하여 5회 시험으로 평가
- 안정성 시험에서 골재 손실 무게비는 잔골재는 10% 이하, 굵은 골재는 12% 이하로 규정하고 있다.

문제 3 일반적으로 콘크리트를 구성하는 재료 중에서 부피가 가장 큰 것부터 작은 순으로 나열한 것은?
① 골재 〉 공기 〉 물 〉 시멘트
② 골재 〉 물 〉 시멘트 〉 공기
③ 물 〉 시멘트 〉 골재 〉 공기
④ 물 〉 골재 〉 시멘트 〉 공기

해설 ㅇ 골재 : 70%, 물 : 15%, 시멘트 : 10%, 공기 : 5%

정답 1. ① 2. ③ 3. ②

문제 4 AE 감수제를 사용한 콘크리트의 특징으로 틀린 것은?
① 동결융해에 대한 저항성이 증대된다.
② 굳지 않은 콘크리트의 워커빌리티를 개선하고 재료의 분리를 방지한다.
③ 건조수축을 감소시킨다.
④ 수밀성이 감소하고 투수성이 증가한다.

해설 ○ AE제를 사용한 콘크리트는 수밀성, 동결융해성, 내식성, 기상작용에 대한 저항성 등 내구성을 개선

문제 5 시멘트의 응결에 영향을 미치는 요인에 대한 설명으로 틀린 것은?
① 분말도가 높으면 응결은 빨라진다.
② 온도가 높을수록 응결은 빨라진다.
③ 수량이 많으면 응결은 빨라진다.
④ 습도가 낮을수록 응결은 빨라진다.

해설 ○ 응결이 늦어지는 경우는 시멘트가 풍화되고, 수량이 많고, 분말도가 낮고, 온도가 낮고, 습도가 높으면 응결이 늦어진다.

문제 6 원자로나 각종 시설의 방사선차폐용 콘크리트에 사용되는 중정석, 갈철광, 자철광등과 같이 밀도가 큰 골재를 무엇이라 하는가?
① 경량골재   ② 중량골재
③ 부순골재   ④ 순환골재

해설 ○ 중량 골재는 밀도가 큰 철광석을 사용하며, 주로 원자로 등 방사선 차폐 콘크리트에 사용

문제 7 시멘트의 저장법에 대한 설명으로 틀린 것은?
① 장기간 저장할 때에는 12포 이상 쌓아 올리지 않도록 한다.
② 시멘트는 창고에 품종별로 나누어 저장하여야 한다.
③ 현장 목조창고의 경우 시멘트는 바닥에서 0.3m 정도 떨어진 마루위에 저장하면 좋다.
④ 3개월 이상 장기간 저장한 시멘트는 사용하기에 앞서 재시험을 실시하여 그 품질을 확인한다.

해설 ○ 시멘트의 저장
- 방습적인 구조로 된 사일로 또는 창고에 품종별로 구분하여 저장
- 지면으로부터 30cm 이상, 쌓아 올리는 포대 수는 13포 이하, 저장기간이 길어질 경우 7포대 이상 쌓지 않는 것이 좋다.
- 저장 중 약간이라도 굳은 시멘트는 사용해서는 안 되고, 장기간 저장된 시멘트는 품질시험을 한 후에 사용해야 한다.

정답 4. ④ 5. ③ 6. ② 7. ①

문제 8 잔골재의 실적률이 75%이고 밀도가 2.65g/cm³ 일 때 공극률은?
① 28%   ② 25%   ③ 66%   ④ 3%

해설 ○ 공극율 = 100 − 실적율 = 100 − 75 = 25%

문제 9 조립률이 3.0, 7.0인 모래와 자갈을 질량비 1:1.5의 비율로 혼합할 때의 조립률은?
① 2.5   ② 4.5   ③ 5.4   ④ 7.4

해설 ○ $f_a = \dfrac{p}{p+q} \times f_s + \dfrac{q}{p+q} \times f_g = \dfrac{1}{1+1.5} \times 3 + \dfrac{1.5}{1+1.5} \times 7 = 5.4$

문제 10 다음 혼화재 중 인공산인 것은?
① 플라이애시   ② 화산회
③ 규조토   ④ 규산백토

해설 ○ 화산회, 규조토, 규산백토는 자연산

문제 11 혼합 시멘트의 종류에 포함되지 않는 것은?
① 고로 슬래그 시멘트   ② 팽창성 수경시멘트
③ 플라이 애시 시멘트   ④ 포틀랜드 포졸란 시멘트

해설 ○ 혼합시멘트는 고로슬래그 시멘트, 플라이 애시 시멘트, 포틀랜드 포졸란시멘트

문제 12 콘크리트 속의 공기량에 대한 설명으로 틀린 것은?
① AE제에 의하여 콘크리트 속에 생긴 공기를 AE공기라 하고, 이 밖의 공기를 갇힌 공기라 한다.
② AE콘크리트의 알맞은 공기량은 콘크리트 부피의 4~7%를 표준으로 한다.
③ AE콘크리트에서 공기량이 많아지면 압축강도가 커진다.
④ AE공기량은 시멘트의 양, 물의 양, 비비기 시간 등에 따라 달라진다.

해설 ○ 공기량이 많으면 압축강도 감소함, 제한적으로 사용(콘크리트 부피의 4~7%)

문제 13 1g의 시멘트가 가지고 있는 전체 입자의 총 표면적을 무엇이라 하는가?
① 비표면적   ② 총표면적
③ 단위표면적   ④ 표면적

해설 ○ 분말도는 비표면적으로 나타내며, 비표면적(cm²/g)은 1g의 시멘트가 가지고 있는 전체 입자의 총 표면적(cm²)

정답 8. ②   9. ③   10. ①   11. ②   12. ③   13. ①

문제 14 혼화재료는 혼화제와 혼화재로 분류할 수 있다. 이 때 혼화재에 대한 설명으로 옳은 것은?
① 사용량이 비교적 많아서(통상 시멘트 질량의 5%정도 이상) 그 자체의 부피가 콘크리트 등의 비비기 용적에 계산되는 것
② 사용량이 비교적 적어서(통상 시멘트 질량의 1%정도 이하) 그 자체의 부피가 콘크리트 등의 비비기 용적에 계산되지 않는 것
③ 분말가루의 형태로 존재하는 것
④ 액체의 형태로 존재하는 것

해설 ○ 혼화재 : 사용량이 시멘트 중량의 5% 이상으로 콘크리트의 배합설계 계산에 고려해야 하는 혼화 재료를 말함

문제 15 분말도가 높은 시멘트에 관한 설명으로 틀린 것은?
① 풍화하기 쉽다. ② 수화작용이 빠르다.
③ 발열량이 커서 균열의 발생이 쉽다. ④ 조기강도가 작다.

해설 ○ 시멘트 분말도가 높으면(입자가 가늘면)
 • 수화작용이 빠르고 • 조기강도가 커진다.
 • 풍화하기 쉽고 • 수화열이 많아 콘크리트에 균열 발생

문제 16 습윤 상태의 모래 200g을 노건조 시킨 결과 185g이 되었다. 이때 함수량은?
① 7.54% ② 8.11%
③ 9.45% ④ 10.87%

해설 ○ 함수율 $= \dfrac{\text{습윤 상태} - \text{절대건조 상태}}{\text{절대건조 상태}} \times 100\,(\%) = \dfrac{200-185}{185} \times 100 = 8.11\,(\%)$

문제 17 골재알이 절대 건조 상태에서 표면 건조 포화 상태로 되기까지 흡수한 물의 양은 무엇인가?
① 함수량 ② 표면수량
③ 포화도 ④ 흡수량

해설 ○ 골재의 함수상태

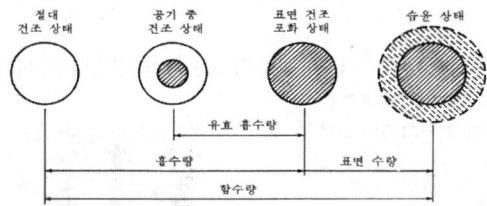

정답 14. ① 15. ④ 16. ② 17. ④

문제 18 콘크리트 속에 거품을 일으켜 부재의 경량화나 단열을 위해 사용되는 혼화제는?
① 감수제　　　　　　　　② 촉진제
③ 기포제　　　　　　　　④ 지연제

해설　○ 기포제 : 콘크리트 속에 거품을 일으켜 콘크리트를 경량화나 단열을 위해 사용

문제 19 철근콘크리트에서 구조물의 단면이 큰 경우 굵은 골재의 최대치수는 다음 중 어느 것을 표준으로 하는가?
① 25mm　　　　　　　　② 40mm
③ 50mm　　　　　　　　④ 100mm

해설　○ 굵은골재 최대치수(Gmax) 결정

콘크리트 종류			굵은 골재의 최대치수(mm)
무근콘크리트			40 또는, 부재최소치수의 1/4 이하
철근콘크리트	일반적인경우	20또는25	부재최소치수의 1/5 이하
	단면이 큰 경우	40	피복 두께, 철근간격의 3/4 이하

문제 20 시멘트가 풍화했을 때의 현상으로 잘못된 것은?
① 비중이 작아진다.　　　　② 응결이 늦어진다.
③ 강도의 발현이 저하된다.　④ 강열 감량이 작아진다.

해설　○ 풍화된 시멘트는
　• 밀도가 작아지고　　• 응결이 늦어지며
　• 강도가 늦게 나타난다.

문제 21 수중 콘크리트의 타설에 대한 설명으로 옳지 않은 것은?
① 콘크리트를 수중에 낙하 시키지 말아야 한다.
② 수중의 물의 속도가 30cm/sec 이내 일 때에 한하여 시공한다.
③ 콘크리트 면을 가능한 한 수평하게 유지하면서 소정의 높이 또는 수면상에 이를 때까지 연속해서 타설해야 한다.
④ 한 구획의 콘크리트 타설을 완료한 후 레이턴스를 모두 제거하고 다시 타설하여야 한다.

해설　○ 정수 중에 치는 것을 원칙으로 하며 완전히 물막이를 할 수 없는 경우에도 유속은 1초간 50mm 이하

정답　18. ③　19. ②　20. ④　21. ②

문제 22 다음 중 촉진 양생방법에 속하지 않는 것은?
① 오토클레이브양생   ② 막양생
③ 증기양생   ④ 고주파 양생

해설
○ 오토클레이브양생(autoclave curing) : 고온 증기 양생, 콘크리트 제품의 증기 양생

문제 23 그림과 같이 벨트 컨베이어(belt conveyer)로 콘크리트를 운반할 때 설치하는 깔때기의 높이(A)는 몇 cm 이상 되어야 하는가?
① 20cm   ② 60cm
③ 100cm   ④ 150cm

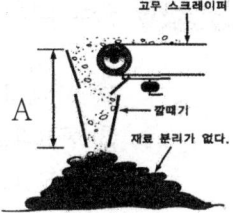

해설
○ 벨트 컨베이어의 끝 부분에 조절판이나 깔때기를 설치하여 재료분리 방지(A:60cm)

문제 24 수송관 속의 콘크리트를 압축공기의 압력으로 보내는 것으로 주로 터널의 둘레콘크리트 치기에 사용하는 것은?
① 콘크리트 배치믹서   ② 콘크리트 플레이서
③ 콘크리트 피니셔   ④ 콘크리트 슬립 폼 페이버

해설
○ 콘크리트 플레이서 : 수송관내의 콘크리트를 압축공기를 이용하여 압송하는 것으로서 콘크리트펌프와 같이 터널등 좁은 곳에서 운반이 편리

문제 25 레디믹스트콘크리트 종류 중 콘크리트 플랜트에서 재료를 계량하여 트럭믹서에 싣고, 운반 중에 물을 넣어서 비비는 것은?
① 센트럴 믹스트 콘크리트   ② 슈링크 믹스트 콘크리트
③ 트랜싯 믹스트 콘크리트   ④ 레이크 믹스트 콘크리트

해설
○ 레디믹스트 콘크리트(레미콘)의 제조 및 운반방법
- 센트럴 믹스트 : 플랜트에서 완전히 믹싱하여 트럭믹서 또는 트럭 애지테이터로 운반 중에 교반 하면서 공사 현장까지 배달 공급하는 방식
- 쉬링크 믹스트 : 플랜트에서 어느 정도 콘크리트를 비빈 후 트럭믹서 또는 트럭애지테이터에 투입하여 운반시간 동안 혼합하여 배달 공급하는 방식.
- 트랜싯 믹스트 : 플랜트에서 계량된 각각의 재료를 트럭믹서에 투입하여 운반 시간 동안에 혼합수를 가하여 교반 혼합하여 배달 공급하는 방식.

정답 22. ②   23. ②   24. ②   25. ③

문제 26
가경식 믹서를 사용하여 콘크리트 비비기를 할 경우 비비기 시간의 표준으로 옳은 것은?
① 30초 이상
② 1분 이상
③ 1분 30초 이상
④ 2분 이상

해설 ○ 비비기 시간은 가경식 믹서는 1분 30초 이상, 강제혼합식믹서는 1분 이상

문제 27
콘크리트의 공기량에 영향을 미치는 요인에 대한 설명으로 틀린 것은?
① 단위 잔골재량이 많을수록 공기량은 줄어든다.
② AE제의 사용량이 많을수록 공기량은 많아진다.
③ 콘크리트 배합이 부배합일수록 공기량은 줄어든다.
④ 콘크리트의 온도가 높을수록 공기량은 줄어든다.

해설 ○ 공기량에 미치는 요인
- 분말도 및 단위 시멘트량이 증가할수록 공기량 감소
- 잔골재율이 작아질수록, 조립율이 클수록 공기량감소
- 굵은골재 최대치수가 클수록 공기량감소
- 슬럼프가 현저히 작은 경우 공기량 감소
- 콘크리트 온도가 높으면 공기량 감소

문제 28
내부진동기를 사용하여 진동다짐을 할 때 진동기를 아래층의 콘크리트 속에 어느 정도 들어가게 하는가?
① 10cm
② 20cm
③ 30cm
④ 40cm

해설 ○ 내부진동기 사용 표준
- 내부진동기를 하층의 콘크리트 속으로 0.1m 정도 찔러 넣는다.
- 내부진동기는 연직으로 찔러 넣는다.
- 삽입 간격은 0.5m 이하
- 1개소 당 진동시간은 다짐할 때 시멘트풀이 표면 상부로 약간 부상하기까지 한다.
- 내부진동기로 콘크리트를 횡 방향 이동목적으로 사용해서는 안 된다.

문제 29
일평균기온 15°C 이상이고 보통 포틀랜드 시멘트를 사용한 콘크리트의 습윤 양생 기간의 표준은 며칠인가?
① 5일
② 7일
③ 9일
④ 12일

해설 ○ 습윤상태의 보호 기간은 보통포틀랜드시멘트를 사용할 경우 5일간 이상, 조강포틀랜드시멘트를 사용한 경우 3일간 이상을 표준

정답 26. ③ 27. ① 28. ① 29. ①

문제 30 프리스트레스트 콘크리트에 대한 설명으로 틀린 것은?
① PS 강재가 원상태로 되돌아가려는 힘으로 콘크리트에 압축응력이 생기게 된다.
② 프리텐션 방식의 경우 프리스트레싱 할 때의 콘크리트 압축강도는 30MPa 이상이어야 한다.
③ 프리텐션 방식은 PS 강재와 쉬스(sheath)와의 간격을 특수 모르타르로 채운 것이다.
④ PS 강재에는 PS 강선, PS 스트랜드, PS 강봉 등이 있다.

해설 ○ 포스텐션 방식은 PS 강재와 쉬스(sheath)와의 간격을 특수 모르타르로 채운 것

문제 31 레디믹스트 콘크리트의 장점이 아닌 것은?
① 균질의 콘크리트를 얻을 수 있다.
② 공사능률이 향상되고 공기를 단축할 수 있다.
③ 콘크리트의 워커빌리티를 현장에서 즉시 조절할 수 있다.
④ 콘크리트 치기와 양생에만 전념할 수 있다.

해설 ○ 레미콘의 장점
- 현장에 설비가 없어도 콘크리트를 구입할 수 있다.
- 공사 진행에 차질이 없다.
- 품질이 보증된다.
- 콘크리트를 치기가 쉬워 능률적 이다.

문제 32 싣기 용량(W) 7m³, 사이클 시간(Cm) 1시간 20분, 작업효율(E) 0.9인 트럭믹서의 1시간당 운반량은 몇 m³ 인가?
① 3.6 m³   ② 4.7 m³
③ 5.2 m³   ④ 6.3 m³

해설 ○ 시간당 작업량 $= \dfrac{7m^3}{80\min} \times 60\min \times 0.9 = 4.725 m^3$

문제 33 서중 콘크리트에서 콘크리트를 타설할 때의 콘크리트 온도는 최대 몇 ℃이하라야 하는가?
① 15℃   ② 20℃
③ 25℃   ④ 35℃

해설 ○ 서중콘크리트는 쳐 넣었을 때 온도는 35℃ 이하

정답 30. ③   31. ③   32. ②   33. ④

문제 34. 콘크리트의 양생에 대한 설명으로 틀린 것은?

① 기온이 상당히 낮은 경우에는 일정한 기간 동안 열을 주거나 보온에 의해 온도제어를 한다.
② 콘크리트 양생기간 중에는 진동, 충격의 작용을 무시해도 된다.
③ 촉진 양생을 할 때는 콘크리트에 나쁜 영향이 없도록 해야 한다.
④ 콘크리트의 수분 증발을 막기 위해서는 콘크리트 표면에 매트, 가마니 등을 물에 적셔서 덮는 등의 습윤상태로 보호해야 한다.

해설
○ 유해한 작용에 대한 보호
콘크리트는 양생기간 중에 예상되는 진동, 충격, 하중 등의 유해한 작용으로부터 보호

문제 35. 일반적인 콘크리트 타설 후 다지기에서 내부 진동기를 사용할 때 내부 진동기를 찔러 넣는 간격은 어느 정도로 하는 것이 좋은가?

① 50cm 이하
② 80cm 이하
③ 100cm 이하
④ 130cm 이하

해설
○ 내부진동기 사용 표준 삽입 간격은 0.5m 이하

문제 36. 슈트를 사용하여 콘크리트를 운반하는 경우에 대한 설명으로 잘못된 것은?

① 슈트를 사용하는 경우에는 원칙적으로 경사슈트를 사용하여야 한다.
② 경사슈트를 사용할 경우 일반적으로 슈트의 경사는 수평 2에 대하여 연직 1정도가 적당하다.
③ 연직슈트를 사용할 경우에는 콘크리트가 한 장소에 모이지 않도록 콘크리트의 투입구의 간격, 투입순서 등에 대하여 콘크리트 타설 전에 검토해 두어야 한다.
④ 연직슈트를 사용할 경우 추가 슈트 설치를 생략하기 위해 한 개의 슈트로 넓은 장소에 공급하는 일이 있어서는 안 된다.

해설
○ 슈 트
- 슈트를 사용하는 경우에는 원칙적으로 연직슈트를 사용해야 한다.
- 연직슈트를 사용할 경우 콘크리트가 한 장소에 모이지 않도록 콘크리트의 투입구의 간격, 투입 순서 등에 대하여 콘크리트 치기 전에 검토해 둔다.
- 경사슈트는 전 길이에 걸쳐 거의 일정한 경사를 가져야 하며, 그 경사는 콘크리트의 재료분리를 일으키지 않는 것이어야 한다. 경사슈트의 출구에서 조절판 및 깔때기를 설치해서 재료분리를 방지하여야 한다. 이 경우 깔때기의 하단은 될 수 있는 대로 콘크리트를 치는 표면에 가까이 둘 필요가 있어. 그 간격은 1.5m 이하

정답 34. ② 35. ① 36. ①

문제 37 콘크리트 제작을 위하여 재료를 계량할 경우 골재 계량의 허용오차로 옳은 것은?
① ±1%   ② ±2%
③ ±3%   ④ ±4%

해설 ○ 재료의 계량오차

재료의 종류	측정단위	허용오차 (%)
물	질량	-2, +1
시 멘 트	질량	-1, +2
혼 화 재	질량	± 2
골 재	질량 또는 부피	± 3
혼 화 제	질량 또는 부피	± 3

문제 38 비탈면의 보호, 보강을 위하여 콘크리트를 압축공기로 시공면에 뿜어 붙인 것은 무엇이라 하는가?
① AE 콘크리트   ② 숏크리트
③ 폴리머 콘크리트   ④ 프리플레이스트 콘크리트

해설 ○ 숏크리트 (shotcrete)
 • 압축공기를 이용하여 콘크리트나 모르터를 시공 면에 뿜어 붙여서 만든 콘크리트

문제 39 거푸집의 외부에 진동을 주어 내부 콘크리트를 다지는 기계로서, 터널의 둘레 콘크리트나 높은 벽 등에 사용되는 것은?
① 표면 진동기   ② 내부 진동기
③ 콘크리트 피니셔   ④ 거푸집 진동기

해설 ○ 거푸집 진동기 : 거푸집의 바깥쪽에서 콘크리트에 진동을 주는 외부진동기

문제 40 일반 수중 콘크리트의 물-결합재비(W/C)는 몇 % 이하이어야 하는가?
① 50%   ② 55%
③ 60%   ④ 65%

해설 ○ 수중콘크리트
 • 정수 중에 치는 것을 원칙으로 하며 완전히 물막이를 할 수 없는 경우에도 유속은 1초간 5cm 이하로 되는 것이 좋다
 • 물-결합재비는 50% 이하를 표준
 • 단위 시멘트량은 370kg/m³ 이상을 표준
 • 콘크리트를 수중에 직접 낙하시켜서는 안 된다.

정답 37. ③   38. ②   39. ④   40. ①

문제 41 콘크리트의 휨 강도 시험에 대한 설명으로 틀린 것은?
① 3등분점 재하법에 따라 시험한다.
② 시험체 한 변의 길이는 굵은 골재 최대치수의 4배 이상으로 한다.
③ 시험체 길이는 단면의 한 변의 길이의 2배보다 150mm 이상으로 한다.
④ 공시체의 양생 온도는 20±2℃로 한다.

해설 ○ 휨 강도 시험
- 공시체의 높이는 골재 최대 치수의 4배 이상이며, 100mm 이상으로 한다.
- 공시체의 길이는 높이의 3배보다 80mm 이상 더 커야 한다.

문제 42 잔골재의 표면수 측정시험은 동일한 시료에 대하여 계속 두 번 시행하였을 때 시험값은 평균값과의 차이가 몇 % 이하이어야 하는가?
① 0.3%   ② 1.0%   ③ 3.0%   ④ 5.0%

해설 ○ 정밀도
- 시험은 동일 시료에 대하여 계속 2회 시험하였을 때의 차가 0.3% 이하이어야 한다.

문제 43 시멘트 비중시험 결과 시멘트의 질량은 64g, 처음 광유 눈금을 읽은 값은 0.4mL, 시료를 넣은 후 광유 눈금을 읽은 값은 20.9mL였다. 이 시멘트의 비중은 얼마인가?
① 3.09   ② 3.12   ③ 3.15   ④ 3.18

해설 ○ 시멘트 비중 $= \dfrac{64}{20.9-0.4} = 3.12$

문제 44 시멘트 비중시험에 사용되는 기구는?
① 르샤틀리에 비중병   ② 로스앤젤레스 시험기
③ 피크노미터   ④ 건조로

해설 ○ • 로스앤젤레스 시험기 : 마모시험기   • 피크노미터 : 흙의 밀도 시험
- 건조로 : 골재, 토목재료등을 건조

문제 45 어떤 굵은 골재의 표면건조 포화상태 시료질량이 4000g 이고, 물 속에서의 시료 질량이 2445g 일 때 표면건조 포화상태의 밀도는 얼마인가?
(단, 시험온도에서 물의 밀도는 1g/cm³ 이다.)
① 1.64g/cm³   ② 1.98g/cm³
③ 2.38g/cm³   ④ 2.57g/cm³

해설 ○ $D_s = \dfrac{B}{B-C} \times \rho_w = \dfrac{4000}{4000-2445} \times 1 = 2.57(g/cm^3)$

정답 41. ③   42. ①   43. ②   44. ①   45. ④

문제 46 다음 설명의 ( )안에 알맞은 값을 순서대로 나열한 것은?

> 콘크리트의 슬럼프 시험에 사용되는 슬럼프 콘은 밑면의 안지름이 (㉠)mm, 윗면의 안지름이 (㉡)mm이고 높이가 (㉢)mm이다.

① ㉠ 200, ㉡ 100, ㉢ 300
② ㉠ 300, ㉡ 200, ㉢ 300
③ ㉠ 200, ㉡ 100, ㉢ 400
④ ㉠ 300, ㉡ 200, ㉢ 400

해설 ○ 슬럼프 콘의 크기 밑면안지름 : 200mm, 윗면안지름 : 100mm, 높이 : 300mm

문제 47 콘크리트 인장 강도 시험을 할 때 공시체의 상태에 대한 설명으로 옳은 것은?
① 완전히 건조상태에서 실시하여야 한다.
② 양생이 끝난 뒤 건조상태에서 실시하여야 한다.
③ 양생이 끝난 직후의 습윤상태에서 시험 하여야 한다.
④ 양생이 끝난 후에는 아무 때나 실시하여도 상관없다.

해설 ○ 양생이 끝난 직후의 습윤상태에서 시험

문제 48 콘크리트의 블리딩 시험에 대한 설명으로 틀린 것은?
① 시험하는 동안 26±2℃의 온도를 유지한다.
② 콘크리트를 용기에 3층으로 넣고, 각 층을 다짐대로 25번식 다진다.
③ 용기에 채워 넣을 때 콘크리트의 표면이 용기의 가장자리에서 3±0.3cm 낮아지도록 고른다.
④ 콘크리트의 재료 분리 정도를 알기 위한 시험이다.

해설 ○ 시험중에는 실온 20±3℃로 하고, 콘크리트의 온도는 20±2℃로 한다.

문제 49 콘크리트의 시방배합으로 각 재료의 양과 현장골재의 상태가 아래와 같을 때 현장배합에서 굵은 골재의 양은 얼마로 하여야 하는가? (단, 현장 골재는 표면건조 포화상태임)

> 【시방배합】
> • 시멘트 : 300kg/m³   • 물 : 160kg/m³   • 잔골재 : 666kg/m³
> • 굵은 골재 : 1178kg/m³
> 【현장 골재】
> • 5mm 체에 남는 잔골재량 : 0%
> • 5mm 체를 통과하는 굵은 골재량 : 5%

① 1116kg/m³
② 1178kg/m³
③ 1240kg/m³
④ 1258kg/m³

해설 ○ $G = (0 \times S) + (0.95 \times G) = 1178$ ∴ $G = \dfrac{1178}{0.95} = 1240\,kg/m^3$

정답 46. ① 47. ③ 48. ① 49. ③

문제 50 콘크리트의 휨강도 시험 결과 공시체가 지간의 3등분 중앙에서 파괴되었을 때 휨강도는 약 얼마인가? (단, 150×150×530mm 의 공시체를 사용하였으며, 지간 450mm, 최대하중이 25kN이다.)

① 2.73MPa   ② 3.03MPa
③ 3.33MPa   ④ 4.73MPa

해설

○ 휨강도 $(f_b) = \dfrac{Pl}{bd^2} = \dfrac{25 \times 1000 \times 450}{150 \times 150^2} = 3.33 MPa$

문제 51 로스앤젤레스 시험기에 의한 굵은 골재의 마모시험을 실시한 결과가 아래의 표와 같을 때 마모감량은?

- 시험 전의 시료의 질량 : 5000g
- 시험 후 1.7mm 의 망체에 남은 시료의 질량 : 4525g

① 8.5%   ② 9.8%
③ 10.5% ④ 11.5%

해설

○ 마모감량 = $\dfrac{5000-4525}{4525} \times 100 = 10.5\%$

문제 52 골재 체가름 시험에 대한 내용으로 옳은 것은?

① 골재 체가름 시험은 골재의 입도분포를 구하기 위해서 실시한다.
② 골재 체가름 시험 중 체에 낀 골재알은 가볍게 눌러 통과시킨다.
③ 골재 체가름 시험 중 체에 낀 골재알은 체를 통과한 시료로 간주한다.
④ 체를 1분간 진동시켜 각 체를 통과하는 것이 전 시료 질량의 3% 이하로 될 때까지 작업을 계속한다.

해설

○ 골재 체가름 시험
- 시험 목적 : 골재의 입도, 조립률, 굵은 골재의 최대치수 등을 구하기 위함
- 체가름 할 때 어떤 경우든지 시료편을 손으로 눌러서 통과시켜서는 안된다.
- 체가름시 1분간의 통과율이 그자체에 남아있는 시료무게의 0.1%이하가 될 때까지 규정

문제 53 슬럼프 시험시 각 층의 다짐횟수는 몇 회로 하는가?

① 15회   ② 25회
③ 35회   ④ 45회

해설

○ 슬럼프시험 방법
- 슬럼프 콘에 채우고 벗길 때 까지 전 작업시간은 3분 이내
- 슬럼프 콘은 강으로 된 평판위에 설치하고 3층 25회 다진다.

정답 50. ③   51. ③   52. ①   53. ②

문제 54 콘크리트용 모래에 포함되어 있는 유기불순물 시험에 사용하는 시료에 대한 설명으로 옳은 것은?
① 시료는 대표적인 것을 취하고 절대 건조상태로 건조시켜서 4분법 또는 시료 분취기를 사용하여 약 1kg을 채취한다.
② 시료는 대표적인 것을 취하고 습윤상태로 4분법 또는 시료 분취기를 사용하여 약 450g을 채취한다.
③ 시료는 대표적인 것을 취하고 공기 중 건조상태로 건조시켜서 4분법 또는 시료 분취기를 사용하여 약 450g을 채취한다.
④ 시료는 대표적인 것을 취하고 표면건조 포화상태로 건조시켜서 4분법 또는 시료 분취기를 사용하여 약 1kg을 채취한다.

해설 ○ 시료의 준비
 • 대표할 수 있는 시료를 시료 분취기나 4분법으로 채취한다.
 • 공기 중 건조 상태의 시료를 450g을 준비한다.

문제 55 콘크리트의 인장강도에 대한 설명으로 틀린 것은?
① 인장강도는 압축강도에 비해 매우 작다.
② 인장강도는 철근 콘크리트의 부재 설계에서는 일반적으로 무시해도 된다.
③ 인장강도는 도로포장이나 수조 등에선 중요하다.
④ 인장강도는 압축강도와 달리 물-결합재비에 비례한다.

해설 ○ 물-결합재비($\frac{W}{B}$)가 커지는 것은 물을 많이 사용하는 것으로 물을 많이 사용하면 강도는 현저히 감소. 물-결합재비에 반비례

문제 56 습윤 상태인 굵은 골재의 질량이 4200g이고, 이 시료의 표면건조 포화상태일 때의 질량이 4000g 이었다면, 표면수율은?
① 1 %   ② 2.5 %   ③ 4.7 %   ④ 5 %

해설 ○ 표면수율 $= \frac{4,200-4,000}{4,000} \times 100 = 5\%$

문제 57 지름 100mm, 높이 200mm인 콘크리트 공시체로 압축강도 시험을 실시한 결과 공시체 파괴시 최대하중이 231kN이었다. 이 공시체의 압축강도는?
① 29.4MPa   ② 27.4MPa
③ 25.4MPa   ④ 23.4MPa

해설 ○ 압축강도 $= \frac{P}{A} = \frac{231 \times 1000}{\frac{3.14 \times 100^2}{4}} = 29.4 MPa$

정답 54. ③   55. ④   56. ④   57. ①

문제 58 굳지 않은 콘크리트의 공기 함유량 시험에서 보일(Boyle)의 법칙을 이용한 시험법은?
① 밀도법　　　　　　　　② 용적법
③ 질량법　　　　　　　　④ 공기실 압력법

해설　○ 보일의 법칙을 기초로 한 것은 공기실 압력법

문제 59 잔골재의 밀도 및 흡수율 시험에 사용되는 시험기구로 옳지 않은 것은?
① 저울　　　　　　　　　② 플라스크
③ 원심분리기　　　　　　④ 원뿔형 몰드

해설　○ 원심분리기는 해당 없음

문제 60 다음 중 시멘트의 응결 시간 시험 방법으로 옳은 것은?
① 슬럼프 시험　　　　　　② 길모어 침에 의한 시험
③ 슈미트 해머에 의한 시험　④ 표준 반죽 질기 시험

해설　○ 응결 시간 시험 방법은 비카 침에 의한 시험과 길모어 침에 의한 시험이 있다.

정답　58. ④　59. ③　60. ②

핵심기출문제해설 (6)

문제 1 아래의 표에서 설명하는 골재의 함수상태는?
(골재의 표면수는 없고 골재알 속의 빈틈이 물로 차 있는 상태)
① 절대건조상태　　　　　　② 공기 중 건조상태
③ 표면건조 포화상태　　　　④ 습윤상태

해설
- 절대건조상태 : 골재속의 공극에 있는 물을 전부 제거된 상태.
- 공기 중 건조상태 : 공기 중에서 자연 건조시킨 상태로 골재속의 내부 일부는 물로 차 있는 상태.
- 표면건조 포화상태 : 골재 표면은 물기가 없고, 내부 빈틈은 물로 포화된 상태.
- 습윤상태 : 골재 표면에 물기가 있고, 내부 빈틈도 물로 차 있는 상태.

문제 2 잔골재의 유해물 함유량의 허용한도 중 점토덩어리의 허용한도로서 옳은 것은?
① 1.0%　　② 1.2%　　③ 1.5%　　④ 2.0%

해설
- 골재 중의 점토 덩어리 함유량 한도
  - 잔골재 : 1.0% 이하
  - 굵은 골재 : 0.25% 이하

문제 3 혼화재료 중 일반적으로 사용량이 비교적 많은 혼화재로만 짝지어진 항은?
① AE제, 염화칼슘　　　　　② AE제, 플라이애시
③ 고로슬래그 미분말, 염화칼슘　④ 고로슬래그 미분말, 플라이애시

해설
- 혼화재 : 플라이애시, 규조토, 화산회, 규산백토, 고로슬래그 미분말 등
- 혼화제 : AE제, 감수제, 촉진제(염화칼슘 사용), 지연제, 방청제 등

문제 4 콘크리트를 배합할 때 골재의 1회 계량분에 대한 최대허용오차는?
① 1%　　② 2%　　③ 3%　　④ 5%

해설
- 재료 계량의 허용오차에서 골재 ±3%, 혼화제 ±3%, 혼화재 ±2%

문제 5 혼화재 중 용광로에서 나오는 슬래그를 급냉시켜 만든 가루는?
① 포졸라나(pozzolana)　　　② 플라이애시(fly ash)
③ 고로슬래그 미분말　　　　④ AE제

해설
- 고로슬래그 미분말은 용광로에서 나오는 슬래그를 급냉시켜 만든 가루이다.

정답　1. ③　2. ①　3. ④　4. ③　5. ③

문제 6 콘크리트의 시방 배합에서 기준으로 하는 골재의 함수상태로 옳은 것은?
① 절대건조상태
② 공기 중 건조상태
③ 표면 건조포화상태
④ 습윤상태

해설 ○ 콘크리트의 시방 배합에서 골재의 함수상태는 표면건조포화상태를 기준으로 한다.

문제 7 터널 등의 숏크리트에 첨가하여 뿜어 붙인 콘크리트의 응결 및 조기의 강도를 증진시키기 위해 사용되는 혼화제는?
① AE제
② 지연제
③ 발포제
④ 급결제

해설 ○ 급결제는 급속공사, 숏크리트(뿜어 붙이기 콘크리트)에 사용한다.

문제 8 알루미늄 또는 아연가루를 넣어, 시멘트가 응결할 때 수소가스를 발생시켜 모르타르 또는 콘크리트 속에 아주 작은 기포를 생기게 하는 혼화제는?
① 지연제
② 발포제
③ 팽창재
④ AE제

해설 ○ 발포제는 알루미늄 또는 아연가루를 넣어, 화학적으로 발생하는 가스에 의해 기포를 생성하는 것으로 프리플레이스트 그라우트, 프리스트레스 콘크리트용 그라우트에 사용한다.

문제 9 부순 굵은 골재를 사용한 콘크리트의 설명으로 옳지 않은 것은?
① 잔골재율이 작아진다.
② 시멘트의 부착강도가 커진다.
③ 단위수량이 많아진다.
④ 압축강도가 커진다.

해설 ○ 부순 굵은 골재를 사용한 콘크리트는 잔골재율이 커진다.

문제 10 다음 중 혼합 시멘트가 아닌 것은?
① 고로슬래그 시멘트
② 플라이애시 시멘트
③ 포틀랜드 포졸란 시멘트
④ 알루미나 시멘트

해설 ○ 알루미나 시멘트는 특수 시멘트이다.

문제 11 포졸란의 성질에 대한 설명으로 틀린 것은?
① 수화열을 크게 한다.
② 워커빌리티를 좋게 한다.
③ 수밀성을 크게 한다.
④ 내구성을 좋게 한다.

해설 ○ 포졸란의 성질은 수화열을 적게 한다.

정답 6. ③ 7. ④ 8. ② 9. ① 10. ④ 11. ①

문제 12 수화열이 적게 되도록 만든 것으로 건조수축이 작고 장기 강도가 큰 포틀랜드시멘트는?
① 보통 포틀랜드시멘트 ② 조강 포틀랜드시멘트
③ 중용열 포틀랜드시멘트 ④ 백색 포틀랜드시멘트

해설 ○ 중용열 포트랜드 시멘트는 수화열이 적어 건조수축이 작으며, 장기 강도가 크다.

문제 13 시멘트의 분말도에 대한 설명으로 틀린 것은?
① 시멘트의 분말도가 높으면 조기강도가 작아진다.
② 시멘트의 입자가 가늘수록 분말도가 높다.
③ 분말도란 시멘트 입자의 고운 정도를 나타낸다.
④ 분말도가 높으면 시멘트의 표면적이 커서 수화작용이 빠르다.

해설 ○ 시멘트 입자의 가는 정도를 분말도라 하며, 분말도가 높으면 조기강도가 커진다.

문제 14 혼화재와 혼화제의 분류에서 혼화재에 대한 설명으로 알맞은 것은?
① 사용량이 비교적 많으나 그 자체의 부피가 콘크리트 등의 비비기 용적에 계산되지 않는 것
② 사용량이 비교적 많아서 그 자체의 부피가 콘크리트 등의 비비기 용적에 계산되는 것
③ 사용량이 비교적 적으나 그 자체의 부피가 콘크리트 등의 비비기 용적에 계산되는 것
④ 사용량이 비교적 적어서 그 자체의 부피가 콘크리트 등의 비비기 용적에 계산되지 않는 것

해설 ○ 혼화재는 사용량이 시멘트 중량의 5% 이상으로 콘크리트 배합설계 계산에 고려해야 하는 혼화재료를 말하고, 혼화제는 사용량이 시멘트 중량의 1% 이하로 비교적 적어서 콘크리트의 배합계산에 무시되는 혼화 재료를 말한다.

문제 15 어떤 골재시험 결과 단위용적질량은 1.72t/m³이고, 밀도가 2.65g/cm³일 때 이 골재의 공극률은?
① 72.4% ② 29.5%
③ 52.3% ④ 35.1%

해설
$$공극률 = \left(1 - \frac{단위용적질량}{밀도}\right) \times 100$$
$$= \left(1 - \frac{1.72}{2.65}\right) \times 100 = 35.1\%$$

정답 12. ③ 13. ① 14. ② 15. ④

문제 16 보통 잔골재의 일반적인 밀도로 옳은 것은?
① 2.40~2.55g/cm³　　　　② 2.50~2.65g/cm³
③ 2.60~2.85g/cm³　　　　④ 2.80~2.95g/cm³

해설　○ 일반적으로 잔골재의 밀도는 2.50~2.65g/cm³, 굵은 골재의 밀도는 2.55~2.70g/cm³ 정도이다.

문제 17 운반거리가 먼 레미콘이나 무더운 여름철 콘크리트의 시공에 사용하는 혼화제는?
① 기포제　　② 지연제　　③ 방수제　　④ 경화 촉진제

해설　○ 지연제는 콘크리트의 응결이나 경화를 지연시키기 위해 사용하는 혼화제로 서중 콘크리트에 적당하고, 레미콘의 운반거리가 멀 경우에 사용한다.

문제 18 다음 중 중량골재에 속하는 것은?
① 팽창혈암　　② 강자갈　　③ 소성 규조토　　④ 자철광

해설　○ 중량골재는 중정석, 갈철광, 자철광 등으로 밀도가 보통골재보다 큰 골재를 말한다.

문제 19 AE제에 대한 설명으로 옳은 것은?
① 콘크리트의 워커빌리티가 개선되고 단위수량을 줄일 수 있다.
② AE제에 의한 연행 공기는 지름이 0.5mm 이상이 대부분이며 골고루 분산된다.
③ 동결융해의 기상작용에 대한 저항성이 적어진다.
④ 기포분산의 효과로 인해 블리딩을 증가시키는 단점이 있다.

해설　○ AE제의 장단점은
  • 워어커빌리티를 좋게 하고, 블리딩 개선
  • 빈배합일수록 워커빌리티의 개선효과가 크다.
  • 단위수량을 감소시켜 블리딩 등의 재료분리를 작게 한다.
  • 기상작용에 대한 저항성과 수밀성을 증진한다.

문제 20 조립률 3.0의 모래와 7.0의 자갈을 중량비 1:4로 혼합할 때의 조립률을 구하면?
① 3.2　　② 4.2　　③ 5.2　　④ 6.2

해설　
$$fa = \frac{p}{p+q} \times fs + \frac{q}{p+q} \times fg$$
$$= \frac{1}{1+4} \times 3 + \frac{4}{1+4} \times 7$$
$$= 6.2$$

정답　16. ②　17. ②　18. ④　19. ①　20. ④

문제 21 콘크리트 시공에서 거푸집 떼어내기 방법으로 옳지 않은 것은?
① 거푸집 안쪽에 박리제를 발라서 콘크리트와 부착을 방지한다.
② 거푸집은 콘크리트가 충분한 강도를 가질 때까지 제거해서는 안 된다.
③ 수평부재 거푸집을 연직부재 거푸집보다 먼저 떼어낸다.
④ 보(beam) 양측 면의 거푸집을 바닥판 보다 먼저 떼어낸다.

해설 ○ 거푸집 해체 순서는 하중을 받지 않는 부분부터 해체한다. 즉 연직부재는 수평부재의 거푸집보다 먼저 해체한다.

문제 22 콘크리트 타설에 대한 일반적인 설명으로 옳은 것은?
① 비비기에서 타설까지 3시간 이상 필요하다.
② 터파기 안의 물은 그대로 사용해도 무방하다.
③ 콘크리트는 가급적 나누어서 일정시간이 지난 다음 타설한다.
④ 위층의 콘크리트는 아래층 콘크리트가 굳기 전에 타설하여야 한다.

해설 ○ 콘크리트를 2층 이상으로 나누어 칠 경우, 상층의 콘크리트 치기는 원칙적으로 하층의 콘크리트가 굳기 시작하기 전에 쳐야 하며, 상층과 하층이 일체가 되도록 시공해야 한다.

문제 23 콘크리트를 타설한 다음 일정 기간 동안 콘크리트에 충분한 온도와 습도를 유지시켜 주는 것을 무엇이라 하는가?
① 콘크리트 진동   ② 콘크리트 다짐
③ 콘크리트 양생   ④ 콘크리트 시공

해설 ○ 콘크리트는 타설 후 소요시간까지 경화에 필요한 온도, 습도조건을 유지하며, 유해한 작용을 받지 않도록 보호하는 작업을 양생이라 한다.

문제 24 다음 중 콘크리트의 운반장치가 아닌 것은?
① 트럭믹서   ② 트럭 애지테이터
③ 덤프트럭   ④ 배치 플랜트

해설 ○ 배치 플랜트는 콘크리트를 일관성 있게 작업하여 대량생산 하는 장치이다.

문제 25 콘크리트의 시방배합을 현장배합으로 수정할 때 필요한 사항이 아닌 것은?
① 시멘트 비중
② 골재의 표면수량
③ 잔골재의 5mm 체 잔류율
④ 굵은골재의 5mm 체 통과율

해설 ○ 시방배합을 현장배합으로 보정할 때 입도에 대한 보정과 표면수에 대한 보정이 있다.

정답 21. ③ 22. ④ 23. ③ 24. ④ 25. ①

문제 26 프리플레이스트 콘크리트에서 골재의 빈틈 사이에 모르타르를 주입할 때 연직 주입관의 수평 간격은 몇 m를 표준으로 하는가?

① 1m ② 2m ③ 3m ④ 4m

해설 ○ 프리플레이스트 콘크리트에서 연직 주입관의 수평간격은 2m 정도로 하고, 수평 주입관의 수평 간격은 2m 정도, 연직 간격은 1.5m 정도로 한다.

문제 27 일반 수중 콘크리트의 물·결합재비의 표준은 몇 % 이하인가?

① 20% ② 30% ③ 40% ④ 50%

해설 ○ 수중 콘크리트의 물·결합재비는 50% 이하를 표준으로 한다.

문제 28 높은 곳에서부터 콘크리트를 타설하는 경우 가장 적당한 운반 기구는?

① 손수레 ② 연직슈트
③ 벨트 컨베이어 ④ 콘크리트 플레이서

해설 ○ 높은 곳에서 낮은 곳 운반 기구는 연직 슈트이다.

문제 29 일평균 기온이 4℃ 이하가 예상될 때 시공하는 특수 콘크리트는?

① 서중 콘크리트 ② 한중 콘크리트
③ 수중 콘크리트 ④ 해양 콘크리트

해설 ○ 하루 평균 기온이 4℃ 이하로 될 때 한중 콘크리트로 시공하고, 25℃ 이상일 때 서중 콘크리트로 시공한다.

문제 30 특수 콘크리트의 시공법 중에서 수중 콘크리트를 타설할 때 사용되는 것이 아닌 것은?

① 벨트 컨베이어 ② 트레미
③ 콘크리트 펌프 ④ 밑열림 상자

해설 ○ 수중 콘크리트 타설 방법은 트레미, 밑열림 상자 및 밑열림 포대, 콘크리트 펌프 등이 있다.

문제 31 서중콘크리트의 타설에 대한 아래 표의 설명에서 ( )에 적합한 수치는?

> 콘크리트는 비빈 후 즉시 타설하여야 하며, KS F 2560의 지연형 감수제를 사용하는 등의 일반적인 대책을 강구한 경우라도 ( )시간 이내에 타설하여야 한다.

① 0.5 ② 1.0 ③ 1.5 ④ 2.0

해설 ○ 서중 콘크리트는 콘크리트를 비벼 쳐 넣을 때까지의 시간은 1.5시간 이내이어야 한다.

정답 26. ② 27. ④ 28. ② 29. ② 30. ① 31. ③

문제 32 콘크리트를 제조하기 위해 계량할 경우 혼화재의 계량 허용오차로 옳은 것은?
① ±1%   ② ±2%   ③ ±3%   ④ ±4%

해설
○ 재료 계량의 허용오차
　골재 ±3%, 혼화제 ±3%, 혼화재 ±2%

문제 33 콘크리트의 배합에서 재료의 계량에 대한 설명으로 틀린 것은?
① 계량은 현장 배합에 의해 실시하는 것으로 한다.
② 혼화제를 녹이는 데 사용하는 물은 단위 수량의 일부로 보아야 한다.
③ 시멘트의 1회 계량분에 대한 허용오차는 ±3%이다.
④ 각 재료는 1배치씩 질량으로 계량하는 것을 원칙으로 한다.

해설
○ 콘크리트 배합에서 시멘트의 1회 계량분에 대한 허용오차는 -1, +2%이다.

문제 34 숏크리트에 대한 설명으로 틀린 것은?
① 시멘트 건(gun)에 의해 압축공기로 모르타르를 뿜어 붙이는 것이다.
② 수축균열이 생기기 쉽다.
③ 공사기간이 길어진다.
④ 건식공법의 경우 시공 중 분진이 많이 발생한다.

해설
○ 숏크리트는 조기강도의 발현으로 공사 기간이 짧아진다.

문제 35 콘크리트 또는 모르타르가 엉기기 시작하였을 때 다시 비비는 작업을 무엇이라 하는가?
① 되비비기   ② 거듭비비기
③ 믹서비비기   ④ 혼합비비기

해설
○ 되비비기는 콘크리트 또는 모르타르가 엉기기 시작하였을 때 다시 비비는 작업이다.

문제 36 콘크리트 제조 기계로서 날개가 달린 비빔통을 회전시켜서 내부의 재료를 비비는 콘크리트 믹서를 무엇이라 하는가?
① 강제식 믹서   ② 중력식 믹서
③ 강제 교반식 믹서   ④ 혼합형 믹서

해설
○ 중력식 믹스는 날개가 달린 비빔통을 회전시켜서 콘크리트를 비비는 믹스이고, 강제식 믹스는 비빔통 속에 있는 날개를 회전시켜 콘크리트를 비비는 믹스이다.

정답 32. ② 33. ③ 34. ③ 35. ① 36. ②

문제 37 거푸집의 높이가 높을 경우 재료의 분리를 방지하기 위하여 슈트, 펌프배관 등의 배출구와 타설면까지의 높이는 원칙적으로 얼마로 하여야 하는가?
① 1.0m 이하
② 1.0m 이상
③ 1.5m 이하
④ 1.5m 이상

해설 ○ 거푸집의 높이가 높을 경우, 배출구와 타설면까지의 높이는 1.5m 이하를 원칙으로 한다.

문제 38 콘크리트의 내부진동에 의한 다짐 작업에 대한 설명으로 틀린 것은?
① 내부진동기는 진동효과를 극대화하기 위하여 내부에 비스듬히 찔러 넣는 것이 좋다.
② 내부진동기의 삽입간격은 일반적으로 0.5m 이하로 하는 것이 좋다.
③ 내부진동기를 빼낼 때 구멍이 생기지 않도록 한다.
④ 내부진동기를 아래층 콘크리트 속으로 0.1m 정도 들어가게 한다.

해설 ○ 내부진동기는 연직으로 찔러 넣는다.

문제 39 콘크리트의 표면에 아스팔트 유제나 비닐 유제 등으로 불투수층을 만들어 수분의 증발을 막는 양생방법을 무엇이라 하는가?
① 증기양생
② 전기양생
③ 습윤양생
④ 피복양생

해설 ○ 습윤양생 방법이 곤란한 때는 표면에 막을 형성하는 양생제를 살포하여 물의 증발을 막는 양생 방법은 피막양생(피복양생)이다.

문제 40 콘크리트 플레이서에 대한 일반적인 설명으로 틀린 것은?
① 콘크리트 플레이서는 수송관내의 콘크리트를 압축공기로서 압송한다.
② 관으로부터의 토출할 때 콘크리트의 재료 분리가 생기는 경우에는 토출할 때 충격을 가하여 재료 분리를 방지하여야 한다.
③ 수송관의 배치는 굴곡을 적게 하여야 한다.
④ 수송거리는 공기압, 공기소비량 등에 따라 달라진다.

해설 ○ 콘크리트의 재료 분리가 생기는 경우에는 토출할 때 충격을 없애 재료 분리를 방지하여야 한다.

문제 41 실내에서 건조시킨 상태로 골재의 알 속의 일부에만 물기가 있는 상태를 무엇이라 하는가?
① 절대건조상태
② 표면건조 포화상태
③ 습윤상태
④ 공기 중 건조상태

해설 ○ 공기 중에서 자연 건조시킨 상태로 골재속의 내부 일부는 물로 차 있는 상태는 공기 중 건조상태이다.

정답 37. ③　38. ①　39. ④　40. ②　41. ④

문제 42 단위 잔골재의 절대부피가 266L이고, 단위굵은골재의 절대부피가 399L일 경우 잔골재율은?

① 26%   ② 34%   ③ 40%   ④ 42%

해설
○ 잔골재율 = $\dfrac{\text{잔골재의 절대 부피}}{\text{전체 골재의 절대부피}} \times 100$
$= \dfrac{266}{266+399} \times 100 = 40\%$

문제 43 잔골재의 표면수 시험방법으로 옳은 것은?

① 다짐법, 밀도법   ② 밀도법, 용적법
③ 용적법, 질량법   ④ 질량법, 입도법

해설
○ 잔골재의 표면수 시험 방법에는 질량법과 용적법이 있다.

문제 44 시멘트 비중시험에 사용되는 기구가 아닌 것은?

① 저울   ② 르샤틀리에 비중병
③ 블레인 공기투과장치   ④ 항온 수조

해설
○ 블레인 공기투과장치는 시멘트의 분말도 시험에 사용되는 기구이다.

문제 45 시멘트의 강도시험(kS L ISO 679)에서 모르타르를 제조할 때 시멘트와 표준모래의 질량에 의한 비율로 옳은 것은?

① 1 : 2   ② 1 : 2.5   ③ 1 : 3   ④ 1 : 3.5

해설
○ 시멘트의 강도시험에서 모르타르를 제조할 때 시멘트와 표준모래의 질량비는 1 : 3이다.

문제 46 콘크리트 압축강도 시험용 공시체의 제작에 있어서 공시체의 양생온도로 가장 적합한 것은?

① 13~17℃   ② 18~22℃
③ 23~27℃   ④ 28~32℃

해설
○ 콘크리트 압축강도 시험용 공시체의 제작에 있어서 공시체의 양생 온도는 20±2℃임으로 18~22℃이다.

문제 47 골재의 입도, 조립률, 굵은 골재의 최대치수 등을 알기 위해 실시하는 시험은?

① 공기량시험   ② 체가름시험
③ 슬럼프시험   ④ 안정성시험

해설
○ 체가름 시험은 골재의 입도, 조립률, 굵은 골재의 최대치수 등을 알기 위해 실시한다.

정답 42. ③ 43. ③ 44. ③ 45. ③ 46. ② 47. ②

문제 48 콘크리트용 모래에 포함되어 있는 유기불순물 시험에 대한 설명으로 옳은 것은?
① 사용하는 수산화나트륨 용액은 물 50에 수산화나트륨 50의 질량비로 용해시킨 것이다.
② 시료는 대표적인 것을 취하고 절대건조상태로 건조시켜 4분법을 사용하여 약 5kg을 준비한다.
③ 시험에 사용할 유리병은 노란색으로 된 유리병을 사용하여야 한다.
④ 시험의 결과 24시간 정치한 잔골재 상부의 용액색이 표준용액보다 연할 경우 이 모래는 콘크리트용으로 사용할 수 있다.

해설 ○ 콘크리트용 모래에 포함되어 있는 유기 불순물 시험에서 시험의 결과 24시간 정치한 잔골재 상부의 용액색이 표준용액보다 연할 경우 이 모래는 콘크리트용으로 사용할 수 있다.

문제 49 콘크리트 쪼갬 인장 강도 시험에서 공시체의 길이는 공시체가 쪼개진 면의 2곳 이상을 측정하여 평균값을 사용하는데 이때 정밀도는 몇 mm인가?
① 0.1mm ② 0.5mm ③ 1mm ④ 2mm

해설 ○ 공시체의 길이를 0.1mm까지 2개소 이상을 재어서 평균값을 구한다.

문제 50 콘크리트 압축강도 시험용 공시체의 지름은 굵은 골재 최대치수의 몇 배 이상으로 하여야 하는가?
① 1.5 ② 2.0 ③ 2.5 ④ 3.0

해설 ○ 콘크리트 압축강도 시험체의 지름은 굵은 골재 최대치수의 3배 이상이며, 또한 100mm 이상이어야 한다.

문제 51 골재의 안정성 시험에 사용되는 시험용 용액은?
① 가성소다 ② 황산나트륨
③ 염화칼슘 ④ 타닌산

해설 ○ 골재의 안정성 시험에 사용되는 시험용 용액은 황산나트륨 용액을 사용한다.

문제 52 기상 작용에 대한 골재의 내구성 정도를 알기 위한 시험은?
① 콘크리트용 골재의 공극시험 ② 골재의 안정성 시험
③ 굵은 골재의 닳음 시험 ④ 골재에 포함된 잔입자 시험

해설 ○ 골재의 안정성 시험은 기상 작용에 대한 골재의 내구성 정도를 알기 위한 시험이다.

정답 48. ④ 49. ① 50. ④ 51. ② 52. ②

문제 53 골재의 단위 용적 질량 시험 방법 충격을 이용하는 방법에서 용기를 떨어뜨리는 높이로 가장 적당한 것은?

① 20cm ② 15cm ③ 10cm ④ 5cm

해설 ○ 골재의 단위 용적 질량 시험 방법 중 충격을 이용하는 방법에서 용기를 떨어뜨리는 높이는 약 5cm 정도이다.

문제 54 콘크리트 쪼갬 인장 강도 시험에서 공시체에 하중을 가하는 속도로 옳은 것은?

① 인장응력도의 증가율이 매초 (0.06±0.04) MPa이 되도록 한다.
② 인장응력도의 증가율이 매초 (0.6±0.04) MPa이 되도록 한다.
③ 인장응력도의 증가율이 매초 (0.6±0.4) MPa이 되도록 한다.
④ 인장응력도의 증가율이 매초 (0.06±0.4) MPa이 되도록 한다.

해설 ○ 콘크리트 쪼갬 인장강도 시험에서 하중을 가하는 속도는 인장응력도의 증가율이 매초 0.06± 0.04MPa이 되도록 한다.

문제 55 골재의 마모시험에서 시료를 시험기에서 꺼내 몇 mm 체로 체가름을 하는가?

① 1.7mm ② 3.4mm ③ 1.25mm ④ 2.5mm

해설 ○ 골재의 마모시험에서 시료를 시험기에서 꺼내 1.7mm 체로 체가름 한다.

문제 56 지름이 150mm, 높이가 300mm인 콘크리트 공시체로 콘크리트의 압축강도 시험을 한 경과 494,550N의 하중에서 파괴되었다. 이 시험체의 압축강도는?

① 22MPa ② 24MPa ③ 26MPa ④ 28MPa

해설 ○ 압축강도 $= \dfrac{P}{A} = \dfrac{494550}{17662.5} = 28 N/mm^2 = 28 MPa$

$\left(A = \dfrac{\pi D^2}{4} = \dfrac{3.14 \times 150^2}{4} = 17662.5 mm^2 \right)$

문제 57 물·시멘트비가 50%이고 단위수량이 180kg/m³일 때 단위시멘트량은 얼마인가?

① 90kg/m³ ② 180kg/m³
③ 270kg/m³ ④ 360kg/m³

해설 ○ 단위시멘트량 $= \dfrac{단위수량}{물 \cdot 시멘트비} = \dfrac{180}{0.5} = 360 kg/m^3$

정답 53. ④ 54. ① 55. ① 56. ④ 57. ④

문제 58 콘크리트 슬럼프 시험에 대한 설명으로 아래 괄호에 공통으로 들어갈 숫자는?

> 굵은 골재 최대치수가 (　)mm를 넘는 콘크리트의 경우 (　)mm를 넘는 굵은 골재를 제거한 후에 시험한다.

① 40　　　② 30　　　③ 25　　　④ 20

해설　○ 굵은 골재 최대치수가 40mm를 넘는 콘크리트의 경우 40mm를 넘는 굵은 골재를 제거한 후에 시험한다.

문제 59 압력법에 의한 굳지 않은 콘크리트의 공기함유량 시험을 실시한 결과 콘크리트의 겉보기 공기량이 5.5%이고, 골재 수정계수가 0.5%이었다면, 이 콘크리트의 공기량은?

① 11%　　　② 6%　　　③ 5%　　　④ 4.5%

해설　○ 콘크리트의 공기량 = 겉보기 공기량 − 골재의 수정계수 = 5.5 − 0.5 = 5%

문제 60 블리딩(bleeding)에 대한 설명으로 옳지 않은 것은?
① 블리딩이 크면 강도, 내구성, 수밀성이 약간 증가한다.
② 블리딩이 크면 굵은 골재가 모르타르로부터 분리되는 경향이 커진다.
③ 블리딩은 콘크리트를 타설한 후 2~4시간 안에 거의 끝난다.
④ 블리딩이란 굳지 않은 콘크리트 모르타르에서 물이 분리되어 위로 올라가는 현상이다.

해설　○ 블리딩이 크면 강도, 내구성, 수밀성이 약간 감소한다.

정답　58. ①　59. ③　60. ①

핵심기출문제해설 (7)

문제 1 시멘트의 분말도에 관한 설명으로 옳은 것은?
① 분말도가 높을수록 조기강도가 작다.
② 분말도 시험법에는 오토클레이브 시험법과 침수법이 있다.
③ 분말도가 높을수록 수축률이 커지기 쉽고 콘크리트에 균열이 발생할 가능성이 많다.
④ 분말도가 높은 시멘트는 수화작용이 느리며 풍화하기 쉽다.

해설 ○ 시멘트의 분말도가 높으면 수화작용이 빠르고, 조기강도가 커진다. 풍화하기 쉽고, 수화열이 많아 콘크리트에 균열이 발생할 가능성이 많으며, 건조수축이 커진다.

문제 2 콘크리트용 골재가 갖추어야 할 성질로서 틀린 것은?
① 마모에 대한 저항이 클 것
② 낱알의 크기가 차이 없이 균등할 것
③ 물리적으로 안정하고 내구성이 클 것
④ 필요한 무게를 가질 것

해설 ○ 콘크리트용 골재는 낱알의 크기가 차이 있는 알맞은 입도를 가질 것

문제 3 다음 혼화재료 중에서 사용량이 시멘트 무게의 5% 정도 이상이 되어 그 자체의 부피가 콘크리트의 배합 계산에 관계되는 혼화재료는?
① 포졸란
② 응결촉진제
③ AE제
④ 발포제

해설 ○ 혼화재료에서 사용량이 시멘트 중량의 5% 이상으로 콘크리트의 배합설계 계산에 고려해야 하는 혼화재의 종류에는 포졸란, 플라이애시, 규조토, 화산회, 규산백토, 고로슬래그 미분말, 팽창재, 착색재 등이 있다.

문제 4 굵은 골재의 최대치수가 클수록 콘크리트에 미치는 영향은?
① 소요 품질의 콘크리트를 얻기 위한 단위수량이 많아진다.
② 시멘트 풀의 양이 많아져서 비경제적이다.
③ 재료분리가 일어나기 쉽고 시공이 어렵다.
④ 골재의 입도가 커져서 골재 손실이 발생한다.

해설 ○ 굵은 골재의 최대치수가 클수록 재료분리가 일어나기 쉽고 시공이 어렵다.

정답 1. ③ 2. ② 3. ① 4. ③

문제 5 주로 잠재 수경성이 있는 혼화재는?
① 고로 슬래그 미분말　　② 플라이애시
③ 규산질 미분말　　　　④ 팽창재

해설 ○ 주로 잠재 수경성이 있는 혼화재는 고로슬래그 미분말이다.

문제 6 단면이 큰 철근콘크리트 구조물에 사용되는 굵은 골재 최대치수의 표준은 얼마인가?
① 100mm　② 40mm　③ 25mm　④ 10mm

해설 ○ 단면이 큰 철근콘크리트 구조물에 사용되는 굵은 골재의 최대치수는 40mm이고, 일반적인 경우는 20mm 또는 25mm이다.

문제 7 알루미나 시멘트에 관한 설명 중 옳지 않은 것은?
① 수화열이 많아서 한중공사에 적합하다.
② 산, 염료, 해수 등의 화학 작용에 대한 저항성이 크다.
③ 보크사이트와 석회석을 섞어서 전기로, 반사로 등으로 만든다.
④ 재령 7일에서 보통 포틀랜드 시멘트의 재령 28일 강도를 낸다.

해설 ○ 알루미나 시멘트는 재령 1일에서 보통 포틀랜드 시멘트의 재령 28일 압축강도를 나타낸다.

문제 8 골재의 공극률에 대한 설명으로 틀린 것은?
① 골재의 단위용적 중의 공극의 비율을 백분율로 나타낸 것을 공극률이라 한다.
② 골재의 공극률이 작으면 시멘트풀의 양이 적게 든다.
③ 골재의 공극률이 작으면 콘크리트의 건조수축이 늘어나 균열발생의 위험성이 증대한다.
④ 골재의 공극률이 작으면 콘크리트의 밀도, 내구성이 증대된다.

해설 ○ 골재의 공극률이 작으면 콘크리트의 건조수축이 줄어들어 균열발생의 위험성이 감소된다.

문제 9 포틀랜드 시멘트 제조방법 중 옳지 않은 것은?
① 건식법　② 반건식법　③ 습식법　④ 수중법

해설 ○ 포틀랜드 시멘트 제조방법에는 건식법, 반건식법, 습식법이 있다.

정답 5. ①　6. ②　7. ④　8. ③　9. ④

문제 10 시멘트의 경화 촉진제에 대한 설명 중 옳지 않은 것은?
① 수중이나 한중공사에 조기강도나 수화열을 필요로 할 때 사용한다.
② 촉진제로는 염화칼슘이 사용된다.
③ 황산염의 작용을 받는 경우에 염화칼슘은 시멘트량의 4% 이상을 사용해야 한다.
④ 염화칼슘을 혼합한 콘크리트는 응결이 촉진되고 콘크리트의 슬럼프가 감소된다.

해설 ○ 시멘트의 경화 촉진제는 황산염의 작용을 받는 경우에 염화칼슘은 시멘트량의 2% 이하를 사용해야 한다.

문제 11 일반적으로 잔골재의 흡수율은 대개 어느 정도인가?
① 1~6%   ② 6~12%
③ 13~18%   ④ 18~23%

해설 ○ 골재의 흡수율에서 잔골재는 1~6% 굵은 골재는 0.5~4% 정도이다.

문제 12 경량골재는 크게 인공경량골재와 천연경량골재로 나눌 수 있다. 다음 중 인공 경량 골재에 포함되지 않는 것은?
① 팽창성 혈암   ② 팽창성 점토
③ 플라이애시   ④ 경석화산자갈

해설 ○ 인공경량골재에는 팽창성 혈암, 팽창성 점토, 플라이애시 등이 있고, 천연경량골재에는 경석, 화산암, 응회암 등이 있다.

문제 13 콘크리트에 사용되는 굵은 골재 및 잔골재를 구분하는데 기준이 되는 체의 호칭치수는?
① 5mm   ② 10mm   ③ 2.5mm   ④ 1.2mm

해설 ○ 굵은 골재와 잔골재를 구분하는 것은 5mm 체이다.

문제 14 AE 콘크리트에서 AE제를 사용하여 이로운 점이 아닌 것은?
① 워커빌리티가 좋아진다.
② 동결융해에 대한 저항성이 커진다.
③ 동일한 물-결합재비인 경우 콘크리트의 압축강도가 증가한다.
④ 단위수량을 감소시킬 수 있다.

해설 ○ AE제를 사용하면 동일한 물-결합재인 경우 콘크리트의 압축강도가 감소한다.

정답 10. ③ 11. ① 12. ④ 13. ① 14. ③

문제 15 시멘트의 분말도에 관한 설명 중 틀린 것은?
① 시멘트의 입자가 가늘수록 분말도가 높다.
② 시멘트 입자의 가는 정도를 나타내는 것을 분말도라 한다.
③ 시멘트의 분말도가 높으면 조기강도가 커진다.
④ 시멘트의 분말도가 높으면 균열이 없고 풍화가 생기지 않는다.

해설 ○ 시멘트의 분말도가 높으면 균열이 발생하고 풍화가 생기기 쉽다.

문제 16 플라이애시를 혼합한 콘크리트의 특징으로 틀린 것은?
① 콘크리트의 워커빌리티가 좋아진다.
② 콘크리트의 조기강도가 증가한다.
③ 콘크리트의 수밀성이 좋아진다.
④ 콘크리트의 건조수축이 감소된다.

해설 ○ 플라이애시는 조기강도는 작으나, 장기강도는 크다.

문제 17 골재의 입도에 대한 설명으로 틀린 것은?
① 굵고 잔 알이 섞여 있는 정도를 나타낸다.
② 체가름 시험을 하여 각 체에 남는 골재의 질량비(%)로 구한다.
③ 입도가 알맞은 골재를 사용하여 콘크리트를 만들 때 시멘트 풀의 양을 줄일 수 있다.
④ 입도가 알맞은 골재는 빈틈이 적어서 단위 용적 질량이 작아진다.

해설 ○ 입도가 알맞은 골재는 빈틈이 적어서 단위 용적 질량이 커진다.

문제 18 시멘트의 응결에 관한 설명 중 옳지 않은 것은?
① 습도가 낮으면 응결이 빨라진다.
② 풍화되었을 경우 응결이 빨라진다.
③ 온도가 높을수록 응결이 빨라진다.
④ 분말도가 크면 응결이 빨라진다.

해설 ○ 시멘트가 풍화되었을 경우 응결이 늦어진다.

문제 19 재료에 일정하중이 작용하면 시간의 경과와 함께 변형이 증가하는데 이러한 현상을 무엇이라 하는가?
① 푸아송비   ② 크리프   ③ 연성   ④ 취성

해설 ○ 재료에 일정한 하중이 작용하면 시간의 경과와 함께 변형이 증가하는데 이러한 현상을 크리프라 한다.

정답 15. ④ 16. ② 17. ④ 18. ② 19. ②

문제 20 골재를 함수상태에 따라 분류할 때 골재입자의 내부에 물이 채워져 있고, 표면에도 물이 부착되어 있는 상태는?
① 습윤상태
② 표면건조 포화상태
③ 공기 중 건조상태
④ 절대건조상태

해설 ○ 골재 표면에 물기가 있고, 내부 빈틈도 물로 차 있는 상태는 습윤상태이다.

문제 21 콘크리트 치기에서 거푸집의 높이가 높을 경우 슈트, 버킷, 호퍼 등의 배출구와 타설면까지의 높이는 얼마 이하로 하는 것을 원칙으로 하는가?
① 0.5m
② 1.0m
③ 1.2m
④ 1.5m

해설 ○ 콘크리트 치기에서 거푸집이 높이가 높을 경우 슈트, 버킷, 호퍼 등이 배출구와 타설면까지의 높이는 1.5m 이하로 하는 것을 원칙으로 한다.

문제 22 콘크리트 운반기구 중 가장 적합지 않은 기계 및 기구는?
① 버킷
② 트럭 믹서
③ 배치플랜트
④ 벨트 컨베이어

해설 ○ 배치플랜트는 콘크리트를 일관성 있게 작업하여 대량생산 하는 장치이다.

문제 23 댐콘크리트공사에서 수화열에 의한 균열을 방지하기 위해 재료를 미리 냉각하는 방법을 무엇이라 하는가?
① 벤트공법
② 프리쿨링법
③ 프레시네공법
④ 전기냉각법

해설 ○ 댐콘크리트 공사에서 수화열에 의한 균열을 방지하기 위해 재료를 미리 냉각하는 방법은 프리쿨링이다.

문제 24 터널 내에 콘크리트 라이닝(concrete lining) 설치로 발생하는 현상으로 볼 수 없는 것은?
① 터널 내 콘크리트 벽면이 불안정해 질 수 있다.
② 외부지반의 수압에 대하여 터널의 안전성을 유지한다.
③ 지하수가 터널 안으로 흘러나오는 것을 막는다.
④ 지반을 안정시키고 암반이 떨어지는 것을 막는다.

해설 ○ 터널 내에 콘크리트 라이닝 설치로 발생하는 현상은 터널 내 콘크리트 벽면이 안정해 질 수 있다.

정답 20. ① 21. ④ 22. ③ 23. ② 24. ①

문제 25 정비된 콘크리트 제조 설비를 가진 공장에서 필요한 조건이 굳지 않은 콘크리트를 수시로 공급할 수 있는 것을 무엇이라 하는가?
① 프리플레이스트 콘크리트
② 프리캐스트 콘크리트
③ 프리스트레스트 콘크리트
④ 레디믹스트 콘크리트

해설 ○ 레디믹스트 콘크리트는 정비된 콘크리트 제조 설비를 가진 공장에서 필요한 조건의 굳지 않은 콘크리트를 수시로 공급할 수 있는 콘크리트를 말한다.

문제 26 콘크리트 배합의 표시방법에 대한 일반적인 설명으로 옳은 것은?
① 배합은 밀도로 표시하는 것을 원칙으로 한다.
② 배합은 부피로 표시하는 것을 원칙으로 한다.
③ 배합은 질량으로 표시하는 것을 원칙으로 한다.
④ 배합은 비중으로 표시하는 것을 원칙으로 한다.

해설 ○ 콘크리트 배합의 표시방법에는 질량으로 표시하는 것을 원칙으로 한다.

문제 27 서중 콘크리트에 대한 설명으로 옳은 것은?
① 하루 평균기온이 25℃를 초과하는 것이 예상되는 경우 서중 콘크리트로 시공하여야 한다.
② 월 평균기온이 25℃를 초과하는 것이 예상되는 경우 서중 콘크리트로 시공하여야 한다.
③ 하루 평균기온이 35℃를 초과하는 것이 예상되는 경우 서중 콘크리트로 시공하여야 한다.
④ 월 평균기온이 35℃를 초과하는 것이 예상되는 경우 서중 콘크리트로 시공하여야 한다.

해설 ○ 하루 평균기온이 25℃ 넘으면 서중 콘크리트로 시공한다.

문제 28 수송관 속의 콘크리트를 압축공기에 의하여 압력으로 보내는 것으로 주로 터널의 둘레치기에 사용되는 시공장비는?
① 버킷   ② 벨트컨베이어
③ 슈트   ④ 콘크리트 플레이서

해설 ○ 수송관 속의 콘크리트를 압축공기에 의하여 압력으로 보내는 것으로 주로 터널의 둘레치기에 사용되는 시공장비는 콘크리트 플레이서이다.

정답 25. ④   26. ③   27. ①   28. ④

문제 29 슬래브 및 보의 밑면의 경우 콘크리트 압축 강도가 몇 MPa 이상일 때 거푸집을 해체할 수 있는가? (단, 콘크리트의 설계 기준 강도는 21MPa이다.)
① 7MPa 이상
② 14MPa 이상
③ 18MPa 이상
④ 21MPa 이상

해설 ○ 슬래브 및 보의 밑면의 경우 콘크리트 압축 강도가 설계 기준 강도의 2/3 이상(단, 14MPa 이상)인 경우에 거푸집을 해체할 수 있다.

문제 30 콘크리트의 경화나 강도발현을 촉진하기 위해 실시하는 촉진양생의 종류가 아닌 것은?
① 습윤양생
② 증기양생
③ 오토클레이브양생
④ 고주파양생

해설 ○ 촉진양생의 종류에는 증기양생, 오토클레이브양생, 전기양생, 고주파양생 등이 있다.

문제 31 콘크리트 타설에 대한 일반적인 설명으로 틀린 것은?
① 콘크리트 타설의 1층 높이는 다짐능력을 고려하여 이를 결정하여야 한다.
② 콘크리트를 쳐 올라가는 속도는 30분에 2~3m 정도로 한다.
③ 거푸집의 높이가 높을 경우, 재료의 분리를 막기 위해 연직슈트, 깔때기 등을 사용한다.
④ 콘크리트를 2층 이상으로 나누어 타설할 경우, 상층과 하층이 일체가 되도록 한다.

해설 ○ 콘크리트를 쳐 올라가는 속도는 30분에 1~1.5m 정도로 한다.

문제 32 일반 수중 콘크리트에 대한 설명 중 틀린 것은?
① 콘크리트의 물-결합재비는 50% 이하로 한다.
② 단위 시멘트량은 370kg/m³ 이상으로 한다.
③ 콘크리트를 흐르는 물 속에서 타설할 경우 유속이 5m/min 이하이어야 한다.
④ 콘크리트는 트레미(tremie)나 콘크리트 펌프를 사용해서 타설한다.

해설 ○ 콘크리트를 흐르는 물 속에서 타설할 경우 유속은 1초간 5cm 이하로 되는 것이 좋다.

정답 29. ② 30. ① 31. ② 32. ③

문제 33 특수 콘크리트의 시공법 중에서 터널이나 구조물의 라이닝, 비탈면의 보호, 댐, 교량의 보수 등에 사용되며, 콘크리트를 압축공기에 의해 붙여서 만드는 콘크리트 시공 방법은?
① 숏크리트
② 매스 콘크리트
③ 진공 콘크리트
④ 프리플레이스트 콘크리트

해설 ○ 터널이나 구조물의 라이닝, 비탈면의 보호, 댐, 교량의 보수 등에 사용되며, 콘크리트를 압축공기에 의해 붙여서 만드는 콘크리트 시공 방법은 숏크리트이다.

문제 34 외기온도가 25℃ 미만일 때 일반 콘크리트의 비비기부터 치기가 끝날 때까지의 시간은 최대 얼마 이내로 해야 하는가?
① 1시간
② 1시간 30분
③ 2시간
④ 2시간 30분

해설 ○ 일반 콘크리트의 비비기부터 치기가 끝날 때까지 시간은 외기온도가 25℃ 이상일 때 1.5시간, 외기온도가 25℃ 미만일 때 2시간이다.

문제 35 콘크리트의 배합에서 골재를 계량하고자 할 때 허용오차로서 옳은 것은?
① ±1%
② ±2%
③ ±3%
④ ±4%

해설 ○ 재료 계량의 허용오차에서 골재 ±3%, 혼화제 ±3%, 혼화재 ±2%

문제 36 콘크리트를 높은 곳에서 낮은 곳으로 미끄러져 내려 갈 수 있게 만든 홈통이나 관 모양의 것으로 만들어진 것은?
① 슈트
② 콘크리트 플레이서
③ 버킷
④ 벨트컨베이어

해설 ○ 슈트는 콘크리트를 높은 곳에서 낮은 곳으로 미끄러져 내려 갈 수 있게 만든 홈통이나 관 모양의 것으로 만든 것이다.

문제 37 콘크리트를 타설한 후 일정 기간까지 굳기에 필요한 온도, 습도를 주고, 해로운 작용을 받지 않도록 해야 한다. 이러한 작업을 무엇이라 하는가?
① 배합
② 양생
③ 다지기
④ 시공이음

해설 ○ 콘크리트를 타설한 후 일정 기간까지 굳기에 필요한 온도, 습도를 주고, 해로운 작용을 받지 않도록 해야 하는 작업을 양생이라 한다.

정답 33. ① 34. ③ 35. ③ 36. ① 37. ②

문제 38 콘크리트 비비기에 대한 설명으로 틀린 것은?
① 반죽된 콘크리트가 균질하게 될 때까지 충분히 비빈다.
② 가경식 믹서는 90초 이상 비비는 것을 표준으로 한다.
③ 미리 정해 둔 비비가 시간의 3배 이상 계속해서는 안 된다.
④ 비벼놓아 굳기 시작한 콘크리트는 되비벼서 사용한다.

해설 ○ 콘크리트의 비비기에 있어서 비벼 놓아 굳기 시작한 콘크리트는 되비벼서 사용하지 않는다.

문제 39 콘크리트 펌프로 콘크리트를 수송할 때 일반적으로 슬럼프 120mm 정도의 콘크리트로서 90°의 굴곡을 갖는 곡관은 수평거리 몇 m에 해당하는가?
① 15m   ② 12m   ③ 10m   ④ 6m

해설 ○ 콘크리트 압송관의 배치에 따른 수평 환산거리는 90°의 굴곡을 갖는 곡관은 1개당 6m 정도로 환산한다.

문제 40 레디믹스콘크리트의 주문 규격이 아래의 표와 같을 때 이 콘크리트의 호칭강도는?

보통 25-21-120

① 25MPa   ② 21MPa   ③ 20MPa   ④ 120MPa

해설 ○ [보통 25-21-120]의 의미는 25는 굵은 골재의 최대치수(mm)이고 21은 압축 강도(MPa), 120은 슬럼프(mm)를 의미한다.

문제 41 콘크리트용 모래에 포함되어 있는 유기 불순물 시험에서 사용하는 무색투명 유리병의 용량으로 가장 적합한 것은?
① 400mL   ② 600mL   ③ 800mL   ④ 1,000mL

해설 ○ 시험용 유리병은 고무 마개와 눈금이 있는 용량 400mL의 무색 유리병이 2개 있어야 하며, 그 중 1개는 130mL와 200mL의 눈금이 있어야 한다.

문제 42 워커빌리티(Workability) 판정기준이 되는 반죽질기 측정시험 방법이 아닌 것은?
① 켈리볼 관입시험   ② 리몰딩 시험
③ 슬럼프 시험   ④ 블레인 시험

해설 ○ 블레인 시험은 시멘트의 분말도 시험이다.

정답 38. ④   39. ④   40. ②   41. ①   42. ④

문제 43 잔골재의 밀도 및 흡수율 시험에 사용하는 시료에 대한 설명으로 옳은 것은?

① 습윤상태의 잔골재를 400g 이상 채취하고, 그 질량을 0.01g까지 측정하여, 이것을 1회 시험량으로 한다.
② 절대건조상태의 잔골재를 1kg 이상 채취하고, 그 질량을 0.1g까지 측정하여, 이것을 1회 시험량으로 한다.
③ 공기 중 건조상태의 잔골재를 100g 이상 채취하고, 그 질량을 0.1g까지 측정하여, 이것을 1회 시험량으로 한다.
④ 표면건조 포화상태의 잔골재를 500g 이상 채취하고, 그 질량을 0.1g까지 측정하여, 이것을 1회 시험량으로 한다.

해설 ○ 잔골재의 밀도 및 흡수율 시험에 사용하는 시료는 표면건조 포화상태의 잔골재를 500g 이상 채취하고, 그 질량을 0.1g까지 측정하여, 이것을 1회 시험량으로 한다.

문제 44 슬럼프 콘(Slump Cone)의 크기를 올바르게 나타낸 것은?
(단, 윗면 안지름×밑면의 안지름×높이, 단위는 mm이다.)

① 100×100×200 ② 100×200×300
③ 150×150×300 ④ 200×200×300

해설 ○ 윗면의 안지름 100mm, 밑면의 안지름 200mm, 높이는 300mm이다.

문제 45 ϕ150×300mm의 공시체로 콘크리트의 인장강도시험을 하였다. 파괴시 최대하중이 210kN이었다면, 인장강도는?

① 2.43MPa ② 2.97MPa ③ 3.28MPa ④ 3.84MPa

해설 ○ $f_t = \dfrac{2P}{\pi dl} = \dfrac{2 \times 210000}{\pi \times 150 \times 300} = 2.97 MPa$

문제 46 압력법에 의한 콘크리트 공기량 시험의 주의사항으로 틀린 것은?

① 골재의 수정계수는 생략해도 좋다.
② 그릇의 뚜껑을 죌 때는 반드시 대각선상으로 조금씩 죈다.
③ 압력계를 읽을 때엔 항상 압력계를 손가락으로 가볍게 두들긴 다음에 읽어야 한다.
④ 장치의 검정은 규격에 맞추어 정기적으로 실시해야 한다.

해설 ○ 압력법에 의한 공기량 시험에서, 콘크리트의 공기량 = 겉보기 공기량 - 골재의 수정계수이다.
그러므로 골재의 수정계수는 생략할 수 없다.

정답 43. ④ 44. ② 45. ② 46. ①

문제 47 콘크리트 압축강도 시험에 공시체의 지름은 굵은 골재 최대치수의 최소 몇 배 이상이어야 하는가?

① 2배　　② 3배　　③ 4배　　④ 5배

해설　○ 콘크리트의 압축강도 시험에 사용되는 공시체의 지름은 굵은 골재 최대치수의 3배 이상이며, 또한 100mm 이상이어야 한다.

문제 48 설계기준 압축강도가 28MPa이고, 30회 이상의 압축강도 시험실적으로부터 구한 표준편차가 5MPa인 경우 콘크리트의 배합강도는?

① 34.7MPa　　② 35.05MPa　　③ 36.15MPa　　④ 38MPa

해설　○ $fcr = fck + 1.34s = 28 + 1.34 \times 5 = 34.7 MPa$
$fcr = (fck - 3.5) + 2.33s = (28 - 3.5) + 2.33 \times 5 = 36.15 MPa$
배합강도는 두 개의 값 중 큰 값인 36.15MPa이다.

문제 49 모래에 포함되어 있는 유기불순물 시험에 사용하는 표준색용액을 제조하는 방법으로 옳은 것은?

① 3%의 수산화나트륨 용액과 2%의 타닌산 용액으로 표준색용액을 만든다.
② 2%의 수산화나트륨 용액과 3%의 타닌산 용액으로 표준색용액을 만든다.
③ 10%의 알코올 용액과 3%의 타닌산 용액으로 표준색용액을 만든다.
④ 5%의 알코올 용액과 5%의 타닌산 용액으로 표준색용액을 만든다.

해설　○ 모래에 포함되어 있는 유기불순물 시험에 사용하는 표준색 용액을 제조하는 방법은 3%의 수산화나트륨 용액과 2%의 타닌산 용액으로 만든다.

문제 50 단위 용적질량이 1,690kg/m³, 밀도가 2.60g/cm³인 굵은 골재의 공극률은 얼마인가?

① 25%　　② 30%　　③ 35%　　④ 40%

해설　○ 공극률 $= \left(1 - \dfrac{단위용적질량}{밀도}\right) \times 100 = \left(1 - \dfrac{1.69}{2.60}\right) \times 100 = 35\%$

문제 51 잔골재의 밀도 및 흡수율(KS F 2504) 시험에서 밀도 시험의 정밀도는 2회 실시하여 각각 구한 값과 평균값의 차이가 몇 g/cm3 이하이어야 하는가?

① 0.01g/cm³
② 0.05g/cm³
③ 0.1g/cm³
④ 0.5g/cm³

해설　○ 잔골재의 밀도 및 흡수율 시험에서 시험값과 평균값의 차이가 밀도의 경우 0.01g/cm³ 이하, 흡수율의 경우는 0.05% 이하이어야 한다.

정답　47. ②　48. ③　49. ①　50. ③　51. ①

문제 52 콘크리트의 압축강도시험에서 하중을 가하는 속도에 대한 아래표의 설명 중 ( ) 안에 적당한 값은?

> 공시체에 충격을 주지 않도록 똑같은 속도로 하중을 가한다. 하중을 가하는 속도는 압축응력도의 증가율이 매초 (   )MPa이 되도록 한다.

① 0.6±0.04 ② 0.6±0.2
③ 0.06±0.04 ④ 0.4±0.06

해설 ○ 콘크리트의 압축강도시험에서 하중을 가하는 속도는 압축응력도의 증가율이 매초 0.6±0.2MPa이 되도록 한다.

문제 53 다음 중 공기량 측정법이 아닌 것은?
① 압력법 ② 질량법
③ 길모어침법 ④ 부피법

해설 ○ 길모어침법은 시멘트의 응결시험법이다.

문제 54 비카트 침 장치는 무슨 시험을 하기 위한 것인가?
① 시멘트의 흐름 시험
② 시멘트의 수화열 시험
③ 시멘트의 팽창도 시험
④ 시멘트의 응결시간 시험

해설 ○ 비카트 침 장치와 길모어 침 장치는 시멘트의 응결 시간을 측정하는 장치이다.

문제 55 시멘트의 비중 시험 결과가 아래 표와 같을 때 비중값은?

처음 광유의 눈금 읽음(mL)	0.4
시료 질량(g)	64.0
시료와 광유의 눈금 읽기(mL)	20.4

① 3.20 ② 3.14 ③ 0.32 ④ 0.23

해설 ○ 시멘트의 비중 $= \dfrac{\text{시멘트의 질량}(g)}{\text{비중병의 눈금의 차}(mL)}$
$= \dfrac{64.0}{20.4-0.4} = 3.20$

정답 52. ② 53. ③ 54. ④ 55. ①

문제 56 잔골재 밀도 시험의 결과가 아래의 표와 같을 때 이 잔골재의 표면건조 포화상태의 밀도는?

- 검정선 용량을 나타낸 눈금까지 물을 채운 플라스크의 질량(g) : 711.2
- 표면건조 포화상태 시료의 질량(g) : 500
- 시료와 물을 채운 플라스크의 질량(g) : 1,019.8
- 시험온도에서 물의 밀도(g/cm3) : 1

① 2.046g/cm³ ② 2.357g/cm³
③ 2.586g/cm³ ④ 2.612g/cm³

해설 ○ 표면건조포화 상태의 밀도 $= \dfrac{m}{B+m-c} \times e_w$

$= \dfrac{500}{711.2+500-1019.8} \times 1$

$= 2.612 g/cm^3$

문제 57 잔골재의 표면수 시험에 대한 설명으로 틀린 것은?
① 시험방법으로 질량법과 용적법이 있다.
② 시료의 양이 많을수록 정확한 결과가 얻어진다.
③ 시료는 200g을 채취하고, 채취한 시료는 가능한 함수율의 변화가 없도록 주의하여 2분하고 각각을 1회의 시험의 시료로 한다.
④ 2회째의 시험에 사용하는 시료는 특히 시험을 할 때까지의 사이에 함수량이 변화하지 않도록 주의한다.

해설 ○ 잔골재의 표면수 시험에서 시료는 400g을 채취하고, 채취한 시료는 가능한 함수율의 변화가 없도록 주의하여 2등분하고 각각을 1회의 시험 시료로 한다.

문제 58 콘크리트의 휨강도 시험에 관한 설명으로 옳지 않은 것은?
① 시험 방법은 3등분점 재하법을 사용한다.
② 몰드에 콘크리트를 채울 때 3층 이상으로 나누어 채운다.
③ 몰드를 떼어낸 공시체는 습윤 상태에서 강도 시험을 할 때까지 양생하여야 한다.
④ 공시체가 안장쪽 표면의 지간 방향 중심선의 3등분의 바깥쪽에서 파괴된 경우는 그 시험 결과를 무효로 한다.

해설 ○ 콘크리트의 휨강도 시험에서 몰드에 콘크리트를 채울 때 2층으로 나누어 채우고, 각 층은 윗면적 10cm2에 1회의 비율로 다진다.

정답 56. ④   57. ③   58. ②

문제 59 다음 중 휨강도 시험용 공시체의 치수로 적당한 것은?
① 200×200×450mm
② 200×200×500mm
③ 150×150×450mm
④ 150×150×530mm

해설 ㅇ 휨강도 시험용 공시체의 치수는 150mm×150mm×530mm와 100mm×100mm×380mm의 각주형이 있다.

문제 60 골재의 조립률을 구하기 위한 체의 호칭치수로 적당하지 않은 것은?
① 40mm ② 25mm ③ 5mm ④ 2.5mm

해설 ㅇ 조립률을 구할 때 사용하는 체는 80mm, 40mm, 20mm, 10mm, 5mm, 2.5mm, 1.2mm, 0.6mm, 0.3mm, 0.15mm이다.

정답 59. ④ 60. ②

부 록

기출문제 해설(필답)

필답형 문제 해설 (1)

문제 1

시방배합표와 현장골재의 상태를 보고 아래 현장배합표를 완성하시오.

시방배합표(kg/m³)			
물(W)	시멘트(C)	잔골재(S)	굵은 골재(G)
185	330	690	1140

현장골재의 상태	
잔골재 표면수량 1%	5 mm체에 남는 잔골재량 4%
굵은 골재 표면수량 3%	5 mm체를 통과하는 굵은 골재량 3%

계산

가) 입도보정

$$S + G = 690 + 1140 = 1830 \cdots\cdots\cdots ①$$
$$0.96S + 0.03G = 690 \cdots\cdots\cdots ②$$

①식에 0.96를 곱하여 ②식과 연립하면

$$\begin{array}{r} 0.96S + 0.96G = 1756.8 \\ -)\ 0.96S + 0.03G = 690 \\ \hline 0 + 0.93G = 1066.8 \end{array}$$

$$\therefore G = \frac{1066.8}{0.93} = 1147.1\ kg \cdots\cdots\cdots ③$$

③식을 ①식에 대입하면
$$\therefore S = 1830 - 1147.1 = 682.9\ kg$$

나) 표면수 보정

잔골재 표면수 : $682.9 \times 0.01 = 6.83\ kg$

굵은 골재 표면수 : $1147.1 \times 0.03 = 34.41\ kg$

다) 계량할 재료의 양

① 잔골재 : $682.9 + 6.83 = 689.73\ kg$

② 굵은 골재 : $1147.1 + 34.41 = 1181.51\ kg$

③ 물 : $185 - (6.83 + 34.41) = 143.76\ kg$

정답

현장배합표(kg/m³)			
물(W)	시멘트(C)	잔골재(S)	굵은 골재(G)
(143.76)	330	(689.73)	(1181.51)

문제 2

콘크리트용 골재의 체가름 시험 결과가 아래의 표와 같다. 아래 물음에 답하시오.

체 번호	체에 남은 양(%)	체에 남은 양의 누계(%)
80 mm	0	(0)
40 mm	4	(4)
20 mm	35	(39)
10 mm	37	(76)
5 mm	21	(97)
2.5 mm	3	(100)
1.2 mm	0	(100)

가) 위 표의 빈 칸을 완성하고 조립률을 구하시오.

계산
$$\frac{4+39+76+97+100+100+100+100+100}{100}=7.16$$

나) 굵은 골재 최대치수를 구하시오.

정답 $40\ mm$

문제 3

콘크리트의 양생방법을 3가지만 쓰시오.

정답 ① 습윤 양생   ② 증기 양생   ③ 전기 양생

문제 4

콘크리트의 블리딩 시험에 대한 아래 물음에 답하시오.

가) 블리딩 시험을 할 경우 콘크리트의 온도범위는 어느 정도로 유지하여야 하는가?

정답 $20 \pm 2\,℃$

나) 블리딩 시험 방법에 대한 아래 표의 빈칸에 알맞은 수치를 쓰시오.

> 최초로 기록한 시각에서부터 60분 동안 (①)분마다, 콘크리트 표면에서 스며 나온 물을 빨아낸다. 그 후는 블리딩이 정지할 때까지 (②)분마다 물을 빨아낸다.

정답 ① : 10, ② : 30

다) 블리딩 시험결과가 아래와 같을 때 블리딩량을 구하시오.

규정된 측정시간동안에 생긴 블리딩물의 양(cm^3)	62
시료와 용기의 질량(kg)	42.52
시료의 질량(kg)	28.34
용기 상면의 면적(cm^2)	487.2

계산
$$\frac{V}{A} = \frac{62}{487.2} = 0.13 \ (cm^3/cm^2)$$

문제 5

잔골재의 표면수 측정 방법 2가지를 쓰시오.

정답 ① 질량법 ② 용적법

문제 6

콘크리트 용어에 대한 아래 물음에 답하시오.

가) 콘크리트 재료를 1회분씩 비비기하는 믹서를 무엇이라고 하는가?

정답 배치 믹서

나) 콘크리트의 경화나 강도 발현을 촉진하기 위해 실시하는 양생을 무엇이라고 하는가?

정답 촉진 양생

다) 시방배합의 콘크리트가 얻어지도록 현장에서 재료의 상태 및 계량방법에 따라 정한 배합을 무엇이라고 하는가?

정답 현장 배합

라) 시공 전에 계획하지 않은 곳에서 생겨난 이음으로서, 먼저 타설된 콘크리트와 나중에 타설되는 콘크리트 사이에 완전히 일체화가 되어 있지 않은 이음부위를 무엇이라고 하는가?

정답 시공 이음

마) 재료 분리를 일으키는 일 없이 운반, 타설, 다지기, 마무리 등의 작업이 용이하게 될 수 있는 정도를 나타내는 굳지 않은 콘크리트의 성질을 무엇이라고 하는가?

정답 워커빌리티

문제 7

저장 중 수화반응에 의해 풍화된 시멘트의 특징을 3가지만 쓰시오.

정답
① 비중이 작아진다.
② 강도 발현이 저하된다.
③ 응결이 지연된다.

문제 8

콘크리트의 슬럼프 시험에 대한 아래 물음에 답하시오.

가) 채취한 시료를 슬럼프 콘에 채우는 층수는?

정답 3층

나) 슬럼프 콘의 각 층 다짐횟수는?

정답 25회

다) 슬럼프 콘에 콘크리트를 채우기 시작해서 올리기를 종료할 때까지의 전작업시간은?

정답 3분 이내

라) 슬럼프 콘의 크기는?

정답
① 윗면 안지름 : 100 mm
② 밑면 안지름 : 200 mm
③ 높이 : 300 mm

필답형 문제 해설 (2)

문제 1

굳지 않은 콘크리트의 성질을 표시하는 용어를 3가지만 쓰시오.

정답 ① 워커빌리티   ② 반죽질기   ③ 성형성

문제 2

수중 콘크리트에 대한 아래 물음에 답하시오.

가) 수중 콘크리트에 사용되는 타설기구를 2가지만 쓰시오.

정답 ① 트레미   ② 콘크리트 펌프

나) 일반적인 수중 콘크리트의 물-결합재비는 얼마 이하를 표준으로 하는지 쓰시오.

정답 50% 이하

다) 일반적인 수중 콘크리트의 단위 결합재량은 얼마 이상을 표준으로 하는지 쓰시오.

정답 370kg/m³ 이상

문제 3

콘크리트의 워커빌리티(Workability) 측정방법의 종류를 4가지만 쓰시오.

정답 ① 슬럼프 시험   ② 구관입 시험   ③ 흐름 시험   ④ 비비 시험

문제 4

콘크리트의 양생방법을 3가지 쓰시오.

정답 ① 습윤 양생   ② 증기 양생   ③ 전기 양생

문제 5

다음의 배합설계표를 보고 아래 물음에 답하시오.

굵은 골재의 최대 치수	단위수량 (W)	물-결합재비 (W/B)	잔골재율 (S/a)	잔골재 비중	굵은 골재 비중	시멘트 비중	갇힌 공기량
25 mm	183 kg/m³	45%	35%	2.62	2.75	3.16	2%

가) 단위 시멘트량(C)을 구하시오.

계산
단위수량 ÷ 물 · 결합재비 = $183 \div 0.45 = 406.67 \ kg/m^3$

나) 단위 골재량의 절대부피를 구하시오.
(단, 소수 넷째자리에서 반올림 하시오.)

계산
$$1 - \left(\frac{\text{단위수량}}{1000} + \frac{\text{단위 시멘트량}}{\text{시멘트 비중} \times 1000} + \frac{\text{공기량}}{100}\right)$$
$$= 1 - \left(\frac{183}{1000} + \frac{406.67}{3.16 \times 1000} + \frac{2}{100}\right) = 0.668 \ m^3$$

다) 단위 잔골재량의 절대부피를 구하시오.
(단, 소수 넷째자리에서 반올림 하시오.)

계산
단위 골재량의 절대 부피 × 잔골재율 = $0.668 \times 0.35 = 0.234 \ m^3$

라) 단위 굵은 골재량의 절대부피를 구하시오.
(단, 소수 넷째자리에서 반올림 하시오.)

계산
단위 골재량의 절대 부피 − 단위 잔골재량의 절대 부피
$= 0.668 - 0.234 = 0.434 \ m^3$

마) 단위 잔골재량을 구하시오.

계산
단위 잔골재량의 절대 부피 × 잔골재 비중 × 1000
$= 0.234 \times 2.62 \times 1000 = 613.08 \ kg/m^3$

바) 단위 굵은 골재량을 구하시오.

계산
단위 굵은 골재량의 절대 부피 × 굵은 골재 비중 × 1000
$= 0.434 \times 2.75 \times 1000 = 1193.5 \ kg/m^3$

문제 6

다음 콘크리트 용어를 간단히 설명하시오.

가) 되비비기

정답 콘크리트 또는 모르타르가 엉기기 시작하였을 때 다시 비비는 작업.

나) 거듭 비비기

정답 콘크리트 또는 모르타르가 엉기기 시작하지는 않았지만 비빈 후 상당히 시간이 지났거나, 재료가 분리된 경우에 다시 비비는 작업.

다) 혼화재

정답 사용량이 시멘트 중량의 5% 이상으로 콘크리트의 배합설계 계산에 고려해야 하는 혼화재료를 말함.

라) 혼화제

정답 사용량이 시멘트 중량의 1% 이하로 비교적 적어서 콘크리트의 배합설계 계산에 무시되는 혼화재료를 말함.

문제 7

다음 표는 굵은 골재의 체가름시험 결과표이다. 아래 물음에 답하시오.

체의 호칭 치수(mm)	80	40	25	20	10	5	2.5	1.2	0.6	0.3	0.15	PAN
잔류량(g)	0	19	104	84	108	65	20	0	0	0	0	0

가) 아래의 표를 완성하시오.

정답

체의 호칭 치수(mm)	잔류량(g)	남는 양(%)	남는 양의 누계(%)
80	0	(0)	(0)
40	19	(4.75)	(4.75)
25	104	(26)	(30.75)
20	84	(21)	(51.75)
10	108	(27)	(78.75)
5	65	(16.25)	(95)
2.5	20	(5)	(100)
1.2	0	(0)	(100)
0.6	0	(0)	(100)
0.3	0	(0)	(100)
0.15	0	(0)	(100)
PAN	0	(0)	(100)
계	400	(100)	

나) 조립률을 구하시오.

계산 $$\frac{4.75+51.75+78.75+95+100+100+100+100+100}{100}=7.30$$

다) 골재의 최대 치수를 구하시오.

정답 $40\,mm$

필답형 문제 해설 (3)

문제 1

콘크리트의 워커빌리티를 측정하는 시험방법 4가지만 쓰시오.

정답
1) 슬럼프시험(slump test)   2) 구관입시험
3) 흐름시험   4) 비비시험(Vee-Bee test)

문제 2

아래와 같이 굵은골재에 대한 체가름을 실시하였다. 물음에 답하시오.

가) 체가름 결과에 대한 성과 표를 완성 하시오.
 (단, 소수점 이하 2째 자리에서 반올림)

정답

체의크기(mm)	잔류량(g)	잔류율(%)	가적잔류율(%)	가적통과율(%)
80mm	0	(0)	(0)	(100)
50mm	0	(0)	(0)	(100)
40mm	271	(2.7)	(2.7)	(97.3)
30mm	1055	(10.6)	(13.3)	(86.7)
25mm	1454	(14.5)	(27.8)	(72.2)
20mm	2070	(20.7)	(48.5)	(51.5)
15mm	3130	(31.3)	(79.8)	(20.2)
10mm	1370	(13.7)	(93.5)	(6.5)
5mm	650	(6.5)	(100)	(0)
2.5mm	0	(0)	(100)	(0)
PAN	0	(0)	(100)	(0)
계	10,000	100		

나) 이 골재의 조립률(F.M)을 구하시오.
 (단, 소수점 이하 3째 자리에서 반올림)

계산
$$F.M = \frac{0 + 2.7 + 48.5 + 93.5 + 6 \times 100}{100} = 7.45$$

문제 3

굳지 않은 콘크리트의 성질에 관한 용어에 대해서 아래 물음에 답하시오.

 가) 반죽질기의 정도에 따르는 작업의 어렵고 쉬운 정도 및 재료 분리에 저항하는 정도를 나타

내는 굳지 않은 콘크리트의 성질은?

정답 워커빌리티(Workability)

나) 굵은 골재의 최대치수, 잔골재율, 잔골재의 입도, 반죽질기 등에 따르는 표면의 마무리하기 쉬운 정도를 나타내는 굳지 않은 콘크리트의 성질은?

정답 피니셔빌리티(finishability)

다) 거푸집에 쉽게 다져 넣을 수 있고, 거푸집을 떼어 내면 천천히 모양이변하기는 하지만, 허물어지거나 재료의 분리가 일어나는 일이 없는 굳지 않은 콘크리트의 성질은?

정답 성형성(plasticity)

문제 4

블리딩 시험에 대한 아래의 물음에 답하시오.

가) 콘크리트는 용기에 몇 층으로 나누고 각 층을 다짐대로 몇 회 다지는가?

정답 3층, 25회

나) 블리딩 시험에서 시험하는 동안의 온도를 몇 ℃로 유지 하는가?

정답 20±3℃

> ☞ 시험중 실온 20±3℃, 콘크리트의 온도 20±2℃

다) 콘크리트의 윗면적 490cm², 블리딩의 물의 양 80cm3일 때 블리딩량은 얼마인가?

계산 블리딩률 $= \dfrac{V}{A} = \dfrac{80}{490} = 0.16 \ (cm^3/cm^2)$

문제 5

골재의 함수상태에 따른 4가지 상태로 분류하고 이를 간단히 설명하는 아래 표를 채우시오.

정답

골재의 함수상태에 따른 분류	간단한 설명
절대건조 상태	골재알의 내부에 포함되어 있는 자유수가 제거된 상태
(공기 중 건조상태)	(골재속의 내부 일부는 물로 차 있는 상태)
(표면건조포화상태)	(골재표면은 물기가 없고, 내부 빈틈은 물로 포화된 상태)
(습윤상태)	(골재표면에 물기가 있고, 내부 빈틈도 물로 차 있는 상태)

문제 6

다음과 같은 설계조건으로 시방배합설계를 하시오.

【설계조건】

· 시멘트의 밀도=3.14g/cm³	· 잔골재의 밀도=2.55g/cm³
· 굵은골재의 밀도=2.65g/cm³	· 공기량=2%
· 잔골재율(S/a)=38%	· 단위수량=170kg/m³
· 물-결합재비=45%	· f_r=25MPa

계산

가) 단위 시멘트량을 구하시오.

$$\frac{W}{C} = 45\% = 0.45 \quad \therefore C = \frac{W}{0.45} = \frac{170}{0.45} = 377.78 \ (kgf)$$

나) 단위 골재량의 절대부피를 구하시오.

(단, 소수점 넷째자리에서 반올림)

$$S_V + G_V = 1m^3 - \left\{ \left(\frac{377.78 \ kg}{1000 \times 3.14}\right) + \left(\frac{170 \ kg}{1000}\right) + \left(\frac{2 \ \%}{100}\right) \right\} = 0.690 \ (m^3)$$

다) 단위 잔골재량을 구하시오.

① 단위 잔골재 절대부피

$$S_V = (S_V + G_V) \times S/a = 0.690 \times 0.38 = 0.262 \ (m^3)$$

② 단위 잔골재량

$$S = S_V \times S_g \times 1000 = 0.262 \times 2.55 \times 1000 = 668.1 \ (kgf)$$

라) 단위 굵은골재량을 구하시오.

$$G = G_V \times G_g \times 1000 = (0.690 - 0.262) \times 2.65 \times 1000 = 1134.2 \ (kgf)$$

정답

가) $C = 377.78 \ (kgf)$ 나) $S_V + G_V = 0.690 \ (m^3)$

다) $S = 668.1 \ (kgf)$ 라) $G = 1134.2 \ (kgf)$

문제 7

굳지 않은 콘크리트의 공기 함유량에 대한 다음 물음에 답하시오.

가) AE 콘크리트에서 가장 알맞은 공기량은 콘크리트 부피의 얼마를 표준으로 하는가?

정답 4~7 %

나) 공기량 측정방법의 종류를 3가지만 쓰시오.

정답 ① 공기실 압력법   ② 질량법   ③ 용적법

다) 콘크리트 부피에 대한 겉보기공기량(A_1)이 6%이고 골재의 수정계수(G)가 1.5%일 때 콘크리트의 공기량을 구하시오.

계산 $A(\%) = 6 - 1.5 = 4.5\%$

문제 8

시방배합을 실시한 결과가 단위수량 165kg/m³, 단위시멘트량 335kg/m³, 단위잔골재량 656kg/m³, 단위굵은골재량 1355kg/m³ 일 때, 현장 골재상태가 아래와 같을 때 현장배합을 계산하시오.

◆ 현장 골재상태
- 잔골재가 5mm 체에 남는 양 : 5%
- 잔골재 표면수량 : 3%
- 굵은골재가 5mm 체를 통과하는 양 : 3%
- 굵은골재 표면수량 : 1%

계산

가) 입도에 의한 조정하여 골재의 재료량을 구하시오.

$S + G = 656 + 1355 = 2011$ ······················ ①
$0.95S + 0.03G = 656$ ······························· ②

①식에 0.95를 곱하여 ②식과 연립하면

$$\begin{array}{r} 0.95S + 0.95G = 1910.45 \\ -)\ 0.95S + 0.03G = 656 \\ \hline 0 + 0.92G = 1254.45 \end{array}$$

$\therefore G = \dfrac{1254.45}{0.92} = 1363.53 kg$ ················ ③

③식을 ①식에 대입하면

$\therefore S = 2011 - 1363.53 = 647.47$

나) 표면수량에 대한 조정하여 각 재료량을 구하시오.

① 잔골재표면수 : $647.47 \times 0.03 = 19.42\ (kgf/m^3)$
② 굵은골재표면수 : $1363.53 \times 0.01 = 13.64\ (kgf/m^3)$
③ 단위수량 : $165 - (19.42 + 13.64) = 131.94\ (kgf/m^3)$
④ 단위잔골재량 : $647.47 + 19.42 = 666.89\ (kgf/m^3)$
⑤ 단위굵은골재량 : $1363.53 + 13.64 = 1377.17\ (kgf/m^3)$

정답
단위 잔골재량 : $666.89\ (kgf/m^3)$
단위 굵은골재량 : $1377.17\ (kgf/m^3)$
단위 수량 : $131.94\ (kgf/m^3)$

문제 9

다음 물음에 대한 답을 쓰시오.

가) 정비된 콘크리트 제조설비를 갖춘 공장으로부터 수시로 구입할 수 있는 굳지 않은 콘크리트를 무엇이라 하는가?

정답 레디믹스트콘크리트(ready-mixed concrete)

나) 재료에 외력이 작용하면 외력의 증가가 없어도 시간이 경과함에 따라 변형이 증대되는 현상은?

정답 크리프(creep)

> ☞ 크리프의 예를 들면, 고무줄에 추를 매달면 순간적으로 고무는 늘어나지만 그대로 방치해두면 시간이 흐름에 따라 고무는 서서히 늘어난다. 이와 같은 현상은 고분자물질인 플라스틱에서 현저히 나타나지만, 철강과 같은 금속재료 또는 콘크리트 등에서도 일어난다.

다) 시멘트의 입자를 분산시켜 소요의 워커빌리티를 얻기에 필요한 단위수량을 감소시키는 것을 주목적으로 한 혼화재료는?

정답 감수제

라) 압축강도 시험용 공시체의 제작에서 공시체의 윗면에 시멘트 풀 등을 사용하여 표면을 평탄하게 하는 작업을 무엇이라 하는가?

정답 캐핑(capping)

마) 콘크리트의 공기량 측정방법 3가지를 쓰시오.

정답 ① 공기실 압력법   ② 질량법   ③ 용적법

바) 반죽질기의 정도에 따르는 작업의 어렵고 쉬운 정도 및 재료의 분리에 저항하는 정도를 나타내는 굳지 않은 콘크리트의 성질을 무엇이라 하는가?

정답 워커빌리티(workability)

문제 10

포틀랜드 시멘트의 종류 3가지만 쓰시오.

정답 ① 보통포틀랜드 시멘트   ② 중용열포틀랜드 시멘트
③ 조강포틀랜드 시멘트

> ☞ 그밖에, 저열포틀랜드시멘트, 내황산염 포틀랜드시멘트가 있다.

문제 11

콘크리트를 친 후 시멘트와 골재 알이 가라앉으면서 콘크리트 속에 있는 물이 올라와 콘크리트의 표면에 떠오른다. 이러한 현상을 블리딩이라 하는데 블리딩을 작게하기 위한 방법을 3가지만 쓰시오.

정답
① 잔골재율을 크게 한다.
② W/B비를 작게 한다.
③ AE제, 플라이애쉬등 혼화제를 사용한다.

문제 12

콘크리트 블리딩 시험에 대하여 다음 물음에 답하시오.

가) 블리딩 시험결과가 아래 표와 같을 때 블리딩량을 구하시오.

용기 상면의 면적(cm^2)	487.2
시료 용기의 질량(kg)	41.32
시료의 질량(kg)	27.14
규정된 측정시간동안에 생긴 불리딩물의 양(cm^3)	62

계산 블리딩량 $= \dfrac{V}{A} = \dfrac{62}{487.2} = 0.13\ (cm^3/cm^2)$

나) 블리딩에 의하여 처음 60분 동안은 몇 분 간격으로 물을 빨아내는가?

정답 10 분

문제 13

시멘트 64g, 처음의 광유 눈금읽기 0.45ml, 시료와 광유 눈금읽기 20.56mL일 때, 시멘트의 밀도 값은?

계산 시멘트 밀도 $= \dfrac{64}{20.56 - 0.45} = 3.18\,(g/cm^3)$

문제 14

다음 표는 굵은골재의 체가름시험 결과이다. 아래의 물음에 답하시오.

체의 호칭 치수(mm)	80	40	25	20	10	5	2.5	1.2	0.6	0.3	0.15	pan
잔유량(g)	0	29	124	113	126	78	30	0	0	0	0	0

가) 아래의 표를 완성하시오.

체의 호칭 치수(mm)	잔유량(g)	남는 양(%)	남는 양의 누계(%)
80	0	(0)	(0)
40	29	(5.80)	(5.80)
25	124	(24.80)	(30.60)
20	113	(22.60)	(53.20)
10	126	(25.20)	(74.80)
5	78	(15.60)	(94.00)
2.5	30	(6.00)	(100)
1.2	0	(0)	(100)
0.6	0	(0)	(100)
0.3	0	(0)	(100)
0.15	0	(0)	(100)
pan	0	(0)	(100)
계	500	100	

나) 조립률을 구하시오.

계산
$$F.M = \frac{0 + 5.80 + 53.20 + 74.80 + 94.00 + 5 \times 100}{100} = 7.28$$

다) 이 골재의 최대치수를 구하시오.

정답 40mm

문제 15

콘크리트 공시체의 크기가 ∅150mm×300mm이고, 최대하중 25,000N에서 공시체가 파괴 되었다. 이때 압축 강도는 얼마인가?

계산
① 공시체 면적 $(A) = \dfrac{\pi d^2}{4} = \dfrac{3.14 \times 150^2}{4} = 17,662.5 \ (mm^2)$

② 압축강도 $= \dfrac{P}{A} = \dfrac{25,000}{17,662.5} = 1.42 \ (MPa)$

문제 16

공시체의 지름 150mm, 공시체의 길이 300mm인 콘크리트 쪼갬 인장강도 시험을 한 결과 최대 파괴하중이 187,000N이었다. 인장강도를 구하시오.

계산
인장강도 $= \dfrac{2P}{\pi dl} = \dfrac{2 \times 187,000}{3.14 \times 150 \times 300} = 2.65 \ (MPa)$

문제 17

콘크리트의 시방배합결과와 현장골재 상태가 아래 표와 같을 때 시방배합을 현장배합으로 고치고 현장배합 표를 완성하시오.

【시방배합표】

굵은골재 최대치수 (mm)	슬럼프 (%)	공기량 (%)	W/B (%)	S/a (%)	단위량(kg/m³)			
					물 (W)	시멘트 (C)	잔골재 (S)	굵은골재 (G)
25	80	3	47.6	35.5	161	322	645	1177

【현장골재의 상태】

5mm 체에 남은 잔골재량	7%	잔골재의 표면수량	2%
5mm 체에 통과하는 굵은골재량	3%	굵은골재의 표면수량	1%

가) 입도에 대한 보정을 하여 잔골재량과 굵은골재량을 구하시오.

계산

$$S + G = 645 + 1177 = 1822 \quad \cdots\cdots\cdots ①$$
$$0.93S + 0.03G = 645 \quad \cdots\cdots\cdots ②$$

①식에 0.93를 곱하여 ②식과 연립하면

$$\begin{array}{r} 0.93S + 0.93G = 1694.46 \\ -)\,0.93S + 0.03G = 645 \\ \hline 0 + 0.90G = 1049.46 \end{array}$$

$$\therefore G = \frac{1049.46}{0.90} = 1166.07 kg \quad \cdots\cdots\cdots ③$$

③식을 ①식에 대입하면

$$\therefore S = 1822 - 1166.07 = 655.93 kg$$

나) 표면수에 대한 보정을 하여 잔골재 및 굵은골재의 표면수량을 구하시오.

계산

① 잔골재표면수 : $655.93 \times 0.02 = 13.12 \, (kgf/m^3)$

② 굵은골재표면수 : $1166.07 \times 0.01 = 11.66 \, (kgf/m^3)$

다) 1m³의 콘크리트를 만들기 위해 아래의 현장배합표를 완성하시오.

단위량(kg/m³)			
시멘트(C)	물(W)	잔골재(S)	굵은골재(G)
322			

계산

① 단위수량 : $161 - (13.12 + 11.66) = 136.22 \, (kgf/m^3)$

② 단위잔골재량 : $655.93 + 13.12 = 669.05 \, (kgf/m^3)$

③ 단위굵은골재량 : $1166.07 + 11.66 = 1177.73 \, (kgf/m^3)$

정답

단위량(kg/m³)			
시멘트(C)	물(W)	잔골재(S)	굵은골재(G)
322	(136.22)	(669.05)	(1177.73)

문제 18

콘크리트를 비빌 때 가경식 믹서의 경우 믹서 내에 재료를 전부 투입한 후 비비는 시간은 몇 분 이상을 표준으로 하는지 쓰시오.

정답 90초 (1분30초)

문제 19

모르타르 압축강도 시험에서 시멘트와 표준모래를 1:2.25 무게비로 하고 표준모래를 1674g 사용하여 시험체를 만들어 양생한 다음 측정한 한변이 5.05cm이고, 최대 하중이 3950kg이다. 물음에 답하시오.

가) 시멘트 사용량은?

계산 $C : S = 1 : 2.25 = C : 1674 \quad \therefore C = \dfrac{1674}{2.25} = 744 \ (gf)$

나) 압축강도는 얼마인가?

계산 압축강도 $= \dfrac{P}{A} = \dfrac{3950}{5.05 \times 5.05} = 154.89 \ (kg/cm^2)$

정답 가) $C = 744 \ (gf)$ 나) $f_c = 154.89 \ (kg/cm^2)$

문제 20

시멘트의 종류 중 혼합시멘트의 종류를 3가지만 쓰시오.

정답
① 고로슬래그 시멘트
② 플라이애쉬 시멘트
③ 포틀랜드포졸란 시멘트(실리카 시멘트)

문제 21

미리 거푸집 안에 특정한 입도의 굵은골재를 채우고 그 틈에 특수 모르타를 펌프로 압력을 가하여 주입하여 제조하는 콘크리트를 무엇이라 하는가?

정답 프리플레이스트 콘크리트

☞ 프리플레이스트 콘크리트(preplaced concrete) → 시방서 변경전 『프리팩트 콘크리트』
미리 거푸집 속에 특정한 입도를 가지는 굵은 골재를 채워놓고 그 간극에 모르타르를 주입하여 제조한 콘크리트

문제 22

굳지 않은 콘크리트의 공기 함유량 시험에 대한 다음 물음에 답하시오.

가) AE콘크리트에서 가장 알맞은 공기량의 범위는 얼마인가?
나) 공기량 측정방법을 3가지만 쓰시오.
다) 콘크리트의 용적에 대한 겉보기 공기량(A1)이 5.6%이고, 골재의 수정계수(G)가 1.5%일 때 콘크리트의 공기량을 구하시오.

계산 $A = 5.6 - 1.5 = 4.1\ \%$

정답
가) 4~7%
나) ① 공기실 압력법　② 질량법　③ 용적법
다) 4.1 (%)

문제 23

콘크리트 휨강도 시험에 대한 다음 물음에 답하시오.

가) 휨강도 시험용 공시체를 다짐봉을 사용하여 제작할 경우 몰드에 몇 층으로 채우고 각 층은 몇 번을 다지는가?
(단, 공시체의 규격: 150mm×150mm×530m)

계산
다짐회수는 10cm2당 1회씩 다지므로
휨강도용 공시체 면적은 15cm×53cm = 795cm²

∴ 다짐 회수 = $\dfrac{795}{10}$ = 79.5 ≒ 80회

나) 공시체를 휨강도 시험 전까지는 보통 몇 도에서 어떤 상태로 양생하는가?
다) 공시체가 지간의 3등분 중앙에서 파괴되었을 때 휨강도를 구하시오.
(단, 지간은 450mm, 파괴단면 높이 150mm, 파괴단면 나비 150mm, 최대하중이 29,600N 일 때)

계산 휨강도 = $\dfrac{Pl}{bd^2} = \dfrac{29,600 \times 450}{150 \times 150^2} = 3.95\ (MPa)$

정답
가) 2층 80회
나) 양생온도 : 20±2℃, 양생상태 : 습윤상태
다) $f_b = 3.95 \ (MPa)$

문제 24

다음 물음에 답하시오.

가) 콘크리트의 시방배합 결과와 현장골재 상태가 아래와 같을 때 시방배합을 현장배합으로 고치시오.

【시방배합표 (kg/m³)】

물	시멘트	잔골재	굵은골재
165	350	740	1100

【현장골재의상태】

잔골재의 표면수량	3%	굵은골재의 표면수량	2%
5mm 체에 남는 잔골재량	6%	5mm 체를 통과하는 굵은골재량	3%

계산

1) 입도보정

$S + G = 740 + 1100 = 1840$ ·················· ①
$0.94S + 0.03G = 740$ ·················· ②

①식에 0.94를 곱하여 ②식과 연립하면

$$\begin{array}{r} 0.94S + 0.94G = 1729.6 \\ -) \ 0.94S + 0.03G = 740 \\ \hline 0 + 0.91G = 989.6 \end{array}$$

$\therefore G = \dfrac{989.6}{0.91} = 1087.47 \ kg$ ·················· ③

③식을 ①식에 대입하면

$\therefore S = 1840 - 1087.47 = 752.53 \ kg$

2) 표면수 보정
   ① 잔골재 표면수 : $752.53 \times 0.03 = 22.58 \ (kgf)$
   ② 굵은골재 표면수 : $1087.47 \times 0.02 = 21.75 \ (kgf)$

3) 계량할 재료의 양
   ① 물의 양 : $165 - (22.58 + 21.75) = 120.67 \ (kgf/m^3)$
   ② 잔골재량 : $752.53 + 22.58 = 775.11 \ (kgf/m^3)$
   ③ 굵은골재량 : $1087.47 + 21.75 = 1109.22 \ (kgf/m^3)$

정답
물의 양 $(W) = 120.67 \ (kgf/m^3)$ 잔골재 량 $(S) = 775.11 \ (kgf/m^3)$
굵은골재량 $(G) = 1109.22 \ (kgf/m^3)$

나) 위의 "가"항에 의한 현장 배합을 이용하여 길이가 50m인 L형 옹벽 단면도가 아래 그림과 같은 콘크리트구조물을 제작하기 위한 각 재료의 양을 산출 하시오.

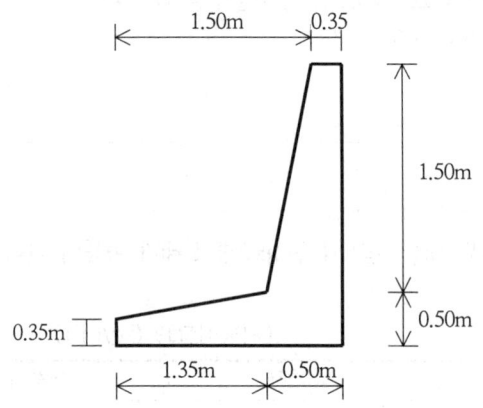

계산

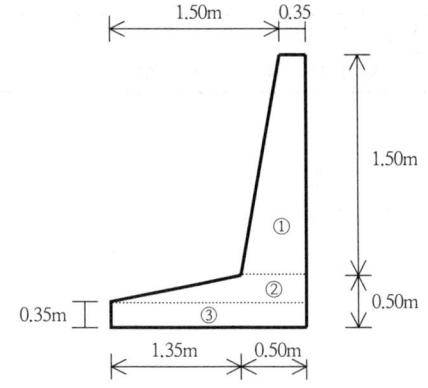

1) 콘크리트 면적

   ①번 면적 $= (0.5 + 0.35) \times 1.50 \times \dfrac{1}{2} = 0.6375 \ m^2$

   ②번 면적 $= (1.85 + 0.5) \times 0.15 \times \dfrac{1}{2} = 0.1763 \ m^2$

   ③번 면적 $= 0.35 \times 1.85 = 0.6475 \ m^2$

   총면적: $1.4613 \ m^2$

2) 콘크리트 총량 : $1.4613 \ m^2 \times 50 \ m = 73.07 \ m^3$

3) 각 재료의 량 계산

   ① 물 : $120.67 \times 73.07 = 8,817 \ (kgf)$

   ② 시멘트 : $350 \times 73.07 = 25,575 \ (kgf)$

   ③ 잔골재 : $775.11 \times 73.07 = 56,637 \ (kgf)$

   ④ 굵은골재 : $1109.22 \times 73.07 = 81,050 \ (kgf)$

정답

물(W) = 8,817 (kgf) 시멘트(C) = 25,575 (kgf)

잔골재(S) = 56,637 (kgf) 굵은골재(G) = 81,050 (kgf)

문제 25

풍화된 시멘트의 결점 3가지만 쓰시오.

정답

① 비중이 작아진다.
② 응결이 늦어진다.
③ 강도가 늦게 나타난다.

필답형 문제 해설 (4)

문제 1

콘크리트의 슬럼프 시험을 할 때 사용하는 슬럼프 시험기구 4가지를 쓰시오.

정답
① 슬럼프 콘 ② 다짐대
③ 슬럼프 측정자 ④ 작은 삽

문제 2

수중콘크리트에 대한 아래 물음에 답하시오.

가) 수중콘크리트를 타설할 때 유속은 1초간에 몇 cm 이하로 하는가?
나) 트레미, 콘크리트 펌프로 시공할 때 슬럼프의 표준값은?
다) 잔골재율은 몇 %를 표준으로 하는가?

정답
가) 5cm 나) 130~180mm
다) 40~45%

☞ 일반 수중 콘크리트의 슬럼프의 표준값 (2003 개정시방서)

시공방법	일반 수중 콘크리트	현장타설말뚝 및 지하연속벽에 사용하는 수중콘크리트
트레미	130~180	180~210
콘크리펌프	130~180	-
밑열림상자, 밑열림포대	100~150	-

☞ 수중콘크리트 잔골재율은 40~45%를 표준으로 하고 부순돌을 사용하는 경우 3~5%정도 증가

문제 3

KS L 2501에 규정되어 있는 포틀랜드시멘트 종류 5가지를 쓰시오.

정답
① 보통 포틀랜드 시멘트 ② 중용열 포틀랜드 시멘트
③ 조강 포틀랜드 시멘트 ④ 저열 포틀랜드 시멘트
⑤ 내황산염 포틀랜드 시멘트

문제 4

용기의 안지름이 25cm, 안 높이 28cm, 블리딩 측정용기에 마지막까지 누계한 블리딩에 따른 물의 부피가 87.7cm3 이었다면 블리딩량은 얼마인가?

계산

① $A = \dfrac{\pi d^2}{4} = \dfrac{3.14 \times 25^2}{4} = 490.625 \ (m^2)$

② 블리딩량 $= \dfrac{V}{A} = \dfrac{87.7}{490.625} = 0.18 \ (cm^3/cm^2)$

정답 $0.18 \ (cm^3/cm^2)$

문제 5

단위 골재량의 절대부피가 0.837m³인 콘크리트에서 잔골재율이 36%이고 잔골재의 밀도는 2.60g/cm³, 굵은골재의 밀도는 2.65g/cm³일 때 단위 잔골재량과 단위 굵은 골재량을 구하시오.

가) 단위 잔골재량을 구하시오

계산

① $S_V = 0.837 \times 0.36 = 0.30132 \ (m^3)$

② $S = 0.30132 \times 2.60 \times 1000 = 783.43 \ (kgf/m^3)$

나) 단위 굵은골재량을 구하시오.

계산 $G = (0.837 - 0.30132) \times 2.65 \times 1000 = 1419.55 \ (kgf/m^3)$

정답 가) $S = 783.43 \ (kg/m^3)$ 　　나) $G = 1419.55 \ (kgf/m^3)$

문제 6

지름 100mm, 높이 200mm인 콘크리트 공시체로 쪼갬인장시험을 실시한 결과 공시체 파괴시 최대하중이 750,000N이었다. 이 공시체의 인장강도는 얼마인가?

계산 인장강도 $= \dfrac{2P}{\pi dl} = \dfrac{2 \times 75,000}{3.14 \times 100 \times 200} = 2.39 \ (MPa)$

정답 $f_{sp} = 2.39 \ (MPa)$

문제 7

다음 시방배합을 현장의 골재 상태에 맞추어 현장 배합의 각 재료량을 구하시오.

【시방배합표】

굵은골재최대치수 (mm)	슬럼프 (mm)	공기량 (%)	물시멘트비 W/B(%)	잔골재율 S/a(%)	단위량(kg/m³)			
					물 W	시멘트 C	잔골재 S	굵은골재 G
25	80	4.5	47	39.8	174	370	692	1060

【현장의골재상태】

- 잔골재속의 5mm 체에 남은 양 : 7%
- 굵은골재속의 5mm 체를 통과하는 양 : 3%
- 잔골재의 표면수량 : 4%
- 굵은골재의 표면수량 : 3%

계산

1) 입도보정

$$S + G = 692 + 1060 = 1752 \cdots\cdots ①$$
$$0.93S + 0.03G = 692 \cdots\cdots ②$$

①식에 0.93를 곱하여 ②식과 연립하면

$$\begin{array}{r} 0.93S + 0.93G = 1629.36 \\ -)\ 0.93S + 0.03G = 692 \\ \hline 0 + 0.90G = 937.36 \end{array}$$

$$\therefore G = \frac{937.36}{0.90} = 1041.51\ kg \cdots\cdots ③$$

③식을 ①식에 대입하면

$$\therefore S = 1752 - 1041.51 = 710.49\ kg$$

2) 표면수 보정

① 잔골재 표면수 : $710.49 \times 0.04 = 28.42\ (kgf)$

② 굵은골재 표면수 : $1041.51 \times 0.03 = 31.25\ (kgf)$

3) 계량할 재료의 양

① 물의 양 : $174 - (28.42 + 31.25) = 114.33\ (kgf/m^3)$

② 잔골재량 : $710.49 + 28.42 = 738.91\ (kgf/m^3)$

③ 굵은골재량 : $1041.51 + 31.25 = 1072.76\ (kgf/m^3)$

정답

$W = 114.33\ (kgf/m^3)$ $\qquad$ $S = 738.91\ (kgf/m^3)$

$G = 1072.76\ (kgf/m^3)$

문제 8

콘크리트용 골재의 체가름 시험 결과 아래 표와 같다. 다음 물음에 답하시오.

가) 위 표의 빈 칸을 완성하고 조립률을 구하시오.

계산

체번호	체에 남은양(%)	체에 남은 양의 누계(%)
80mm	0	(0)
40mm	5	(5)
20mm	34	(39)
10mm	35	(74)
5mm	23	(97)
2.5mm	3	(100)
1.2mm	0	(100)
0.6mm	0	(100)
0.3mm	0	(100)
0.15mm	0	(100)

$$F.M = \frac{0+5+39+74+97+5\times100}{100} = 7.15$$

나) 굵은골재 최대치수를 구하시오.

정답 가) $F.M = 7.15$ 나) 40mm

☞ 굵은골재 최대치수는 90% 이상 통과시킨 체 중에서 가장 작은 체의 호칭치수

문제 9

도로포장 콘크리트에 쓰일 골재에 포함된 잔입자(0.08mm 체를 통과하는)시험을 한 결과가 다음과 같다. 아래 물음에 답하시오.

【시험결과】
- 씻기 전의 시료의 건조무게: 548g
- 씻은 후의 시료의 건조무게: 533g

가) 골재표면에 잔입자가 붙어있을 경우 콘크리트에 미치는 영향을 2가지만 쓰시오.

정답
① 건조수축에 의한 콘크리트 균열 발생
② 블리딩 현상으로 레이턴스가 많이 발생

나) 0.08mm 체를 통과하는 잔입자의 무게 백분율을 구하시오.

계산
$$A(\%) = \frac{B-C}{B} \times 100 = \frac{548-533}{548} \times 100 = 2.74\ (\%)$$

B: 씻기 전 건조 질량
C: 씻은 후 건조 질량

정답 $A(\%) = 2.74\ (\%)$

다) 이골재의 사용가능 여부를 판정하시오

정답   잔골재의 잔입자 함유량 한도가 3% 이하이므로 사용 가능

☞ 잔입자 함유량 한도

항목	최대값(질량비%)	
	잔골재	굵은골재
콘크리트의 표면이 닳음 작용을 받는 경우	3.0(5.0)	1.0(1.5)
그 밖의 경우	5.0(7.0)	1.0(1.5)

필답형 문제 해설 (5)

문제 1

지름 150mm×높이 300mm의 28일 양생된 콘크리트 공시체로 압축강도 시험을 하였더니 공시체가 파괴될 때까지 시험기가 나타내는 최대하중이 398,000N 이었다. 이공시체의 압축강도(f_{28})를 구하시오.

계산

① 공시체 면적(A) = $\dfrac{\pi d^2}{4} = \dfrac{3.14 \times 150^2}{4} = 17{,}662.5 \; (mm^2)$

② 압축강도(f_c) = $\dfrac{P}{A} = \dfrac{398{,}000}{17{,}662.5} = 22.53 \; (MPa)$

정답 $f_c = 22.53 \; (MPa)$

문제 2

콘크리트 휨강도 시험에서 지간의 3등분 중앙부분에서 파괴 되었을 때 휨강도를 구하시오.
(최대하중 : 35,500N, 시험체의 크기 : 150×150×530mm 지간의 길이 : 450mm 이다)

계산

휨강도(f_b) = $\dfrac{Pl}{bd^2} = \dfrac{35{,}500 \times 450}{150 \times 150^2} = 4.73 \; (MPa)$

문제 3

시멘트 64g, 처음광유 눈금 읽기 0.46mL, 시료를 넣은 후 광유 눈금 읽기 21.56mL일 때, 시멘트의 밀도를 구하시오.

계산

시멘트 밀도 = $\dfrac{64}{21.56 - 0.46} = 3.03 (g/cm^3)$

문제 4

슬럼프 시험에 대하여 아래 물음에 답하시오.

가) 슬럼프 시험에서 전 작업시간은 몇 분 이내로 해야 하는가?
나) 슬럼프 콘에 시료를 넣고 다짐봉으로 각 층을 몇 회 다지는가?
다) 슬럼프값의 단위는?

정답
가) 3분 이내 (ks 규격 변경)
나) 3층 25회   다) 5mm 단위

문제 5

콘크리트를 물속에 치는 것을 수중 콘크리트라 한다. 이러한 수중 콘크리트 타설의 원칙을 3가지만 쓰시오.

정답
① 정수중에 타설을 원칙으로 하나 완전히 물막이를 할 수 없을 경우 유속은 1초에 50mm 이하로 한다.
② 콘크리트는 수중에 낙하시켜서는 안 된다.
③ 콘크리트 면은 수평으로 하고 수면 상으로 이를 때까지 연속타설
④ 콘크리트가 경화될 때까지 물의 유동방지
⑤ 타설 완료 후 레이턴스 제거하고 다시 타설

문제 6

한중 콘크리트 타설에 대한 물음에 답하시오.

가) 하루 평균 기온이 몇 ℃이하에서 한중콘크리트를 시공하는가?
나) 콘크리트를 타설 때 콘크리트 온도는 몇 ℃의 범위를 원칙으로 하는가?
다) 한중 콘크리트에 주로 쓰이는 혼화제는?

정답 가) 4 ℃ 나) 5~20℃ 다) AE제, AE감수제, 고성능 AE감수제

문제 7

단위수량 160kg/m³, 물-결합재비 50%, 시멘트밀도 3.14, 잔골재율(S/a) 35%, 잔골재밀도 2.60g/cm³, 굵은골재 밀도 2.65g/cm³, 공기량이 1.5%이고, 골재는 표면건조 포화상태일 때 아래의 물음에 답하시오.

계산
가) 단위시멘트량을 구하시오. (단, 소수 첫 자리에서 반올림)

$$\frac{W}{C} = 0.5, \quad C = \frac{W}{0.5} = \frac{160}{0.5} = 320 \ (kg/m^3)$$

나) 단위 골재량의 절대부피를 구하시오(단, 소수 넷째 자리에서 반올림)

$$S_V + G_V = 1 - \left(\frac{320\,kg}{1000 \times 3.14} + \frac{160\,kg}{1000} + \frac{1.5\,\%}{100}\right) = 0.723 \ (m^3)$$

다) 단위 잔골재량의 절대부피를 구하시오. (단, 소수 넷째자리에서 반올림)

$$S_V = (S_V + G_V) \times S/a = 0.723 \times 0.35 = 0.253 \ (m^3)$$

라) 단위 잔골재량을 계산하시오.

$$S = S_V \times S_g \times 1000 = 0.253 \times 2.60 \times 1000 = 657.8 \ (kgf/m^3)$$

마) 단위 굵은 골재량의 절대부피를 계산하시오.

$$G_V = (S_V + G_V) - S_V = 0.723 - 0.253 = 0.470 \ (m^3)$$

바) 단위 굵은 골재량을 계산하시오.

$$G = G_V \times G_g \times 1000 = 0.470 \times 2.65 \times 1000 = 1245.5 \ (kgf/m^3)$$

정답

가) $C = 320 \ (kg/m^3)$ 나) $S_V + G_V = 0.723 \ (m^3)$

다) $S_V = 0.253 \ (m^3)$ 라) $S = 657.8 \ (kgf/m^3)$

마) $G_V = 0.470 \ (m^3)$ 바) $G = 1245.5 \ (kgf/m^3)$

문제 8

골재의 조립률을 구하기 위해 사용하는 표준체를 모두 쓰시오.

정답 80, 40, 20, 10, 5, 2.5, 1.2, 0.6, 0.3, 0.15mm

문제 9

시방배합으로 단위시멘트량 330kg/m³, 단위수량이 171kg/m³, 단위 잔골재량 686kg/m³, 단위 굵은 골재량 1185kg/m³일 때 현장의 골재상태가 아래 표와 같을 때 현장배합으로 고치시오.
(단, 소수점 이하 첫 자리에서 반올림)

현장의 골재 상태	• 잔골재의 표면수량 5% • 굵은골재의 표면수량 3% • 잔골재가 5mm 체에 남은량 4% • 굵은골재가 5mm 체를 통과하는 양 2%

계산

1) 입도보정

$S + G = 686 + 1185 = 1871$ ······················· ①
$0.96S + 0.02G = 686$ ······························· ②

①식에 0.96를 곱하여 ②식과 연립하면

$$\begin{array}{r} 0.96S + 0.96G = 1796.16 \\ -) \ 0.96S + 0.02G = 686 \ \ \ \ \ \\ \hline 0 + 0.94G = 1110.16 \end{array}$$

$\therefore G = \dfrac{1110.16}{0.94} = 1181 \ kg$ ················· ③

③식을 ①식에 대입하면

$\therefore S = 1871 - 1181 = 690 \ kg$

2) 표면수 보정

① 잔골재 표면수 : $690 \times 0.05 = 35 \ (kgf)$

② 굵은골재 표면수 : $1181 \times 0.03 = 35 \ (kgf)$

3) **계량할 재료의 양**

① 물의 양 : $171 - (35 + 35) = 101 \ (kgf)$

② 잔골재량 : $690 + 35 = 726 \ (kgf)$

③ 굵은골재량 : $1181 + 35 = 1216 \ (kgf)$

정답

단위 수량(W) = $101 \ (kgf)$

잔골재 량(S) = $726 \ (kgf)$

단위 굵은골재량(G) = $1216 \ (kgf)$

필답형 문제 해설 (6)

문제 1

콘크리트 슬럼프 시험에 대하여 다음 물음에 답하시오.

가) 콘크리트 슬럼프 시험 전체 작업시간은 얼마입니까?
나) 슬럼프 시험에서 다짐층수와 각 층에 대한 다짐횟수는?
다) 슬럼프 콘의 크기는? (윗지름×아래지름×높이)mm
라) 슬럼프 값 측정 시 슬럼프 콘 벗기는 작업은 몇 초 정도로 하는가?

정답
가) 3분 이내
나) 3층 25회
다) 100×200×300mm
라) 2~5초

문제 2

콘크리트 휨강도 시험에 대하여 물음에 답하시오.

가) 몰드에 몇 층 다짐인가?
나) 몰드에 각층 다짐횟수를 구하시오.

계산 $(15cm \times 53cm) \div 10cm^2/회 = 79.5 ≒ 80회$

다) 공시체를 제작한 후 몰드를 보통 몇 시간 뒤에 몰드를 떼는가?
라) 공시체를 휨강도 시험 전까지는 보통 몇 도에서 어떤 상태로 저장하는가?
마) 공시체가 지간의 3등분 중앙에서 파괴 되었을 때 휨강도를 구하시오.
　(단, 지간은 450mm, 파괴단면높이 150mm, 파괴단면나비 150mm, 최대하중이 27,000N)

계산 휨강도$(f_b) = \dfrac{Pl}{bd^2} = \dfrac{27,000 \times 450}{150 \times 150^2} = 3.6\,(MPa)$

정답
가) 2층
나) 80회
다) 16시간 ~ 3일
라) 20±2℃, 습윤상태
마) $f_b = 3.6\,(MPa)$

문제 3

설계기준강도(f_{ck})=23(MPa)이고 콘크리트 압축강도의 표준편차 (S) : $3.5(MPa)$일 때 배합강도를 구하시오.

계산 $f_{cr} = f_{ck} + 1.34 \times S = 23 + 1.34 \times 3.5 = 27.69\,(MPa)$

$$f_{cr} = (f_{ck} - 3.5) + 2.33S = (23 - 3.5) + 2.33 \times 3.5 = 27.66(MPa)$$

$$\therefore f_{cr} = 27.69 \, (MPa) \text{ 결정 (두 값중 큰값)}$$

정답 $f_{cr} = 27.69(MPa)$

문제 4

콘크리트용 골재의 체가름 시험 결과 아래 표와 같다. 다음 물음에 답하시오.

가) 아래 표의 빈 칸을 완성하고 조립률을 구하시오.

계산

체번호	체에 남은양(%)	체에 남은 양의 누계(%)
80mm	0	(0)
40mm	5	(5)
20mm	34	(39)
10mm	35	(74)
5mm	23	(97)
2.5mm	3	(100)
1.2mm	0	(100)
0.6mm	0	(100)
0.3mm	0	(100)
0.15mm	0	(100)

$$F.M = \frac{0 + 5 + 39 + 74 + 97 + 5 \times 100}{100} = 7.15$$

나) 굵은골재 최대치수를 구하시오.

정답 가) $F.M = 7.15$ 나) 40mm

문제 5

수중콘크리트에 사용되는 타설 기구를 3가지만 쓰시오

정답 ① 트레미   ② 콘크리트펌프   ③ 밑열림 상자

문제 6

콘크리트 양생방법의 종류를 3가지만 쓰시오

정답
① 살수 양생
② 막 양생
③ 증기 양생

문제 7

콘크리트 배합시 물 - 시멘트비를 정하는 기준 3가지를 쓰시오

정답
① 압축강도 기준
② 수밀성 기준
③ 내동해성 기준

문제 8

블리딩에 대한 설명을 간단히 서술하시오

정답 콘크리트를 친 후 시멘트와 골재가 가라앉으면서 물이 올라와 콘크리트 표면에 떠오르는 현상

문제 9

콘크리트의 워커빌리티를 판단하는 기준이 되는 반죽질기를 측정하는 방법을 3가지만 쓰시오.

정답
① 슬럼프 시험
② 케리볼 관입시험
③ 비비 시험

문제 10

다음 결과치가 표와 같을 때 다음 물음에 답하시오.

잔골재 부피(S_V)	0.279m³	잔골재 밀도(S_g)	2.64
굵은 골재 부피(G_V)	0.416m³	굵은골재 밀도(G_g)	2.85

계산

가) 잔골재율은? (소수 2자리에서 반올림)

$$S/a = \frac{S_V}{S_V + G_V} \times 100 = \frac{0.279}{0.279 + 0.416} \times 100 = 40.1 \ (\%)$$

나) 단위 잔골재량은?

$$S = S_V \times S_g \times 1000 = 0.279 \times 2.64 \times 1000 = 736.56 \ (kgf/m^3)$$

다) 단위 굵은 골재량은?

$$G = G_V \times G_g \times 1000 = 0.416 \times 2.85 \times 1000 = 1185.60 \ (kgf/m^3)$$

라) 단위 절대 골재 부피는? (소수 4자리에서 반올림)

$$S_V + G_V = 0.279 + 0.416 = 0.695 \ (m^3)$$

정답

가) $S/a = 40.1 \ (\%)$ 　　　　나) $S = 736.56 \ (kgf/m^3)$

다) $G = 1185.60 \ (kgf/m^3)$ 　　라) $S_V + G_V = 0.695 \ (m^3)$

필답형 문제 해설 (7)

문제 1

콘크리트 배합시 각 재료의 계량 허용오차는 몇 % 이하로 하는지 아래의 재료에 대하여 답하시오.

정답

재료의 종류	측정단위	허용오차 (%)
물	질량	(-2, +1)
시 멘 트	질량	(-1, +2)
혼 화 재	질량	(± 2)
골 재	질량 또는 부피	(± 3)
혼 화 제	질량 또는 부피	(± 3)

문제 2

다음 시방배합을 현장의 골재 상태에 맞추어 현장 배합의 각 재료량을 구하시오.

【시방배합표】

굵은골재최 대치수 (mm)	슬럼프 (mm)	공기량 (%)	물 시멘트비 W/B(%)	잔골재율 S/a(%)	단위량(kg/m³)			
					물 W	시멘트 C	잔골재 S	굵은골재 G
25	80	4.5	47	39.8	174	370	692	1060

【현장의골재상태】

- 잔골재속의 5mm 체에 남은 양 : 7%
- 굵은골재속의 5mm 체를 통과하는 양 : 3%
- 잔골재의 표면수량 : 4%
- 굵은골재의 표면수량 : 3%

계산

1) 입도보정

$S + G = 692 + 1060 = 1752$ ·················· ①
$0.93S + 0.03G = 692$ ·················· ②

①식에 0.93를 곱하여 ②식과 연립하면

$0.93S + 0.93G = 1629.36$
$-)\ 0.93S + 0.03G = 692$
$\overline{0 + 0.90G = 937.36}$

$\therefore G = \dfrac{937.36}{0.90} = 1041.51\ kg$ ·············· ③

③식을 ①식에 대입하면
$\therefore S = 1752 - 1041.51 = 710.49\ kg$

2) 표면수 보정

① 잔골재 표면수 : $710.49 \times 0.04 = 28.42 \ (kgf/m^3)$

② 굵은골재 표면수 : $1041.51 \times 0.03 = 31.25 \ (kgf/m^3)$

3) 계량할 재료의 양

① 물의 양 : $174 - (28.42 + 31.25) = 114.33 \ (kgf/m^3)$

② 잔골재량 : $710.49 \times 28.42 = 738.91 \ (kgf/m^3)$

③ 굵은골재량 : $1041.51 + 31.25 = 1072.76 \ (kgf/m^3)$

정답
$W = 114.33 \ (kgf/m^3)$
$S = 738.91 \ (kgf/m^3)$
$G = 1072.76 \ (kgf/m^3)$

문제 3

굳지 않은 콘크리트의 공기 함유량에 대한 다음 물음에 답하시오

가) AE콘크리트에서 가장 알맞은 공기량은 콘크리트 부피의 얼마를 표준으로 하는가?

정답 4~7%

나) 대표적인 시료를 용기에 3층으로 넣고, 각 층을 몇 회 다지는가?

정답 25회

다) 공기량 측정방법 3가지를 쓰시오

정답 ① 공기실 압력법   ② 질량법   ③ 용적법(부피법)

라) 콘크리트 부피에 대한 겉보기 공기량(A1)이 5.5% 이고, 골재의 수정계수(G)가 1.2%일 때 콘크리트 공기량을 구하시오.

계산 $A(\%) = 5.5 - 1.2 = 4.3 \ (\%)$

정답 $A = 4.3 \ (\%)$

문제 4

레디믹스트 콘크리트의 운반 방식에 대하여 쓰고 그에 대한 것을 설명하시오

정답

운반방식	설 명
① 센트럴 믹스트 콘크리트	플랜트에서 완전히 믹싱하여 트럭믹서에 싣고 운반 중에 교반하면서 공사현장까지 배달 공급하는 방식
② (쉬링크 믹스트 콘크리트)	(플랜트에서 어느 정도 콘크리트를 비빈 후 트럭믹서에 투입하여 운반 시간 동안 혼합하여 배달 공급하는 방식)
③ (트랜싯 믹스트 콘크리트)	(플랜트에서 계량된 각각의 재료를 트럭믹서에 투입하여 운반 시간 동안에 혼합수를 가하여 교반 혼합하여 배달 공급하는 방식)

문제 5

콘크리트 양생 종류 3가지를 쓰시오

정답
① 습윤 양생 　　② 온도제어 양생
③ 유해 작용으로부터의 보호

> ☞ 양생 방법
> (양생종류는 ① 습윤 양생　② 온도제어 양생　③ 유해 작용으로부터의 보호)
> 1) 습윤 양생 : 수중, 담수, 살수, 젖은포, 젖은모래, 막양생(유지계, 수지계)
> 2) 온도제어 양생 : 파이프 쿨링, 단열, 급열, 증기, 전열
> 3) 유해 작용으로부터의 보호 : 진동, 충격, 하중 등 유해 작용으로부터 보호

문제 6

콘크리트 휨강도를 구하기 위하여 3등분 하중 장치에 의해 시험한 결과가 다음과 같았다. 콘크리트가 27kN의 하중에 지간의 3등분 중앙부에서 파괴가 되었을 때 휨강도를 구하시오.

> 공시체의 지간길이 45cm, 공시체의 평균나비 15cm, 파괴단면의 평균두께 15cm

계산
$$f_b = \frac{Pl}{bd^2} = \frac{27,000 \times 450}{150 \times 150^2} = 3.6 \, (N/mm^2) = 3.6 \, (MPa)$$

> ☞ 27 $(kN) = 27 \times 1,000 = 27,000 \, (N)$　∵ $1kN = 1,000 \, N$　　$1 \, (cm) = 10 \, (mm)$
> ☞ 2009 콘크리트 시방서 및 KS기준 변경으로 압력단위인 MPa 단위 체계로 변경되었으며, 앞으로 출제도 압력 단위 체계로 출제될 것으로 예상됨

정답　$f_b = 3.6 \, (MPa)$

문제 7

콘크리트 강도 시험에 대한 다음 물음에 답을 쓰시오.

가) 인장강도 시험시 시험체 양생온도는 얼마인가?

정답 $20 \pm 2°C$

나) 압축강도 공시체 지름은 굵은골재 최대치수의 (①)배 이상 이며, (②)cm 이상 이어야 하는지 쓰시오.

정답 ① 3배   ② 10cm

다) 압축강도의 공시체 높이는 지름의 몇 배인지 쓰시오

정답 2배

문제 8

수중콘크리트 타설시 다음 물음에 답하시오.

가) 콘크리트 펌프를 사용하는 경우 수중콘크리트의 슬럼프 범위를 쓰시오

정답 $130 - 180 \, mm$

나) 완전히 물막이를 할 수 없는 경우 유속은 1초에 얼마 정도이하 인지 쓰시오.

정답 $50 \, mm$ 이하

다) 수중콘크리트는 일반적으로 단위 시멘트량은 얼마이상을 표준으로 하는지 쓰시오.

정답 $370 \, (kgf/m^3)$

문제 9

블리딩을 작게하는 방법 3가지를 쓰시오.

정답
① 물-결합재비를 작게 한다.
② 분말도가 높은 시멘트를 사용한다.
③ 응결촉진제등 혼화재료를 사용한다.

필답형 문제 해설 (8)

문제 1

콘크리트의 휨 강도 시험에 대한 아래 물음에 답하시오.
(단, 시험체 몰드의 크기는 150×150×530 mm이다.)

가) 공시체의 제작 시 다짐봉을 사용하는 경우 몰드에 몇 층으로 채우는지 쓰시오.

정답 2층

나) 다짐봉을 사용하여 공시체를 제작할 때 몰드의 각층 다짐회수를 구하시오.

계산 $(150 \times 530) \div 1000 = 79.5 ≒ 80$회

다) 몰드에 콘크리트를 다 채운 후, 몰드를 떼는 시기를 쓰시오.

정답 16시간~3일 (16시간~72시간)

라) 공시체의 제조 및 양생 중 온도의 표준(①) 및 휨 강도시험을 할 때까지 어떠한 상태(②)로 양생하여야 하는지 쓰시오.

정답 ① : $20 \pm 2℃$, ② : 습윤상태

마) 공시체가 지간의 3등분 중앙에서 파괴되었을 때 휨 강도를 구하시오.
(단, 지간은 450 mm, 파괴 시 최대하중이 27 kN이다.)

계산 휨 강도 $= \dfrac{Pl}{bd^2} = \dfrac{27000 \times 450}{150 \times 150^2} = 3.6 \ MPa$

문제 2

잔골재의 체가름 시험에 대한 아래 물음에 답하시오.

가) 아래 체가름 시험의 결과표를 완성하시오.

계산

체의 호칭치수(mm)	체에 남은 양 (g)	잔류율(%)	가적 잔류율(%)
10	0	(0)	(0)
5	0	(0)	(0)
2.5	48	(9.6)	(9.6)
1.2	145	(29)	(38.6)
0.6	178	(35.6)	(74.2)
0.3	84	(16.8)	(91)
0.15	45	(9)	(100)
PAN	0	(0)	(100)
계	500	(100)	

나) 위의 체가름 시험 결과를 이용하여 잔골재의 조립률을 구하시오.

계산 $\dfrac{9.6+38.6+74.2+91+100}{100}=3.13$

문제 3

굳지 않은 콘크리트의 성질에 대한 아래 물음에 답하시오.

가) 반죽 질기에 의한 작업의 난이한 정도와 균일한 질의 콘크리트를 만들기 위하여 필요한 재료의 분리에 저항하는 정도로 나타내는 굳지 않은 콘크리트의 성질을 쓰시오.

정답 　워커빌리티

나) 굳지 않은 콘크리트에서 주로 단위 수량의 다소에 따라 유동성의 정도를 나타내는 것으로서, 작업성을 판단할 수 있는 요소를 쓰시오.

정답 　반죽질기

문제 4

다음의 각 경우에서 콘크리트의 배합강도를 구하시오.

가) 압축강도 시험의 기록이 없는 현장에서 설계기준압축강도(f_{ck})가 24 MPa인 콘크리트의 배합강도를 구하시오.

계산 　$f_{cr}=f_{ck}+8.5=24+8.5=32.5\ MPa$

나) 압축강도 시험의 기록이 없는 현장에서 설계기준압축강도(f_{ck})가 18MPa인 콘크리트의 배합강도를 구하시오.

계산 　$f_{cr}=f_{ck}+7=18+7=25\ MPa$

다) 10회의 압축강도 시험으로부터 구한 압축강도의 표준편차가 5 MPa인 경우 설계기준압축강도(f_{ck})가 50 MPa인 콘크리트의 배합강도를 구하시오.

계산 　$f_{ck}>35\ MPa$ 일 때
$f_{cr}=f_{ck}+1.34s=50+1.34\times 5=56.7\ MPa$
$f_{cr}=0.9f_{ck}+2.33s=0.9\times 50+2.33\times 5=56.65\ MPa$
두 값 중 큰 값을 배합강도로 한다. ∴ $56.7\ MPa$

정답 　56.7 MPa

라) 30회의 압축강도 시험으로부터 구한 압축강도의 표준편차가 5 MPa인 경우 설계기준압축강도(f_{ck})가 24 MPa인 콘크리트의 배합강도를 구하시오.

계산

$f_{ck} \leq 35 MPa$ 일 때
$f_{cr} = f_{ck} + 1.34s = 24 + 1.34 \times 5 = 30.7\, MPa$
$f_{cr} = (f_{ck} - 3.5) + 2.33s = (24 - 3.5) + 2.33 \times 5 = 32.15\, MPa$
두 값 중 큰 값을 배합강도로 한다. ∴ 32.15 MPa

정답   32.15 MPa

문제 5

혼화재료의 성질 중 포졸란 작용에 대해 간단히 쓰고, 포졸란 작용이 있는 혼화재료를 3가지만 쓰시오.

계산

가) 포졸란 작용에 대해 간단히 쓰시오.

시멘트의 수화에 의하여 생성되는 수산화칼슘과 서서히 반응하여 불용성의 규산칼슘을 생성하여 강도를 증진

나) 포졸란 작용이 있는 혼화재료를 3가지만 쓰시오.
① 플라이 애쉬   ② 화산재   ③ 규조토

문제 6

콘크리트는 타설한 후 습윤 상태로 노출면이 마르지 않도록 하여야 하며, 수분의 증발에 따라 살수를 하여 습윤 상태로 보호하여야 한다. 이때 습윤 상태로 보호하는 기간의 표준에 대한 아래 표의 빈 칸을 채우시오.

【표】습윤 양생 기간의 표준

일평균 기온	보통 포틀랜드 시멘트	고로 슬래그 시멘트 플라이 애시 시멘트 B종	조강 포틀랜드 시멘트
15℃ 이상	5일	7일	③
10℃ 이상	①	9일	4일
5℃ 이상	9일	②	④

정답   ① 7일   ② 12일   ③ 3일   ④ 5일

문제 7

다음과 같은 배합설계표에 의해 콘크리트 1 m³을 배합하려고 한다. 아래 물음에 답하시오.

단위 시멘트량 (kg/m3)	단위 수량(kg/m³)	혼화재 사용량 (kg/m³)	잔골재율(%)	공기량(%)
320	175	16	41	1.5

굵은 골재 최대치수(mm)	시멘트 비중	잔골재 비중	굵은 골재 비중	혼화재 비중	슬럼프(cm)
25	3.15	2.65	2.70	2.55	8

가) 물-시멘트비(W/C)를 구하시오.

계산
$$\frac{단위\ 수량}{단위\ 시멘트량} \times 100 = \frac{175}{320} \times 100 = 54.69\ \%$$

나) 단위 골재량의 절대 부피를 구하시오.
(단, 소수 넷째 자리에서 반올림하시오.)

계산
$$1 - \left(\frac{단위\ 수량}{1000} + \frac{단위\ 시멘트량}{시멘트\ 비중 \times 1000} + \frac{단위\ 혼화재량}{혼화재\ 비중 \times 1000} + \frac{공기량}{100}\right)$$
$$= 1 - \left(\frac{175}{1000} + \frac{320}{3.15 \times 1000} + \frac{16}{2.55 \times 1000} + \frac{1.5}{100}\right) = 0.702\ m^3$$

다) 단위 잔골재량의 절대 부피를 구하시오.
(단, 소수 넷째 자리에서 반올림하시오.)

계산
단위 골재량의 절대 부피 × 잔골재율 = $0.702 \times 0.41 = 0.288\ m^3$

라) 단위 굵은 골재량의 절대 부피를 구하시오.
(단, 소수 넷째 자리에서 반올림하시오.)

계산
단위 골재량의 절대 부피 − 단위 잔골재량의 절대 부피
= $0.702 - 0.288 = 0.414\ m^3$

마) 단위 잔골재량을 구하시오.

계산
단위 잔골재량의 절대 부피 × 잔골재 비중 × 1000
= $0.288 \times 2.65 \times 1000 = 763.2\ kg/m^3$

바) 단위 굵은 골재량을 구하시오.

계산
단위 굵은 골재량의 절대 부피 × 굵은 골재 비중 × 1000
= $0.414 \times 2.70 \times 1000 = 1117.8\ kg/m^3$

콘크리트 시험방법 개정 안내[KS규정]

○ 규정 : KS F 2405 콘크리트 압축 강도 시험방법
○ 개정일 : 2022.12.23일
○ 개정내용
  콘크리트 압축강도 시험방법의 재하속도가
  [0.6±0.4MPa/s] 에서 [0.6±0.2MPa/s]로 개정되었습니다.

○ 규정 : KS F 2402 콘크리트의 슬럼프 시험방법
○ 개정일 : 2022.12.23일
○ 개정내용
  슬럼프 콘을 들어 올리는 시간은 높이 300mm에서 3.5±1.5초 로 개정되었습니다.
  （ 2~5초 ）

부 록

콘크리트기능사 공식

콘크리트기능사 공식

1.1 콘크리트 재료 및 배합

(1) 시멘트

시멘트 중의 총 알칼리량	
시멘트 알칼리량(%)	$Na_2O + 0.658K_2O$

시멘트 밀도 시험	
시멘트 밀도	$\dfrac{\text{시멘트의 무게}(g)}{\text{비중병 눈금차}(ml)}$

시멘트 분말도 시험		
결합재 비표면적(cm^2/g)	$S = S_s \sqrt{\dfrac{T}{T_s}}$	S : 시험 시료의 비표면적 (㎠/g) S_s : 표준 시료의 비표면적 (㎠/g) T : 시험 시료에 대한 마노미터액의 제 2 표선에서 제 3표선까지 내려오는 시간(초) T_s : 표준 시료에 대한 마노미터액의 제 2 표선에서 제 3표선까지 내려오는 시간(초)

시멘트 팽창도 시험		
팽창도(%)	$\dfrac{l_2 - l_1}{l_1} \times 100$	l_1 : 시험 전의 길이 l_2 : 시험 후의 길이 (수축인 경우 (-) 부호를 붙인다.)

(2) 골재

골재의 단위 무게	
골재의 단위무게(kg/m^3)	$\dfrac{\text{시험 용기속의 시료 무게}(kg)}{\text{용기의 부피}(m^3)}$

굵은골재 밀도 및 흡수율 시험

항목	식	기호
1. 표면건조 포화상태 밀도(g/cm^3)	$\dfrac{B}{B-C} \times \rho_w$	A : 절대건조상태 시료의 질량(g) B : 표면건조포화상태 질량(g) C : 시료의 수중 질량(g) ρ_w : 시험온도에서 물의 밀도 (g/cm^3)
2. 절대건조 상태 밀도(g/cm^3)	$\dfrac{A}{B-C} \times \rho_w$	
3. 진 밀도 (g/cm^3)	$\dfrac{A}{A-C} \times \rho_w$	
4. 흡수율(%)	$\dfrac{B-A}{A} \times 100$	
5. 무더기 평균밀도(G)	$\dfrac{1}{\dfrac{P_1}{100G_1} + \dfrac{P_2}{100G_2} + \dfrac{P_3}{100G_3} + \cdots + \dfrac{P_n}{100G_n}}$	
6. 무더기 평균 흡수율(A)	$\dfrac{P_1 A_1}{100} + \dfrac{P_2 A_2}{100} + \cdots + \dfrac{P_n A_n}{100}$	

잔골재 밀도 및 흡수율 시험

항목	식	기호
1. 표면건조포화상태의 밀도(g/cm^3)	$\dfrac{m}{B+m-C} \times \rho_w$	m : 표면건조포화상태 시료의 질량 C : 검정된 용량을 나타낸 눈금까지 물+시료를 채운 플라스크 질량(g) B : 검정된 용량을 나타낸 눈금까지 물을 채운 플라스크 질량(g) A : 절대건조상태의 시료 질량(g)
2. 절대건조 상태의 밀도(g/cm^3)	$\dfrac{A}{B+m-C} \times \rho_w$	
3. 진밀도(g/cm^3)	$\dfrac{A}{B+A-C} \times \rho_w$	
4. 흡수율(%)	$\dfrac{m-A}{A} \times 100$	

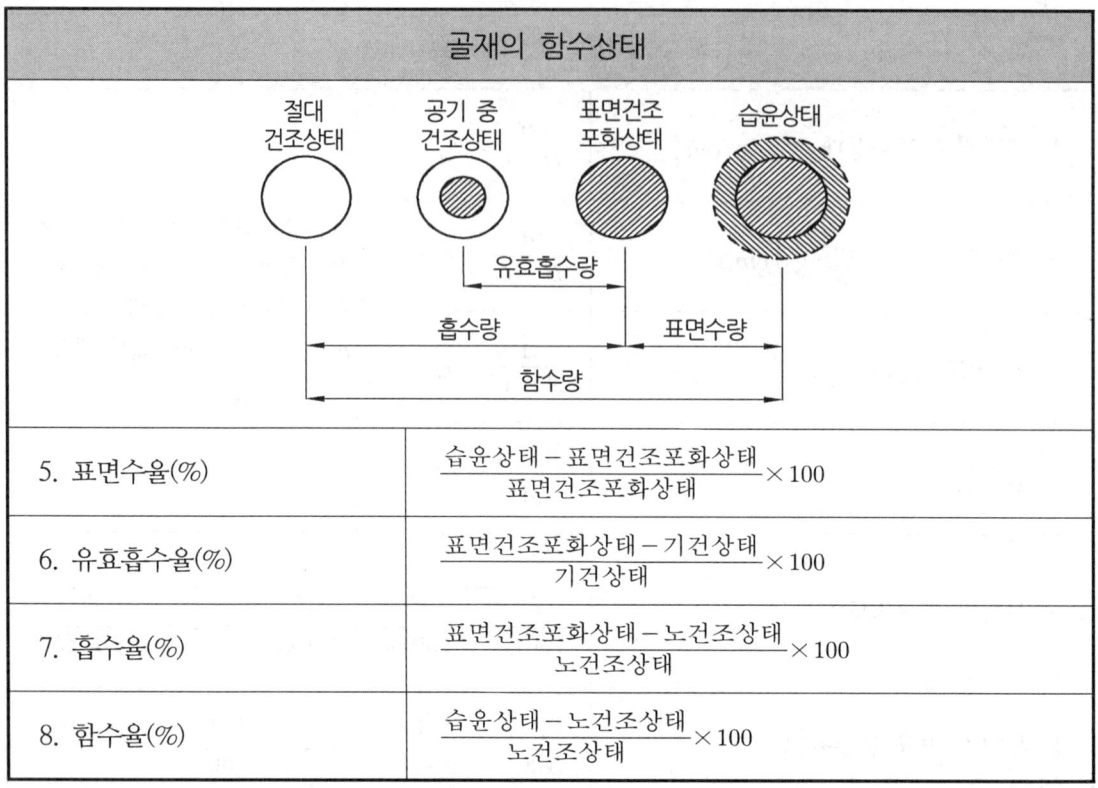

골재의 함수상태	
5. 표면수율(%)	$\dfrac{습윤상태 - 표면건조포화상태}{표면건조포화상태} \times 100$
6. 유효흡수율(%)	$\dfrac{표면건조포화상태 - 기건상태}{기건상태} \times 100$
7. 흡수율(%)	$\dfrac{표면건조포화상태 - 노건조상태}{노건조상태} \times 100$
8. 함수율(%)	$\dfrac{습윤상태 - 노건조상태}{노건조상태} \times 100$

골재 체가름 시험		
1. 조립률(FM)	・ $FM = \dfrac{10개체\ 누적잔유율의\ 합}{100}$ ・ 80, 40, 20, 10, 5, 2.5, 1.2, 0.6, 0.3, 0.15 mm	
2. 혼합골재 조립률(f_a)	$\dfrac{p}{p+q} \cdot f_s + \dfrac{q}{p+q} \cdot f_g$	f_s, f_g : 잔골재, 굵은골재 조립률 p, q : 잔골재, 굵은골재 혼합비

골재의 실적률	
실적률(%)	$100(\%) - 공극률(\%) = \dfrac{절건\ 단위용적\ 질량}{절건\ 밀도} \times 100$

골재의 마모율 시험		
골재의 마모율(%)	$\dfrac{M_1 - M_2}{M_1} \times 100$	M_1 : 시험전의 시료질량(g) M_2 : 시험 후 망체 1.7mm에 남는 시료의 질량(g)

(3) 배합설계

콘크리트 배합		
1. 잔골재율(S/a)	$\dfrac{S_V}{S_V + G_V} \times 100\ (\%)$	S_V: 잔골재 부피 G_V: 굵은골재 부피
2. 배합강도 결정	두 식에 의한 값 중 큰 값으로 정하여야 한다. □ $f_{ck} \leq 35\,\text{MPa}$인 경우 $\qquad f_{cr} = f_{ck} + 1.34s \qquad$ (MPa) $\qquad f_{cr} = (f_{ck} - 3.5) + 2.33s \qquad$ (MPa) □ $f_{ck} > 35\,\text{MPa}$인 경우 $\qquad f_{cr} = f_{ck} + 1.34s \qquad$ (MPa) $\qquad f_{cr} = 0.9 f_{ck} + 2.33s \qquad$ (MPa) 여기서, s ; 압축강도의 표준편차(MPa)	
3. 물-결합재 비 결정	실험식 $f_{28} = -13.8 + 21.6\dfrac{C}{W}\ (MPa)$	
4. 골재량 체적	$S_V + G_V =$ $1m^3 - \left\{ \dfrac{C(kg)}{1000 \times C_G} + \dfrac{W(kg)}{1000} + \dfrac{A(\%)}{100} + \dfrac{혼화재량(kg)}{1000 \times 혼화재 비중} \right\}(m^3)$	
5. 잔골재 부피	$S_V = (S_V + G_V) \times S/a\ (m^3)$	
6. 굵은골재 부피	$G_V = (S_V + G_V) - S_V\ (m^3)$	
7. 잔골재량	$S = S_V \times S_g \times 1000\ (kgf/m^3)$	
8. 굵은골재량	$G = G_V \times G_g \times 1000\ (kgf/m^3)$	

1.2 콘크리트 제조, 시험 및 품질관리

시멘트 모르타르 압축강도 시험	
1. 흐름값(%)	$\dfrac{\text{시험 후 퍼진 모르타르의 평균 지름}}{\text{흐름 몰드의 밑 지름}} \times 100$
2. 압축강도(MPa)	$\dfrac{\text{최대 하중}}{\text{단면적}}$

블리딩 시험		
블리딩량 (cm^3/cm^2, ml/cm^2)	$\dfrac{V}{A}$	V: 블리딩 물의 양 (cm^3, ml) A: 콘크리트 노출면의 면적 (cm^2)

콘크리트 탄성계수	

탄성계수(E)	$E = \dfrac{f}{\varepsilon} = \dfrac{\frac{P}{A}}{\frac{\Delta l}{l}} = \dfrac{P \cdot l}{A \cdot \Delta l}$
	
	a. 콘크리트의 단위질량 m_c 의 값이
	    1,450 ~ 2,500 kg/m^3 인 콘크리트의 경우
	    $E_c = 0.077 m_c^{1.5} \sqrt[3]{f_{cu}}\ (MPa)$
	b. 보통 골재를 사용하는 경우 ($m_c = 2300\,kg/m^3$)
	    $E_c = 8500 \sqrt[3]{f_{cu}}\ (MPa)$
	    여기서, 재령 28일에서 콘크리트의 평균압축강도
	    $f_{cu} = f_{ck} + 8\,(MPa)$

전단탄성계수(G)	$G = \dfrac{E}{2(1+\nu)} = \dfrac{mE}{2(1+m)}$

콘크리트 압축강도 시험		
압축강도(f_c) (MPa)	$\dfrac{P}{A}$	P: 파괴 최대 하중(N) A: 공시체 단면적 ($\dfrac{\pi d^2}{4}$)

콘크리트 인장강도 시험		
인장강도(f_{sp}) (MPa)	$\dfrac{2P}{\pi d l}$	P : 파괴 최대 하중(N) l : 시험체의 길이(mm) d : 시험체의 지름(mm)

콘크리트 휨강도 시험 (3등분점 재하)		
휨강도(f_b) (MPa)	$\dfrac{Pl}{bd^2}$	P : 파괴 최대 하중(N) l : 지간의 길이(mm) b : 평균 나비(mm), d : 평균 두께(mm)

콘크리트 공기량 시험에서 골재 수정계수의 결정		
사용하는 잔골재의 질량	$F_s = \dfrac{S}{B} \times F_b$	F_s : 사용하는 잔골재의 질량(kg) B : 1배치의 콘크리트 용적 S : 콘크리트 시료의 용적 F_b : 1배치에 사용된 잔골재 질량(kg)
사용하는 굵은골재의 질량	$C_s = \dfrac{S}{B} \times C_b$	C_s : 사용하는 굵은 골재의 질량(kg) B : 1배치의 콘크리트 용적 S : 콘크리트 시료의 용적 C_b : 1배치에 사용된 굵은 골재 질량(kg)

콘크리트 공기량 시험		
콘크리트 공기량(A)	$A(\%) = A_1 - G$	A_1 : 겉보기 공기량(%) G : 골재의 수정계수(%)

콘크리트 압축강도 추정을 위한 반발 경도 시험 (슈미트 해머)		
1. 수정 반발 경도(R_0)	$R_0 = R + \Delta R$	R_0 : 수정반발 경도 R : 측정 반발 경도 ΔR : 보정 값
2. 압축강도(F) 압축강도 추정값(F_C)	$F = 1.27R_0 - 18.0 (MPa)$ $F = 13R_0 - 184 (kgf/cm^2)$ $F_C = F \times \alpha \quad \alpha$: 재령 보정계수	

콘크리트기능사 (필기 실기)

2006년 4월 25일 초판발행
2025년 1월 10일 개정증보20판인쇄
2025년 1월 15일 개정증보20판발행

편 저 : 박 종 삼
발행인 : 성 대 준
발행처 : 도서출판 금호
　　　　서울시 성동구 성수동2가 1동 333-15
　　　　전화 : 02)498-4816　FAX : 02)462-1426
　　　　등록 : 제303-2004-000005호

정가 25.000원

* 파본은 교환해 드립니다.
* 본서의 무단복제를 금합니다.